西门子S7-200 SMART PLC 编程入门及应用

周长锁　孙庆楠　王玮琦　编著

化学工业出版社
·北京·

内容简介

本书立足应用，内容由浅入深，全面讲解了西门子S7-200 SMART PLC的硬件组成、软件应用和指令及案例、开关量、模拟量、通信控制的程序设计方法。书中在介绍自动控制系统用到的传感器、仪表和电气设备与PLC配合应用基础上，重点介绍了PLC通信技术（包括串口RS485通信、以太网通信和物联网远程监控技术）和PLC运动控制技术（包括步进电机、伺服电机和舵机的PLC控制技术），以及PLC控制系统的设计、PLC与触摸屏的综合应用、PLC与组态软件的综合应用等内容。书中兼顾新兴技术，通过丰富的编程案例，帮助读者从入门到能够实际应用PLC解决工程实践问题。

本书可供工业自动化领域的工程技术人员、从事维护工作的电气、仪表和机电一体化等专业的技术人员阅读，也可供自动化相关专业师生参考。

图书在版编目（CIP）数据

西门子S7-200 SMART PLC编程入门及应用 / 周长锁，孙庆楠，王玮琦编著. -- 北京 : 化学工业出版社，2024. 11. -- ISBN 978-7-122-46081-3

Ⅰ. TM571.61

中国国家版本馆CIP数据核字第2024QX3216号

责任编辑：刘丽宏
文字编辑：陈 锦 袁 宁
责任校对：李雨晴
装帧设计：刘丽华

出版发行：化学工业出版社（北京市东城区青年湖南街13号 邮政编码100011）
印　　装：三河市航远印刷有限公司
787mm×1092mm 1/16 印张17½ 字数432千字
2025年2月北京第1版第1次印刷

购书咨询：010-64518888
售后服务：010-64518899
网　　址：http://www.cip.com.cn
凡购买本书，如有缺损质量问题，本社销售中心负责调换。

定　　价：89.80元

前言

西门子 S7-200 SMART PLC 属于小型 PLC，功能较全面、成本低、应用面广，是 PLC 初学者入门的首选。

PLC 最初是为了节省复杂逻辑控制电路中的中间继电器和时间继电器而出现的，主要用于数字量（也称开关量）的逻辑运算、延时和数字量输出等操作，后来加入了模拟量，实现了工业生产过程中工艺参数的采集和自动控制。现在的 PLC 还可配置脉冲单元，控制伺服装置实现运动控制，配置的通信单元除了与触摸屏、上位机通信，还可以与带通信接口的其他控制单元通信，扩展了 PLC 的功能和应用范围。

传统的 PLC 控制系统较多使用数字量和模拟量扩展模块和外围设备连接，现在则更多使用通信单元和外围设备连接，具有接线少、抗干扰能力强、能获取更多信息等优点。PLC 通信应用技术是传统 PLC 编程人员的弱项，通过对本书的学习能提升他们在 PLC 串口通信和以太网通信方面的编程能力。

本书共分 10 章，各章内容安排如下。

· **第 1 章为 PLC 硬件基础**。列举了常用的 CPU、数字量扩展模块、模拟量扩展模块、温度测量扩展模块、信号板的性能参数和接线方式。

· **第 2 章为编程软件 STEP 7-MicroWIN SMART 的使用方法**。对软件用户界面进行了说明，讲解了如何与 PLC 建立通信、如何进行设备组态。通过实例演示 PLC 编程、程序下载和测试的过程。

· **第 3 章为 PLC 指令系统**。说明了常用的逻辑指令、定时器和计数器指令、串口通信指令、以太网通信指令、数据运算指令、逻辑运算指令、程序控制指令、时钟指令等的功能，并结合示例帮助理解指令的运用。

· **第 4 章为 PLC 与触摸屏的组合应用**。分别介绍了西门子 SMART LINE 触摸屏和昆仑通泰触摸屏硬件接线以及配套组态软件的应用。

· **第 5 ~ 8 章是数字量、模拟量、串行通信和以太网通信的应用**。各章都有示例展示 PLC 硬件与编程指令配合实现控制功能，其中串口通信部分有通过物联网远程监控 PLC 示例。

· **第 9 章为 PLC 运动控制**。讲解了 PLC 对步进电机、伺服电机和舵机的控制，控制接口包括脉冲控制和通信控制。

· **第 10 章为综合应用实例**。以 PLC 控制变频器等项目为例讲解如何用西门子 S7-200 SMART PLC 实现自动控制系统。

本书特色：

• 配备二维码微视频跟踪学习，帮助读者在学习理论知识的同时跟进实战训练，从而达到融会贯通的效果。

• 案例丰富，与实际应用接轨，且以图解形式讲解，易于读者学习。

• 内容由浅入深，方法齐全，详细讲述了开关量、模拟量和通信控制等程序开发方法，易于读者模仿快速入门。

本书由周长锁、孙庆楠、王玮琦编著。周长锁负责编写大纲并统稿。

由于水平有限，书中不足之处在所难免，期望广大读者批评指正。

书中示例
程序代码

编著者

目录

第1章 西门子 S7-200 SMART PLC 硬件基础

第2章 编程软件 STEP 7-MicroWIN SMART

第3章 S7-200 SMART PLC 程序指令

第4章 PLC 与触摸屏组合应用

第5章 数字量编程应用

第6章 模拟量编程应用

第 7 章 PLC 串行通信

第 8 章 PLC 以太网通信

第 9 章 PLC 运动控制

第10章 综合应用实例

附录A S7-200 SMART PLC CPU 外部接线

附录B S7-200 SMART PLC 扩展模块外部接线

附录C 触摸屏外部接线

附录D 变频器外部接线

参考文献

本书二维码视频目录

第1章 西门子 S7-200 SMART PLC 硬件基础

S7-200 SMART 属于小型 PLC，是 S7-200 的换代产品，硬件上的主要变化有：多了信号扩展板位置，增设了以太网通信接口，存储卡槽变成了常见的 Micro-SD 卡，不见了模式切换开关和可调电位器。S7-200 SMART 应用广泛，是初学 PLC 的首选机型，西门子官方网站提供最新版本的编程软件和配套的手册等资料，学习的过程要结合硬件来练习。

1.1 S7-200 SMART CPU

1.1.1 分类及其技术参数

S7-200 SMART 的 CPU 模块按照功能分经济型和标准型。经济型 CPU 不支持模块扩展，没有实时时钟和运动控制功能，适用于 I/O 规模较小的数字量输入输出控制系统。标准型 CPU 可扩展 I/O 模块，适用于规模较大，逻辑控制较为复杂的控制系统。

CPU 模块的输出类型有继电器输出型和晶体管输出型。继电器输出型对应使用 AC 220V 电源，无需外部 DC 24V 电源和输出继电器，控制系统更简洁。需要注意的是，继电器输出型是没有运动控制功能的，输出触点额定电流为 2A，带大电流负载时还是要外部扩展继电器，触点机械寿命 10 万次，不适合用于频繁动作的场合。晶体管输出型对应使用 DC 24V 电源，需要外部 DC 24V 电源，输出端口额定电流为 0.5A，电压范围 DC 20.4 ～ 28.8 V，负载电压或电流超出范围时晶体管输出先驱动 DC 24V 继电器，转由继电器触点带负载。

S7-200 SMART 系列 CPU 模块主要技术参数见表 1-1，CPU 模块型号中字母和数字的意义如下。

❶ 第 1 个字母代表分类：S- 标准型　C- 经济型。

❷ 第 2 个字母代表输出类型：T- 晶体管输出　R- 继电器输出。

❸ 数字代表 I/O 总点数：输入点数 + 输出点数。

项目应用中根据实际输入、输出点数和功能要求选择对应的 CPU 模块型号。输入、输出点数要留有余量，一是方便控制方案的更改，二是若某个输入或输出点损坏，能及时换个备用点。

1.1.2 外部接口

不同型号的 CPU 模块外部接口基本一致，主要区别就是 I/O 点的多少，下面以 CPU ST20 为例说明 CPU 模块的外部接口，CPU ST20 外部接口示意图见图 1-1。

CPU 模块中间是扩展信号板的插槽，出厂时默认不配扩展板，只安装一个空的插槽盖板，安装扩展板前拆下插槽盖板，装上信号板。X50 是 SD 卡座。

表1-1　S7-200 SMART系列CPU模块主要技术参数

型号	本机I/O	扩展模块数量	运动控制脉冲输出	程序存储器	数据存储器	分类	输出类型
ST20	12/8	6	2个，100kHz	12KB	8KB	标准型	晶体管
ST30	18/12	6	3个，100kHz	18KB	12KB	标准型	晶体管
ST40	24/16	6	3个，100kHz	24KB	16KB	标准型	晶体管
ST60	36/24	6	3个，100kHz	30KB	20KB	标准型	晶体管
SR20	12/8	6	无	12KB	8KB	标准型	继电器
SR30	18/12	6	无	18KB	12KB	标准型	继电器
SR40	24/16	6	无	24KB	16KB	标准型	继电器
SR60	36/24	6	无	30KB	20KB	标准型	继电器
CR40	24/16	无	无	12KB	8KB	经济型	继电器
CR60	36/24	无	无	12KB	8KB	经济型	继电器

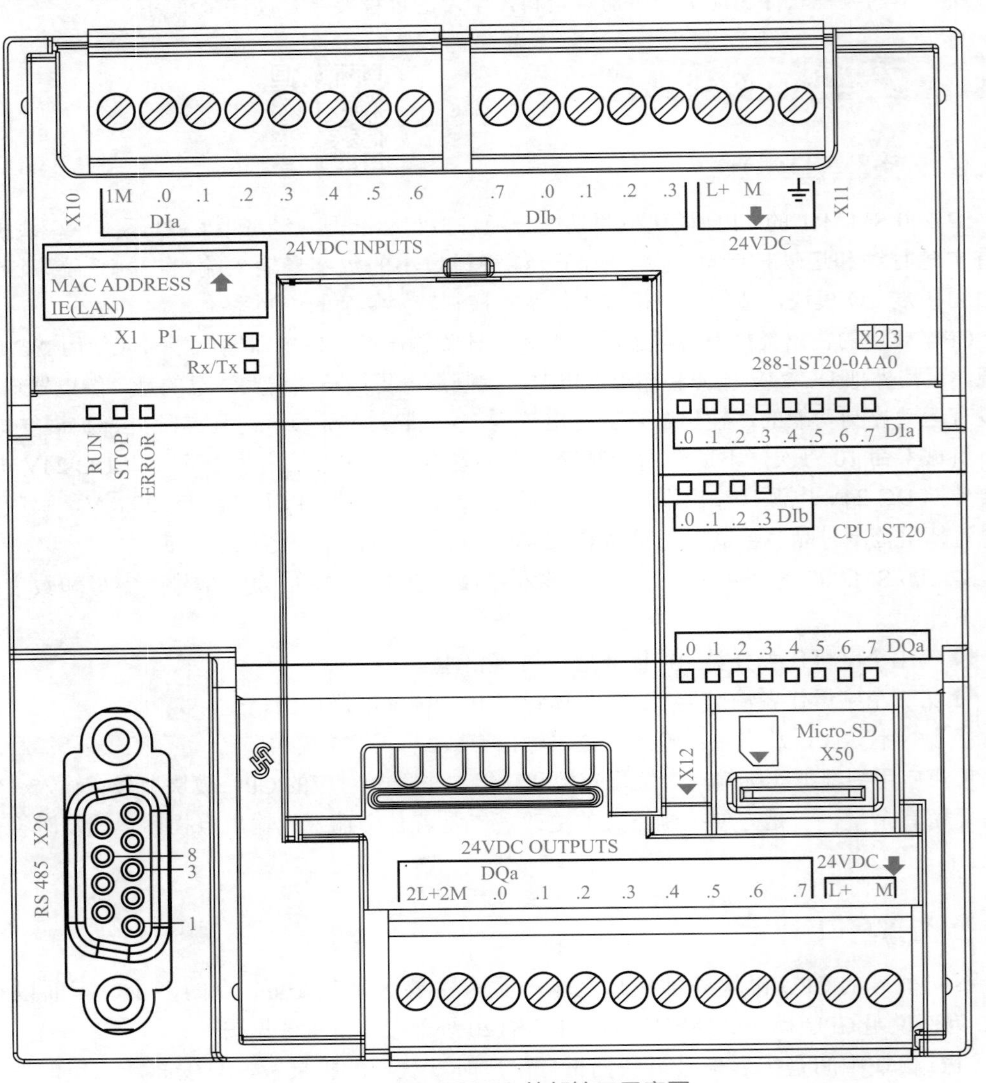

图1-1　CPU ST20 外部接口示意图

接线端子 X10、X11 各有 8 个端子，其中有 3 个端子属于电源端子，L+ 接 DC 24V+（图中为 24VDC）、M 接电源地 DC 24V−，带接地符号的端子接保护地，其余端子为 12 路正输入端和共用的负输入端（1M）。

接线端子 X12 有 12 个端子，其中有 2 个端子 L+ 和 M 是 DC 24V 输出，用于给传感器提供电源，最大提供电流能力是 300mA，其余端子为 8 路输出和为其供电的端子。

DB9 插头 X20 是 RS485 通信接口，3 脚是 RS485 的 B（+），8 脚是 RS485 的 A（−），1 脚和外壳接屏蔽线，内部与电源的保护地相通，RS485 通信接口可以连接触摸屏，也可以和带 RS485 接口的电气、仪表设备通信。

X1 是以太网接口，用于传送 PLC 程序、连接触摸屏、连接上位机或其他 PLC 等有以太网接口的控制设备。

面板上的指示灯分 4 组，分别是 PLC 运行状态指示、以太网通信状态指示、输入状态指示和输出状态指示。PLC 运行状态指示中的 RUN 代表运行，STOP 代表停止，ERROR 代表错误状态。以太网通信指示中的 LINK 代表连接状态，Rx/Tx 代表数据交换。

1.1.3 外部接线

CPU ST20（DC/DC/DC）的接线图见图 1-2，供电采用 DC 24V 电源，输入和输出需要的 DC 24V 电源可以从 DC 24V 输出取得，但要注意负载的负荷电流不能超过 300mA，负荷较重时使用外部 DC 24V 电源给输入、输出部分供电。

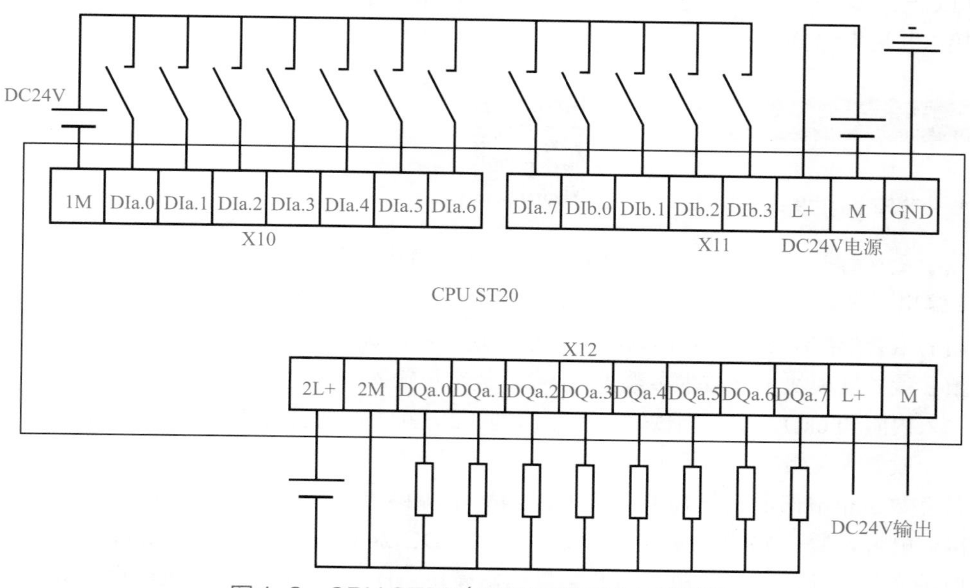

图 1-2 CPU ST20（DC/DC/DC）的接线图

输入端在 PLC 内部使用公共的负电源 1M，输入接点共用正电源，接点闭合时正电源进入 PLC，对应点位的指示灯会点亮，指示该输入接点闭合。输出端在 PLC 内部使用公共的正电源 2L+，输出晶体管共用正电源，使能输出时正电源进入负载，对应点位的指示灯会点亮，负载接公共的电源负。

CPU SR20（AC/DC/ 继电器）的接线图见图 1-3，供电采用 AC 220V（范围：85 ～ 264V）电源，输入需要的 DC 24V 电源可以从 DC 24V 输出取得。

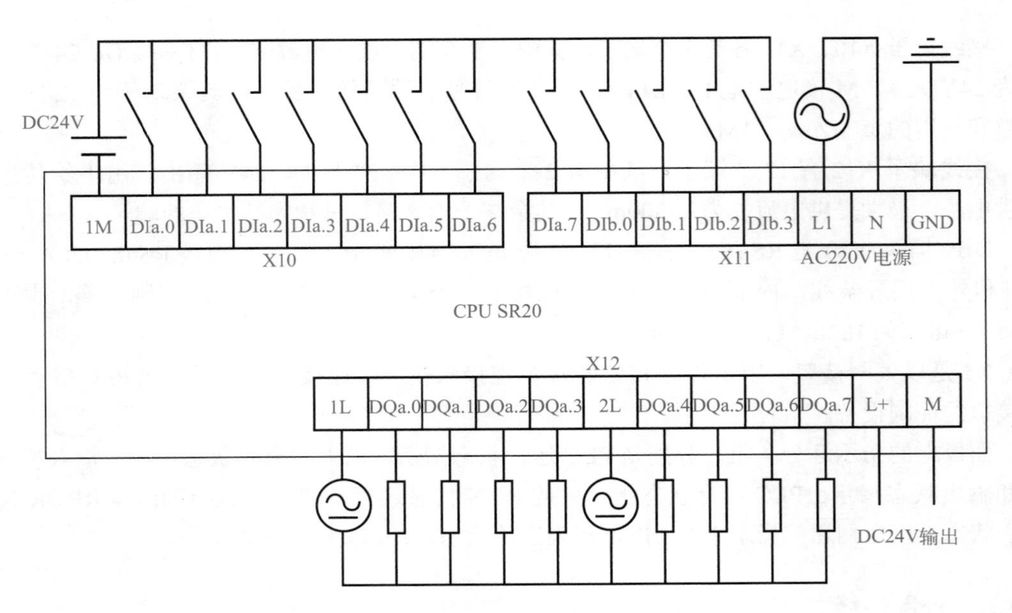

图 1-3 CPU SR20（AC/DC/ 继电器）的接线图

输入端接线同 CPU ST20。输出端内部是继电器接点，4 个 1 组的公共端分别接 1L 或 2L，继电器闭合时对应点位的指示灯会点亮。

PLC 输入端内部使用的是双向光耦，输入端的电源是可以反接的，即 1M 可以接电源正，输入接点共用电源负。

1.2 扩展模块

1.2.1 数字量扩展模块

数字量又称开关量，S7-200 SMART 的数字量模块分数字量输入、数字量输出和数字量输入 / 输出三大类，每个类别的点数有 8 点或 16 点，输出又分晶体管型和继电器型，通过各种不同的组合形成了多种型号的数字量扩展模块供用户选择。

数字量扩展模块主要技术参数见表 1-2，数字量输入的额定电压是 24V，对应消耗 4mA，等效输入内阻约 6kΩ，实际测试输入电压达到 3.2V 就能点亮输入指示，为保证输入信号状态稳定，一般要求逻辑 1 信号最小电压是 15V，逻辑 0 信号最大电压是 3V。

带有数字量输出的模块需要外部 DC 24V 电源供电，晶体管型数字量输出的电压来自 DC 24V 电源，每个输出点额定电流是 0.75A，DC 24V 电源的容量应能满足全部输出高电平时的负载电流。对于继电器型数字量输出模块，DC 24V 电源仅提供继电器吸合时的线圈电流，每个 11mA，输出隔离的继电器触点额定电流是 3A，最高电压是 DC 30V 或 AC 250V。

8 点数字量输入模块 EM DE08 外形及接线示意图见图 1-4，模块左侧是扩展模块间的连接插头，右侧有对应的插座，扩展的第一个模块插在 CPU 右侧的扩展插座上。8 点数字量输入分 2 组，上侧 4 点一组的公共输入端是 1M，下侧 4 点一组的公共输入端是 2M。模块中间有 8 点输入的指示灯，输入接通时对应指示灯亮，指示灯 DIAG 是模块状态指示灯，正常时绿灯，初始化或故障时红灯闪烁。

表1-2 数字量扩展模块主要技术参数

型号	功能说明	输入额定电压	输出额定电流	功耗
EM DE08	8点数字量输入	DC 24V，4mA		1.5W
EM DE16	16点数字量输入	DC 24V，4mA		2.3W
EM DT08	8点晶体管型数字量输出		0.75A	1.5W
EM DR08	8点继电器型数字量输出		3A	4.5W
EM QR16	16点继电器型数字量输出		3A	4.5W
EM QT16	16点晶体管型数字量输出		0.75A	1.7W
EM DT16	8点数字量输入/8点晶体管输出	DC 24V，4mA	0.75A	2.5W
EM DR16	8点数字量输入/8点继电器输出	DC 24V，4mA	3A	5.5W
EM DT32	16点数字量输入/16点晶体管输出	DC 24V，4mA	0.75A	4.5W
EM DR32	16点数字量输入/16点继电器输出	DC 24V，4mA	3A	10W

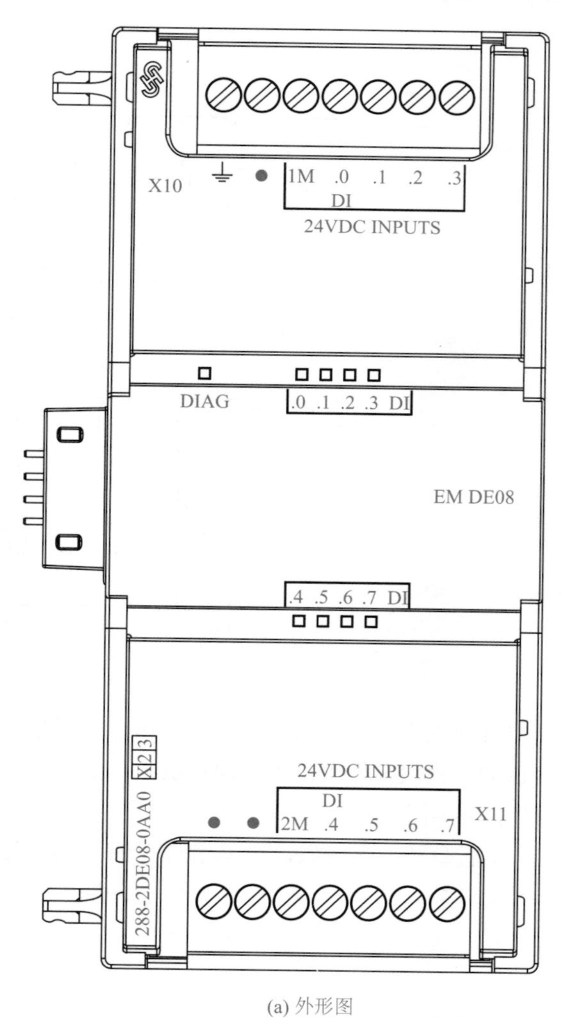

(a) 外形图

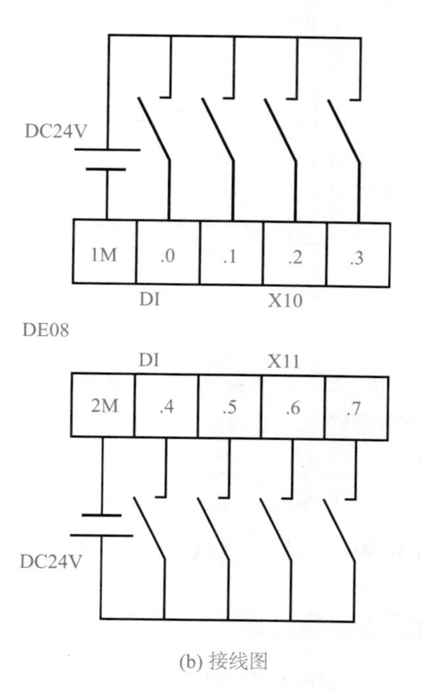

(b) 接线图

图1-4 EM DE08外形及接线示意图

8 点继电器型数字量输出模块 EM DR08 外形及接线示意图见图 1-5，8 点数字量输出分 2 组，上侧 4 点一组的公共输出端是 1L，下侧 4 点一组的公共输出端是 2L。模块需要外部 DC 24V 供电，继电器型数字量输出可用于交流或直流电源，不同的分组可采用不同的电源。

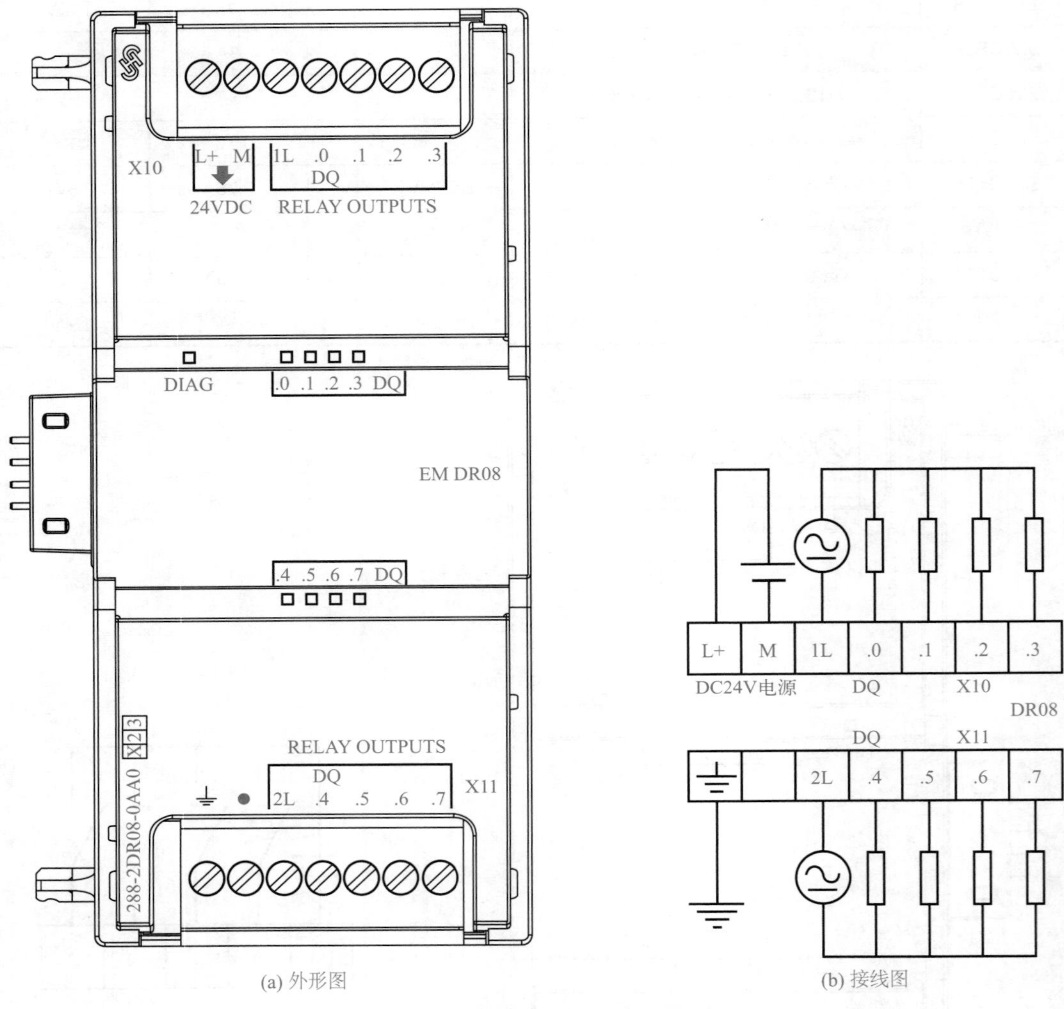

(a) 外形图　　(b) 接线图

图 1-5　EM DR08 外形及接线示意图

8 点数字量输入 /8 点数字量输出模块 EM DT16 外形及接线示意图见图 1-6，上侧是 8 点数字量输入（DI），下侧是 8 点数字量输出（DQ）。模块需要外部 DC 24V 供电，继电器型数字量输出可用于交流或直流电源，不同的分组可采用不同的电源。

以上介绍了 3 种型号的数字量扩展模块，其他型号与此类似，只是组合上的不同或数量上的不同，详细接线图见附录 B。

1.2.2　模拟量扩展模块

S7-200 SMART 的模拟量模块分模拟量输入、模拟量输出和模拟量输入 / 输出三大类，每类根据点数的多少又分出 2 种型号。

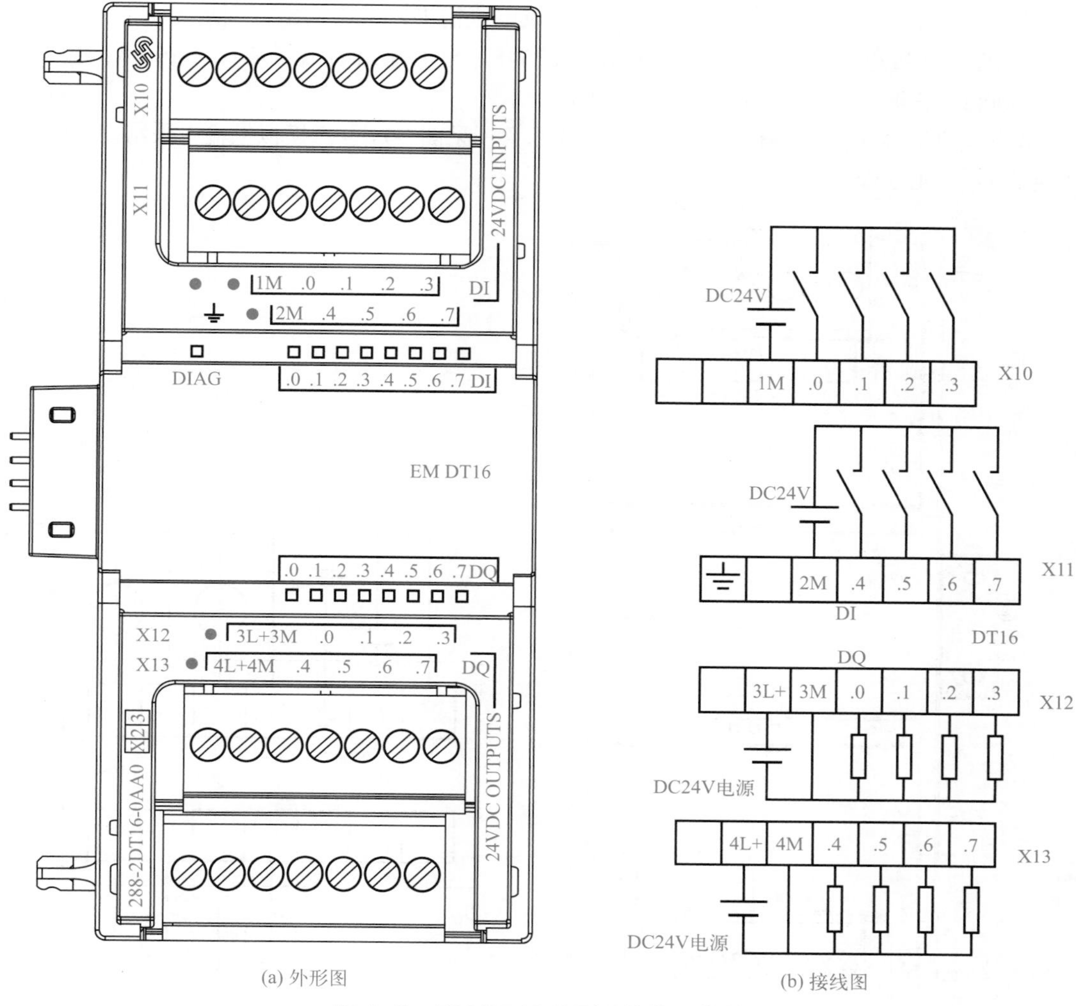

(a) 外形图　　(b) 接线图

图 1-6　EM DT16 外形及接线示意图

模拟量扩展模块主要技术参数见表 1-3，模拟量输入模块在硬件组态时可选择电压或电流输入，电压输入有 ±10V、±5V、±2.5V 范围可选，输入阻抗≥ 9MΩ，对应转换后的数据范围是 −27648 ～ 27648。电流输入的范围是 0 ～ 20mA，输入阻抗 250Ω，对应转换后的数据范围是 0 ～ 27648。

表 1-3　模拟量扩展模块主要技术参数

型号	功能说明	输入范围	输出范围	功耗（无负载）
EM AE04	4 点模拟量输入	±10V、±5V、±2.5V，0 ～ 20mA		1.5W
EM AE08	8 点模拟量输入			2.0W
EM AQ02	2 点模拟量输出		±10V，0 ～ 20mA	1.5W
EM AQ04	4 点模拟量输出			2.1W
EM AM03	2 点模拟量输入 /1 点模拟量输出	±10V、±5V、±2.5V，0 ～ 20mA	±10V，0 ～ 20mA	1.1W
EM AM06	4 点模拟量输入 /2 点模拟量输出			2.0W

模拟量输出模块在硬件组态时可选择电压或电流输出，电压输出范围是 ±10V，输出阻抗≥ 1kΩ，满量程的数据范围是 −27648 ～ 27648。电流输出的范围是 0 ～ 20mA，输出阻抗≤ 500Ω，满量程的数据范围是 0 ～ 27648。

4 点模拟量输入模块 EM AE04 外形及接线示意图见图 1-7，4 点模拟量输入采用差分输入，模块需外接 DC 24V 电源。

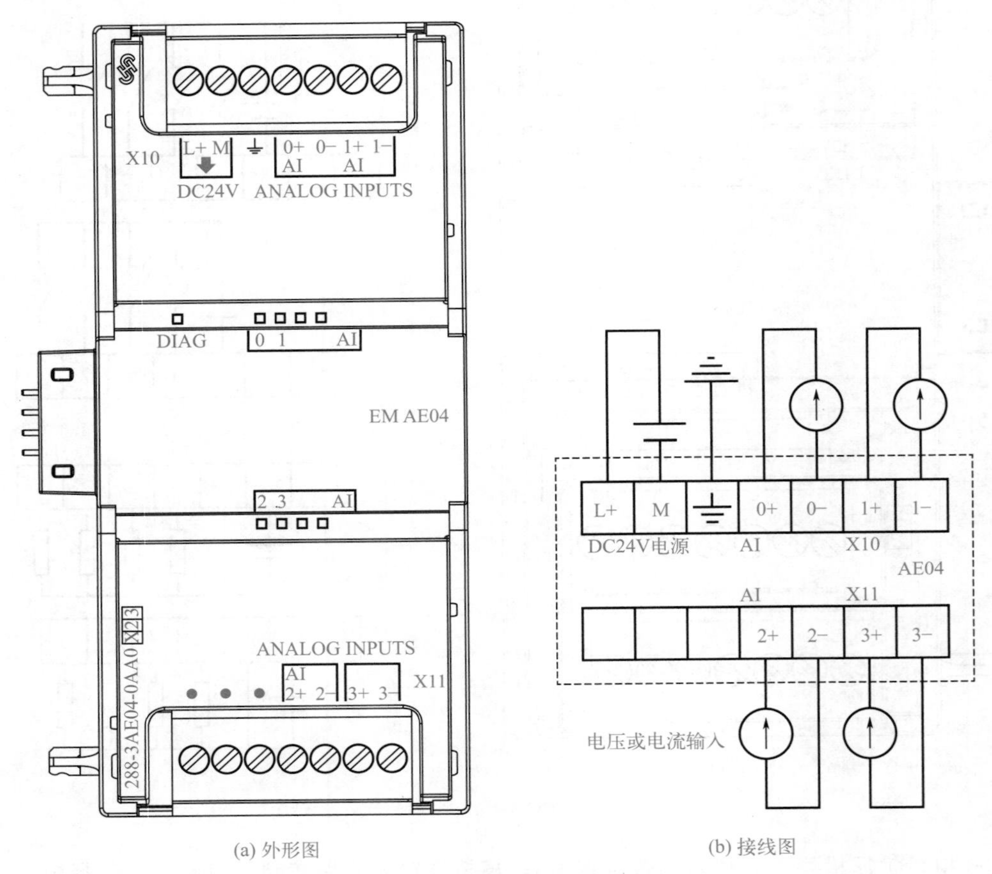

(a) 外形图 (b) 接线图

图 1-7 EM AE04 外形及接线示意图

4 点模拟量输出模块 EM AQ04 外形及接线示意图见图 1-8，模块外接 DC 24V 电源，空余端子较多，4 点模拟量输出都接在下侧端子上。

4 点模拟量输入 /2 点模拟量输出模块 EM AM06 外形及接线示意图见图 1-9，模块外接 DC 24V 电源，上侧是 4 组模拟量输入，下侧有 2 组模拟量输出。

1.2.3 温度测量扩展模块

S7-200 SMART 的温度测量扩展模块分热电阻、热电偶两类，温度测量扩展模块主要技术参数见表 1-4，RTD 指的是热电阻，在硬件组态中可选择热电阻类型，现场最常用的是 PT100 铂热电阻，表中的测温范围和精度对应的是 PT100 铂热电阻，选择其他类型热电阻时参数会有所不同。使用热电阻时，模块转换得到的数值是将温度值乘 10 得到的值，例如：25.3℃时对应的结果为十进制数 253。

TC 指的是热电偶，在硬件组态中温度测量类型可选择“热电偶”或“电压”，选择“热

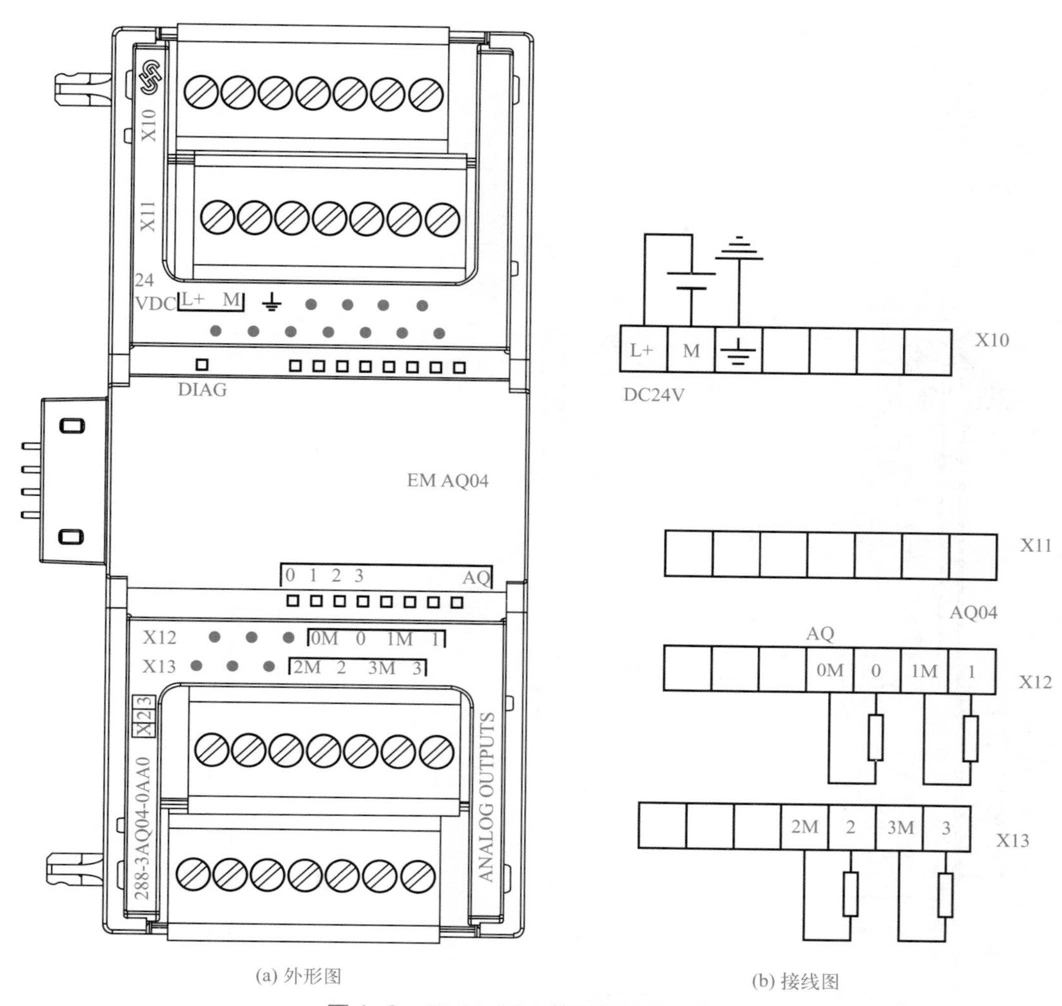

(a) 外形图　　(b) 接线图

图 1-8　EM AQ04 外形及接线示意图

电偶”后需要继续选择热电偶类型，常用的是 K 型热电偶。选择“热电偶”后模块转换得到的数值同热电阻，是含 1 个小数位的温度值，例如得到十进制数 854，那么温度是 85.4℃。选择“电压”后模块转换得到的数值是电压值，除了能测热电偶的电压，也可以测量其他在量程范围内的微弱电压，例如接测量直流电流的分流器输出可以测量直流电流的大小，电压模式下 80mV 时对应转换数值是 27648。

表 1-4　温度测量扩展模块主要技术参数

型号	功能说明	测温范围	测温精度	功耗（无负载）
EM AR02	2 点 16 位 RTD	-200 ～ 850℃	±1℃	1.5W
EM AR04	4 点 16 位 RTD			1.5W
EM AT04	4 点 16 位 TC	-150 ～ 1200℃	±0.6℃	1.5W

4 点热电阻测温模块 EM AR04 外形及接线示意图见图 1-10，模块需外接 DC 24V 电源，每点预留 4 个接线端子，硬件组态应与实际接线一致，选择 2 线制、3 线制或 4 线制。热电阻测温的原理是测量热电阻的阻值，然后转换为温度值，2 线制测得的阻值包含了引线电阻，

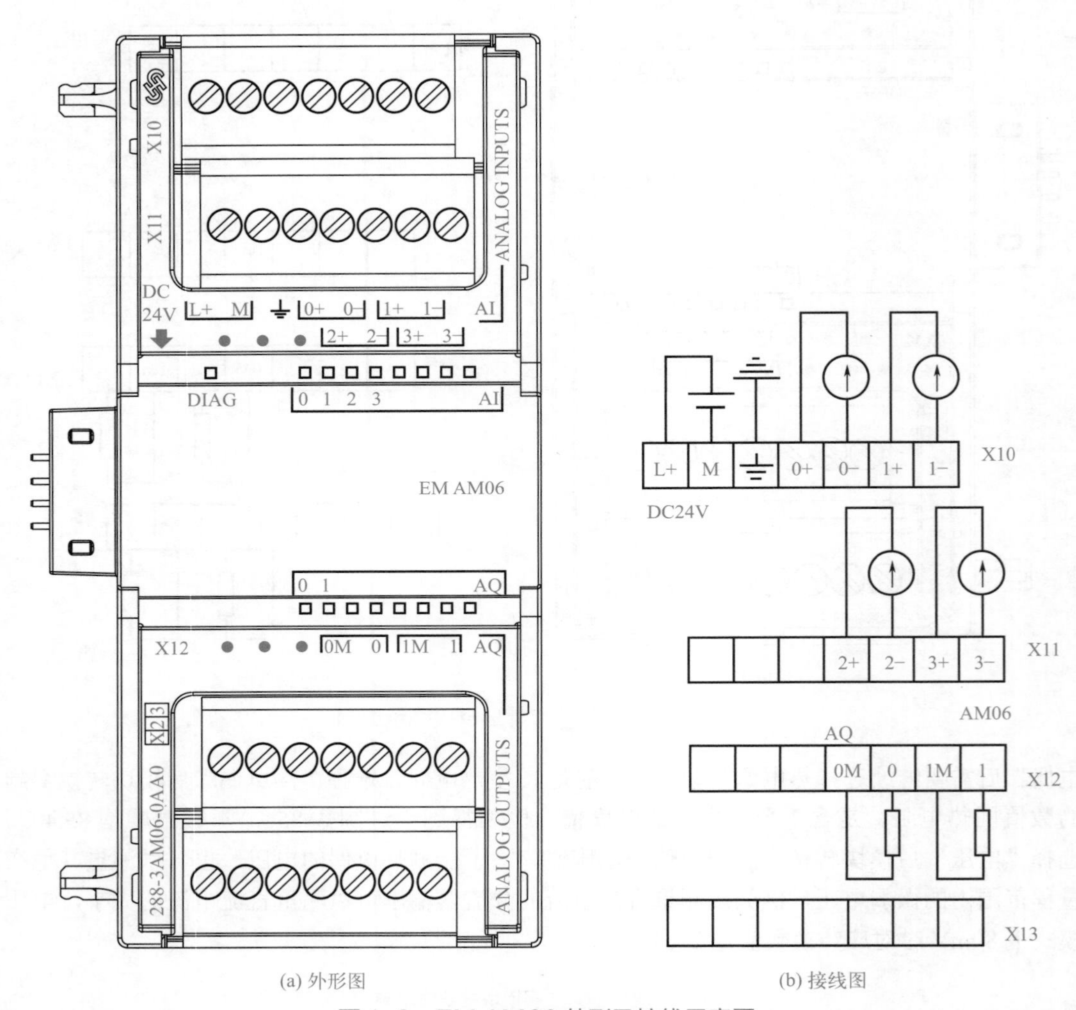

(a) 外形图　　(b) 接线图

图 1-9　EM AM06 外形及接线示意图

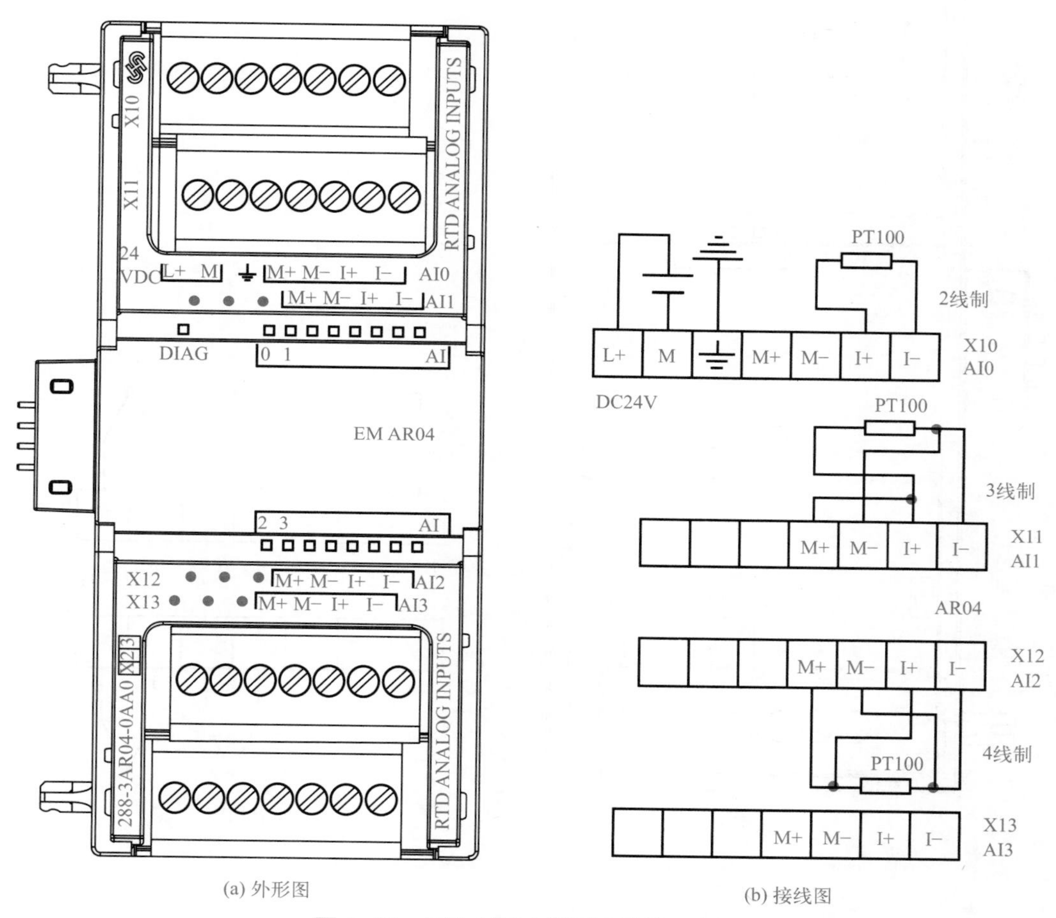

(a) 外形图　　(b) 接线图

图 1-10　EM AR04 外形及接线示意图

线路越长误差越大，3 线制或 4 线制都能消除引线电阻的影响，3 线制性价比高，现场应用也较多。

4 点热电偶测温模块 EM AT04 外形及接线示意图见图 1-11，模块需外接 DC 24V 电源，接线和 4 点模拟量输入模块 EM AE04 一样，AT04 的电路原理就是模拟量输入，只是输入的电压信号范围较小，内部有温度补偿，根据电压值和内部温度计算出目标温度值。

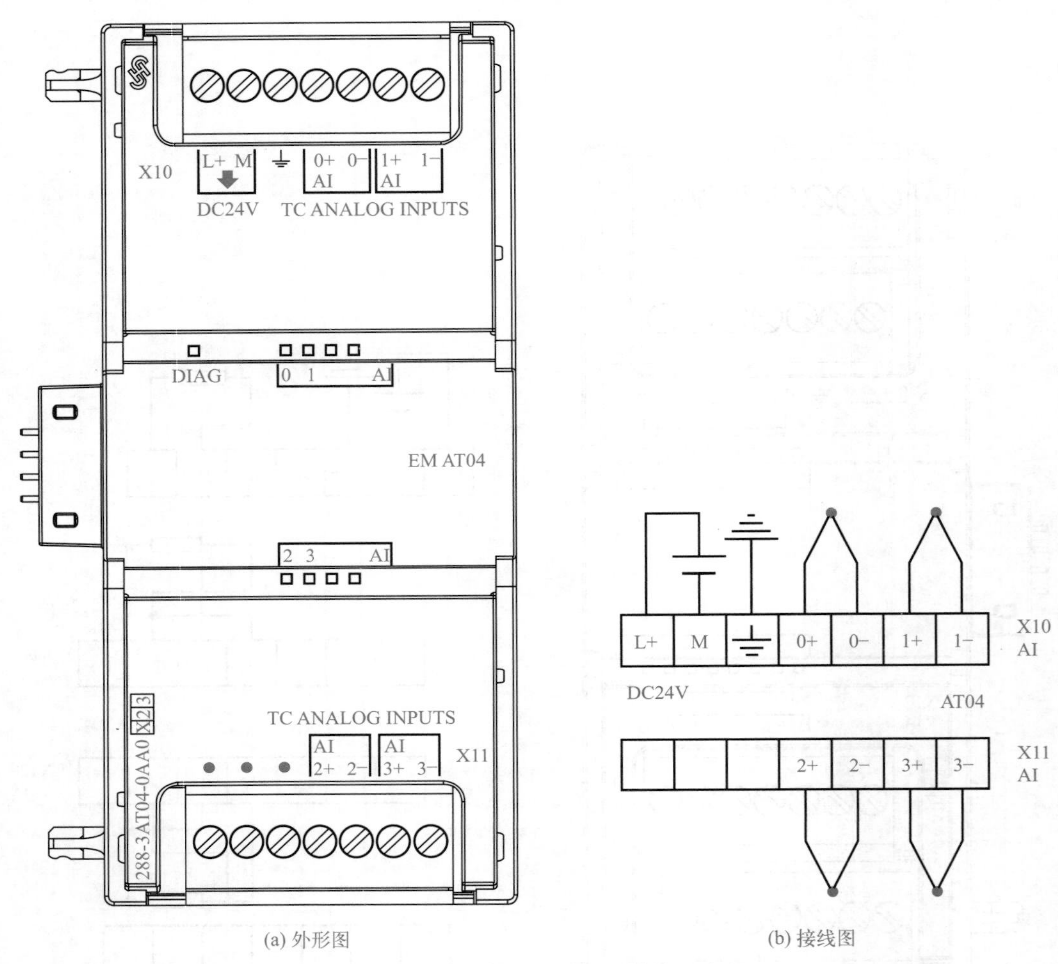

(a) 外形图　　(b) 接线图

图 1-11　EM AT04 外形及接线示意图

1.2.4 PROFIBUS DP 模块

PROFIBUS DP 模块 EM DP01 外形及接线示意图见图 1-12，模块需外接 DC 24V 电源，EM DP01 连接器 DB9 的电气接口是 RS485。S7-200 SMART PLC 扩展了 EM DP01，可以作为 PROFIBUS DP 从站或 MPI 从站接入到大中型 PLC 组成的控制网络中。

EM DP01 模块需要设置通信地址（DP ADDRESS），同一网络内通信地址不能重复，在 S7-200 SMART PLC 中无需对其进行组态和编程。

1.2.5 信号板

信号板分数字信号板、模拟信号板、RS485 信号板和电池板信号板，扩展信号板的位置

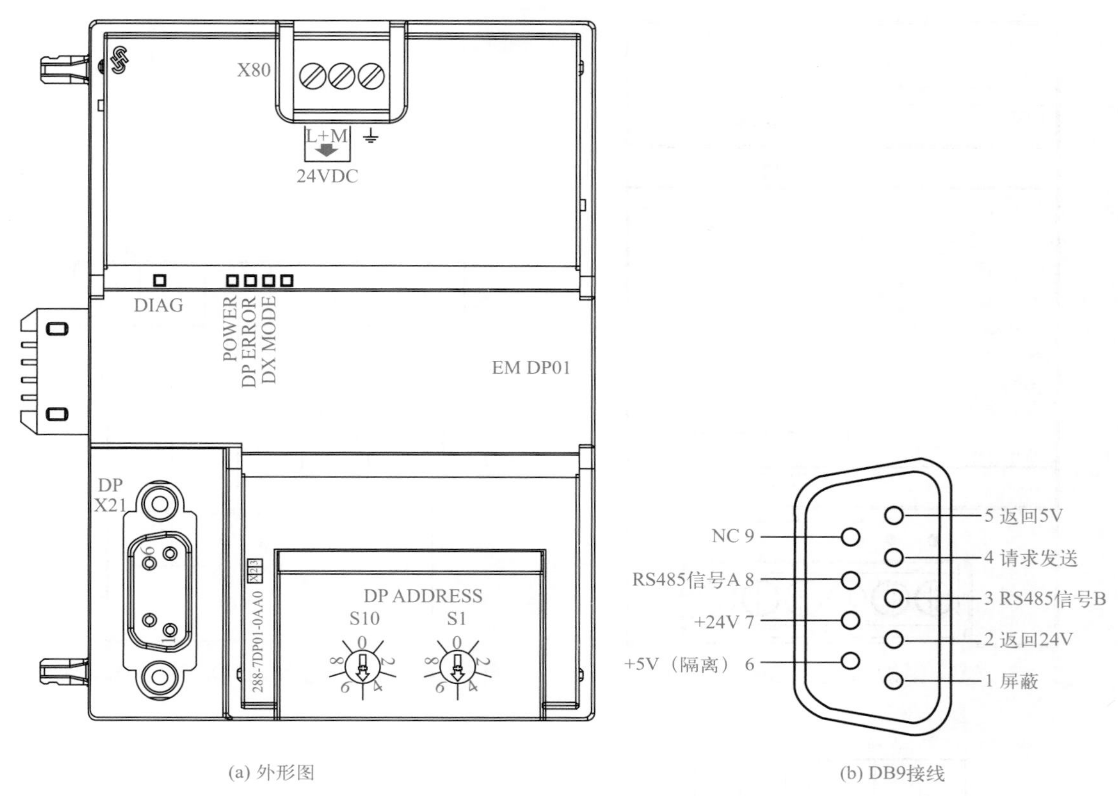

(a) 外形图　　(b) DB9接线

图 1-12　EM DP01 外形及接线示意图

只有 1 个，根据工程需求选择信号板类型，不需要就不用安装。模拟量输入信号板 SB AE01 外形图见图 1-13，其他类型信号板外形与此类似，都有 6 个接线端子，区别就是不同功能信号板的接线端子是不同的。

电池板用于实时时钟的长期备份，没有电池板时依靠内部超级电容存储的电能，实时时钟在 PLC 掉电后能工作 7 天，有了电池板后，PLC 长期掉电时内部时钟也会正常工作。电池板没有外接端子，内部安装的电池型号是 CR1025，使用时间约 1 年。

（1）数字信号板 SB DT04

数字信号板 SB DT04 接线示意图见图 1-14，模块需外接 DC 24V 电源，有 2 点晶体管型数字量输出，2 点数字量输入。

（2）模拟量输入信号板 SB AE01

模拟量输入信号板 SB AE01 接线示意图见图 1-15，只支持 1 点模拟量输入，输入信号的参数同模拟量输入扩展模块，电流输入时需要短接端子 R 和 0+，电压输入时不用短接端子 R 和 0+。

（3）模拟量输出信号板 SB AQ01

模拟量输出信号板 SB AQ01 接线示意图见图 1-16，只支持 1 点模拟量输出，输出信号的参数同模拟量输出扩展模块，接地端可用于接输出电缆的屏蔽线。

（4）RS485/RS232 信号板

RS485/RS232 信号板接线示意图见图 1-17，在硬件组态中选择使用 RS485 还是 RS232，常用的是 RS485，接线时 Tx/B 对 RS485+，Rx/A 对 RS485−，RS232 接线时采用交叉接线，M 接 Gnd。

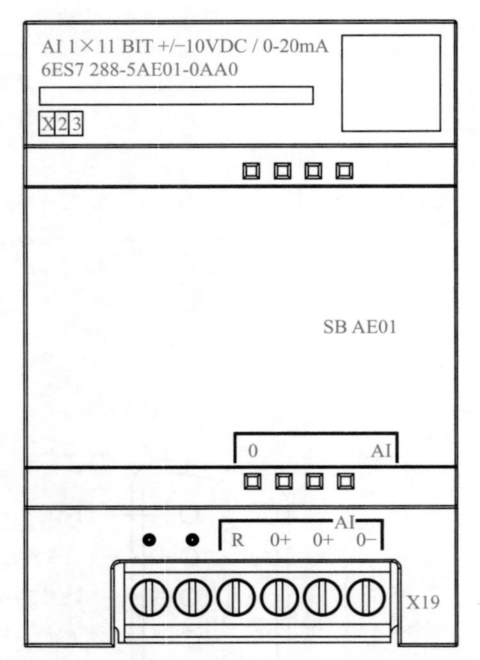

图 1-13 模拟量输入信号板 SB AE01 外形图

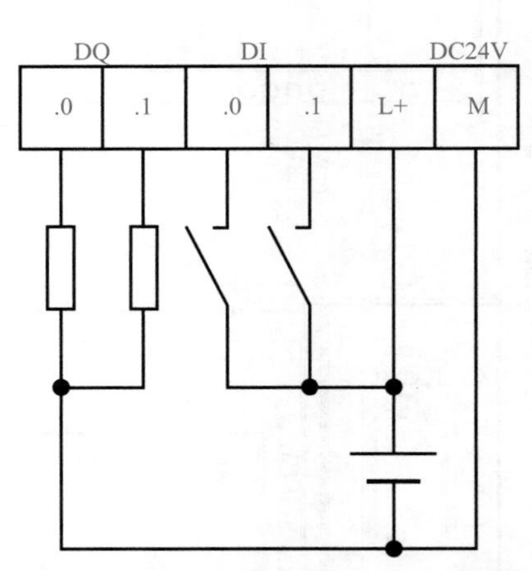

图 1-14 数字信号板 SB DT04 接线示意图

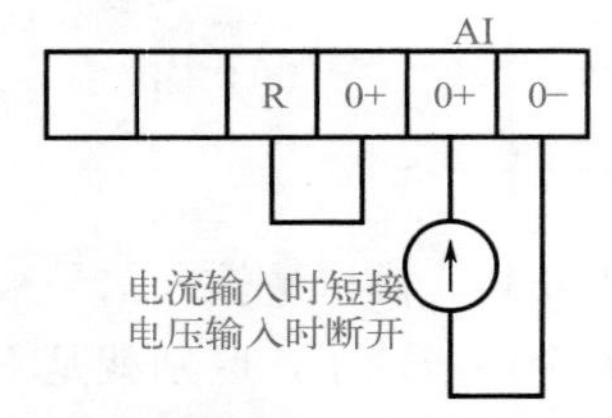

图 1-15 模拟量输入信号板 SB AE01 接线示意图

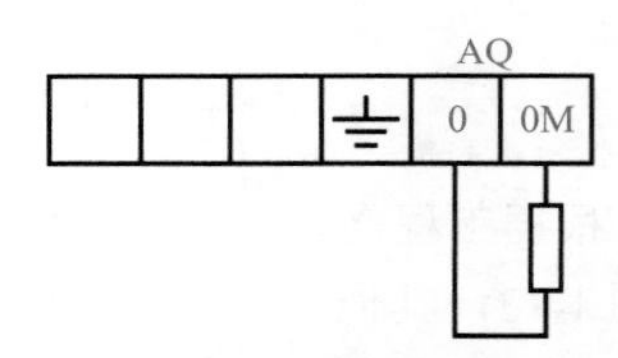

图 1-16 模拟量输出信号板 SB AQ01 接线示意图

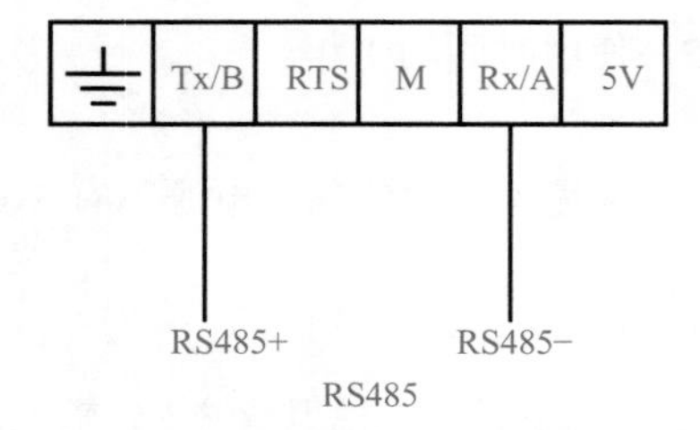

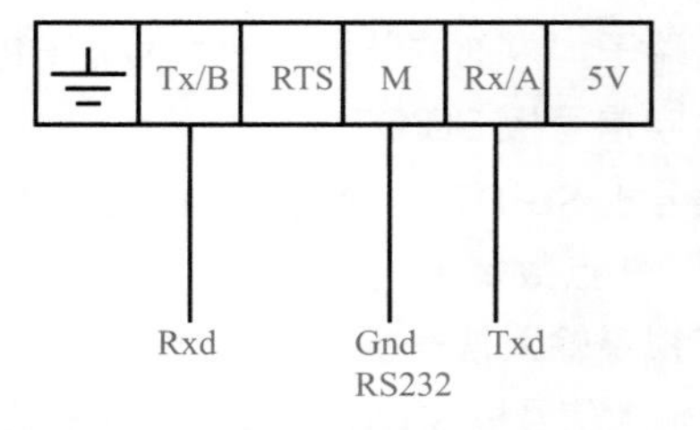

图 1-17 RS485/RS232 信号板接线示意图

第 2 章 编程软件 STEP 7-MicroWIN SMART

STEP 7-MicroWIN SMART 是西门子 S7-200 SMART PLC 配套的编程软件，可从“西门子官网技术支持 - 下载中心”下载最新版本的编程软件。编程软件用于管理 PLC 编程项目，实现硬件组态、软件编程调试、程序的上传和下载等功能。

为方便读者学习，本章内容做成了电子版，读者可以扫描二维码随时直观学习。

2.1 编程软件简介

2.2 PLC 设备组态

2.3 第一个测试项目

第3章　S7-200 SMART PLC程序指令

西门子S7-200 SMART PLC程序指令主要有位逻辑指令、定时器和计数器指令、串口通信指令、以太网通信指令、数据运算指令、逻辑运算指令、程序控制指令、时钟指令等。PLC编程先要学习编程基础，再学习编程指令的运用，有了编程基础才能更容易理解指令的用法，最后就是多参考例程进行练习，多总结，不断积累经验，提高自己的逻辑思维能力。

3.1　编程基础

3.1.1　数的进制

（1）进制的概念

数的n进制简单说就是“逢n进1，借1当n”。例如日常生活中用十进制，逢10进1，PLC编程会用到二进制和十六进制，二进制是逢2进1，十六进制是逢16进1。

（2）进制间转换

多位n进制数可以转成相应的十进制数，用符号表示的数量乘以相应位的权值，相应位的权值通常是n的相应几次幂，例如：

2#1101 = 1×2^3+1×2^2+0×2^1+1×2^0 = 8+4+0+1 = 13（2#表示二进制）

16#A3 = 10×16^1+3×16^0 = 160+3 = 163（16#表示十六进制）

表3-1是不同进制间的基本对应关系，最好能记住，方便进制间的转换。

表3-1　不同进制间的基本对应关系

十六进制	二进制	十进制转换	十进制结果
16#0	2#0000	0	0
16#1	2#0001	1	1
16#2	2#0010	2	2
16#3	2#0011	2+1	3
16#4	2#0100	4	4
16#5	2#0101	4+1	5
16#6	2#0110	4+2	6
16#7	2#0111	4+2+1	7
16#8	2#1000	8	8
16#9	2#1001	8+1	9
16#A	2#1010	8+2	10

续表

十六进制	二进制	十进制转换	十进制结果
16#B	2#1011	8+2+1	11
16#C	2#1100	8+4	12
16#D	2#1101	8+4+1	13
16#E	2#1110	8+4+2	14
16#F	2#1111	8+4+2+1	15

二进制和十六进制之间转换时，二进制从低到高 4 位一组进行转换，例如：

2#1011010011 = 2#10′1101′0011 = 16#2D3

16#A001 = 2#1010′0000′0000′0001 = 2#1010000000000001

十进制转换为十六进制，需要的话再转为二进制，以 4 位十六进制为例，从高到低各位的权值分别为：4096、256、16、1，将 2345 转为十六进制数值：

2345÷4096 = 0 余 2345

2345÷256 = 9 余 41

41÷16 = 2 余 9

9÷1 = 9

2345 = 16#0929 = 2#1001′0010′1001

3.1.2　数据类型

S7-200 SMART PLC 的数据类型见表 3-2，编程时每个变量都有确定的数据类型，不同数据类型使用不同的指令，比如加法指令就有单字有符号整数加法、双字有符号整数加法和浮点数加法。

表3-2　S7-200 SMART PLC的数据类型

类型	说明	取值范围
BOOL	1位，布尔型	0，1
BYTE	8位，字节型	16#00 ~ 16#FF
WORD	16位，单字无符号整数	16#0000 ~ 16#FFFF
INT	16位，单字有符号整数，简称整数	-32768 ~ +32767
DWORD	32位，双字无符号整数	16#00000000 ~ 16#FFFFFFFF
DINT	32位，双字有符号整数，简称双整数	-2^31 ~ +2^31-1
REAL	32位，单精度浮点数	-3.40282x10^38 ~ +3.40282x10^38
STRING	字符串	ASCII字符

3.1.3　存储区

（1）存储区划分

S7-200 SMART PLC 的存储区分为以下几种。

➢ I（过程映像输入）：CPU 在每次扫描周期开始时对物理输入点采样，然后将采样值写入过程映像输入寄存器。

➢ Q（过程映像输出）：扫描周期结束时，CPU 将存储在过程映像输出寄存器的值复制到物理输出点。

➢ V（变量存储器）：用 V 存储器存放全局变量。

➢ M（标志存储器）：用作内部控制继电器，存储操作的中间状态或其他控制信息。

➢ T（定时器存储器）：定时器能够以 1ms、10ms 或 100ms 的精度累计时间。访问定时器位还是当前值取决于所使用的指令，带位操作数的指令会访问定时器位，而带字操作数的指令则访问当前值。

➢ C（计数器存储器）：CPU 提供三种类型的计数器，对计数器输入上的每一个由低到高的跳变事件进行计数，一种仅向上计数，一种仅向下计数，还有一种可向上和向下计数。

➢ HC（高速计数器）：高速计数器独立于 CPU 的扫描周期对高速事件进行计数。

➢ AC（累加器）：累加器是可以像存储器一样使用的读 / 写器件。

➢ SM（特殊存储器）：SM 位提供了在 CPU 和用户程序之间传递信息的一种方法，可以使用这些位来选择和控制 CPU 的某些特殊功能。

➢ L（局部存储区）：CPU 为每个 POU（program organizational unit，程序组织单元）提供 64 字节的 L 存储器，用来存放局部变量。

➢ AI（模拟量输入）：CPU 将模拟量值（如温度或电压）转换为一个字长度（16 位）的数字值。

➢ AQ（模拟量输出）：CPU 将一个字长度（16 位）的数字值按比例转换为电流或电压。

➢ S（顺序控制继电器）：S 位与 SCR 关联，可用于将机器或步骤组织到等效的程序段中。

（2）存储区寻址范围

S7-200 SMART PLC 存储区寻址范围见表 3-3，以 CPU ST20 为例给出不同存储区的寻址范围，其他类型 CPU 的寻址范围只是变量存储器区（V）不同，其他存储区域都是相同的。

表 3-3　S7-200 SMART PLC 存储区寻址范围

存储区	说明	CPU ST20 的寻址范围			
		位	字节	字	双字
I	过程映像输入	I0.0 ~ I31.7	IB0 ~ IB31		
Q	过程映像输出	Q0.0 ~ Q31.7	QB0 ~ QB31		
V	变量存储器	V0.0 ~ V8191.7	VB0 ~ VB8191	VW0 ~ VW8190	VD0 ~ VD8188
M	标志存储器	M0.0 ~ M31.7	MB0 ~ MB31	MW0 ~ MW30	MD0 ~ MD28
T	定时器存储器	T0 ~ T255		T0 ~ T255	
C	计数器存储器	C0 ~ C255		C0 ~ C255	
HC	高速计数器				HC0 ~ HC3
AC	累加器				AC0 ~ AC3
SM	特殊存储器	SM0.0 ~ SM1535.7	SMB0 ~ SMB1535	SMW0 ~ SMW1534	
L	局部存储区	L0.0 ~ L63.7	LB0 ~ LB63	LW0 ~ LW62	LD0 ~ LD60
AI	模拟量输入			AIW0 ~ AIW110	
AQ	模拟量输出			AQW0 ~ AQW110	
S	顺序控制继电器	S0.0 ~ S31.7	SB0 ~ SB31		

（3）存储区访问

从表3-3中可以看出访问不同数据类型的格式也不同。

- 访问位的格式为：存储区标识＋字节地址＋“.”＋位号。
- 访问定时器、计数器位的格式为：存储区标识＋编号。
- 访问字节的格式为：存储区标识＋“B”＋字节地址。
- 访问字的格式为：存储区标识＋“W”＋起始字节地址。
- 访问双字的格式为：存储区标识＋“D”＋起始字节地址。
- T、C区默认按字访问。
- HC、AC区默认按双字访问。
- AI、AQ区默认按字访问。

同一存储区不同类型数据间的关系见图3-1，字VW100的起始字节地址是100，包含了VB100和VB101两个字节，双字VD100的起始字节地址也是100，包含了VW100和VW102两个字，包含了VB100～VB103共4个字节。位VD100.31、VW100.15、VB100.7是同一个位。

存储区大小是按字节统计的，都定义成字或双字，变量数量会减少。例如M区有32字节容量，按字节定义变量有32个，都按字定义变量则只会有16个，都按双字定义变量则只会有8个（MD0、MD4、MD8、MD12、MD16、MD20、MD24和MD28）。实际编程过程中是字节、字和双字混合定义变量的，使用变量的过程特别要注意不能让不同变量的字节有交叉，否则计算过程两个变量会相互影响，得不到正确结果。

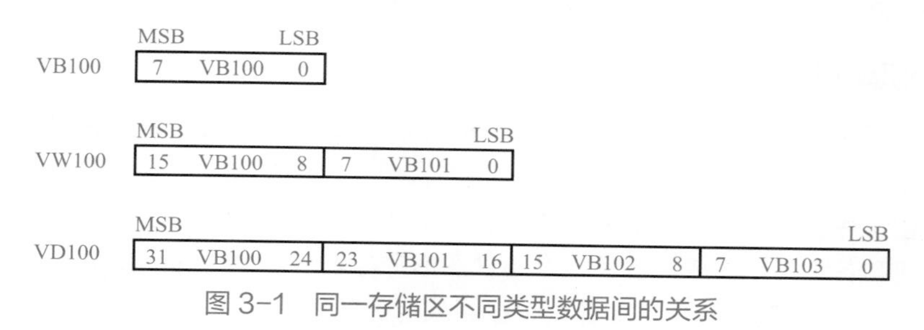

图3-1 同一存储区不同类型数据间的关系

（4）间接寻址

在操作数前加&表示取该操作数的指针，在指针的前面加*表示取指针所指向寄存器的内容。间接寻址常用于数组的循环操作。

3.1.4 本地I/O和扩展I/O寻址

CPU硬件组态映射首地址见表3-4，CPU为本身、信号板和扩展模块预留了I/O地址，在某位置安装了信号板或扩展模块，就从该处的首地址开始使用I/O地址，同一个扩展模块换到不同位置，其使用的I/O地址也是不同的。

表3-4 CPU硬件组态映射首地址

存储区	CPU	SB	EM0	EM1	EM2	EM3	EM4	EM5
I	I0.0	I7.0	I8.0	I12.0	I16.0	I20.0	I24.0	I28.0
Q	Q0.0	Q7.0	Q8.0	Q12.0	Q16.0	Q20.0	Q24.0	Q28.0
AI		AIW12	AIW16	AIW32	AIW48	AIW64	AIW80	AIW96
AQ		AQW12	AQW16	AQW32	AQW48	AQW64	AQW80	AQW96

3.2 梯形图程序

3.2.1 程序的构成

程序按编辑的内容分为可执行代码和注释，可执行代码编译后下载到 CPU 中运行，注释用于对程序段进行功能和逻辑说明，可以省略，不影响程序的编译和运行。

程序按功能分主程序、子例程（子程序）和中断例程（中断程序），CPU 运行时按顺序执行主程序中的指令，每个扫描周期执行一次。子程序可以有多个，在主程序中调用子程序时才去执行子程序，执行完后回到主程序继续往下执行。中断程序也可以有多个，需要在主程序中配置中断功能并开通中断，当满足中断条件时自动从主程序跳出去执行中断程序，执行完后回到主程序继续往下执行。子程序和中断程序的共同点是都会跳出主程序，执行完成后返回主程序，不同点是子程序需调用才会去执行，跳出位置是固定的，中断程序是满足中断条件就会去执行，跳出位置是不确定的。

子例程的主要作用是能在主程序中多次调用，节省代码量，提高程序的可移植性。当主程序代码量较大时，也可以把主程序按功能分几段放到多个子例程中，然后在主程序中调用，这样的好处是容易理解主程序的逻辑关系，代码分段编写和调试。在子例程中为全部地址分配使用局部变量表（L 存储器），会使子例程具有极高的可移植性，因为当子例程使用局部变量时，子例程与程序的其他部分之间就不会有地址冲突。

3.2.2 梯形图（LAD）编辑器

梯形图编辑器以图形方式显示程序，与电气接线图类似，梯形图逻辑易于理解，适合 PLC 初学者使用。

梯形图由程序段组成，每次执行一个程序段，顺序为从左至右，然后从顶部至底部。程序段由左母线和各种指令组成，各种指令通过图形符号表示，包括三个基本形式：

- 触点表示逻辑输入条件，如开关、按钮或内部条件。
- 线圈通常表示逻辑输出结果，如指示灯、电机启动器、继电器或内部输出条件。
- 方框表示其他指令，如定时器、计数器或数学指令等。

梯形图程序段中左母线相当于已通电源，闭合的触点允许能量通过它们流到下一元件，而断开的触点则阻止能量的流动，当能量流到线圈，线圈代表输出位置 1。

3.2.3 梯形图程序编辑规则和限制

梯形图程序编辑规则如下：

- 程序中的驱动流是由左向右，驱动流不会反向流动。
- 编程中对 I/O、工作位、计时器和其他可使用的输入位的使用次数是不受限制的。
- 梯级中对串联、串并联、并联支路中连接的输入位的个数不受限制。
- 两个以上输出位可并联连接。
- 输出位也可被用作编程输入位。

梯形图程序编辑限制如下：

- 梯形图必须封闭，这样能量（驱动流）就可以从左母线流向输出位。
- 输出位、计时器、计数器和其他输出指令不允许与左母线直接连接，可在最前侧插入一个 Always_On:SM0.0（常通标志）作为输入位。

➢ 输入位必须总是位于输出指令之前，而不能插入到输出指令之后。

➢ 输入位不能用于输出（OUT）指令。

➢ 每个程序段不能有 2 个或 2 个以上的独立的能流，可在最前侧插入一个 Always_On:SM0.0（常通标志）分出多个能流。

3.3 程序指令

3.3.1 位逻辑

位逻辑指令包含位输入逻辑指令和位输出逻辑指令，位输入逻辑指令主要有常开、常闭触点，以及对常开、常闭触点的取反、上升沿和下降沿处理。位输出逻辑指令主要有线圈、置 / 复位和触发器。

（1）位输入逻辑指令

位输入逻辑指令见表 3-5，位的输入可以是：

➢ PLC 输入，如 I0.0、I7.2；

➢ PLC 输出状态，如 Q0.1、Q8.2；

➢ 定时器状态位，如 T37；

➢ 存储器位，如 M1.7、V100.1、L0.0、S1.2、系统符号 SM0.0（始终接通）等。

位的即时输入只能是 PLC 输入。

表3-5　位输入逻辑指令

指令	梯形图	说明
常开触点	bit ─┤ ├─	常开和常闭开关通过触点符号进行表示。 如果能流位于左侧且触点闭合，则能流将通过触点流向右侧的连接器，流至下一连接元件
常闭触点	bit ─┤/├─	
即时常开触点	bit ─┤I├─	立即指令执行时，该指令获取物理输入值，但不更新过程映像寄存器。 即时触点不会等待 PLC 扫描周期进行更新，而是会立即更新
即时常闭触点	bit ─┤/I├─	
取反	─┤NOT├─	NOT（取反）触点会改变能流输入的状态。 能流到达 NOT 触点时将停止，没有能流到达 NOT 触点时，该触点会提供能流
上升沿	─┤P├─	正跳变触点指令（上升沿）允许能量在每次断开到接通转换后流动一个扫描周期
下降沿	─┤N├─	负跳变触点指令（下降沿）允许能量在每次接通到断开转换后流动一个扫描周期

（2）位输出逻辑指令

位输出逻辑指令见表 3-6，位的输出可以是：

➢ PLC 输出，如 Q0.1、Q8.2；

➢ 存储器位，如 M1.7、V100.1、L0.0、S1.2。

位的即时输出只能是 PLC 输出。

表3-6 位输出逻辑指令

指令	梯形图	说明
输出	bit —( )	该输出指令执行时，PLC 将打开或关闭过程映像寄存器中的输出位，分配的位被设置为等于能流状态
即时输出	bit —(I)	执行立即输出指令时，物理输出点（位）立即被设置为等于能流状态。“I”表示一个立即地址引用；新值将写入物理输出点和相应的过程映像寄存器地址
置位	bit —(S) N	置位 S 和复位 R 指令用于置位（接通）或复位（断开）从指定位开始的 *N* 个位。*N* 取值范围为 1 ~ 255。 如果复位指令指定定时器位（T 地址）或计数器位（C 地址），则该指令将对定时器或计数器位进行复位并清除定时器或计数器的当前值
复位	bit —(R) N	
即时置位	bit —(SI) N	立即置位和立即复位指令立即置位（接通）或立即复位（断开）从指定位开始的 *N* 个位
即时复位	bit —(RI) N	
置位优先双稳态	bit [S1 SR OUT; R]	SR（置位优先双稳态触发器）是一种置位优先锁存器。如果置位（S1）和复位（R）信号均为真，则输出（OUT）为真
复位优先双稳态	bit [S RS OUT; R1]	RS（复位优先双稳态触发器）是一种复位优先锁存器。如果置位（S）和复位（R1）信号均为真，则输出（OUT）为假
空操作	N [NOP]	空操作（NOP）指令不影响用户程序的执行，操作数 *N* 为 0 ~ 255 之间的数

（3）位逻辑指令应用

与、或、非是基本的逻辑运算，与运算中两个输入变量都为 1 时结果才为 1，或运算中两个输入变量有 1 个为 1，结果就为 1，非运算就是取反。梯形图指令中没有与、或指令，依靠输入位（块）的并联实现与运算，依靠输入位（块）的串联实现或运算，输入块指的是多个输入位的逻辑组合。位逻辑指令应用示例程序见图 3-2，用 3 种方式实现启停控制。

与、或逻辑启停控制中，停止按钮 I0.1 常闭是导通的，启动按钮 I0.0 和输出位 Q0.0 都是断开的，左母线的能量无法流到输出 Q0.0，Q0.0 的输出状态为 0；当按下启动按钮 I0.0 时，左母线的能量经 I0.1、I0.0 流到输出 Q0.0，Q0.0 的输出状态变为 1，此时即使松开启动按钮，I0.0 断开，左母线的能量也会经 I0.1、Q0.0 流到输出 Q0.0，保持 Q0.0 的输出状态为 1；当按下停止按钮 I0.1 时，左母线到输出 Q0.0 的能流断开，Q0.0 的输出状态位变为 0。梯形图中 I0.0 和 Q0.0 是或的关系，组合后的块与 I0.1 是与的关系。

触发器启停控制中，输出 Q0.1 的初始状态为 0；按下启动按钮 I0.2，输出 Q0.1 的状态变为 1；按下停止动按钮 I0.3，输出 Q0.1 的状态变为 0。

置位、复位启停控制中，输出 Q0.2 的初始状态为 0；按下启动按钮 I0.4，输出 Q0.2 的状态变为 1；按下停止动按钮 I0.5，输出 Q0.2 的状态变为 0。程序中如果不用 Always_On:SM0.0（常通标志），置位操作和复位操作需分开放到 2 个程序段中。

3.3.2　定时器

（1）定时器指令

定时器指令见表 3-7，定时器分接通延时定时器（TON）、断开延时定时器（TOF）和保持型接通延时定时器（TONR）。

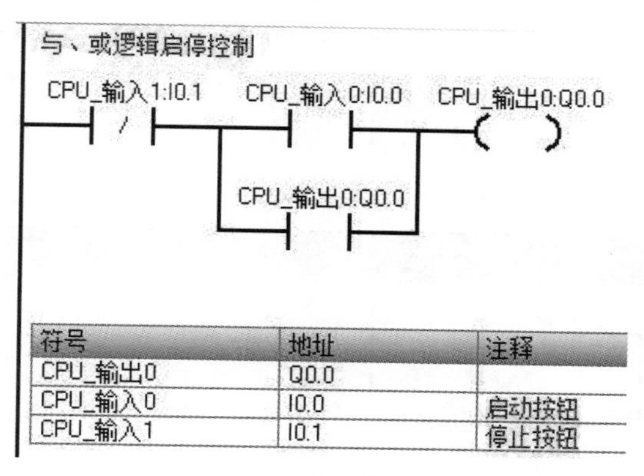

符号	地址	注释
CPU_输出0	Q0.0	
CPU_输入0	I0.0	启动按钮
CPU_输入1	I0.1	停止按钮

(a) 与、或逻辑启停控制

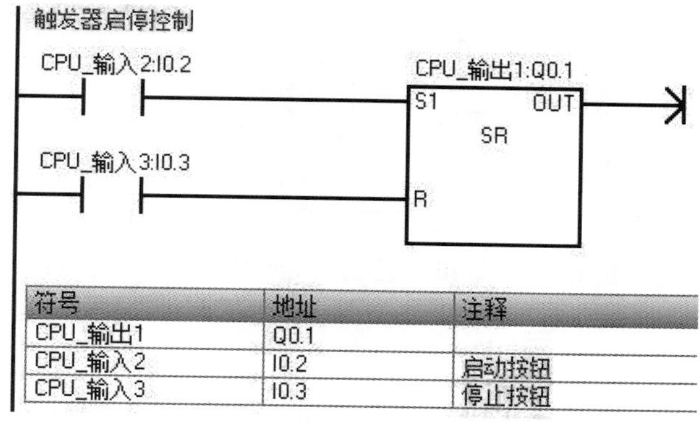

符号	地址	注释
CPU_输出1	Q0.1	
CPU_输入2	I0.2	启动按钮
CPU_输入3	I0.3	停止按钮

(b) 触发器启停控制

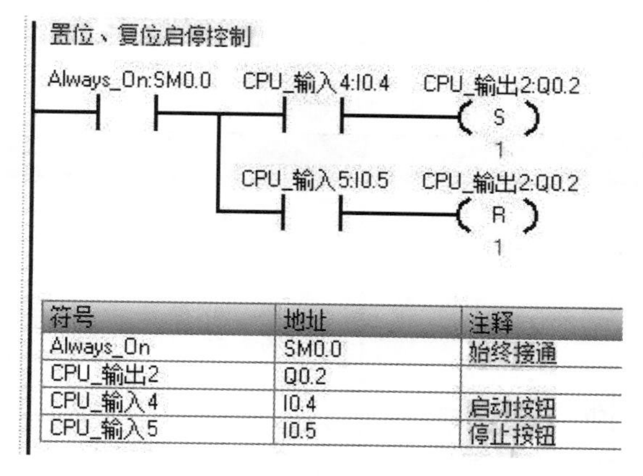

符号	地址	注释
Always_On	SM0.0	始终接通
CPU_输出2	Q0.2	
CPU_输入4	I0.4	启动按钮
CPU_输入5	I0.5	停止按钮

(c) 置位、复位启停控制

图 3-2　位逻辑指令应用示例程序

TON 指令在使能输入 IN 接通时开始计时，当计时值大于等于预设时间时，定时器位变为接通；当使能输入 IN 断开时，清除 TON 定时器的当前值，定时器位变为断开。

TOF 指令在使能输入 IN 接通时，定时器位立即接通，当前值设置为 0；当输入 IN 断开时，计时开始，直到当前时间等于预设时间时，定时器位断开。

TONR 指令在使能输入 IN 接通时开始计时，使能输入 IN 断开时，保持 TONR 定时器的当前值；当输入 IN 再次接通时，TONR 定时器继续累积时间，当计时值大于等于预设时间时，定时器位变为接通，使用复位指令（R）可清除 TONR 的当前值，同时使定时器位变为断开。

定时器预设时间 =PT* 定时器分辨率，定时器分辨率分 1ms、10ms 和 100ms，通过定时器编号选择定时器分辨率，从表 3-7 中可以看到，分配给常用分辨率 100ms 的定时器编号范围较大，分辨率 1ms 的定时器编号只有 T32、T96 两个。

表3-7 定时器指令

指令	梯形图	说明
接通延时定时器	Txxx IN TON PT ??? ms	分辨率 1ms：T32、T96 10ms：T33 ~ T36、T97 ~ T100 100ms：T37 ~ T63、T101 ~ T255
断开延时定时器	Txxx IN TOF PT ??? ms	
保持型接通延时定时器	Txxx IN TONR PT ??? ms	分辨率 1ms：T0、T64 10ms：T1 ~ T4、T65 ~ T68 100ms：T5 ~ T31、T69 ~ T95

需要注意的是，接通延时定时器和断开延时定时器共用定时器编号，TON 占用的编号 TOF 不能再使用，反之亦然。

（2）时间间隔定时器

时间间隔指令见表 3-8，这两个指令成对使用，先用开始间隔时间指令读取内置 1ms 计数器的当前值，并将该值存储在 OUT 中，然后用计算间隔时间指令计算当前时间与 IN 中提供的时间的时间差，然后将差值存储在 OUT 中。

表3-8 时间间隔指令

指令	梯形图	说明
开始间隔时间	BGN_ITIME EN ENO OUT	双字毫秒值的最大计时间隔为 2^{32} 或 49.7 天
计算间隔时间	CAL_ITIME EN ENO IN OUT	

（3）定时器指令应用

用定时器实现周期为 1500ms，占空比为 2/3 的脉冲输出。根据定时时间选择分辨率为 100ms 的定时器，定时器指令应用示例程序见图 3-3，用 3 种方式实现脉冲输出。

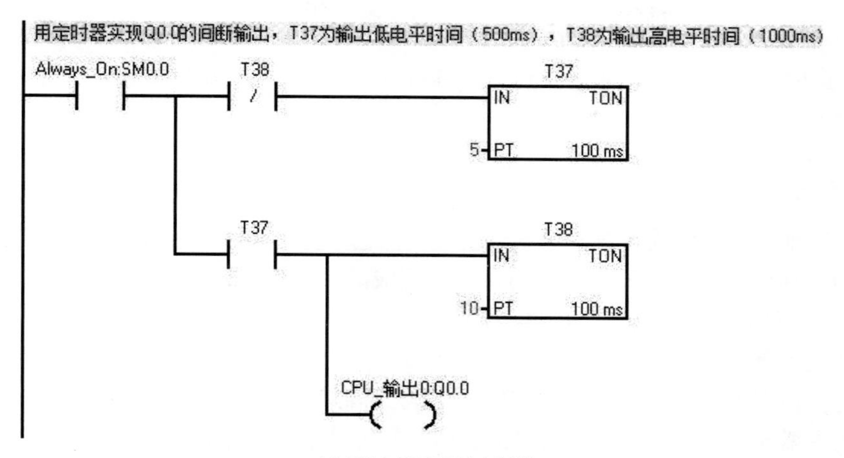

(a) 用2个接通延时定时器

用定时器实现Q0.1的间断输出，T39为输出低电平时间（500ms），T40为输出高电平时间（1000ms）
Always_On:SM0.0
T39
T40
IN TON
10 PT 100 ms
T40
T39
IN TOF
5 PT 100 ms
CPU_输出1:Q0.1

(b) 用1个接通延时定时器和1个断开延时定时器

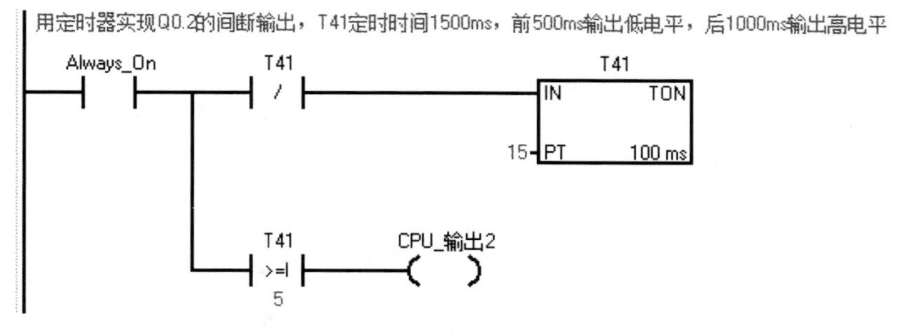

(c) 用1个接通延时定时器加上比较指令

图 3-3 定时器指令应用示例程序

方式一用 2 个接通延时定时器，首先常闭的 T38 启动 T37 开始计时，500ms 后时间到，T37 接通 Q0.0 输出高电平，此时 T38 开始计时，1000ms 后时间到，T38 接通复位 T37，Q0.0 输出低电平，开始下一个定时周期。

方式二用 1 个接通延时定时器和 1 个断开延时定时器，首先常闭的 T40 使得 T39 和 Q0.1 输出高电平，T40 开始计时，1000ms 后时间到，T40 接通，Q0.1 输出低电平，T39 开始计时，500ms 后时间到，T39 断开复位 T40，开始下一个定时周期。

方式三用 1 个接通延时定时器加上比较指令，程序中 T41 循环计时，定时值从 0 增加到 14 后会重新变为 0，周期为 1500ms，当 T41 < 5 时，Q0.0 输出低电平，当 T41 ≥ 5 时，Q0.0 输出高电平。

3.3.3 数据运算

常用的数据运算有整数运算、浮点数运算、传送、转换和比较。数据的逻辑运算、移位 / 循环一般用于通信数据的校验，常用的通信有现成的库供调用，所以很少能用到数据的逻辑运算和移位 / 循环指令。

（1）整数运算

整数运算指令见表 3-9，包括字、双字的加减乘除运算和字节、字、双字的递增递减运算，其中字节的递增递减运算是无符号运算，其他是有符号整数运算。

表3-9 整数运算指令

指令	梯形图	说明
整数加法	ADD_I EN ENO IN1 OUT IN2	IN1+IN2=OUT IN1、IN2 和 OUT 为整数
双整数加法	ADD_DI EN ENO IN1 OUT IN2	IN1+IN2=OUT IN1、IN2 和 OUT 为双整数
整数减法	SUB_I EN ENO IN1 OUT IN2	IN1−IN2=OUT IN1、IN2 和 OUT 为整数
双整数减法	SUB_DI EN ENO IN1 OUT IN2	IN1−IN2=OUT IN1、IN2 和 OUT 为双整数
整数乘法	MUL EN ENO IN1 OUT IN2	N1*IN2=OUT IN1、IN2 为整数 OUT 为双整数
	MUL_I EN ENO IN1 OUT IN2	IN1*IN2=OUT IN1、IN2 和 OUT 为整数
双整数乘法	MUL_DI EN ENO IN1 OUT IN2	IN1*IN2=OUT IN1、IN2 和 OUT 为双整数

续表

指令	梯形图	说明
整数除法	DIV EN ENO IN1 OUT IN2	N1/IN2=OUT IN1、IN2 为整数 OUT 为双字数据，低位字是商，高位字是余数
	DIV_I EN ENO IN1 OUT IN2	IN1/IN2=OUT IN1、IN2 和 OUT 为整数
双整数除法	DIV_DI EN ENO IN1 OUT IN2	IN1/IN2=OUT IN1、IN2 和 OUT 为双整数
字节递增	INC_B EN ENO IN OUT	IN+1=OUT IN 和 OUT 为字节型数据
整数递增	INC_W EN ENO IN OUT	IN+1=OUT IN 和 OUT 为整数
双整数递增	INC_DW EN ENO IN OUT	IN+1=OUT IN 和 OUT 为双整数
字节递减	DEC_B EN ENO IN OUT	IN−1=OUT IN 和 OUT 为字节型数据
整数递减	DEC_W EN ENO IN OUT	IN−1=OUT IN 和 OUT 为整数
双整数递减	DEC_DW EN ENO IN OUT	IN−1=OUT IN 和 OUT 为双整数

整数运算指令比较好理解，注意数据类型和指令匹配就行。整数除法指令应用示例程序见图 3-4，35 除以 3 的商是 11，余数是 2。

（2）浮点数运算

浮点数运算指令见表 3-10，包括加减乘除运算、三角函数、开方、自然对数、自然指数和 PID 回路指令。

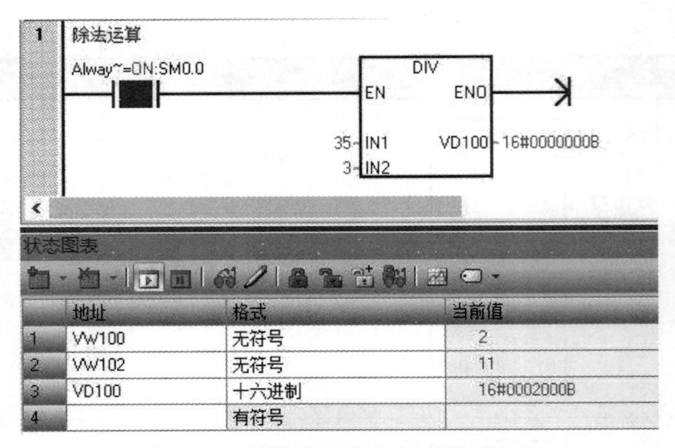

图 3-4　整数除法指令应用示例程序

表 3-10　浮点数运算指令

指令	梯形图	说明
浮点数加法	ADD_R：EN ENO IN1 OUT IN2	IN1+IN2=OUT IN1、IN2 和 OUT 为单精度浮点数
浮点数减法	SUB_R：EN ENO IN1 OUT IN2	IN1−IN2=OUT IN1、IN2 和 OUT 为单精度浮点数
浮点数乘法	MUL_R：EN ENO IN1 OUT IN2	IN1*IN2=OUT IN1、IN2 和 OUT 为单精度浮点数
浮点数除法	DIV_R：EN ENO IN1 OUT IN2	IN1/IN2=OUT IN1、IN2 和 OUT 为单精度浮点数
开方函数	SQRT：EN ENO IN OUT	SQRT（IN）=OUT IN 和 OUT 为单精度浮点数
正弦函数	SIN：EN ENO IN OUT	SIN（IN）=OUT IN 和 OUT 为单精度浮点数
余弦函数	COS：EN ENO IN OUT	COS（IN）=OUT IN 和 OUT 为单精度浮点数

续表

指令	梯形图	说明
正切函数	TAN：EN、ENO、IN、OUT	TAN（IN）=OUT IN 和 OUT 为单精度浮点数
自然对数	LN：EN、ENO、IN、OUT	LN（IN）=OUT IN 和 OUT 为单精度浮点数
自然指数	EXP：EN、ENO、IN、OUT	EXP（IN）=OUT IN 和 OUT 为单精度浮点数
PID 回路指令	PID：EN、ENO、TBL、LOOP	TBL：从 TBL 开始 120 个字节被该 PID 回路占用 LOOP：PID 回路编号（0 ~ 7） TBL 和 LOOP 都是字节型数据

PID（比例 P、积分 I、微分 D）回路指令用于执行 PID 计算，该指令有两个操作数：作为回路表起始地址的表地址和取值范围为常数 0 ～ 7 的回路编号。程序中最多使用 8 条 PID 指令。回路表占用 120 个字节存储器，回路表前 9 个浮点数为该 PID 控制回路参数，参数说明见表 3-11。

表 3-11　PID 控制回路参数

序号	参数	数据格式	说明
1	过程变量（当前值）	REAL	数值范围：0.00 ~ 1.00
2	回路给定值	REAL	数值范围：0.00 ~ 1.00
3	计算结果输出值	REAL	数值范围：0.00 ~ 1.00
4	回路增益	REAL	比例常数，正数对应正作用，负数对应反作用
5	采样时间	REAL	单位为秒
6	积分时间	REAL	单位为分
7	微分时间	REAL	单位为分
8	偏置	REAL	数值范围：0.00 ~ 1.00
9	上次过程变量（先前值）	REAL	上次执行 PID 指令时存储的过程变量值

STEP 7-Micro/WIN SMART 提供 PID 向导和 PID 控制面板，可以在 PID 向导提示下一步步设置 PID 算法，在 PID 控制面板对 PID 控制进行在线调试。

（3）逻辑运算

逻辑运算指令见表 3-12，包括字节、字、双字的与、或、非（取反）和异或指令。

（4）移位 / 循环

移位 / 循环指令见表 3-13，包括字节、字、双字的左移、右移、循环左移、循环右移和移位寄存器位。移位后留下的空位补 0，移出位最后一位进入 SM1.1，OUT 为 0 时 SM1.0 置位。循环移位移出位最后一位进入 SM1.1，OUT 为 0 时 SM1.0 置位。

表3-12　逻辑运算指令

指令	梯形图	说明
取反	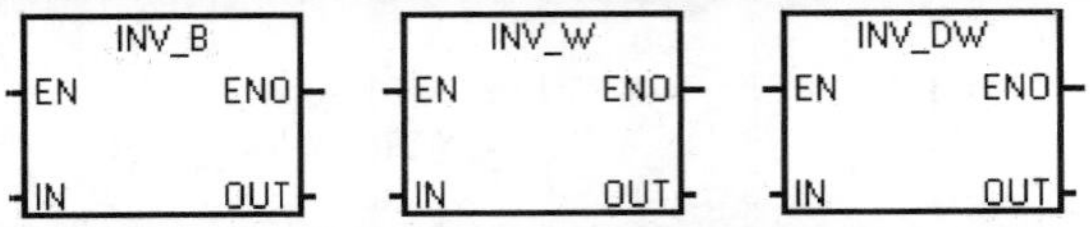 INV_B (EN, ENO, IN, OUT) INV_W (EN, ENO, IN, OUT) INV_DW (EN, ENO, IN, OUT)	IN=OUT INV_B：字节取反 INV_W：字取反 INV_DW：双字取反
与	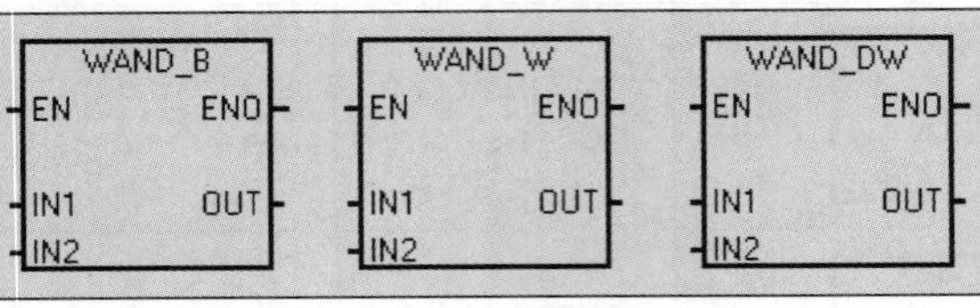 WAND_B (EN, ENO, IN1, OUT, IN2) WAND_W (EN, ENO, IN1, OUT, IN2) WAND_DW (EN, ENO, IN1, OUT, IN2)	IN2 AND IN2=OUT WAND_B：字节与 WAND_W：字与 WAND_DW：双字与
或	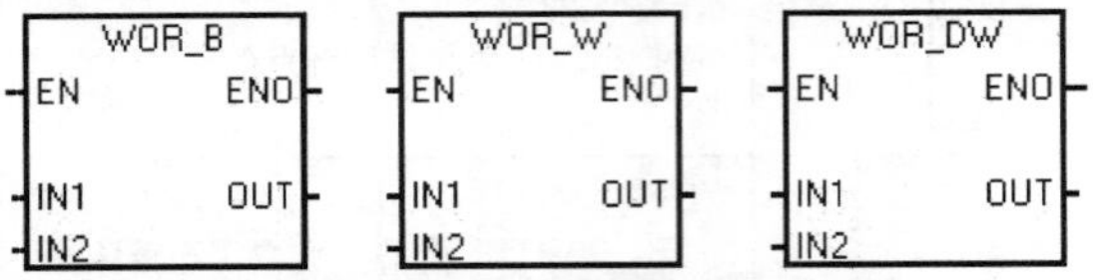 WOR_B (EN, ENO, IN1, OUT, IN2) WOR_W (EN, ENO, IN1, OUT, IN2) WOR_DW (EN, ENO, IN1, OUT, IN2)	IN2 OR IN2=OUT WOR_B：字节或 WOR_W：字或 WOR_DW：双字或
异或	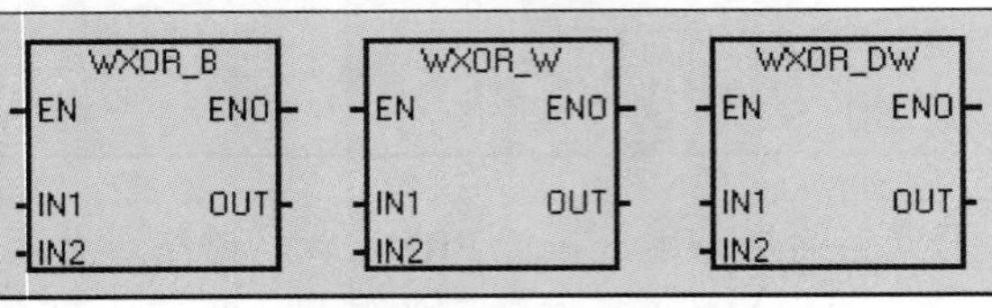 WXOR_B (EN, ENO, IN1, OUT, IN2) WXOR_W (EN, ENO, IN1, OUT, IN2) WXOR_DW (EN, ENO, IN1, OUT, IN2)	IN2 XOR IN2=OUT WXOR_B：字节异或 WXOR_W：字异或 WXOR_DW：双字异或

表3-13　移位/循环指令

指令	梯形图	说明
左移	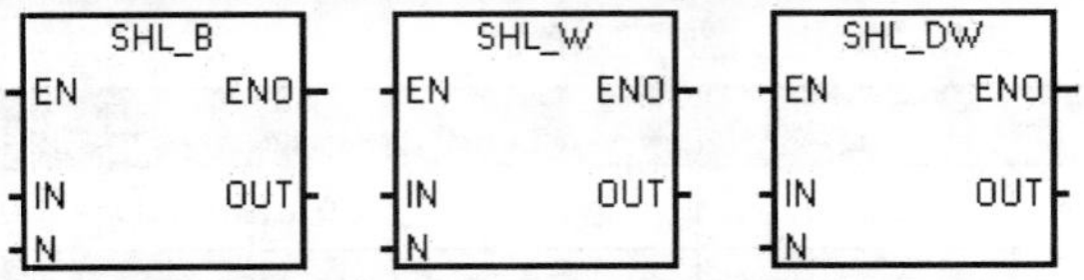 SHL_B (EN, ENO, IN, OUT, N) SHL_W (EN, ENO, IN, OUT, N) SHL_DW (EN, ENO, IN, OUT, N)	IN 左移 *N* 位输出到 OUT SHL_B：字节左移 SHL_W：字左移 SHL_DW：双字左移
右移	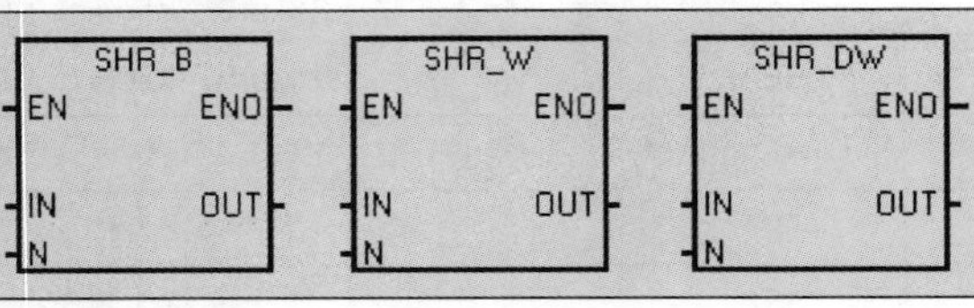 SHR_B (EN, ENO, IN, OUT, N) SHR_W (EN, ENO, IN, OUT, N) SHR_DW (EN, ENO, IN, OUT, N)	IN 右移 *N* 位输出到 OUT SHR_B：字节右移 SHR_W：字右移 SHR_DW：双字右移
循环左移	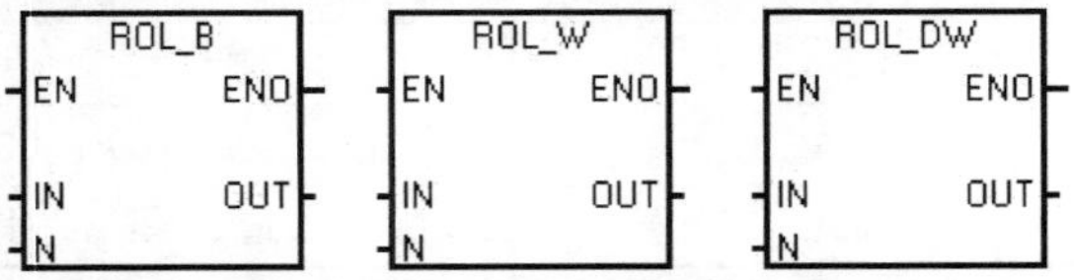 ROL_B (EN, ENO, IN, OUT, N) ROL_W (EN, ENO, IN, OUT, N) ROL_DW (EN, ENO, IN, OUT, N)	IN 循环左移 *N* 位输出到 OUT ROL_B：字节循环左移 ROL_W：字循环左移 ROL_DW：双字循环左移
循环右移	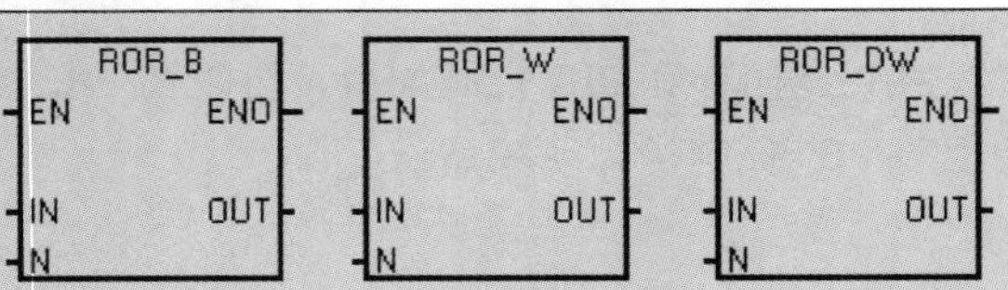 ROR_B (EN, ENO, IN, OUT, N) ROR_W (EN, ENO, IN, OUT, N) ROR_DW (EN, ENO, IN, OUT, N)	IN 循环右移 *N* 位输出到 OUT ROR_B：字节循环右移 ROR_W：字循环右移 ROR_DW：双字循环右移
移位寄存器位	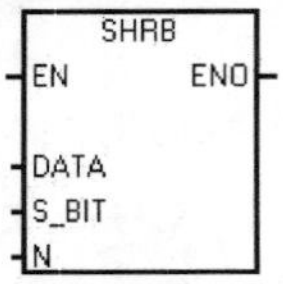 SHRB (EN, ENO, DATA, S_BIT, N)	DATA：待移入的位 S_BIT：移位寄存器最低有效位的位置 N：指定移位寄存器的长度和移位方向（正向移位 = N，反向移位 = –N）

（5）比较

比较指令见表 3-14，比较指令分数值比较和字符串比较。数值比较指令有 ==（等于）、<>（不等于）、>=（大于等于）、<=（小于等于）、>（大于）、<（小于）共 6 种，数据类型可以是字节、字、双字和浮点数。字符串比较指令有 ==(等于)、<>（不等于）共 2 种。

表3-14　比较指令

指令	梯形图	说明
数值比较	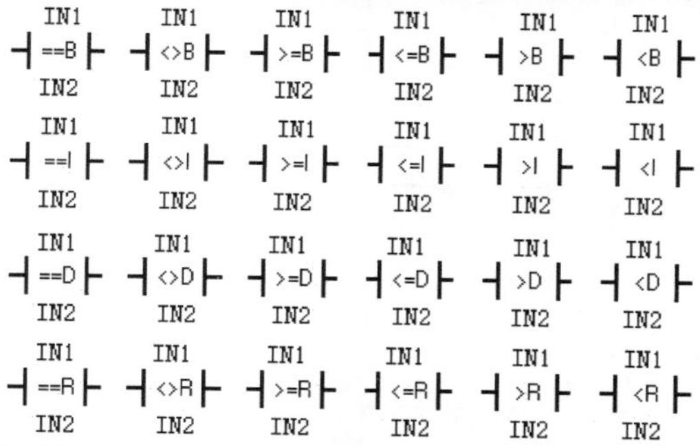 IN1 ==B IN2　IN1 <>B IN2　IN1 >=B IN2　IN1 <=B IN2　IN1 >B IN2　IN1 <B IN2 IN1 ==I IN2　IN1 <>I IN2　IN1 >=I IN2　IN1 <=I IN2　IN1 >I IN2　IN1 <I IN2 IN1 ==D IN2　IN1 <>D IN2　IN1 >=D IN2　IN1 <=D IN2　IN1 >D IN2　IN1 <D IN2 IN1 ==R IN2　IN1 <>R IN2　IN1 >=R IN2　IN1 <=R IN2　IN1 >R IN2　IN1 <R IN2	==：等于 <>：不等于 >=：大于等于 <=：小于等于 >：大于 <：小于 B：字节比较 I：整数比较 D：双整数比较 R：浮点数比较
字符串比较	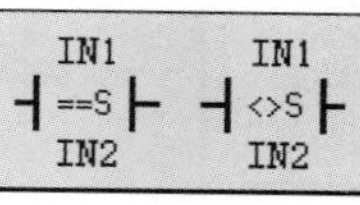 IN1 ==S IN2　IN1 <>S IN2	==：等于 <>：不等于

（6）转换

转换指令见表 3-15，包括数值类型间的转换、数值和字符串间的转换、数值和 ASCII 码以及 BCD 码之间的转换。字节和双整数之间不能直接转换，需通过整数间接转换，单精度浮点数只能和双整数之间直接转换，要和字节和整数之间转换需要通过双整数间接转换。

表3-15　转换指令

指令	梯形图	说明
数值类型转换	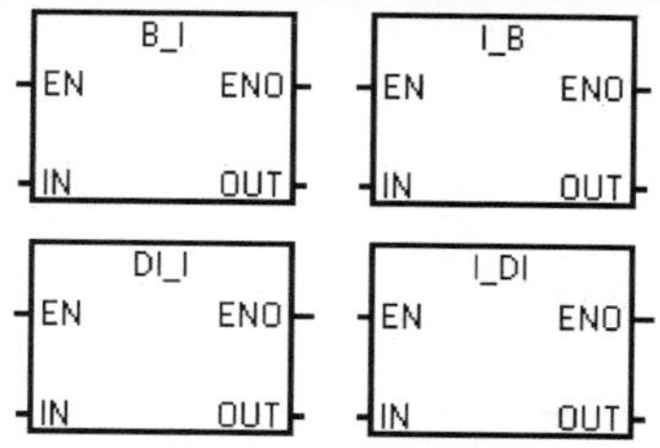 B_I (EN, ENO, IN, OUT)　I_B (EN, ENO, IN, OUT) DI_I (EN, ENO, IN, OUT)　I_DI (EN, ENO, IN, OUT)	B_I I_B：字节和整数之间转换 DI_I I_DI：双整数和整数之间转换
	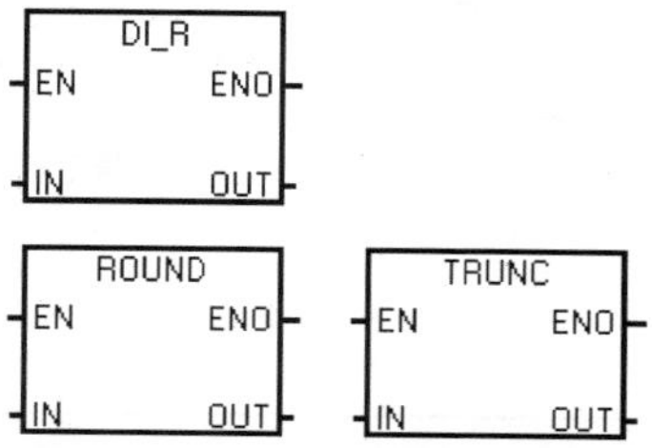 DI_R (EN, ENO, IN, OUT) ROUND (EN, ENO, IN, OUT)　TRUNC (EN, ENO, IN, OUT)	DI_R：双整数转单精度浮点数 ROUND：取整，单精度浮点数整数部分转双整数，小数部分四舍五入 TRUNC：取整，单精度浮点数整数部分转双整数，小数部分舍弃
BCD 码和整数之间转换	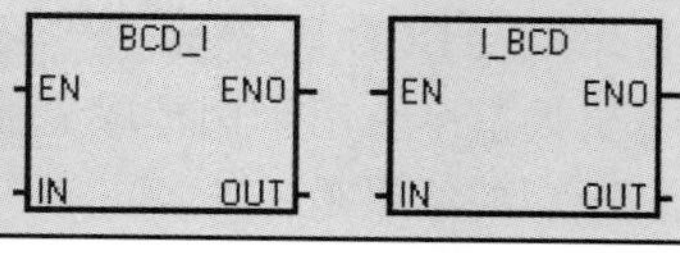 BCD_I (EN, ENO, IN, OUT)　I_BCD (EN, ENO, IN, OUT)	BCD_I：BCD 码转整数 I_BCD：整数转 BCD 码

续表

指令	梯形图	说明
数值和字符串之间转换	I_S: EN ENO IN OUT FMT S_I: EN ENO IN OUT INDX DI_S: EN ENO IN OUT FMT S_DI: EN ENO IN OUT INDX R_S: EN ENO IN OUT FMT S_R: EN ENO IN OUT INDX	I_S S_I：整数和字符串之间转换 DI_S S_DI：双整数和字符串之间转换 R_S S_R：浮点数和字符串之间转换 FMT：分配小数点右侧的转换精度，并指定小数点显示为逗号还是句点 MSB 7 6 5 4 3 2 1 0 LSB 0 0 0 0 c n n n c = 逗号 (1) 或小数点 (0) nnn= 小数点右侧的位数 结果字符串会写入从 OUT 处开始的连续字节中 INDX：通常设为 1，表示从字符串第 1 个字符开始转换
数值和ASCII字符数组之间转换	HTA: EN ENO IN OUT LEN ATH: EN ENO IN OUT LEN ITA: EN ENO IN OUT FMT DTA: EN ENO IN OUT FMT RTA: EN ENO IN OUT FMT	HTA：16 进制数转 ASCII 字符数组 ATH：ASCII 字符数组转 16 进制数 ITA：整数数转 ASCII 字符数组 DTA：双整数转 ASCII 字符数组 RTA：浮点数转 ASCII 字符数组
编码和解码	DECO: EN ENO IN OUT ENCO: EN ENO IN OUT SEG: EN ENO IN OUT	ENCO：编码指令将输入字 IN 中设置的最低有效位的位编号写入输出字节 OUT 的最低有效“半字节”(4 位)中 ENCO：解码指令置位输出字 OUT 中与输入字节 IN 的最低有效“半字节”(4 位)表示的位号对应的位 SEG：要点亮七段显示中的各个段，可通过“段码”指令转换 IN 指定的字符字节，以生成位模式字节，并将其存入分配给 OUT 的地址中

数值和字符串间的转换、数值和 ASCII 码以及 BCD 码之间的转换不常用，了解下就行，常用的是不同类型数值间的转换。浮点数转整数指令应用示例程序见图 3-5，浮点数 12.6 经 ROUND 取整后的结果是 +13，经 TRUNC 截取后的结果是 +12。

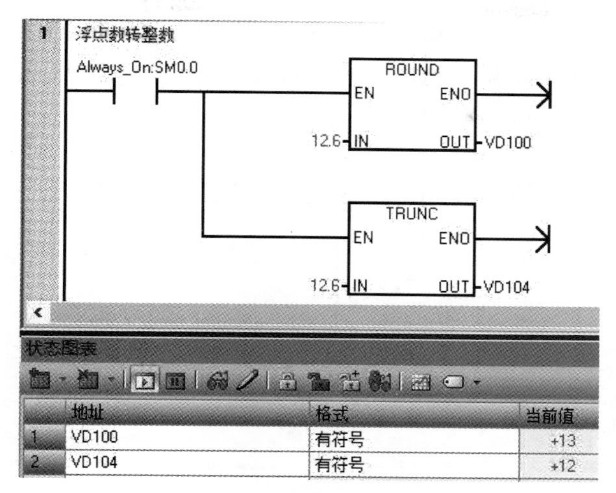

图 3-5　浮点数转整数指令应用示例程序

(7)传送

传送指令见表 3-16，数值传送用于寄存器赋初值或实现寄存器间数值的复制，块传送就是批量传送，立即传送用于立即刷新输入、输出，交换字节用于调整数据大小端格式。

表3-16　传送指令

指令	梯形图	说明
数值传送	MOV_B（EN、ENO、IN、OUT）；MOV_W（EN、ENO、IN、OUT）；MOV_DW（EN、ENO、IN、OUT）；MOV_R（EN、ENO、IN、OUT）	OUT=IN MOV_B：字节传送 MOV_W：字传送 MOV_DW：双字传送 MOV_R：浮点数传送
块传送	BLKMOV_B（EN、ENO、IN、OUT、N）；BLKMOV_W（EN、ENO、IN、OUT、N）；BLKMOV_D（EN、ENO、IN、OUT、N）	IN OUT：块的起始寄存器地址 BLKMOV_B：字节块传送 BLKMOV_W：字块传送 BLKMOV_DW：双字块传送 N：字节、字或双字的数量，1 ~ 255
立即传送	MOV_BIR（EN、ENO、IN、OUT）；MOV_BIW（EN、ENO、IN、OUT）	MOV_BIR：移动字节立即读取指令读取物理输入 IN 的状态，并将结果写入存储器地址 OUT 中，但不更新过程映像寄存器。 MOV_BIW：传送字节立即写入指令从存储器地址 IN 读取数据，并将其写入物理输出 OUT 以及相应的过程映像位置
交换字节	SWAP（EN、ENO、IN）	交换字 IN 的最高有效字节和最低有效字节

传送指令应用示例程序见图 3-6，用 M0.0 的上升沿控制将 VW100 的值传送到 VW102，然后再将 VW102 高低字节交换。测试时运行状态图表，向 VW100 写入 16#1234，然后向 M0.0 写入 1，VW102 的值变为 16#3412。

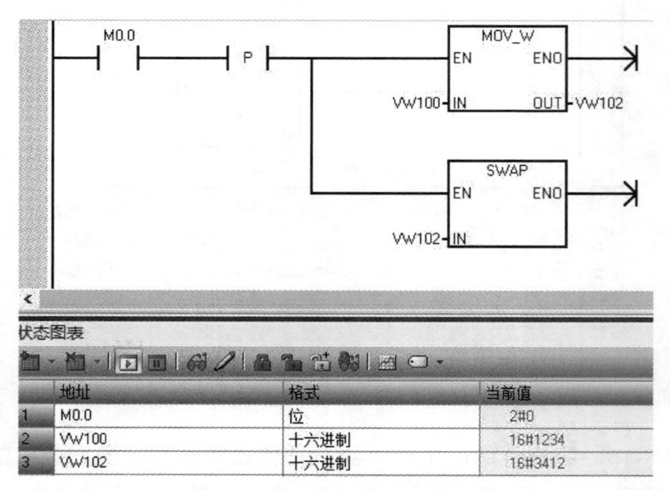

	地址	格式	当前值
1	M0.0	位	2#0
2	VW100	十六进制	16#1234
3	VW102	十六进制	16#3412

图 3-6　传送指令应用示例程序

3.3.4　程序控制

程序控制指令见表 3-17，程序控制指令包括 FOR-NEXT 循环、JMP 跳转、SCR 顺序控制等指令。子程序执行完自动返回主程序，正常情况下不需要返回指令 RET，但是当达到某个条件后就不需要执行后面的程序时可加入返回指令，提前返回主程序。主程序正常情况下不需要结束指令 END，但是当达到某个条件后就不需要执行后面的主程序时可加入结束指令，提前结束当前扫描，进入下一次扫描。

表3-17　程序控制指令

指令	梯形图	说明
FOR-NEXT循环	FOR EN　ENO INDX INIT FINAL (NEXT)	FOR 指令执行 FOR 和 NEXT 指令之间的指令，最大嵌套深度为八层。 INDX：循环计数寄存器 INIT：循环计数起始值 FINAL：循环计数结束值 NEXT：标记 FOR 循环程序段的结束
JMP跳转	n (JMP) n LBL	一般为有条件跳转，可跳出 FOR-NEXT 循环或跳过不需要执行的程序段。 n：标号，常数 0 ~ 255
SCR顺序控制	S_bit SCR S_bit (SCRT) (SCRE)	SCR 段可以将程序划分为单个顺序步骤流，或划分为可以同时激活的多个流。可以将单个流有条件地分为多个流，并可以将多个流有条件地重新合并为一个流。 SCR：SCR 段开始 SCRE：SCR 段结束 SCRT：跳转到另一个 SCR 段 S_bit：S 寄存器位，SCR 段的标识 通过对 S 寄存器位 S_bit 的置位进入顺序控制，通过 SCRT 实现 SCR 段之间的跳转，通过对 S 寄存器位 S_bit 的复位退出顺序控制

续表

指令	梯形图	说明
有条件 RET	-(RET)	根据前面的逻辑终止子例程，返回主程序
有条件 END	-(END)	根据前面的逻辑终止当前扫描，进行下一次扫描
有条件 STOP	-(STOP)	根据前面的逻辑将 CPU 切换到 STOP 模式
喂狗	-(WDR)	每次执行 WDR 指令时，扫描看门狗超时时间都会复位为 500ms，如果当前扫描持续时间达到 5s，CPU 会无条件地切换为 STOP 模式
错误代码	GET_ERROR (EN, ENO, ECODE)	获取非致命错误代码指令，将 CPU 的当前非致命错误代码存储在分配给 ECODE 的位置，而 CPU 中的非致命错误代码将在存储后清除

FOR-NEXT 循环指令应用示例程序见图 3-7，用 M0.0 的上升沿控制将 VW0 从 1 至 5 循环，并将 VW0 的值累加到 VW2，测试时运行状态图表，向 M0.0 写入 1，VW0 的值变为 6，VW2 的值变为 15。

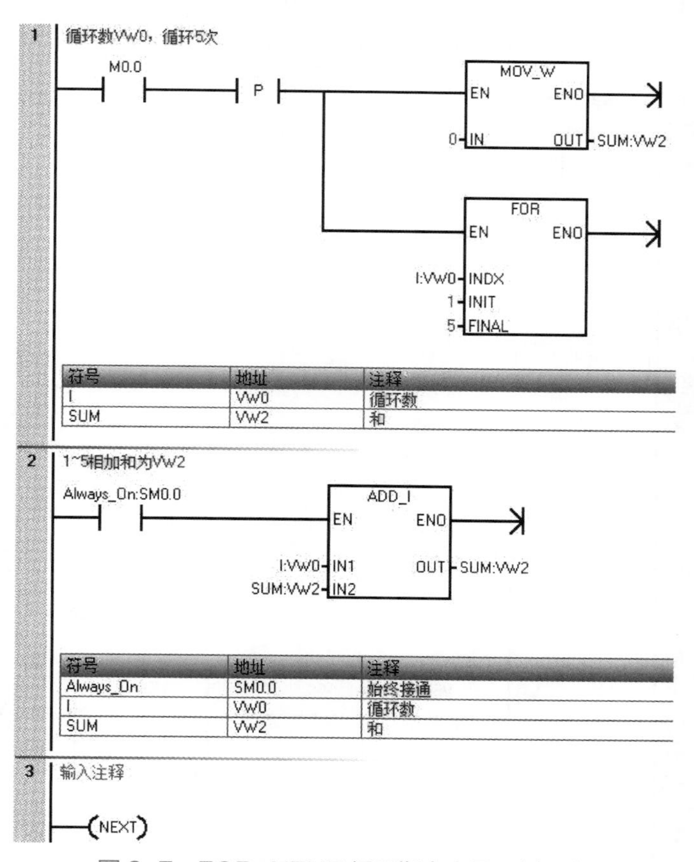

图 3-7　FOR-NEXT 循环指令应用示例程序

跳转指令应用示例程序见图 3-8，VB100 小于 100 时执行程序段 2，VB100 大于等于 100 后会跳过程序段 2，测试时给 VB100 赋值 100 以下的数值，VB100 的值会自动递增为 100，给赋值 100 及以上的数值，VB100 的值不变。

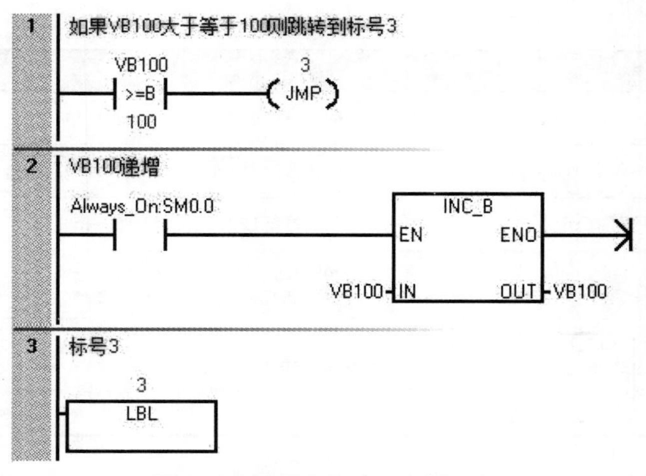

图 3-8 跳转指令应用示例程序

顺序控制示例程序见图 3-9，顺序控制使用了 2 个状态，S0.0 控制区控制 Q0.0 闪烁 10 次后进入 S0.1 控制区，Q0.1 闪烁 10 次后再返回 S0.0 控制区。M0.0 上升沿置 S0.0 为 1，启动顺序控制，M0.0 下降沿复位 S0.0 和 S0.1，退出顺序控制，Q0.0 和 Q0.1 断开输出。

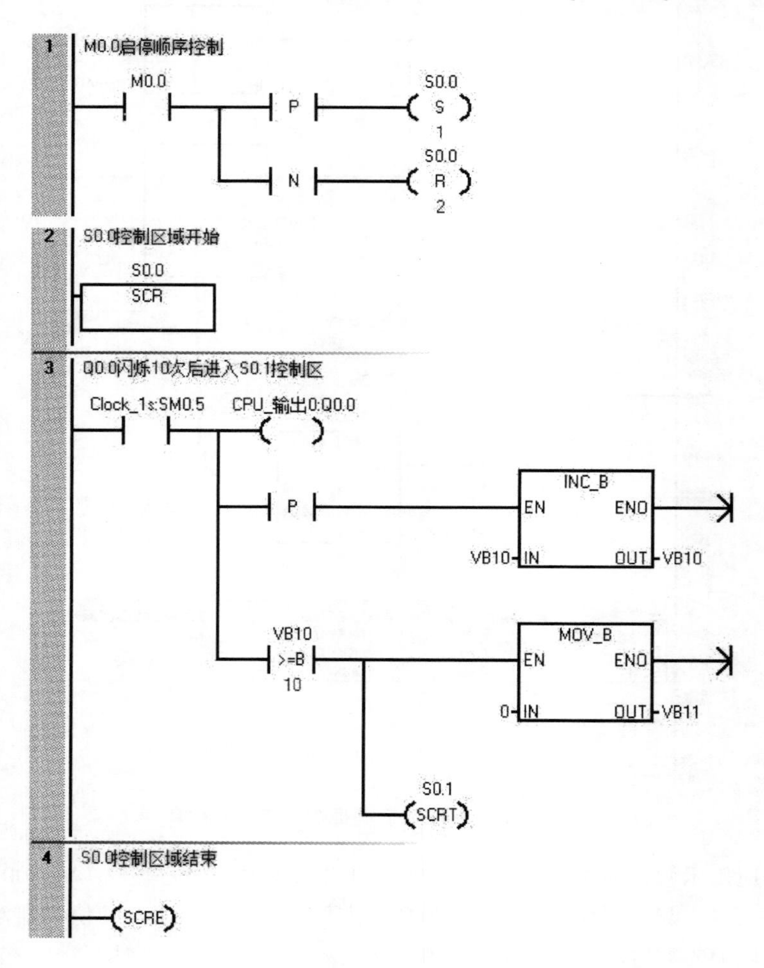

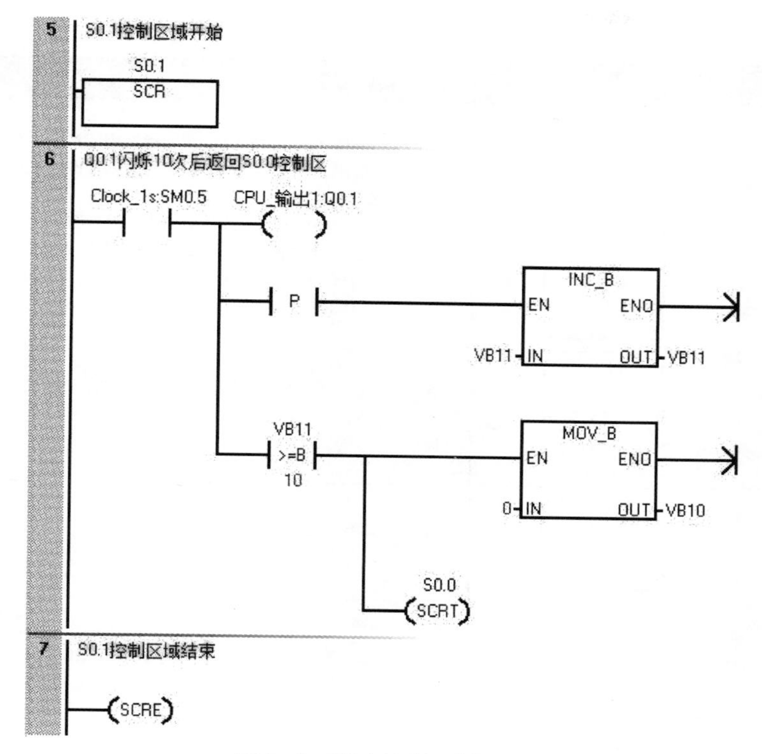

图 3-9　顺序控制示例程序

3.3.5　计数器和脉冲输出

计数器和脉冲输出指令见表 3-18，计数器指令包括加计数、减计数、加 / 减计数、高速计数器和脉冲指令。计数器与定时器类似，在 PLC 程序中，Cxxx 作为整数使用时是计数值，作为位逻辑使用时表示计数值是否达到预设值。

高速计数器指令一般不需直接使用，而是通过高速计数器向导自动生成高速计数器初始化子程序。

表 3-18　计数器和脉冲输出指令

指令	梯形图	说明
加计数 CTU	Cxxx CU　CTU R PV	CU：计数输入，每次从 OFF 转换为 ON 时，Cxxx 计数值加 1 R：复位输入，Cxxx=0 PV：预设值，当 Cxxx 计数值≥ PV 时，Cxxx 位 =1 当 Cxxx 计数达到最大值 32,767 时，计数器停止计数
减计数 CTD	Cxxx CD　CTD LD PV	CD：计数输入，每次从 OFF 转换为 ON 时，Cxxx 计数值减 1 LD：装载输入，Cxxx 计数值 =PV，Cxxx 位 =0 PV：预设值 当 Cxxx 计数值 =0 时，Cxxx 位 =1，计数器停止计数

续表

指令	梯形图	说明
加/减计数	Cxxx CU CTUD CD R PV	CU：加计数输入，每次从 OFF 转换为 ON 时，Cxxx 计数值加 1 CD：计数输入，每次从 OFF 转换为 ON 时，Cxxx 计数值减 1 R：复位输入，Cxxx=0 PV：预设值，当 Cxxx 计数值≥ PV 时，Cxxx 位 =1 当 Cxxx 达到最大值 32,767 时，加计数输入处的下一上升沿导致当前计数值变为最小值 -32,768。达到最小值 -32,768 时，减计数输入处的下一上升沿导致当前计数值变为最大值 32,767
高速计数器定义	HDEF EN ENO HSC MODE	选择模式，定义高速计数器的时钟、方向和复位功能 HSC：高速计数器编号 MODE：模式编号
高速计数器	HSC EN ENO N	高速计数器使能控制 N：高速计数器编号
脉冲输出	PLS EN ENO N	N：0（= Q0.0）、1（= Q0.1）或 2（= Q0.3）

脉冲输出指令控制高速输出（Q0.0、Q0.1 和 Q0.3）是否提供脉冲串输出（PTO）和脉宽调制（PWM）功能。输出脉冲的频率和占空比等参数由特殊寄存器决定，脉冲输出指令的作用是使相关特殊寄存器的设定值生效。

脉冲输出特殊寄存器说明见表 3-19，特殊寄存器 SMB66、SMB76 和 SMB566 是 PTO 状态寄存器；SMB67、SMB77 和 SMB567 是脉冲输出控制寄存器；SMB68、SMB78 和 SMB568 在 PTO 模式时用于设定脉冲输出频率，在 PWM 模式时用于设定 PWM 周期；SMB70、SMB80 和 SMB570 用于设定 PWM 脉冲宽度，调节 PWM 占空比。多段 PTO 的概念是将脉冲输出按照脉冲的变化情况分成多个段，分别设定起始频率、结束频率和脉冲数，实现脉冲输出多段变化可编程。

表 3-19　脉冲输出特殊寄存器说明

Q0.0	Q0.1	Q0.3	说明
SMB66.4	SMB76.4	SMB566.4	PTO 增量计算错误（因添加错误导致）： 0 = 无错误　　1 = 因错误而中止
SMB66.5	SMB76.5	SMB566.5	PTO 包络被禁用（因用户指令导致）： 0 = 非手动禁用的包络　　1 = 用户禁用的包络
SMB66.6	SMB76.6	SMB566.6	PTO/PWM 管道溢出 / 下溢： 0 = 无溢出 / 下溢　　1 = 溢出 / 下溢
SMB66.7	SMB76.7	SMB566.7	PTO 空闲： 0 = 进行中　　1 = PTO 空闲
SMB67.0	SMB77.0	SMB567.0	PTO/PWM 更新频率 / 周期时间： 0 = 不更新　　1 = 更新频率 / 周期时间
SMB67.1	SMB77.1	SMB567.1	PWM 更新脉冲宽度时间： 0 = 不更新　　1= 更新脉冲宽度

续表

Q0.0	Q0.1	Q0.3	说明
SMB67.2	SMB77.2	SMB567.2	PTO 更新脉冲计数值： 0 = 不更新　　1 = 更新脉冲计数
SMB67.3	SMB77.3	SMB567.3	PWM 时基： 0 = 1 μs/ 时标　　1 = 1 ms/ 刻度
SMB67.4	SMB77.4	SMB567.4	保留
SMB67.5	SMB77.5	SMB567.5	PTO 单 / 多段操作： 0 = 单段　　1 = 多段
SMB67.6	SMB77.6	SMB567.6	PTO/PWM 模式选择： 0 = PWM　　1 = PTO
SMB67.7	SMB77.7	SMB567.7	脉冲输出使能： 0 = 禁用　　1 = 启用
SMW68	SMW78	SMW568	PTO 频率：1 ~ 65,535 Hz（PTO） PWM 周期：2 ~ 65,535
SMW70	SMW80	SMW570	PWM 脉冲宽度值：0 ~ 65,535
SMD72	SMD82	SMD572	PTO 脉冲计数值：1 ~ 2,147,483,647
SMB166	SMB176	SMB576	进行中段的编号：仅限多段 PTO 操作
SMW168	SMW178	SMW578	包络表的起始单元：仅限多段 PTO 操作

脉冲输出 PTO 应用示例程序见图 3-10，用 SMW68 设定脉冲频率为 2Hz，用 SMD72 设定脉冲计数值为 10，用 SMB67 设定 Q0.0 的 PTO 功能。测试时用 M0.0 上升沿触发脉冲输出，输出 10 个脉冲自动停止，可以用 M0.0 上升沿再次触发脉冲输出。脉冲输出 PTO 模式可用于控制步进电机或伺服电机的动作。

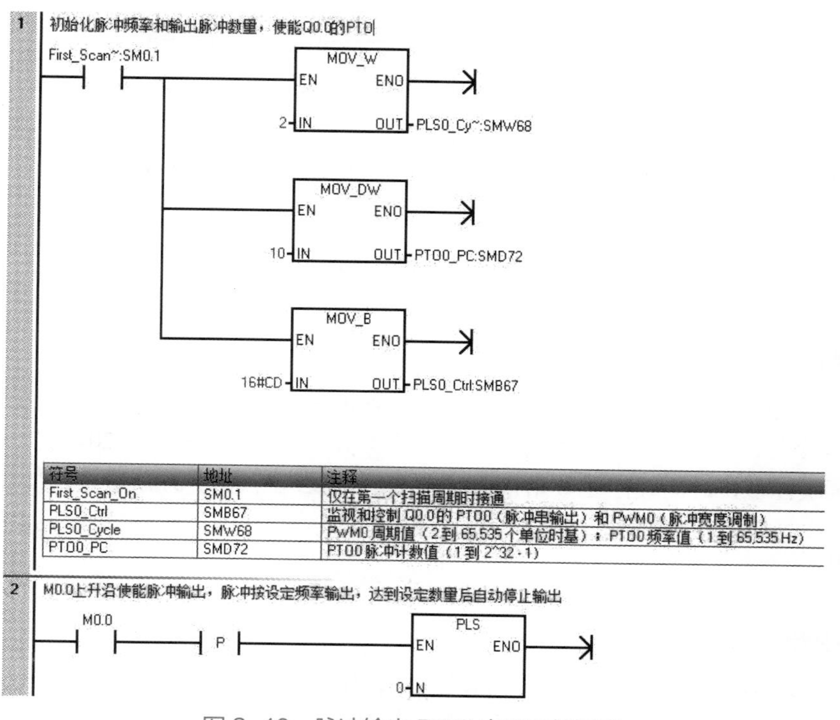

图 3-10　脉冲输出 PTO 应用示例程序

脉冲输出 PWM 应用示例程序见图 3-11，用 SMW68 设定 PWM 周期为 100ms，用 SMW70 设定 PWM 脉冲宽度为 10，用 SMB67 设定 Q0.0 的 PWM 功能。测试时用 M0.0 上升沿触发脉冲输出，用 M0.0 下降沿通过重新设定 SMB67 来停止脉冲输出。

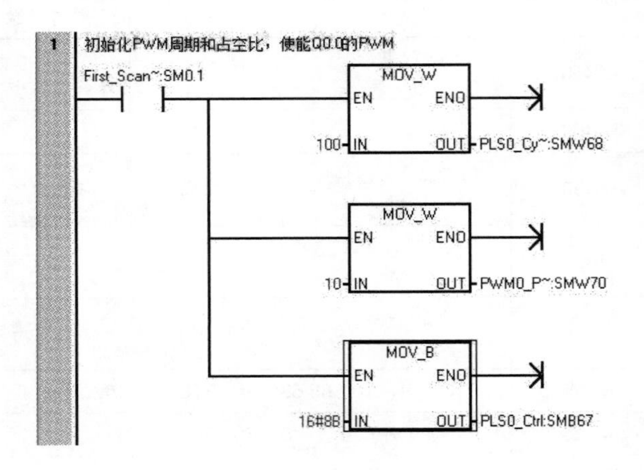

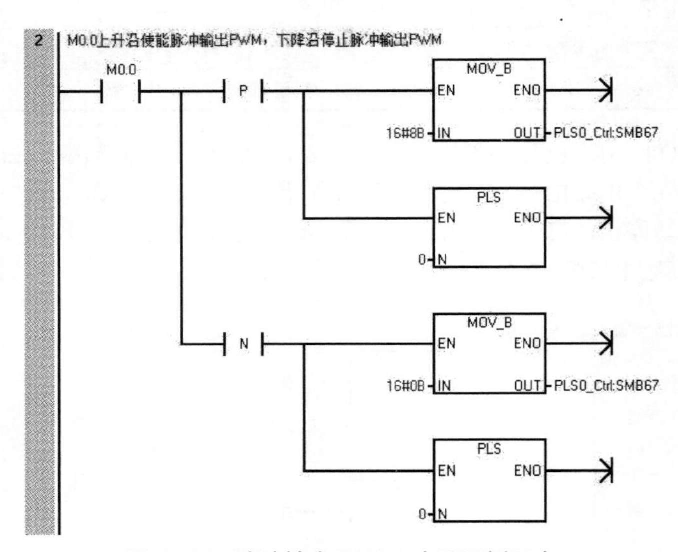

图 3-11 脉冲输出 PWM 应用示例程序

3.3.6 时钟

时钟指令分读取和设置实时时钟、读取和设置扩展实时时钟两类，其中扩展实时时钟数据包含了夏令时内容，国内基本不用。读取和设置实时时钟指令见表 3-20，实时时钟需占用 8 字节时间缓冲区，时间缓冲区数据格式见表 3-21，数值格式为 BCD 值，例如 2023 年的值是 16#23，十进制值是 35，设置实时时钟时只需写入年月日和时分秒，星期几会根据写入日期自动计算。

3.3.7 中断

中断指令见表 3-22，附加中断又称中断连接指令，将中断事件 EVNT 与中断程序编号 INT 相关联，并启用中断事件，然后启用全局中断 ENI，当满足中断条件时会去执行对应编号的中断程序。分离中断指令解除中断事件 EVNT 与所有中断例程的关联，并禁用中断事件。清除中断指令从中断队列中移除所有类型为 EVNT 的中断事件。

表 3-20　读取和设置实时时钟指令

指令	梯形图	说明
读取实时时钟	READ_RTC（EN、ENO、T）	从 CPU 读取当前时间和日期，并将其装载到从字节地址 T 开始的 8 字节时间缓冲区中
设置实时时钟	SET_RTC（EN、ENO、T）	将从字节地址 T 开始的 8 字节时间缓冲区中的时间和日期数据写入到 CPU

表 3-21　时间缓冲区数据格式

T 字节	说明	数据值
0	年	00 ~ 99（BCD 值）20xx 年
1	月	01 ~ 12（BCD 值）
2	日	01 ~ 31（BCD 值）
3	小时	00 ~ 23（BCD 值）
4	分	00 ~ 59（BCD 值）
5	秒	00 ~ 59（BCD 值）
6	保留	始终设置为 00
7	星期几	1 ~ 7，1 = 星期日，7 = 星期六（BCD 值）

表 3-22　中断指令

指令	梯形图	说明
附加中断	ATCH（EN、ENO、INT、EVNT）	将中断事件 EVNT 与中断程序编号 INT 相关联，并启用中断事件
分离中断	DTCH（EN、ENO、EVNT）	解除中断事件 EVNT 与所有中断例程的关联，并禁用中断事件
清除中断	CLR_EVNT（EN、ENO、EVNT）	从中断队列中移除所有类型为 EVNT 的中断事件
启用中断	-(ENI)	启用对所有连接的中断事件的处理
禁止中断	-(DISI)	禁止对所有中断事件的处理
中断返回	-(RETI)	根据前面的程序逻辑的条件从中断返回

常用中断事件编号及中断优先级见表 3-23，如果多个中断事件同时发生，优先处理优先级最高的中断事件。优先级相同时，CPU 按照先来先处理的原则处理中断。在某一时间仅执行一个用户中断例程。中断例程开始执行后，一直执行至完成，其他中断例程无法预先清空该例程，即使是更高优先级的例程。

表3-23　常用中断事件编号及中断优先级

优先级组	事件	说明
通信中断 最高优先级	8	端口 0 接收字符
	9	端口 0 发送完成
	23	端口 0 接收消息完成
	24	端口 1 接收消息完成
	25	端口 1 接收字符
	26	端口 1 发送完成
I/O 中断 中等优先级	19	PLS0 脉冲计数完成
	20	PLS1 脉冲计数完成
	34	PLS2 脉冲计数完成
	0	I0.0 上升沿
	2	I0.1 上升沿
	4	I0.2 上升沿
	6	I0.3 上升沿
	35	I7.0 上升沿（信号板）
	37	I7.1 上升沿（信号板）
	1	I0.0 下降沿
	3	I0.1 下降沿
	5	I0.2 下降沿
	7	I0.3 下降沿
	36	I7.0 下降沿（信号板）
	38	I7.1 下降沿（信号板）
	12	HSC0 CV=PV（当前值 = 预设值）
	27	HSC0 方向改变
	28	HSC0 外部复位
	13	HSC1 CV=PV（当前值 = 预设值）
	16	HSC2 CV=PV（当前值 = 预设值）
	17	HSC2 方向改变
	18	HSC2 外部复位
	32	HSC3 CV=PV（当前值 = 预设值）
定时中断 最低优先级	10	定时中断 0 SMB34
	11	定时中断 1 SMB35
	21	定时器 T32 CT = PT 中断
	22	定时器 T96 CT = PT 中断

正在处理另一个中断时发生的中断会进行排队等待处理，通信中断最多能排 4 个，I/O 中断最多能排 16 个，定时中断最多能排 8 个，出现的中断比队列所能容纳的中断更多时溢出。

中断处理可快速响应特殊内部或外部事件，执行了中断例程的最后一个指令之后，控制会返回到扫描周期的断点，也可以使用有条件返回指令 RETI 提前退出中断例程。中断例程编程时注意：中断例程中不能使用中断禁止（DISI）、中断启用（ENI）、高速计数器定义（HDEF）和结束（END）指令，应保持中断例程编程逻辑简短，这样执行速度会更快，其他过程也不会延迟很长时间，如果不这样做，则可能会出现无法预料的情形，从而导致主程序控制的设备异常运行。

定时中断 0 示例程序见图 3-12，主程序初始化输出 QB0，设定时中断 0 的时间间隔为 250ms，设定定时中断 0 的中断程序为 INT_0，开启中断，中断程序循环移位 QB0，轮流点亮 QB0 的 8 个输出位，实现跑马灯效果。

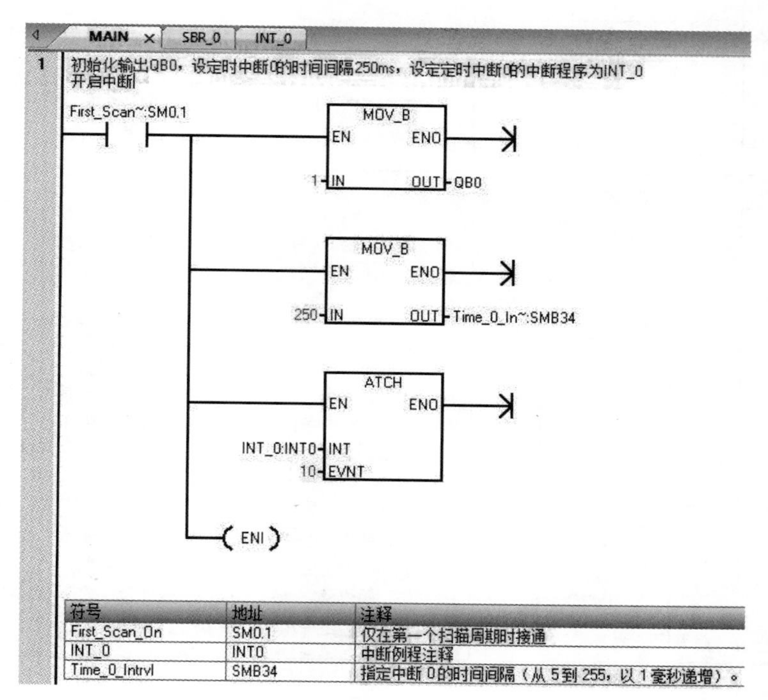

(a) 主程序

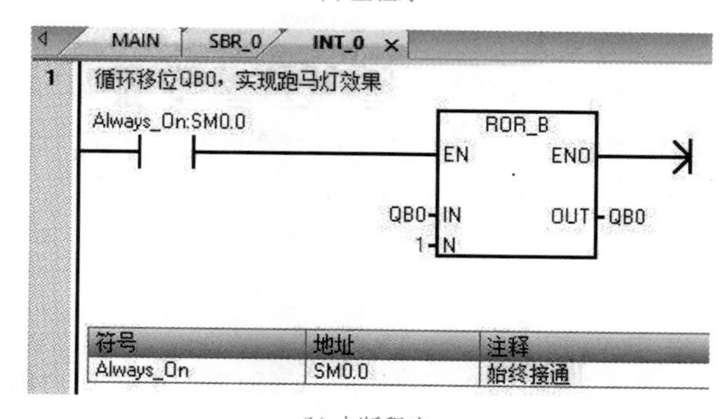

(b) 中断程序

图 3-12　定时中断 0 示例程序

3.3.8 字符串

字符串指令见表3-24，字符串指令在PLC编程中较少用到，可以用来处理文本模式下通信报文中的字符串，通信尽量采用十六进制数据，避免使用ASCII字符。

表3-24 字符串指令

指令	梯形图	说明
字符串长度	STR_LEN EN ENO IN OUT	返回由IN指定的字符串长度（字节）
字符串复制	STR_CPY EN ENO IN OUT	将由IN指定的字符串复制到由OUT指定的字符串
字符串连接	STR_CAT EN ENO IN OUT	将由IN指定的字符串附加到由OUT指定的字符串的末尾
复制子串	SSTR_CPY EN ENO IN OUT INDX N	从IN指定的字符串中将从索引INDX开始的指定数目的*N*个字符复制到OUT指定的新字符串中
查找子串	STR_FIND EN ENO IN1 OUT IN2	在字符串IN1中搜索第一次出现的字符串IN2。由OUT指定的起始位置（1～IN1字符串长度范围内）开始搜索，如果找到与字符串IN2完全匹配的字符序列，则将字符序列中第一个字符在IN1字符串中的位置写入OUT，如果在字符串IN1中没有找到IN2字符串，则将OUT设置为0
查找字符	CHR_FIND EN ENO IN1 OUT IN2	在字符串IN2中搜索第一次出现的字符串IN1字符集中的任意字符。从OUT的初始值指定的起始位置（1～IN1字符串长度范围内）开始搜索，如果找到匹配字符，则将字符位置写入OUT，如果没有找到匹配字符，则将OUT设置为0

3.3.9 表格

表格指令见表3-25，表格中存储的数据格式是字，表格的首地址是TBL，其值为最大表格长度TL，先给表格TBL赋值TL建立表格，然后才能执行表格指令，所有表格读取和表格写入指令都必须通过沿触发指令激活。表格的第2个值是条目计数EC，自动更新，第3个开始是表格数据。

3.3.10 串口通信

串口通信指令见表3-26，发送（XMT）和接收（RCV）指令在自由端口模式下使用，通过CPU串行端口和其他设备通信。GET_ADDR和SET_ADDR指令用来读取和设置所选端口的PPI网络地址。

表3-25　表格指令

指令	梯形图	说明
后进先出	LIFO EN ENO TBL DATA	后进先出指令将表中的最新（或最后一个）条目移动到输出存储器地址，具体操作是移走表格 TBL 中的最后一个条目并将该值移动到 DATA 指定的位置。每次执行 LIFO 指令时，表中的条目计数值减 1
先进先出	FIFO EN ENO TBL DATA	先进先出指令将表中的最早（或第一个）条目移动到输出存储器地址，具体操作是移走指定表格 TBL 中的第一个条目并将该值移动到 DATA 指定的位置。表格中的所有其他条目向上移动一个位置。每次执行 FIFO 指令时，表中的条目计数值减 1
添表	AD_T_TBL EN ENO DATA TBL	添表指令向表格 TBL 中添加字值 DATA。表格中的第一个值为最大表格长度 TL。第二个值是条目计数 EC，自动更新。新数据添加到表格中最后一个条目之后的位置。每次向表格中添加新数据时，条目计数加 1。一个表格最多可有 100 个数据条目
填充存储器	FILL_N EN ENO IN OUT N	填充存储器指令使用地址 IN 中存储的字值填充从地址 OUT 开始的 *N* 个连续字。N 取值范围是 1 ~ 255
表格查找	TBL_FIND EN ENO TBL PTN INDX CMD	表格查找指令在表格中搜索与搜索条件匹配的数据。表格查找指令由表格条目 INDX 开始，在表格 TBL 中搜索与 CMD 定义的搜索标准相匹配的数据值或模式 PTN。指令参数 CMD 的 1 ~ 4 的数字值分别对应于 =、<>、< 和 >。 如果找到匹配条目，INDX 将指向表中的该匹配条目。要查找下一个匹配条目，再次调用表格查找指令之前，必须先使 INDX 增加 1。如果未找到匹配条目，则 INDX 值等于条目计数

表3-26　串口通信指令

指令	梯形图	说明
传送	XMT EN ENO TBL PORT	在自由端口模式下通过通信端口 PORT 发送数据。 TBL：发送数据缓冲区，第 1 个字节是发送数据的字节数，接下来是待发送数据 PORT：0——集成 RS485 端口（端口 0） 1——CM01 信号板（端口 1）
接收	RCV EN ENO TBL PORT	通过指定端口（PORT）接收的消息存储在数据缓冲区（TBL）中。TBL：接收数据缓冲区，第 1 个字节是接收数据的字节数，接下来是接收到的数据 PORT：0——集成 RS485 端口（端口 0） 1——CM01 信号板（端口 1）
获取端口地址	GET_ADDR EN ENO ADDR PORT	读取 PORT 中指定的 CPU 端口的 PPI 网络站地址，并将该值放入 ADDR 中指定的地址
设置端口地址	SET_ADDR EN ENO ADDR PORT	将 PPI 网络站地址 PORT 设为在 ADDR 中指定的值

串口通信之前要了解通信对象的通信参数和通信协议，用特殊寄存器设定通信参数，按照通信协议组织通信报文，再用通信指令发送和接收数据。串口通信相关特殊寄存器说明见表 3-27，SMB30 和 SMB130 用于设定通信参数，SMB86 和 SMB186 指示接收消息状态，SMB87 和 SMB187 控制接收消息的方式。采用 ASCII 文本方式传输数据时可以使用消息开始字符、消息结束字符控制接收消息，传输十六进制数据时可以使用帧开始间隔时间开始接收数据，使用字符间定时器结束接收数据。

表3-27 串口通信相关特殊寄存器说明

端口0	端口1	说明	
SMB2		自由端口接收字符	
SMB3		B0	指示端口 0 或 1 上收到奇偶校验、帧、中断或超限错误 0 = 无错误；1 = 有错误
SMB4		B7	1 = 存储器位置被强制
		B6	1 = 端口 1 发送器空闲（0 = 正在传输）
		B5	1 = 端口 0 发送器空闲（0 = 正在传输）
		B4	1 = 中断已启用
		B3	1 = 检测到运行时间编程非致命错误
		B2	1 = 定时中断队列已溢出
		B1	1 = 输入中断队列已溢出
		B0	1 = 通信中断队列已溢出
SMB30	SMB130	B7 B6	校验：00—无奇偶校验 01—偶校验 10—无奇偶校验 11—奇校验
		B5	字符位数：0—8 位 1—7 位
		B4 B3 B2	波特率：000—38400 001—19200 010—9600 011—4800 100—2400 101—1200 110—115200 111—57600
		B1 B0	协议选择：00—PPI 从站模式 01—自由端口模式
SMB86	SMB186	B7	1 = 用户发出禁用命令
		B6	1 = 输入参数错误或缺少开始或结束条件
		B5	1 = 收到结束字符
		B2	1 = 定时器时间到
		B1	1 = 达到最大字符计数
		B0	1 = 奇偶校验错误
SMB87	SMB187	B7	接收消息功能：0—禁用 1—启用
		B6	消息开始字符使能：0—禁用 1—启用
		B5	消息结束字符使能：0—禁用 1—启用
		B4	帧开始间隔时间使能：0—禁用 1—启用
		B3	定时器选择：0—字符间定时器 1—消息定时器
		B2	帧结束时间使能：0—禁用 1—启用
		B1	断开条件作为消息检测的起始：0—禁用 1—启用
SMB88	SMB188	消息开始字符	
SMB89	SMB189	消息结束字符	
SMW90	SMW190	帧开始间隔时间，单位ms	
SMW92	SMW192	帧结束（字符间/消息）时间，单位ms	
SMW94	SMW194	要接收的最大字符数（1 ~ 255字节）	

串口通信示例程序见图 3-13，先初始化串口通信参数，每秒发送一次数据，然后准备接收返回数据，0.5s 后无论是否收到数据都停止接收数据，准备发送下一次数据。串口接收数

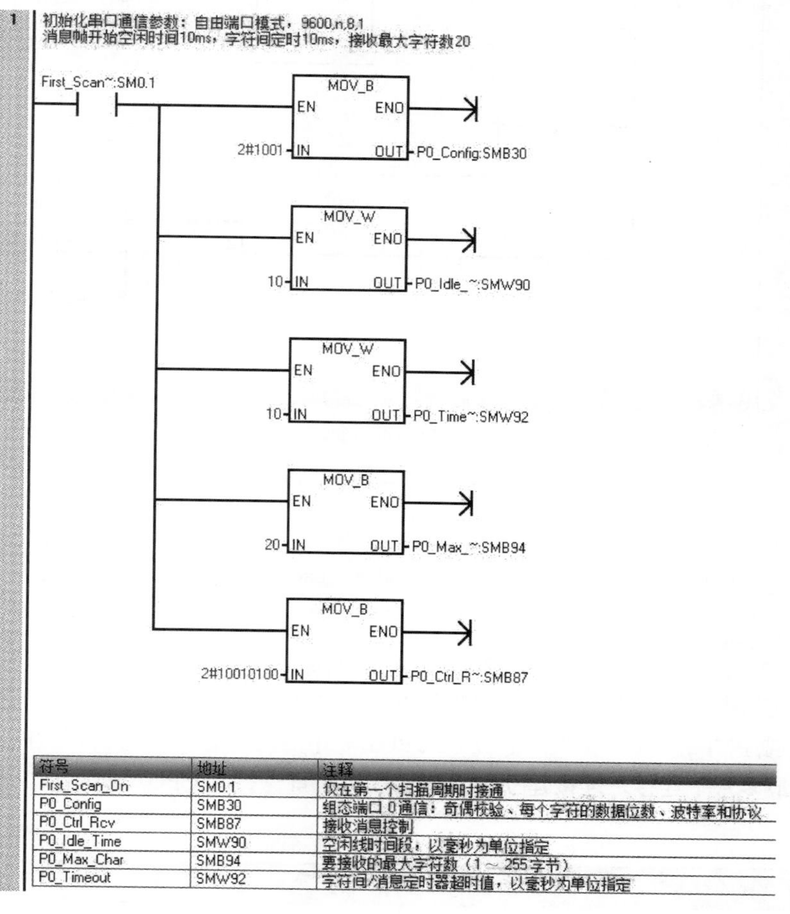

符号	地址	注释
First_Scan_On	SM0.1	仅在第一个扫描周期时接通
P0_Config	SMB30	组态端口 0 通信：奇偶校验、每个字符的数据位数、波特率和协议
P0_Ctrl_Rcv	SMB87	接收消息控制
P0_Idle_Time	SMW90	空闲线时间段，以毫秒为单位指定
P0_Max_Char	SMB94	要接收的最大字符数（1～255 字节）
P0_Timeout	SMW92	字符间/消息定时器超时值，以毫秒为单位指定

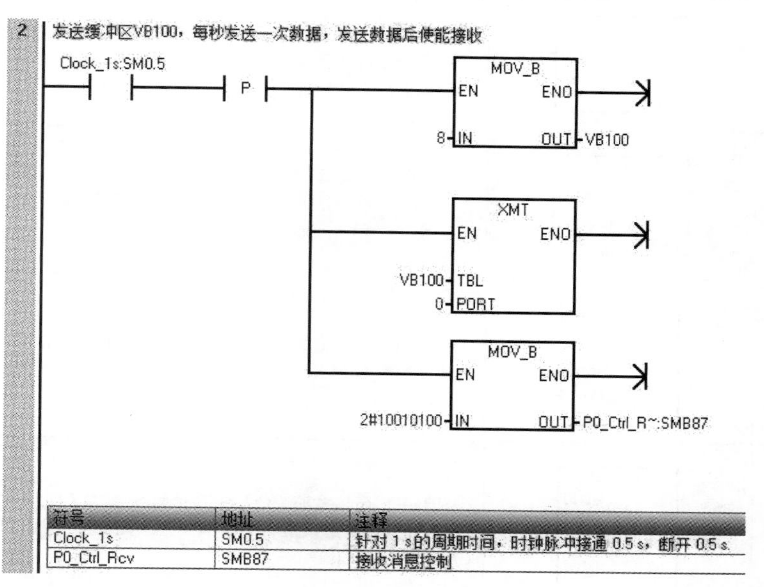

符号	地址	注释
Clock_1s	SM0.5	针对 1 s的周期时间，时钟脉冲接通 0.5 s，断开 0.5 s.
P0_Ctrl_Rcv	SMB87	接收消息控制

图 3-13

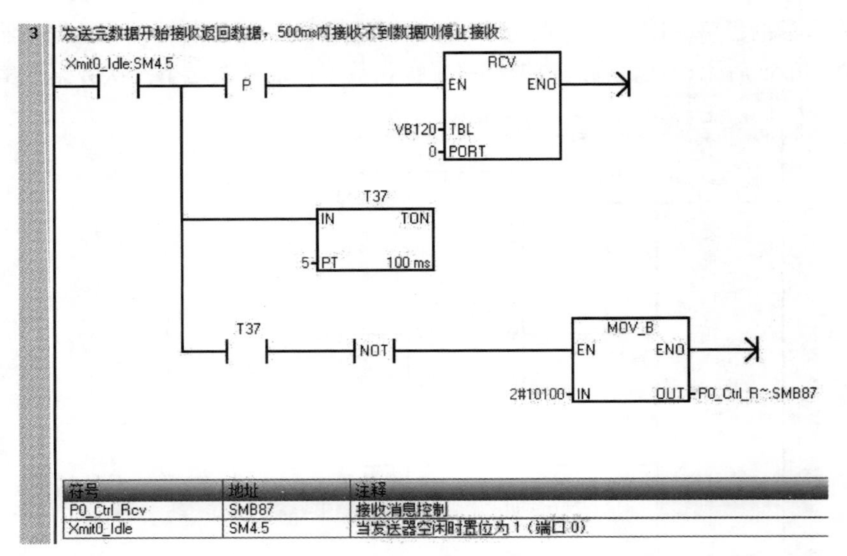

图 3-13 串口通信示例程序

据指令是一种阻塞式接收，一旦进入接收状态，不收到数据就一直等，无法继续发送数据，需要禁用接收消息功能解除接收状态，下次接收数据时再使能接收消息功能。

3.3.11 以太网通信

以太网通信指令见表 3-28，网络 GET 和 PUT 指令用于 S7-200 SMART CPU 之间进行通信，当执行 GET 或 PUT 指令时，CPU 与 GET 或 PUT 表中的远程 IP 地址建立以太网连接，该 CPU 可同时保持最多八个连接，连接建立后，该连接将一直保持到 CPU 进入 STOP 模式为止。

表3-28 以太网通信指令

指令	梯形图	说明
网络GET	GET EN ENO TABLE	启动以太网端口上的通信操作，从远程设备获取数据。 GET 指令可从远程站读取最多 222 个字节的信息。 TABLE：以太网通信参数定义见表 3-29
网络PUT	PUT EN ENO TABLE	启动以太网端口上的通信操作，将数据写入远程设备。 PUT 指令可向远程站写入最多 212 个字节的信息。 TABLE：以太网通信参数定义见表 3-29
获取IP地址	GIP_ADDR EN ENO ADDR MASK GATE	GIP_ADDR 指令将 CPU 的 IP 地址复制到 ADDR，将 CPU 的子网掩码复制到 MASK，并且将 CPU 的网关复制到 GATE
设置IP地址	SIP_ADDR EN ENO ADDR MASK GATE	SIP_ADDR 指令将 CPU 的 IP 地址设置为 ADDR 中找到的值，将 CPU 的子网掩码设置为 MASK 中找到的值，将 CPU 的网关设置为 GATE 中找到的值

续表

指令	梯形图	说明
OUC 连接	TCON EN ENO TABLE	TCON 用于发起从 CPU 到通信伙伴的 UDP、TCP 或 ISO-on-TCP 通信连接
OUC 断开	TDCON EN ENO TABLE	TDCON 用于终止 UDP、TCP 或 ISO-on-TCP 的通信连接
OUC 发送	TSEND EN ENO TABLE	TSEND 用于将数据发送到另一个设备
OUC 接收	TRECV EN ENO TABLE	TRECV 用于检索通过现有通信连接接收到的数据

网络 GET 和 PUT 以太网通信指令参数定义见表 3-29，通信前先设定好远程站 IP 地址，远程站默认端口是 102，设定本地数据起始地址、远程站数据起始地址和待传输数据长度，GET 指令读取远程站数据存放到本地，PUT 指令将本地数据传输到远程站。

表 3-29　GET 和 PUT 以太网通信指令参数定义

字节偏移量	位 7	位 6	位 5	位 4	位 3	位 2	位 1	位 0
0	完成	激活	错误	0	错误代码，见表 3-30			
1 2 3 4	远程站 IP 地址 4 字节							
5 6	保留 = 0（必须设置为零）							
7 8 9 10	指向远程站中数据区的指针							
11	数据长度							
12 13 14 15	指向本地站中数据区的指针							

表 3-30　GET 和 PUT 指令 TABLE 参数的错误代码

代码	定义
0	无错误
1	PUT/GET 表中存在非法参数
2	当前处于活动状态的 PUT/GET 指令过多（仅允许 16 个）
3	无可用连接
4	从远程 CPU 返回的错误
5	与远程 CPU 之间无可用连接

开放式用户通信（OUC）指令用于 PLC 与其他以太网设备进行通信，该以太网设备可以是另一个 S7-200 SMART CPU 或是另一个支持 UDP、TCP 或 ISO-on-TCP 协议的第三方设备，PLC 程序对通信进行全方位的控制，包括选择协议、发起连接、发送数据、接收数据和终止连接。

TCON 指令用于建立 TCP 或 UDP 连接，其参数结构定义见表 3-31，首字节代表建立连接的状态，字节 1 中的 A/P 代表主动 / 被动选择（1= 主动即客户端，0= 被动即服务端），

表3-31 TCON指令表参数结构定义

字节偏移量	位7	位6	位5	位4	位3	位2	位1	位0
0	完成	激活	错误	错误代码，见表3-35				
1	A/P							REQ
2 3	连接ID							
4	连接类型：UDP = 19，TCP = 11							
5 6 7 8	远程IP地址							
9 10	远程端口							
11 12	本地端口							

REQ 位为 1 建立连接。

连接 ID：连接 ID 是为当前连接设定的标识，范围是 0 ～ 65534（65535 保留）。操作 TSEND、TRECV 和 TDCON 指令需通过连接 ID 选择具体的连接来实现数据的传输或关闭连接。

TCP 的 TSEND 和 TRECV 指令表参数结构定义见表 3-32，REQ 位设为 1 来发起新的 TSEND 指令操作，TRECV 指令忽略 REQ 位。TSEND 指令是将数据指针指向的地址开始的数据发送到连接 ID 对应的远程站，数据长度是发送的字节数。TRECV 指令是将接收到的数据保存到指针指向的地址开始的接收缓冲区，数据长度在执行接收指令前是接收缓冲区大小，收到数据后变为实际接收数据字节数。

表3-32 TCP的TSEND和TRECV指令表参数结构定义

字节偏移量	位7	位6	位5	位4	位3	位2	位1	位0
0	完成	激活	错误	错误代码，见表3-35				
1								REQ
2 3	连接ID							
4 5	数据长度							
6 7 8 9	数据指针							

UDP 的 TSEND 和 TRECV 指令表参数结构定义见表 3-33，与 TCP 类似，不同之处在于 UDP 连接并不绑定远程 IP 地址和端口，用 TSEND 指令发送数据需指定远程 IP 地址和端口，用 TRECV 指令接收远程站数据时会同时收到该远程站的 IP 地址和端口，需要回复数据时指定该远程站的 IP 地址和端口返回数据。

表3-33 UDP的TSEND和TRECV指令表参数结构定义

字节偏移量	位7	位6	位5	位4	位3	位2	位1	位0
0	完成	激活	错误	错误代码，见表3-35				
1								REQ
2 3	连接ID							
4 5	数据长度							
6 7 8 9	数据指针							
10 11 12 13	远程IP地址							
14 15	远程端口							

TDCON 指令表参数结构定义见表 3-34，断开指定连接 ID 所代表的连接。

以太网通信指令了解下就可以，工程实践中都是调用开放式用户通信库指令或 MODBUS TCP 库指令来完成网络通信，这些内容将在后面的 PLC 以太网通信章节中详细讲述。

表3-34　TDCON指令表参数结构定义

字节偏移量	位7	位6	位5	位4	位3	位2	位1	位0
0	完成	激活	错误	错误代码，见表3-35				
1								REQ
2 3	连接 ID							

表3-35　OUC指令错误代码

错误代码	描述
0	无错误
1	数据长度参数大于允许的最大长度（1024 字节）
2	数据缓冲区未处于 I、Q、M 或 V 存储区
3	数据缓冲区不适合存储区
4	表格参数不适合存储区
5	连接在另一上下文中被锁定
6	UDP IP 地址或端口错误
7	实例不符
8	由于连接从未创建，所以连接 ID 不存在，或连接按您的要求终止（使用 TDCON 指令）
9	使用此连接 ID 的 TCON 操作正在进行中
10	使用此连接 ID 的 TDCON 操作正在进行中
11	使用此连接 ID 的 TSEND 指令正在进行中
12	发生了临时通信错误。此时无法启动连接。请稍后重试
13	连接伙伴拒绝或主动断开连接（伙伴将断开与此 CPU 的连接）
14	无法连接连接伙伴（连接请求无应答）
15	连接因不一致而断开。断开并重新连接以纠正这一情况
16	连接 ID 已与不同的 IP 地址、端口或 TSAP 组合配合使用
17	没有连接资源可用。所有请求类型（主动 / 被动）的连接都在使用中
18	本地或远程端口号被保留，或端口号已用于另一服务器（被动）连接
19	IP 地址错误
20	本地或远程 TSAP 错误（仅 ISO-on-TCP）
21	连接 ID 无效（65535 保留）
22	主动 / 被动错误（UDP 只允许被动）
23	连接类型不在所允许的类型中
24	没有待决操作，因此没有要报告的状态
25	接收缓冲区过小：CPU 接收的字节数超出缓冲区支持的长度。CPU 丢弃额外的字节
31	未知错误

SMART PLC

第4章 PLC与触摸屏组合应用

HMI是Human Machine Interface的缩写，可翻译为“人机接口”，也叫人机界面。连接PLC的触摸屏是HMI的一种，用于输入参数或操作命令，显示设备运行状态和工艺参数，显示历史趋势曲线和报警信息。PLC与触摸屏之间通过以太网或RS485等通信方式交互信息，S7-200 SMART PLC除了与西门子配套的触摸屏组合应用，也可以与其他厂家支持S7-200 SMART PLC通信的触摸屏组合应用。

4.1 SMART LINE触摸屏

4.1.1 硬件接口

西门子与S7-200 SMART PLC配套的触摸屏有Smart 700 IE（7寸屏）和Smart 1000 IE（10寸屏），其中7寸屏的分辨率是800×480，10寸屏的分辨率是1024×600，其硬件接口是相同的。Smart 700 IE触摸屏外形图见图4-1，正面只是一块屏，没有按键和指示灯，背面的硬件接口有以太网、RS485和USB接口，电源端子外接24V DC电源。

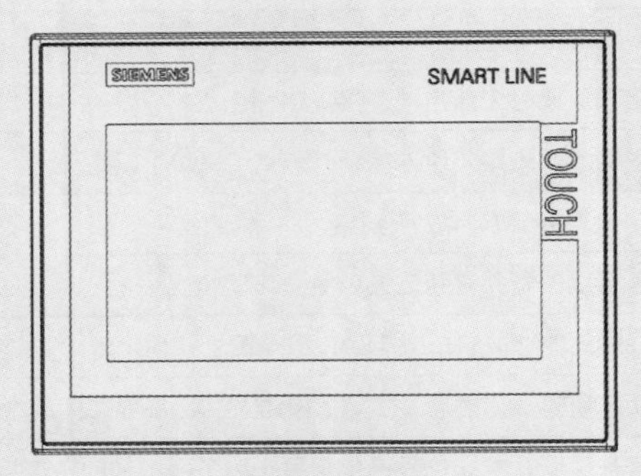

(a) 触摸屏正面

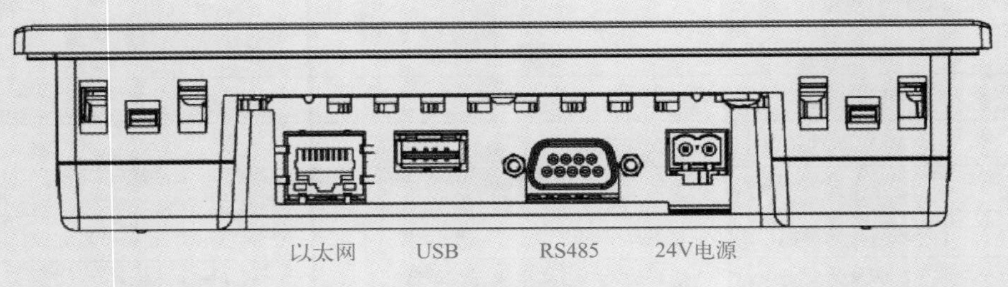

(b) 触摸屏硬件接口

图4-1 Smart 700 IE触摸屏外形图

以太网和 USB 接口采用标准接线顺序，以太网接口是带两个 LED 指示灯的 RJ45 插座，正常工作时一个 LED 指示灯常亮，另一个在数据传输时会闪烁，通过指示灯可简单判断网线连接是否正常。RS485 接口接线示意图见图 4-2，3 脚接 B（+），8 脚接 A（−）。

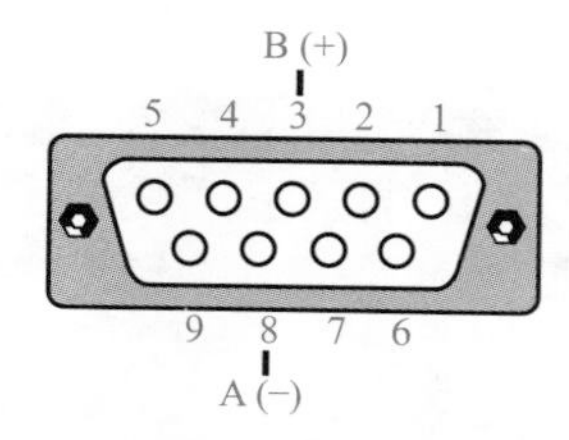

图 4-2　RS485 接口接线示意图

4.1.2　硬件组态

Smart 700 IE 上电启动后，将出现如图 4-3 所示的启动选择界面，有 3 个选项。

➢ Transfer：进入程序下载模式，下载 WinCC flexible 项目到触摸屏。

➢ Start：启动 HMI 设备上的项目。当触摸屏带有 WinCC flexible 项目时，如果用户在延迟时间内未做任何操作，则该项目会自动启动；当面板上并未带有 WinCC flexible 项目时，如果用户在延迟时间内未做任何操作，则面板会自动切换至“Transfer”模式。

➢ Control Panel：打开触摸屏的控制面板，设置触摸屏硬件参数。

正常上电启动无需操作，自动进入 Start，启动已下载的 WinCC flexible 项目。对于新的触摸屏一般要进入 Control Panel（控制面板），设置触摸屏硬件参数，控制面板界面见图 4-4，有 7 个选项。

➢ Service & Commissioning：用 U 盘备份或恢复文件。

➢ Ethernet：更改以太网 IP 地址等参数。

➢ OP：更改显示方向、启动延迟时间和校准触摸屏。

➢ Screensaver：设置屏幕保护程序。

➢ Password：密码管理。

➢ Transfer：程序下载通道设置。

➢ Sound Settings：激活声音信号。

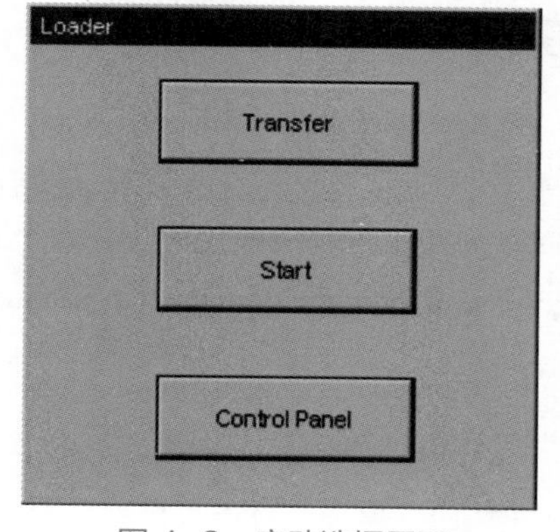

图 4-3　启动选择界面

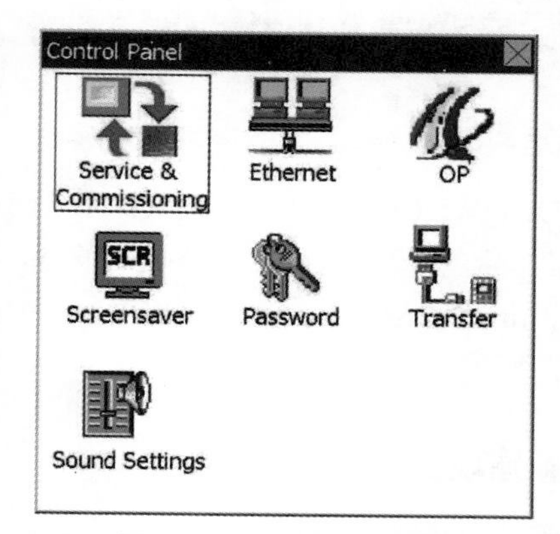

图 4-4　控制面板界面

触摸屏要设置以太网参数，通过以太网连接 PLC 和下载项目程序，以太网参数设置界面见图 4-5，选择“Specify an IP address”（固定 IP 地址），然后填写 IP 地址，要求与 PLC 在同一网段，并且同一网络内 IP 地址不能重复。“Speed”（传输速率）选择 100Mbits/s，“Communication Link”（通信连接）选择“Full-Duplex”（全双工），选择“Auto Negotiation”将自动检测和设置网络中的传输类型和传输速率。

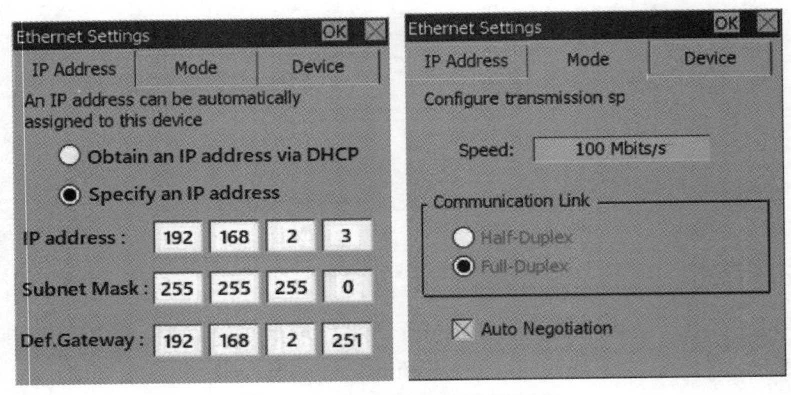

图 4-5　以太网参数设置界面

程序下载设置界面见图 4-6，选择“Enable Channel”，启用以太网下载程序，选择“Remote Control”，可在项目运行过程中从组态 PC 开始传送。在这种情况下，正在运行的项目会关闭且会传送新的项目，无需重新开机进入程序下载模式。

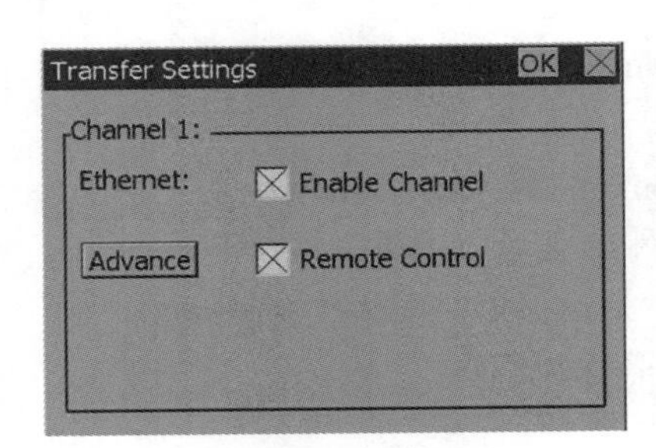

图 4-6　程序下载设置界面

4.2 编程软件 WinCC flexible SMART

4.2.1 软件安装

编程软件 WinCC flexible SMART 可在西门子官方网站下载到最新版本，然后按提示一步步安装。安装过程遇到提示需要重启的话，打开注册表，找到 HKEY_LOCAL_MACHINE\SYSTEM\CurrentControlSet\Control\Session Manager 下的 PendingFileRemameOpeaations 键，直接删除，不需要重启即可继续安装。

4.2.2 新建项目

编程软件 WinCC flexible SMART 启动界面见图 4-7，根据项目向导提示选择打开一个现有项目或创建一个空项目，这里选择创建一个空项目，接着会出现如图 4-8 所示的设备选择界面，按型号选择所使用的触摸屏，单击【确定】，完成新建项目。

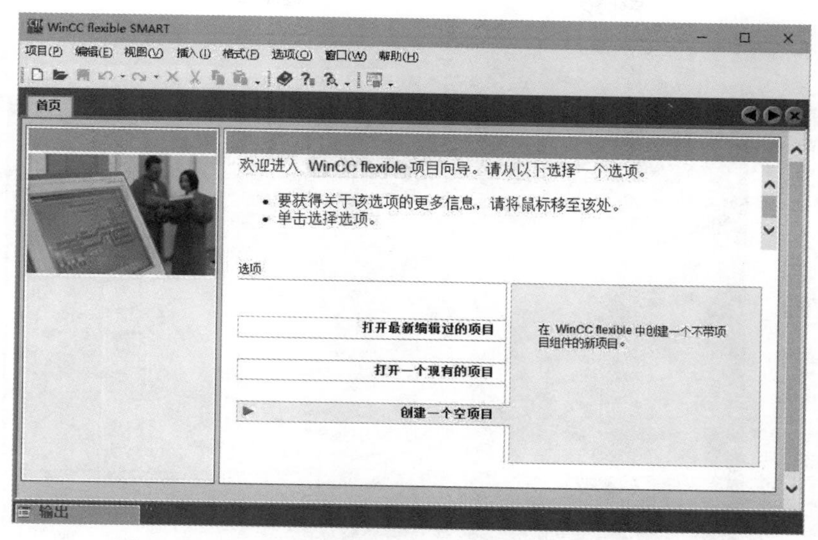

图 4-7　编程软件 WinCC flexible SMART 启动界面

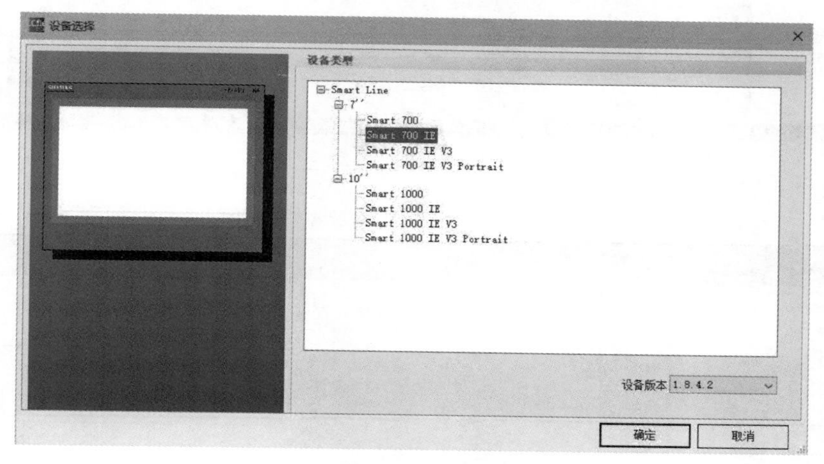

图 4-8　设备选择界面

新项目界面见图 4-9，编程软件界面的上部是菜单栏和工具栏，左侧是项目视图，中间是工作区和属性视图，右侧是工具箱。

4.2.3　画面组态

新项目有 1 个画面，根据需要可添加更多画面（上限 150 个），画面内容由图形元素（对象）组成，工具箱中包含过程画面中需要经常使用的各类对象，在工具箱选择对象并拖放到画面中，用鼠标调整对象大小和位置，在属性视图中设置对象属性，如此反复完成画面的编辑。如果多个画面使用了同样的对象，可以在模板中组态对象，其他画面会自动显示模板中的对象，无需分别组态。

工具箱中的对象分简单对象、增强对象、图形和库。简单对象是指文本字段、图形对象以及 I/O 字段这类标准操作元素，简单对象说明见表 4-1。增强对象提供了扩展的功能范围，增强对象说明见表 4-2。图形内的 WinCC flexible 图像文件夹里有大量图像，可先粗略浏览一遍，将项目中准备用的图像先存放到项目库中，方便使用。

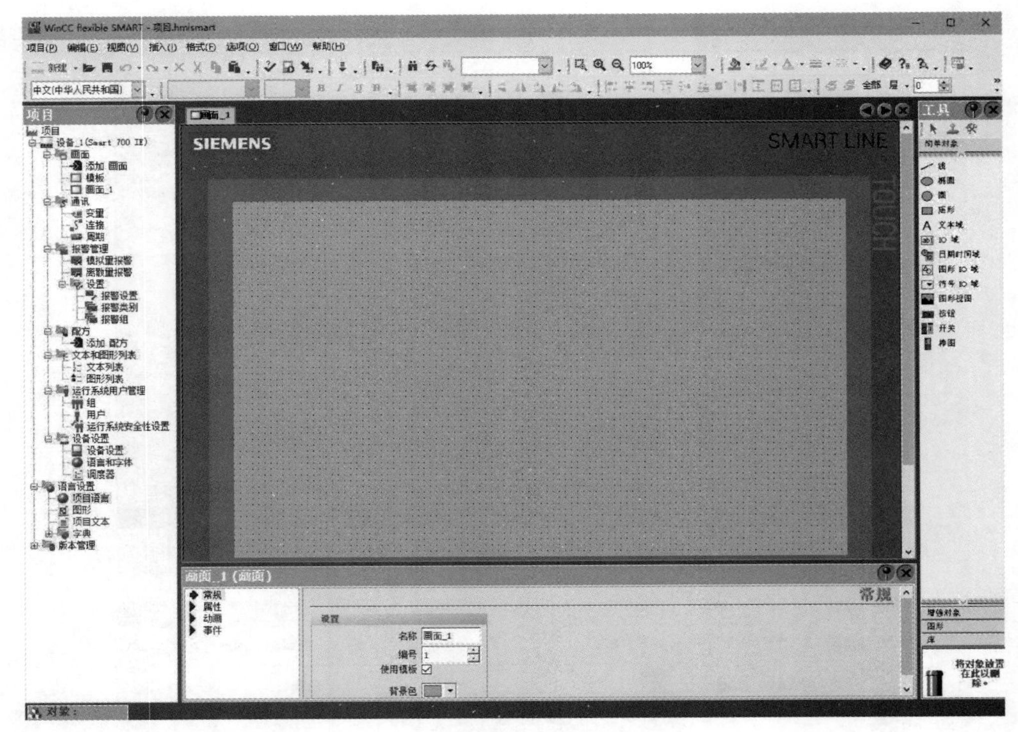

图 4-9　新项目界面

表4-1　简单对象说明

符号	对象	说明
	线	可以选择直线、圆形或箭头形线端
	椭圆	可以使用一种颜色填充椭圆
	圆	可以使用一种颜色填充圆
	矩形	可以使用一种颜色填充矩形
A	文本域	可在“文本域”中输入一行或多行文本，并定义字体和文本颜色
abc	I/O 域	输出变量中的值。 输入时设置变量的新值
12 Mon	日期/时间域	输出日期和时间。 输入时重新设置日期和时间
	图形IO域	输出由过程变量确定的图形列表中的图像
	符号IO域	输出由过程变量确定的文本列表中的条目。 输入时根据选择文本列表条目改变对应变量的值
	图形视图	可以显示下列格式的图形对象：“*.emf”“*.wmf”“*.dib”“*.bmp”“*.jpg”“*.jpeg”“*.gif”和“*.tif”
OK	按钮	可以使用按钮来控制过程，例如系统或设备启停控制、确认报警或切换界面等

续表

符号	对象	说明
	开关	在运行系统中，开关用于输入和显示两种状态，可以使用文本或插入图形对象来标记开关，从而在运行系统中指示其状态
	棒图	棒图以带刻度的棒图形式显示过程值

表4-2　增强对象说明

符号	对象	说明
	用户视图	在 WinCC flexible SMART 中，可使用密码来控制对画面对象的访问
	趋势视图	在趋势视图中，可以显示一组表示 PLC 中的过程值的趋势。趋势坐标可组态（刻度、单位等）。在运行期间，可实现数据日志可视化
	配方视图	操作员可在运行期间使用“配方视图”来查看、编辑和管理数据记录
	报警视图	在报警视图中，操作员可以在运行时查看报警缓冲区或报警日志中的选定报警或报警事件

（1）线

线的属性界面见图 4-10，属性包括外观、布局、闪烁和其他。外观可设置的参数有线颜色和线样式，线的样式可设为实心或虚线，线的两端可设为标准直线或箭头。布局一般用鼠

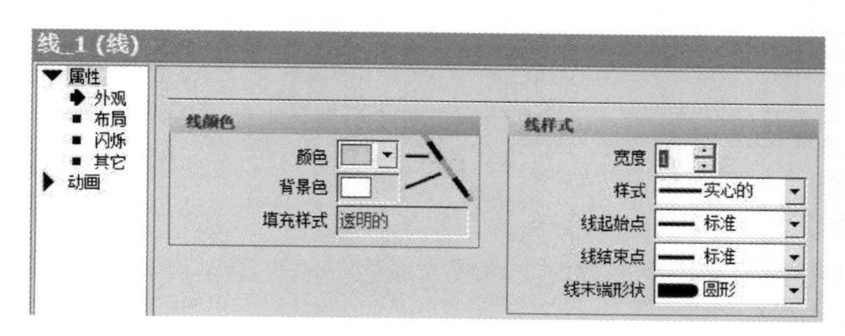

(a) 外观

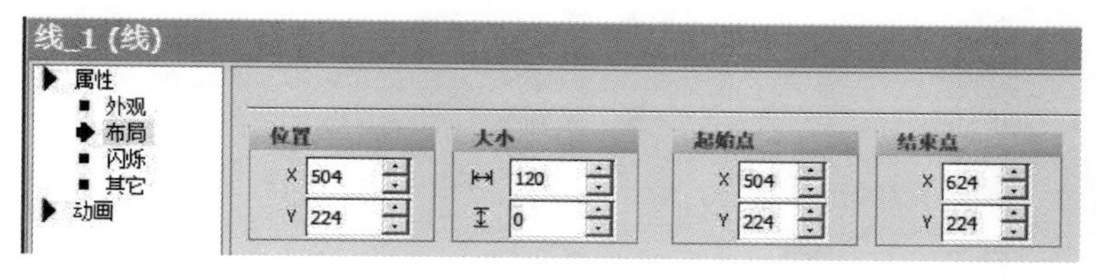

(b) 布局

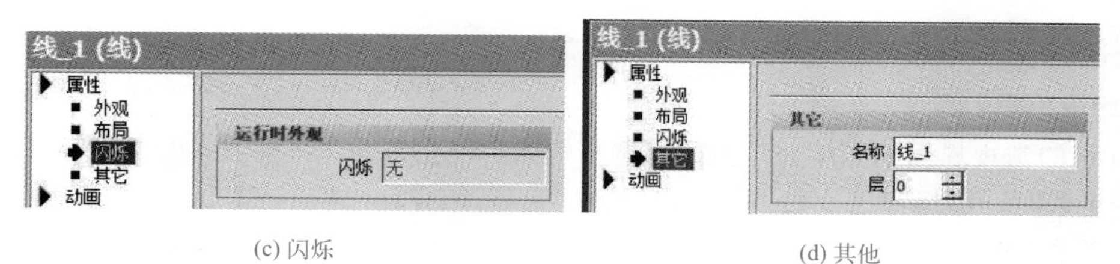

(c) 闪烁　　(d) 其他

图 4-10　线的属性界面

标直接在屏幕中拖拽，需要精细调整时才去改坐标数据。个人习惯只有报警采用闪烁，其余情况都不用闪烁。其他属性可更改名称和设定本对象所在的层数。

线的动画界面见图 4-11，线的外观颜色可随变量的值变化，位置也可以随变量的值移动，可见性随变量的值隐藏或可见。线可用来分割界面、组成图形或当做工艺管线，作为工艺管线时通常用颜色来区别介质类型或是用颜色变化来表示介质是否流动。

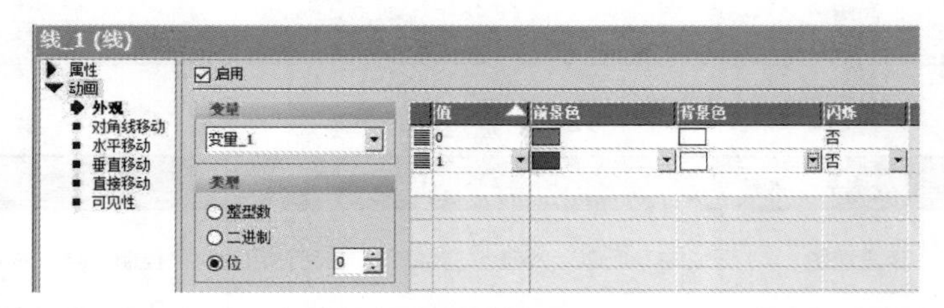

图 4-11　线的动画界面

(2) 椭圆、圆和矩形

椭圆、圆和矩形只是形状不同，其属性和动画参数设置是相同的，圆的属性界面见图 4-12，外观可设置边框颜色、填充颜色和填充样式，边框宽度和样式可更改。椭圆、圆和矩形的动画设置与线相同，外观颜色可随变量的值变化，画面组态时可用来表示容器、指示灯等。

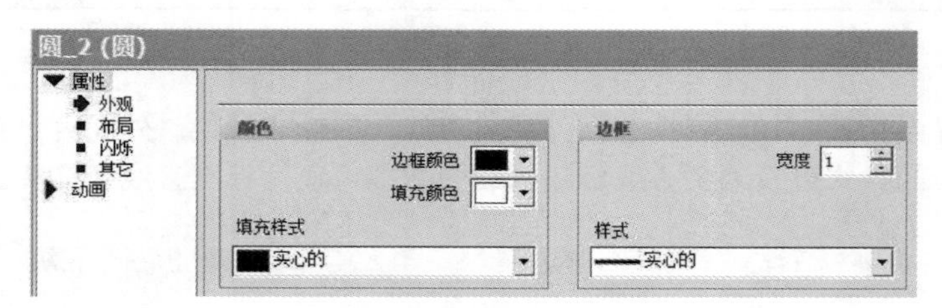

图 4-12　圆的属性界面

(3) 文本域

文本域的常规界面见图 4-13，可更改为要显示的文本，常用来作为标题或标识其他对象，文本的字体和字号在工具栏中更改。文本域的属性界面见图 4-14，用来更改文本颜色和文本边框的样式等参数。

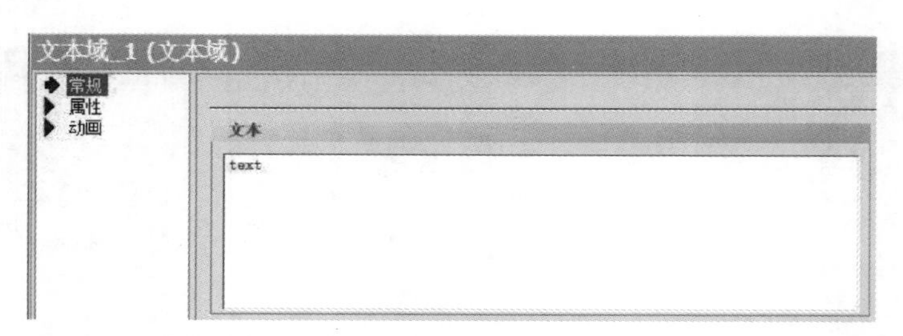

图 4-13　文本域的常规界面

(4) IO 域

IO 域的常规界面见图 4-15，模式可选择输入、输出或输入 / 输出，如果 IO 域只是用来显示变量值时，选择输出；如果需要在触摸屏上修改该变量的值，那么模式需要设为输入 / 输出。当单击触摸屏上该 IO 域时会弹出键盘，供输入新的数值。数据格式类型可选十进制、十六进制和日期 / 时间，格式样式也需要在下拉列表框中选择。

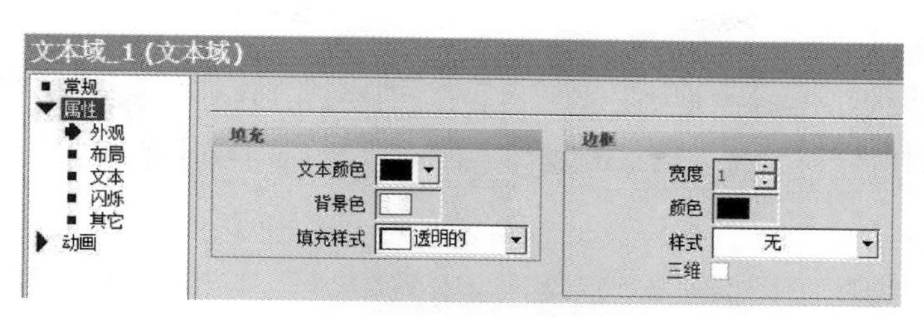

图 4-14　文本域的属性界面

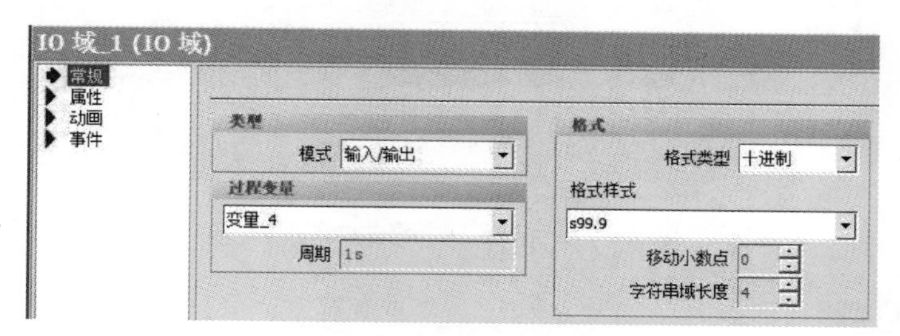

图 4-15　IO 域的常规界面

IO 域的属性界面见图 4-16，属性包括外观、布局、文本、闪烁、限制、其它和安全。外观可设置的参数有文本颜色、边框颜色和样式。布局可调整 IO 域的位置和大小，设置边距。文本用于设置字体以及文本的对齐方式。限制属性可设定变量越限后字体颜色发生变化，越限值为变量自带的属性。

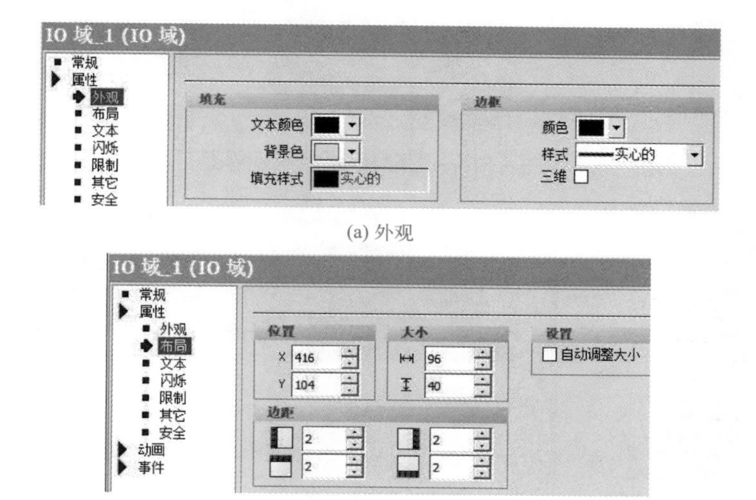

(a) 外观

(b) 布局

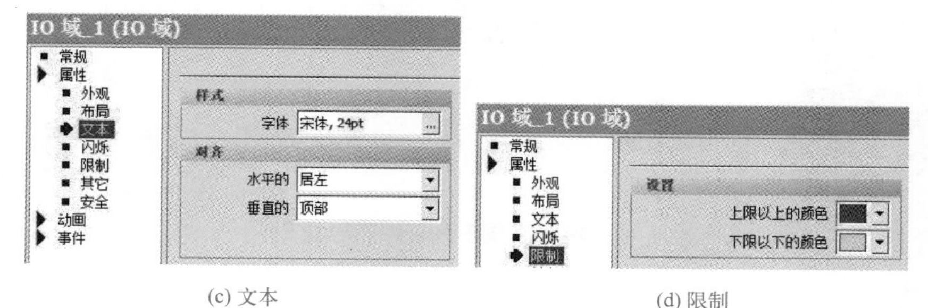

(c) 文本　　(d) 限制

图 4-16　IO 域的属性界面

（5）日期 / 时间域

日期 / 时间域的常规界面见图 4-17，模式可选择输出或输入 / 输出，选择输出则只显示日期和时间；选择输入 / 输出，当单击触摸屏上该日期 / 时间域时会弹出键盘，用以更改日期和时间。

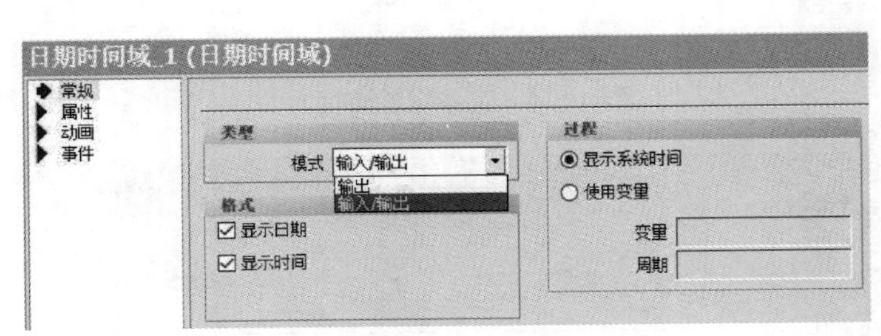

图 4-17　日期 / 时间域的常规界面

（6）图形 IO 域

图形 IO 域的常规界面见图 4-18，模式常选择输出，用变量来控制图形 IO 域显示图形列表中的图案。图形列表组态界面见图 4-19，双击项目视图中的【图形列表】，打开图形列表组态界面，新建名称为“风扇”的图形列表，添加 2 个扇叶在不同位置的图形，触摸屏运行后定时改变变量值，图形 IO 域中风扇图案随之改变，会出现风扇转动的视觉效果。

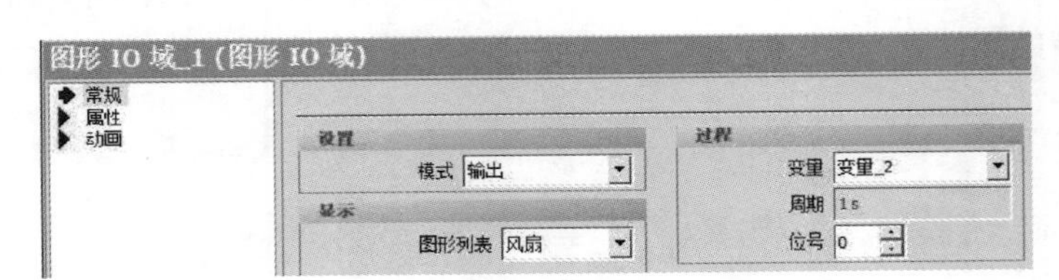

图 4-18　图形 IO 域的常规界面

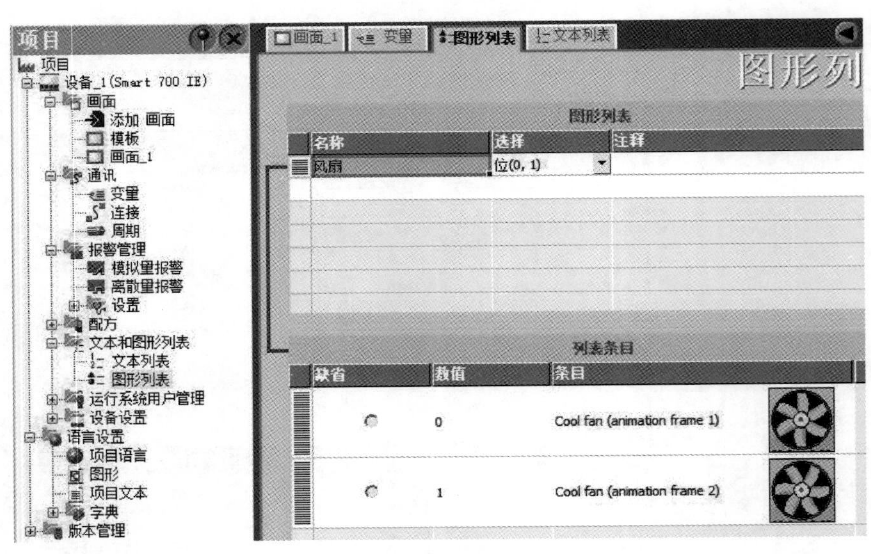

图 4-19　图形列表组态界面

（7）符号 IO 域

符号 IO 域的常规界面见图 4-20，当模式选择输出时，用变量来控制符号 IO 域显示文本列表中的条目。文本列表组态界面见图 4-21，双击项目视图中的【文本列表】，打开文本列表组态界面，新建名称为“变频故障”的文本列表，添加 4 个变频器故障码所代表的故障说明，当变频器传送过来故障码（变量 _4）时，符号 IO 域显示故障代码对应的条目信息。

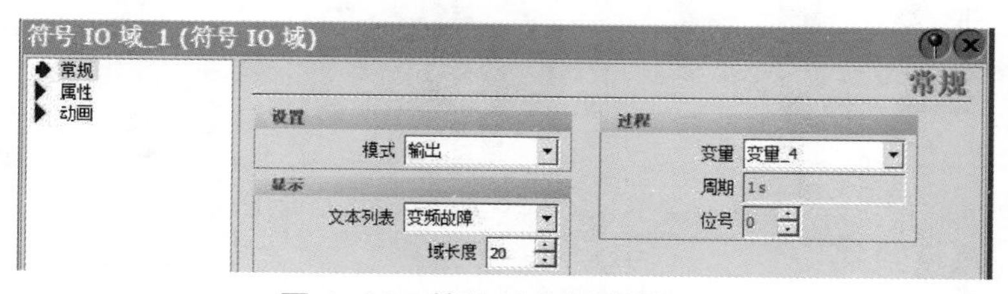

图 4-20　符号 IO 域的常规界面

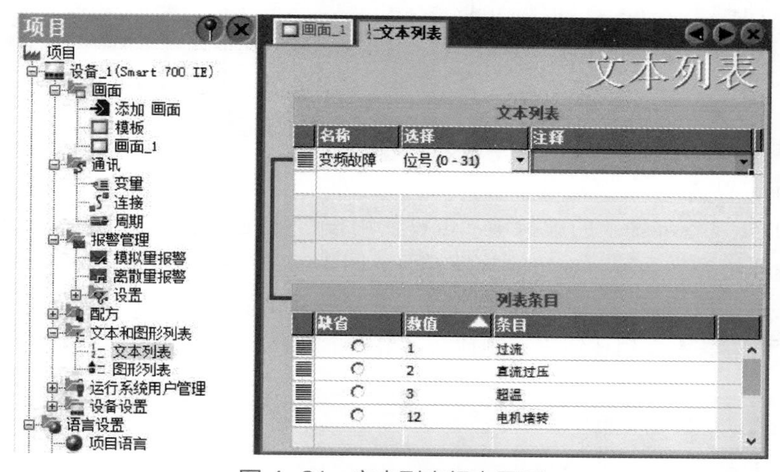

图 4-21　文本列表组态界面

当模式选择输入 / 输出时，选择符号 IO 域显示文本能改变对应变量的值。例如新建如图 4-22 所示名称为“电机控制”的文本列表，添加“停止”和“启动”2 个条目，在触摸屏单击符号 IO 域对象时会弹出文本列表框，选择“停止”，对应过程变量会变为 0，选择“启动”，则对应过程变量会变为 1。

文本列表

名称	选择	注释
变频故障	位号 (0 - 31)	
电机控制	位(0, 1)	

列表条目

缺省	数值	条目
○	0	停止
○	1	启动

图 4-22　“电机控制”文本列表

（8）图形视图

图形视图的常规界面见图 4-23，在工具箱的图形列表中选择所要显示的图形，画面加入合适的图形对象后会变得生动，更易于理解控制过程。

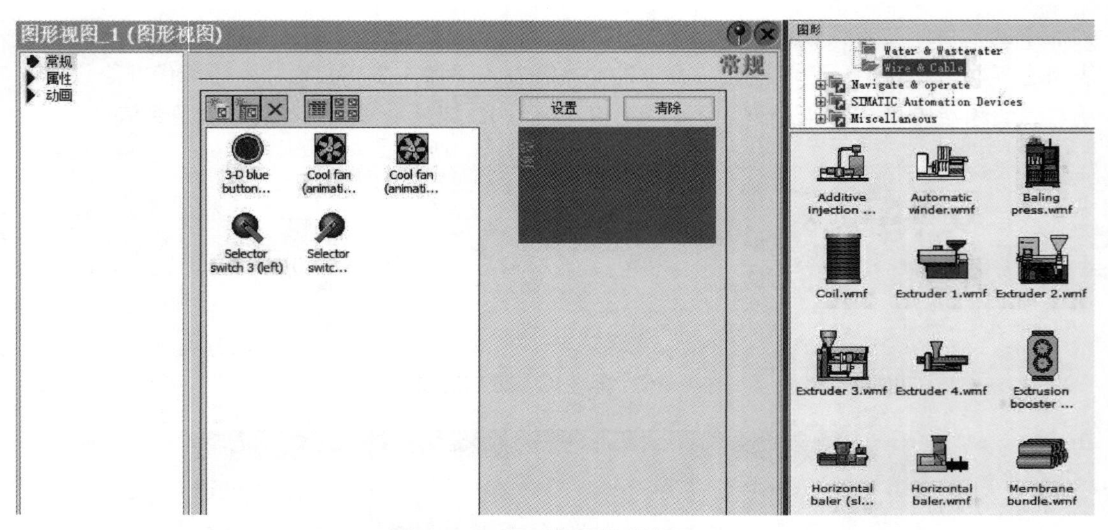

图 4-23 图形视图的常规界面

(9)按钮

按钮是 HMI 设备屏幕上的虚拟键，可以使用按钮来控制过程，例如系统或设备启停控制、确认报警或切换界面等。按钮的常规界面见图 4-24，按钮模式选择文本模式时，更改按钮上显示的文本；按钮模式选择图形模式时，选择按钮上显示的图形。按钮的常规界面并未关联按钮与变量的关系，用按钮来控制什么需要到事件界面去组态。

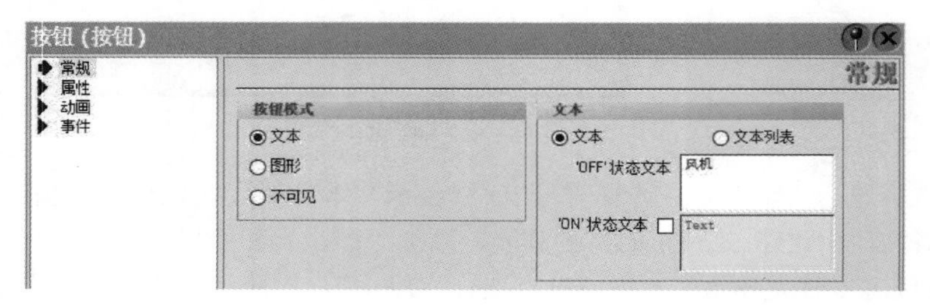

(a) 文本模式

(b) 图形模式

图 4-24 按钮的常规界面

按钮的事件界面见图 4-25，按钮的事件分单击、按下、释放、激活、取消激活和更改，每个事件都可以设置一系列函数，使按钮的动作关联到想要改变的变量，例如单击按钮使变量的值变为 1，或是按下时变为 1，释放时变为 0。

系统函数分为报警、编辑位、画面、计算、键盘、其它函数、设置、系统、用户管理和用于画面对象的键盘操作共 10 类，常用系统函数说明见表 4-3，切换画面使用 ActivateScreen 函数，按钮常用 SetBit 和 ResetBit 函数。

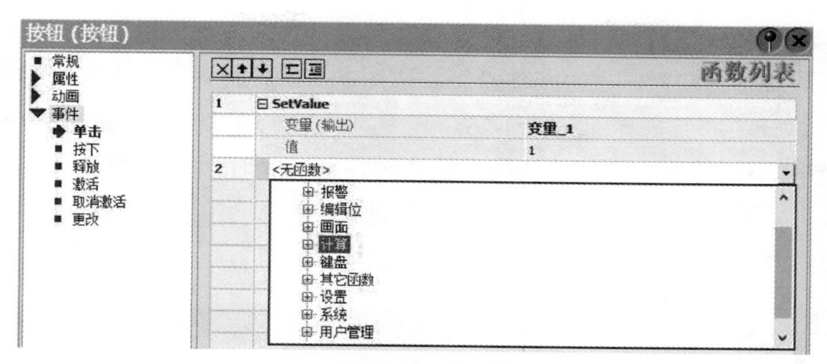

图 4-25　按钮的事件界面

表4-3　常用系统函数说明

分类	函数	说明
报警	ClearAlarmBuffer（Alarm class number）	删除 HMI 设备报警缓冲区中的报警。 参数：Alarm class number 0（hmiAll）= 所有报警 / 事件 1（hmiAlarms）= 错误 2（hmiEvents）= 警告 3（hmiSystem）= 系统事件 4（hmiS7Diagnosis）= S7 诊断事件
	ShowAlarmWindow（Object name,Display mode）	隐藏或显示 HMI 设备上的报警窗口。 参数：Object name 要隐藏或显示的报警画面的名称。 Display mode 确定隐藏或显示报警窗口： 0（hmiOff）= 关：隐藏报警画面 1（hmiOn）= 开：显示报警画面 –1（hmiToggle）= 切换：在两种模式之间切换
编辑位	InvertBit（Tag）	对给定的“Bool”型变量 Tag 的值取反
	ResetBit（Tag）	将“Bool”型变量 Tag 的值设置为 0
	SetBit（Tag）	将“Bool”型变量 Tag 的值设置为 1
画面	ActivatePreviousScreen	将画面切换到在当前画面之前激活的画面
	ActivateScreen（画面名称，对象号）	将画面切换到指定的画面
计算	DecreaseValue（Tag, Value）	从变量值中减去给定的值。 Tag =Tag – value
	IncreaseValue（Tag, Value）	将给定值添加到变量值上。 Tag =Tag + value
	InverseLinearScaling（X, Y, b, a）	使用线性函数 $X=(Y-b)/a$，将通过给定变量 Y 的值计算得出的数值赋给变量 X
	LinearScaling（Y, X, a, b）	为变量 Y 赋值，该变量通过线性函数 $Y=(a\times X)+b$ 利用给定变量 X 的值计算得出
	SetValue（Tag, Value）	将新值赋给给定的变量。 Tag = value
键盘	ShowOperatorNotes（Display mode）	显示所选对象已组态的信息文本。 参数：Display mode 确定隐藏或显示所组态的帮助文本： 0（hmiOff）= 关：隐藏所组态的帮助文本 1（hmiOn）= 开：显示所组态的帮助文本 –1（hmiToggle）= 切换：在两种模式之间切换

（10）开关

开关具有两种稳定状态，点击开关时，它切换至另一种状态并保持该状态不变，直至下一次点击操作。开关的常规界面见图 4-26，开关的类型选通过文本切换时，开关“ON”和“OFF”状态显示不同的文本；开关的类型选通过图形切换时，开关“ON”和“OFF”状态显示不同的图形。开关的常规界面已关联开关与变量的关系，操作开关时变量值会随之改变，改变变量值时，开关的显示也会随之改变。

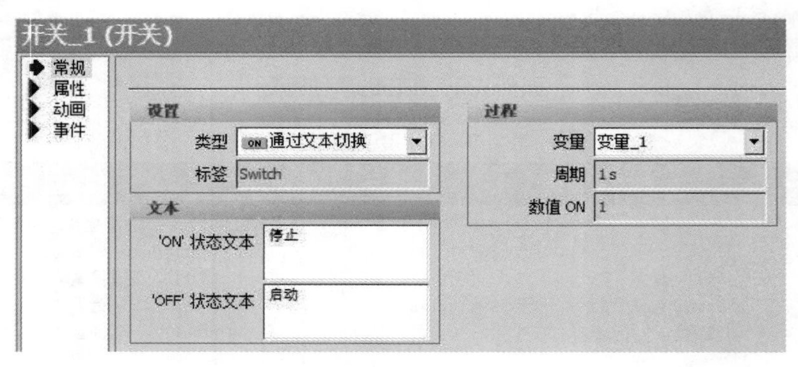

(a) 文本模式

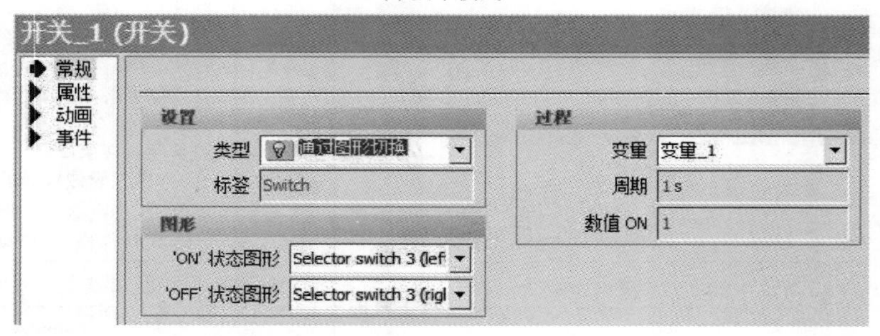

(b) 图形模式

图 4-26　开关的常规界面

开关的事件界面见图 4-27，开关的事件分更改、打开、关闭、激活和取消激活。开关的常规界面已经绑定了开关和变量的关系，事件部分可不组态，如果用同一开关实现更多功能则可通过事件组态函数来实现。

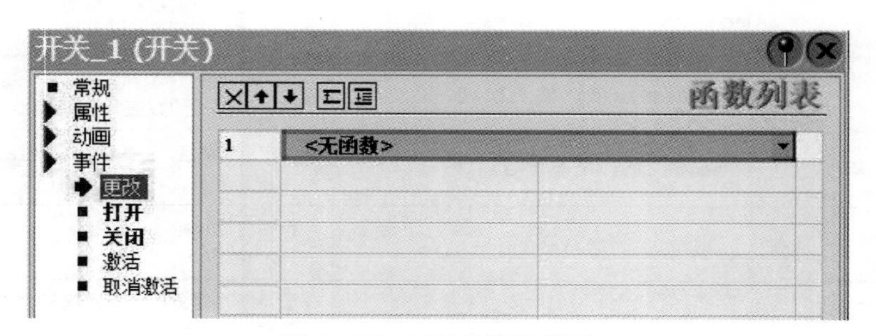

图 4-27　开关的事件界面

（11）棒图

棒图以带刻度的棒图形式显示模拟量的值。棒图的常规界面见图 4-28，选择要显示的变量，设置最大值和最小值。棒图的属性界面见图 4-29，外观设置棒图的前景色、背景色、刻度值颜色以及边框的样式，限制设置上下限的颜色，刻度可改变刻度间距等参数。

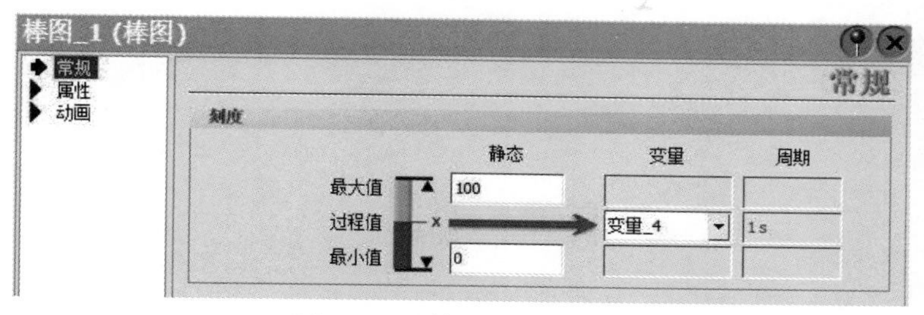

图 4-28　棒图的常规界面

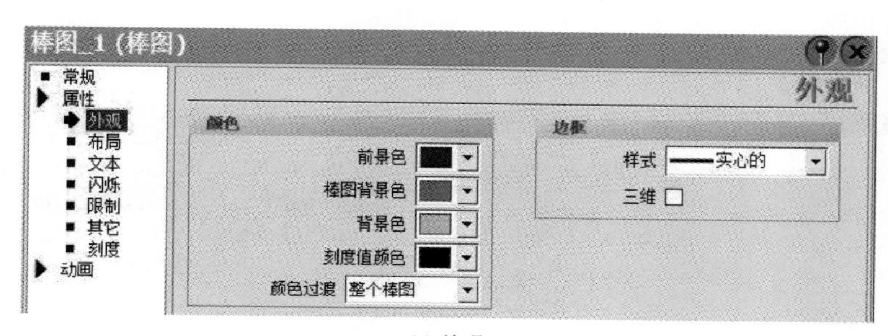

(a) 外观

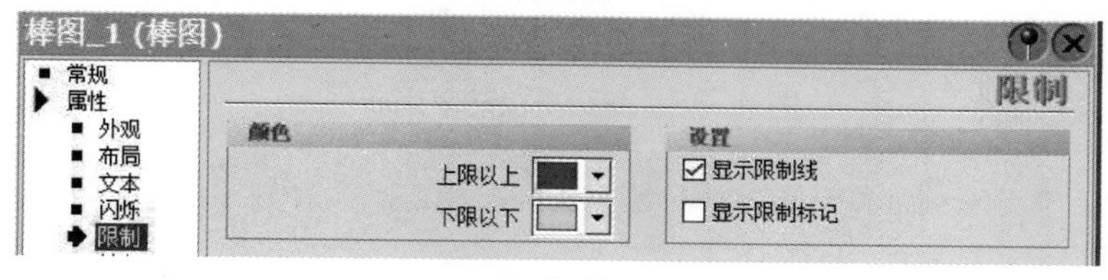

(b) 限制

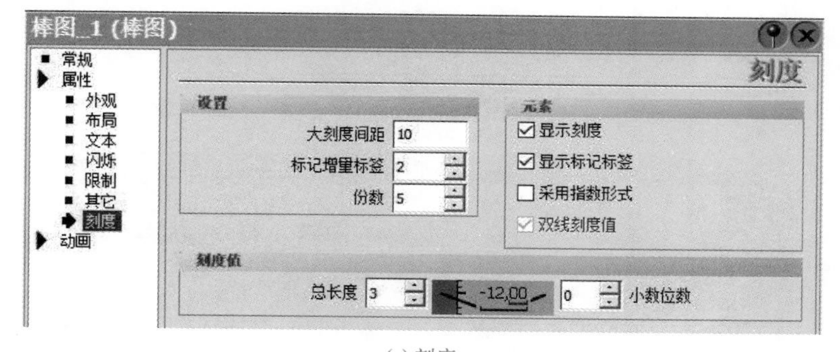

(c) 刻度

图 4-29　棒图的属性界面

（12）趋势视图

趋势视图用于显示变量的变化过程，每个趋势视图最多可同时显示 4 个趋势，可对比不同变量的变化趋势。趋势视图的常规界面见图 4-30，不需要设置什么，保留默认设置即可。

趋势视图的属性界面见图 4-31，外观设置背景色、标尺颜色和坐标轴颜色；*X* 轴模式默认是时间，时间间隔根据需要进行设定；数值轴左边用于设置刻度及其范围；只有 1 个变量时数值轴右边可不显示；轴属性用于设置坐标轴标签是否显示以及显示的数量；趋势属性用于组态要显示的变量，多个变量时不同变量的趋势曲线使用不同的前景色。

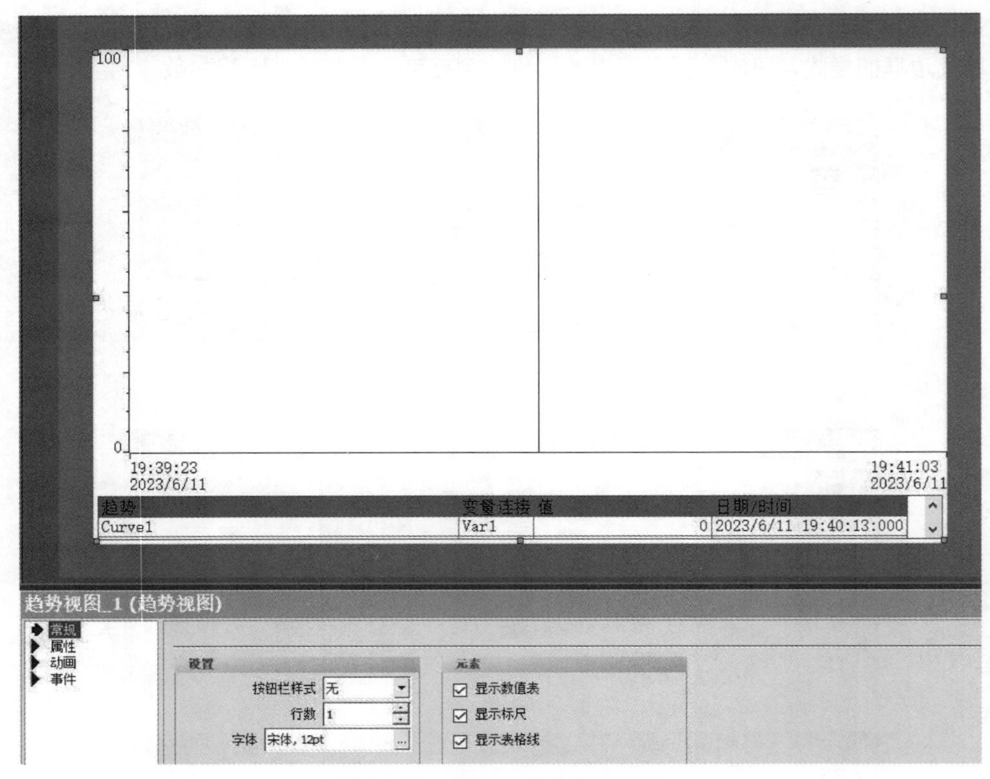

图 4-30　趋势视图的常规界面

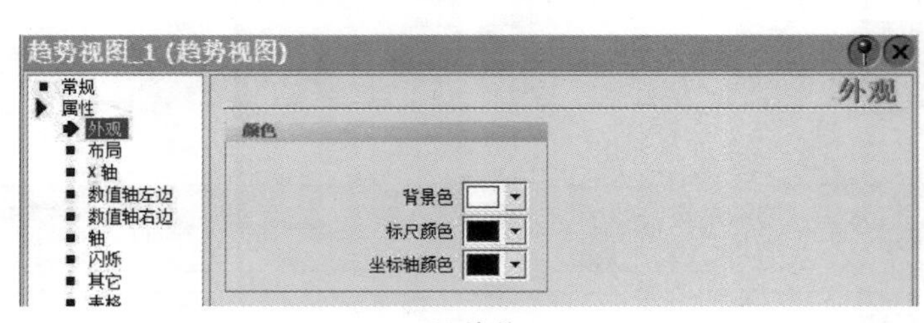

(a) 外观

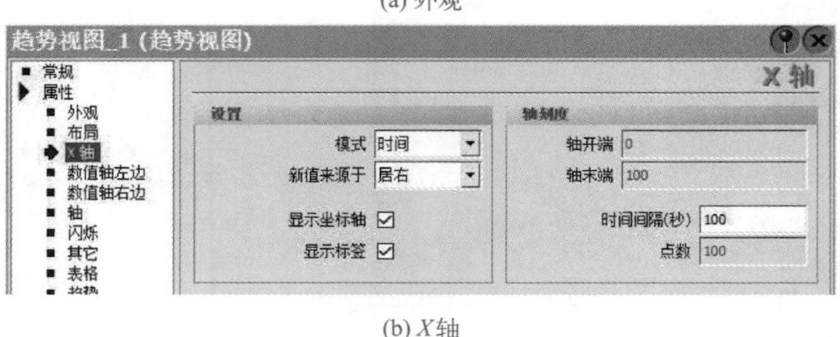

(b) X轴

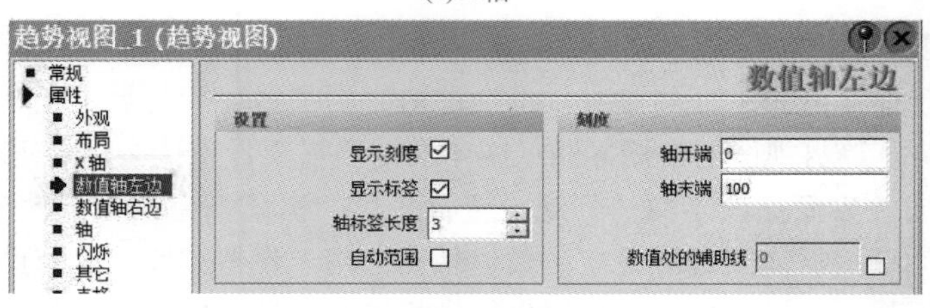

(c) 数值轴左边

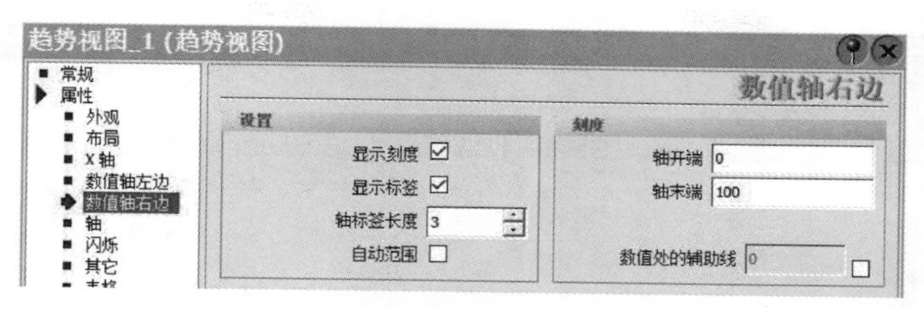

(d) 数值轴右边

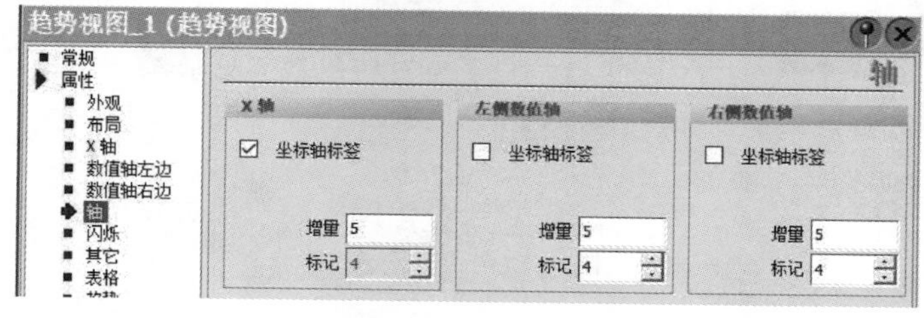

(e) 轴

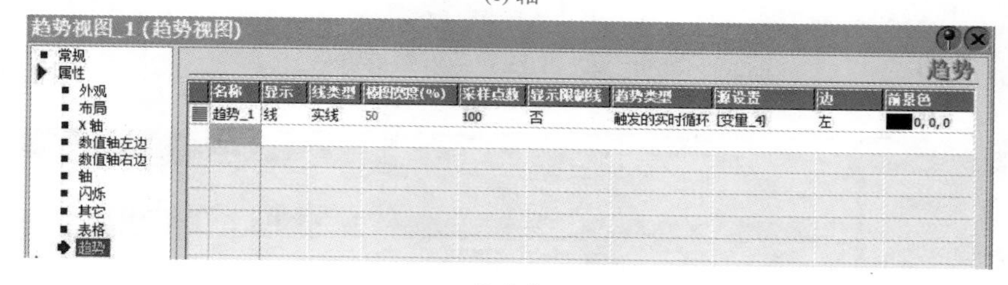

(f) 趋势

图 4-31 趋势视图的属性界面

4.2.4 通讯设置

(1) 连接

对象的控制和显示是和变量关联的，而变量又是和连接关联的，连接指的是触摸屏和 PLC 间的通信方式。双击项目视图中【通讯】里的【连接】，打开如图 4-32 所示的连接参数设置界面，在【连接】或连接列表处右键菜单选【添加 连接】，列表中出现“连接 _1”，单击通讯驱动程序栏的列表框，会列出所支持的 PLC 型号或通信协议，这里选“SIMATIC S7 200 Smart”。参数中的接口选择“以太网”，然后分别填写触摸屏和 PLC 的 IP 地址，需要注意的是，这里不能改变触摸屏和 PLC 的 IP 地址，只是填写已经设置好的 IP 地址。

(2) 变量

变量分内部变量和外部变量，内部变量存储在触摸屏的内存中，不能被外部设备读取，外部变量是 PLC 中所定义的存储位置的映像，触摸屏通过连接读写 PLC 中的变量。

变量组态界面见图 4-33，双击项目视图中【通讯】节点的【变量】，打开变量组态界面，在变量表中双击空白项或单击右键菜单中的【添加 变量】，生成一个变量，变量的参数可在变量表中直接修改，也可以在下面的常规界面和属性界面中进行修改。

常规参数选择界面见图 4-34，在界面中可以编辑变量名称，选择连接，设置数据类型、采集模式和采集周期。数据类型按 PLC 中定义的类型选择。采集模式有“根据命令”“循环连续”和“循环使用”3 种模式，常用“循环使用”模式，这种模式按采集周期循环采集当前画面中使用的变量，“循环连续”模式则是按采集周期循环采集，不论该变量是否在当前画

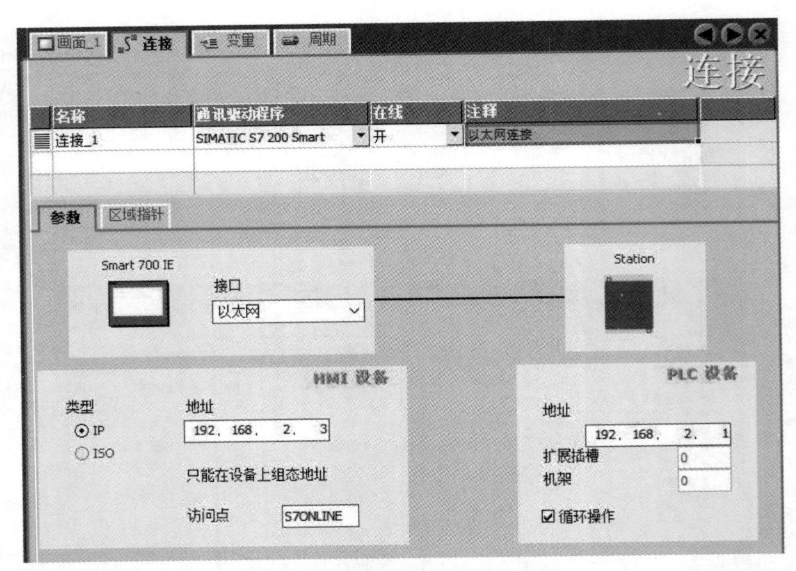

图 4-32 连接参数设置界面

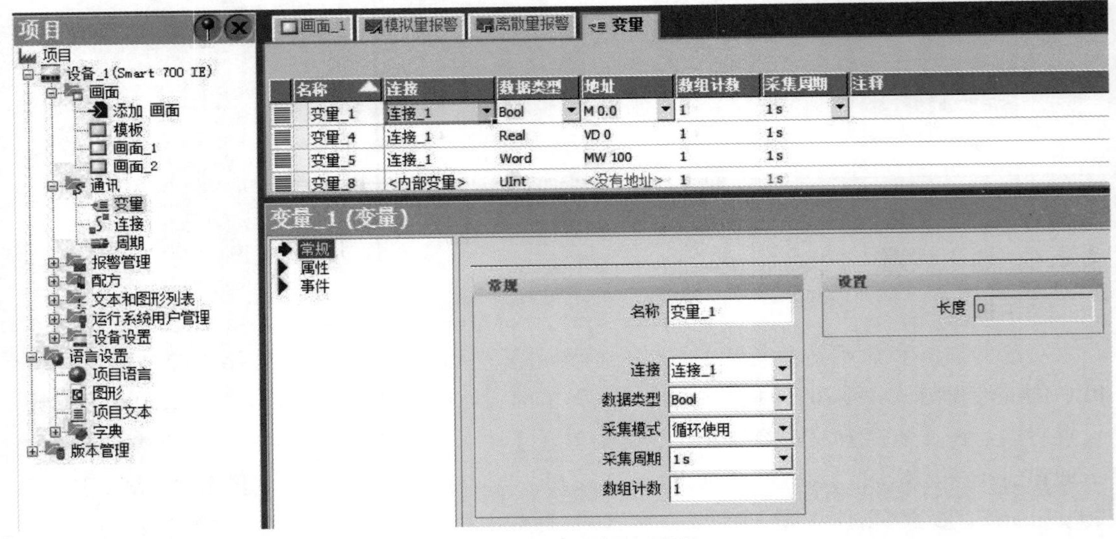

图 4-33 变量组态界面

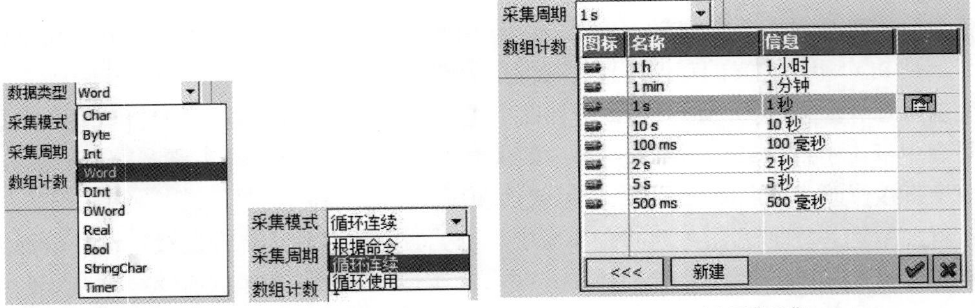

(a) 数据类型　(b) 采集模式　(c) 采集周期

图 4-34 常规参数选择界面

面使用，这种模式数据更新量相对较大，报警用的变量必须设置为循环连续模式，因为控制系统需要实时监测报警信息。采集周期常用 1s，可在列表中选取其他采集周期，还可以创建列表中没有的其他采集周期。

变量的属性界面见图 4-35，寻址界面可改变变量的地址；限制值界面可设置上下限，上下限可以是变量或常量，设置越限值后变量的显示能以不同颜色区分正常范围值，选择创建报警会直接弹出模拟量报警设置界面，然后在报警管理界面中看到创建的报警条目；线性转换功能实现的是在画面中显示转换后的值，例如 PLC 中的 0 ～ 1.5m 液位可转换为 0 ～ 100，变成百分比显示。

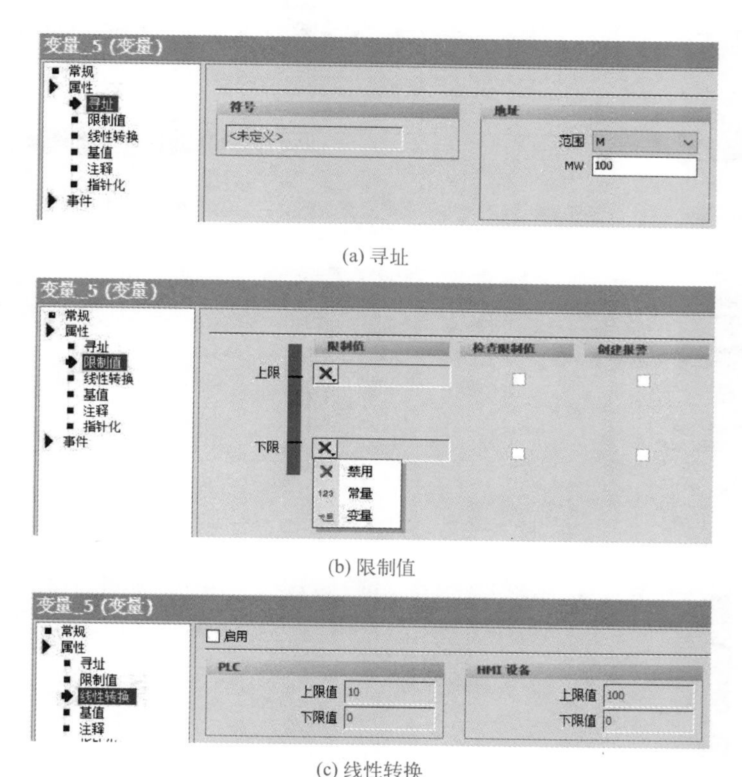

(a) 寻址

(b) 限制值

(c) 线性转换

图 4-35 变量的属性界面

4.2.5 报警管理

报警管理有模拟量报警和离散量报警，模拟量报警组态界面见图 4-36，文本是报警时显示的信息；触发变量的采集模式一定要选择循环连续，否则无法选择为报警变量；限制值可选常数或变量；触发模式分上升沿和下降沿，上升沿用于越上限报警，下降沿用于越下限报警。

离散量报警组态界面见图 4-37，文本是报警时显示的信息；编号自动生成；触发变量的采集模式一定要选择循环连续，否则无法选择为报警变量；触发模式固定为上升沿，即由 0 变 1 时报警。

组态完模拟量报警和离散量报警后，可新添加画面，然后加入如图 4-38 所示的报警视图界面，项目运行后一旦发生模拟量报警和离散量报警，会在报警视图上显示；不显示了表示报警条件不满足了，已恢复正常，再次满足条件时又会显示对应的报警信息。

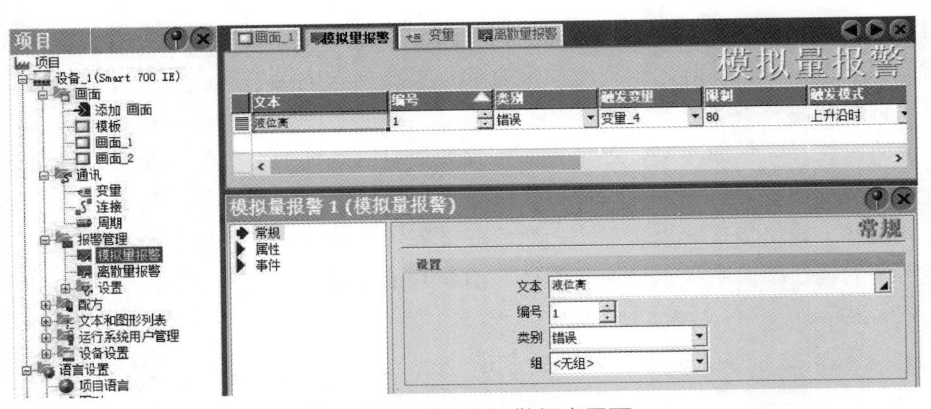

图 4-36　模拟量报警组态界面

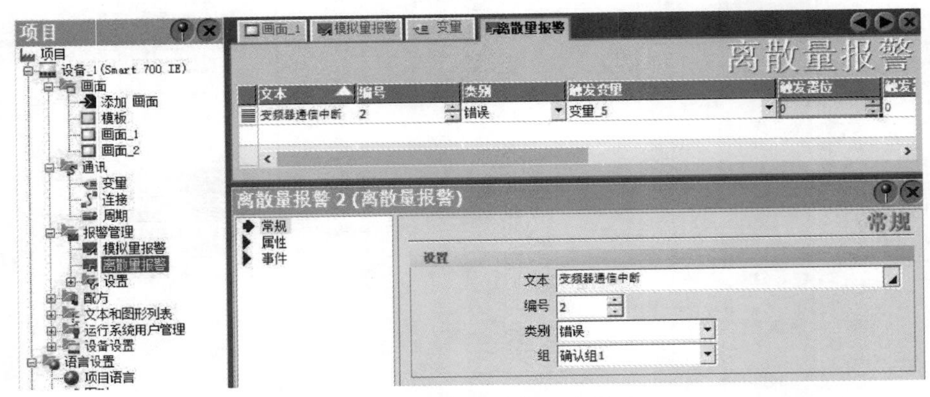

图 4-37　离散量报警组态界面

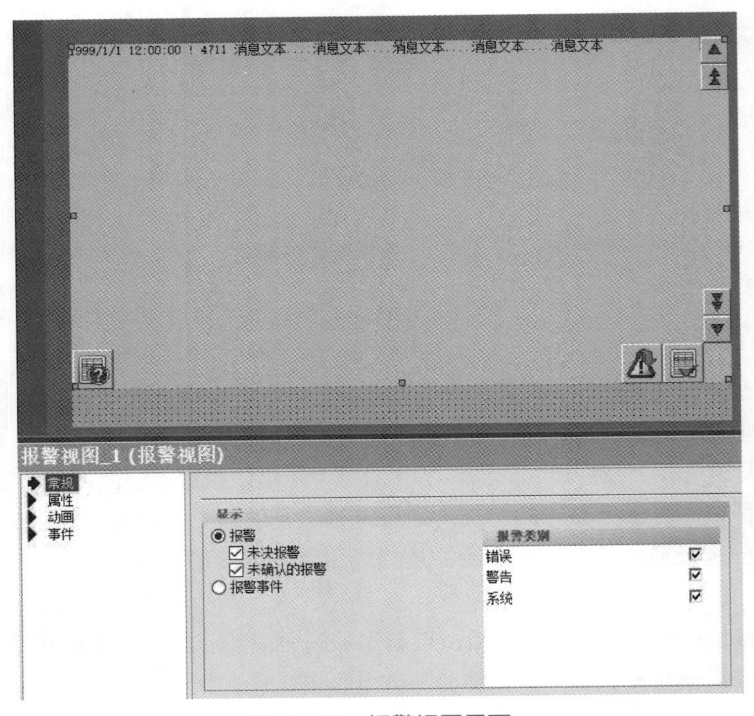

图 4-38　报警视图界面

4.2.6　程序编译和传送

触摸屏程序编写完成后，单击工具栏上的【生成】图标编译程序，程序编译界面见图 4-39，输出窗口显示编译过程和编译结果，编译出现错误或警告会有提示，按提示修改后继续编译，编译成功才可以进行下一步传输。

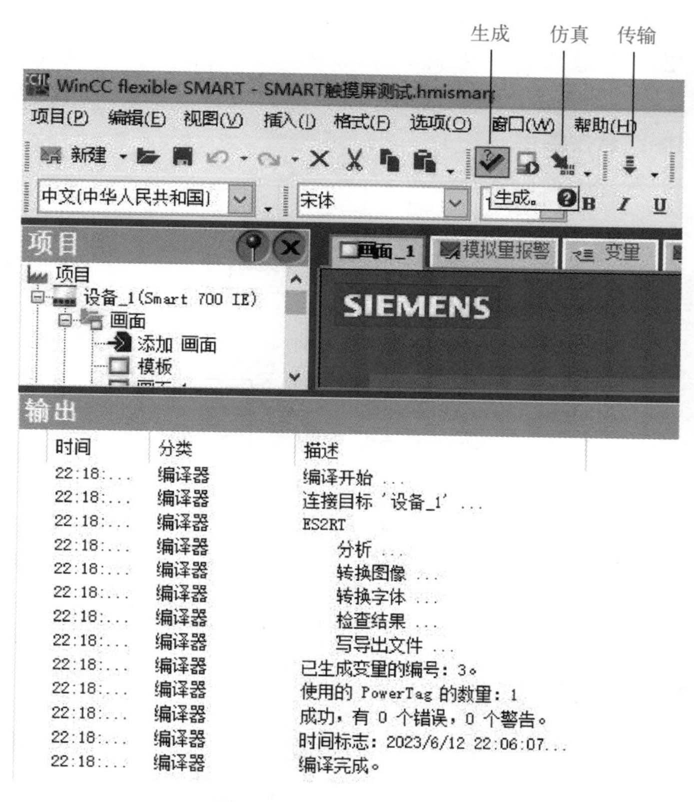

图 4-39　程序编译界面

单击工具栏上的【传输】图标，出现如图 4-40 所示的程序传输界面，选择以太网模式，在“计算机名或 IP 地址处”输入触摸屏 IP 地址，然后单击【传送】，就开始向触摸屏传输编译好的文件了。

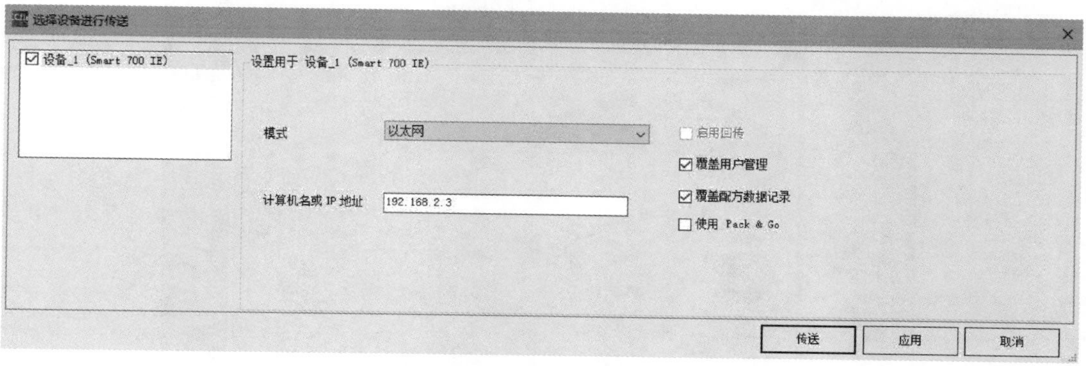

图 4-40　程序传输界面

4.3 PLC 与 SMART LINE 触摸屏组合应用

4.3.1 硬件接线

CPU ST20 与 SMART 700 IE 组合应用硬件接线示意图见图 4-41，CPU ST20 和 SMART 700 IE 都需要 DC 24V 电源供电，然后都用网线接入交换机，编程用笔记本也用网线连接至交换机。项目安装调试完毕后如果以太网上没有其他设备，可以取消交换机，将触摸屏和 PLC 的以太网口用网线直接连接。

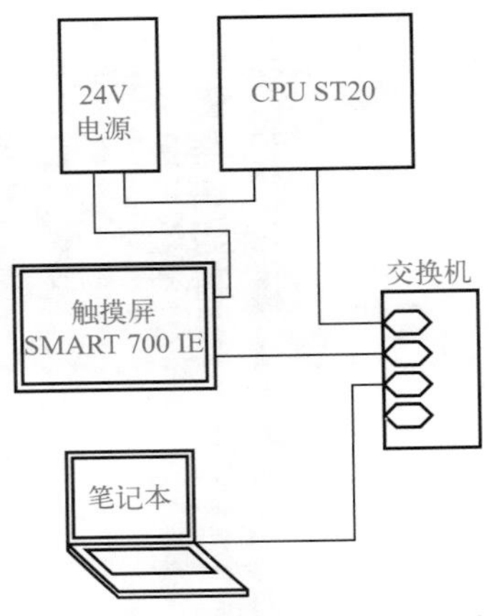

图 4-41　CPU ST20 与 SMART 700 IE 组合应用硬件接线示意图

4.3.2 SMART LINE 触摸屏编程

触摸屏测试程序界面见图 4-42，控制界面左侧有 1 个指示灯、2 个按钮和 1 个转换开关，转换开关用于自动 / 手动切换，手动模式用启动、停止按钮控制输出，自动模式启动、停止按钮无效，指示灯指示控制输出状态。控制界面右上侧显示当前日期和时间，控制界面右下侧显示报警信息。

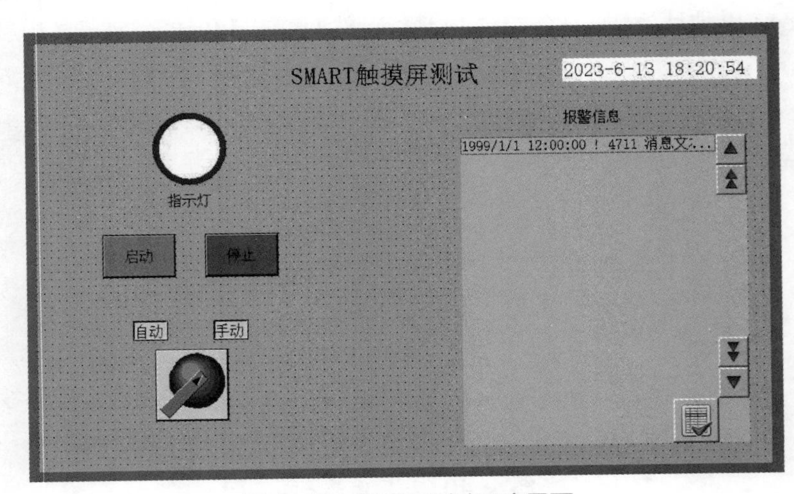

图 4-42　触摸屏测试程序界面

连接参数界面与图 4-32 相同，连接区域指针界面见图 4-43，设置了日期 / 时间 PLC 的地址为 VW0，这样触摸屏会每分钟从 PLC 的 VW0 开始的寄存器读取 PLC 的日期 / 时间值，同步到触摸屏的日期 / 时间值。SMART LINE 触摸屏内部没有时钟电池，断电会丢失时钟数据，每次重新上电需要用所连接的 PLC 重新同步时间。

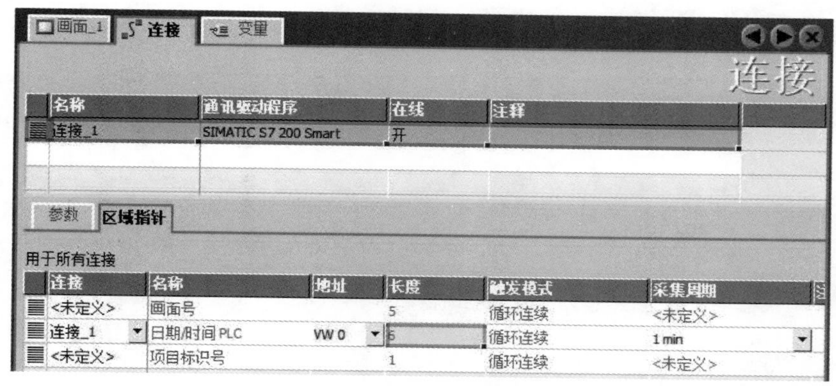

图 4-43　连接区域指针界面

测试程序变量组态界面见图 4-44，画面组态时转换开关关联 M0.0，点击转换开关切换开关状态，M0.0 的值随之改变，单击启动按钮置位 M0.1，单击停止按钮复位 M0.1，指示灯随开关状态 Q0.0 改变背景色，启动状态显示红色，停止状态显示绿色。报警量 MW10 可表示 16 个离散量报警。

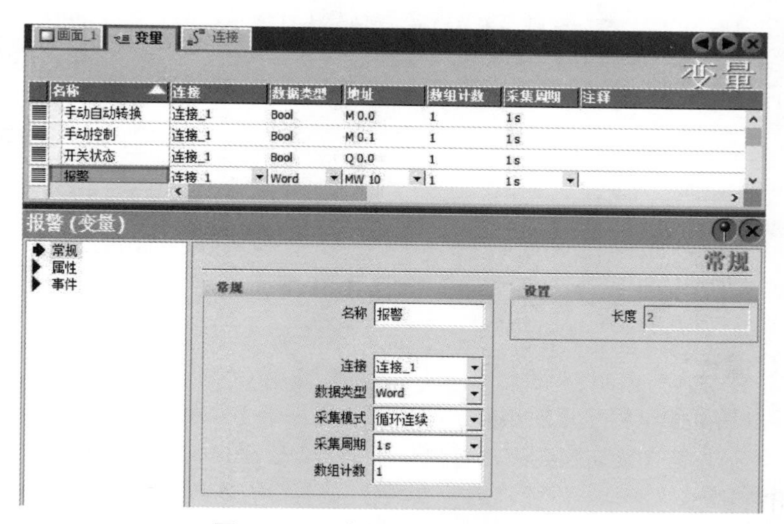

图 4-44　测试程序变量组态界面

测试程序离散量报警组态界面见图 4-45，用报警变量 MW10 的 0 表示保护动作。

图 4-45　测试程序离散量报警组态界面

4.3.3 SMART LINE触摸屏仿真

单击工具栏上的【仿真】图标，打开如图4-46所示的触摸屏仿真界面，仿真界面分触摸屏和变量表2部分。点击仿真触摸屏上的切换开关，切换开关会变换指向，变量表中对应的值也会随之变化；点击启动、停止按钮，变量表中手动控制的值也会变化；设置开关状态的值，指示灯颜色随之改变；设置报警变量的值为1，报警信息栏中出现保护动作信息记录。

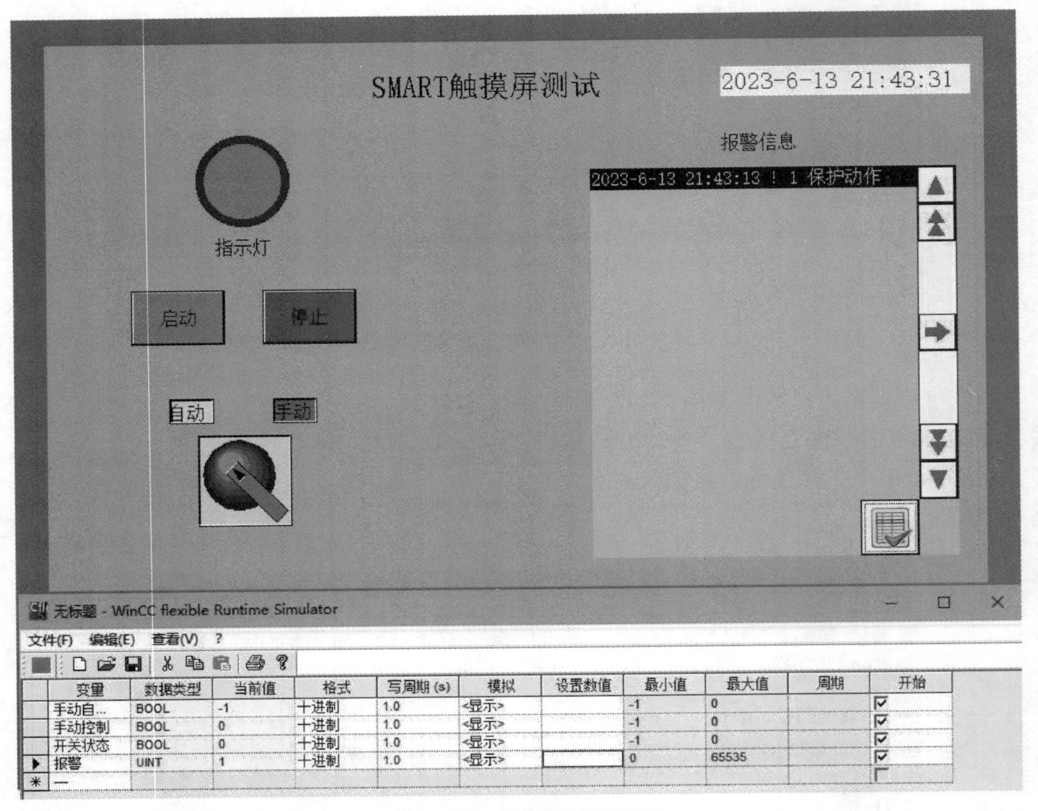

图4-46 触摸屏仿真界面

4.3.4 PLC编程

PLC连接触摸屏测试程序见图4-47，程序分4段，第1段用于触摸屏同步PLC时间，第2段用于输出控制，第3段切换到手动时复位手动控制，第4段用I0.6模拟保护动作，报警同时复位输出控制。

4.3.5 PLC与SMART LINE触摸屏实际测试

PLC的IP地址设为192.168.2.1，触摸屏的IP地址设为192.168.2.3，测试用笔记本的IP地址设为192.168.2.10，以上设置不是唯一的，只要在同一IP段，IP地址不重复就可以。将编写好的程序分别传输到PLC和触摸屏，实际测试步骤如下。

❶ 点击触摸屏上的切换开关，切换开关会变换指向。

❷ 切换开关在手动位置，点击启动按钮，触摸屏指示灯变红色，PLC的Q0.0指示灯亮。

❸ 切换开关在手动位置，点击停止按钮，触摸屏指示灯变绿色，PLC的Q0.0指示灯熄灭。

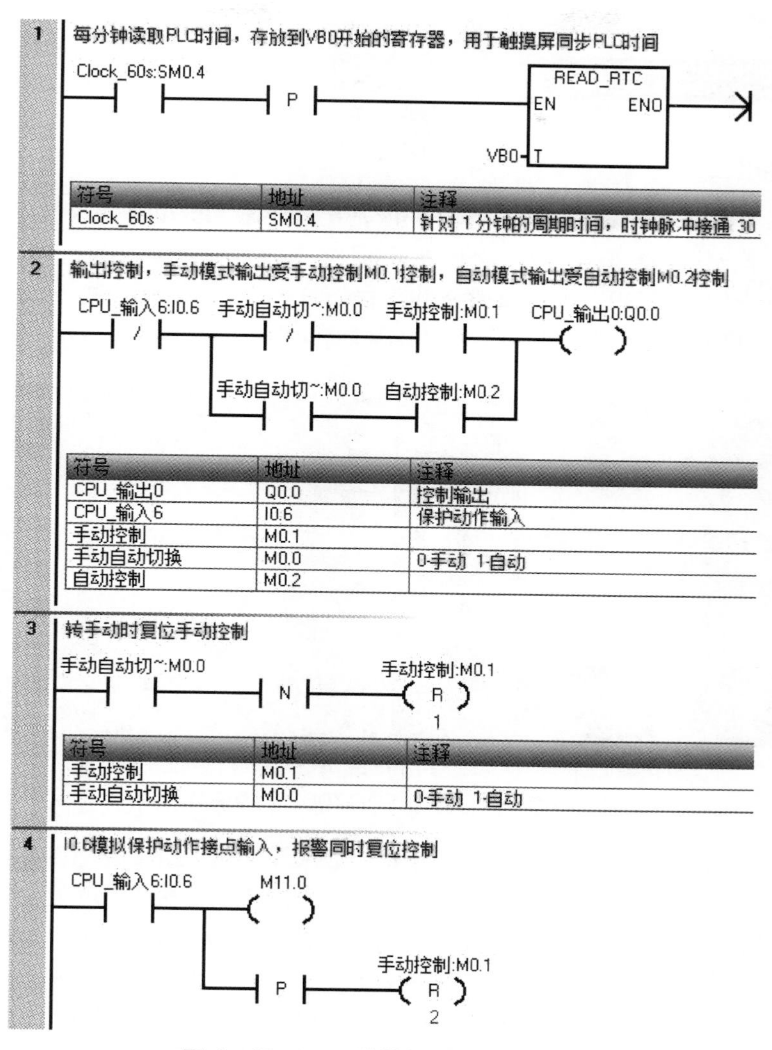

图 4-47 PLC 连接触摸屏测试程序

❹ 切换开关在自动位置，点击启动、停止按钮无反应。

❺ 切换开关在自动位置，在笔记本 PLC 程序的状态图表中将 M0.2 置 1，触摸屏指示灯变红色，PLC 的 Q0.0 指示灯亮。

❻ 切换开关在自动位置，在笔记本 PLC 程序的状态图表中将 M0.2 置 0，触摸屏指示灯变绿色，PLC 的 Q0.0 指示灯熄灭。

❼ 给 PLC 输入端子 I0.6 加电，PLC 的 I0.6 指示灯亮，触摸屏报警信息栏中出现保护动作信息记录。

❽ 断开 PLC 输入端子 I0.6 电源，PLC 的 I0.6 指示灯熄灭，触摸屏报警信息栏保护动作信息记录还在，点击报警信息栏中的确认按钮，保护动作信息记录消失。

❾ 返回到第❷步，再次模拟保护动作，触摸屏指示灯变绿色，PLC 的 Q0.0 指示灯熄灭，在保护动作信号未消失时，不论手动还是自动模式都无法重新输出。

通过实际测试验证最初的编程意图，如果不满足要求则需重新编程、传送程序、再次测试。

4.4 昆仑通态触摸屏

4.4.1 硬件接口

昆仑通态触摸屏的规格型号较多，图 4-48 是昆仑通态 TPC7062 触摸屏外形图，屏幕尺寸为 7 寸，屏幕分辨率是 800×480，触摸屏正面没有按键和指示灯，背面的硬件接口有 LAN（以太网）、USB1（主 USB，可接 U 盘下载工程）、USB2（从 USB，可下载工程）、COM1（RS232）、COM2（RS485），电源端子外接 24V DC 电源。

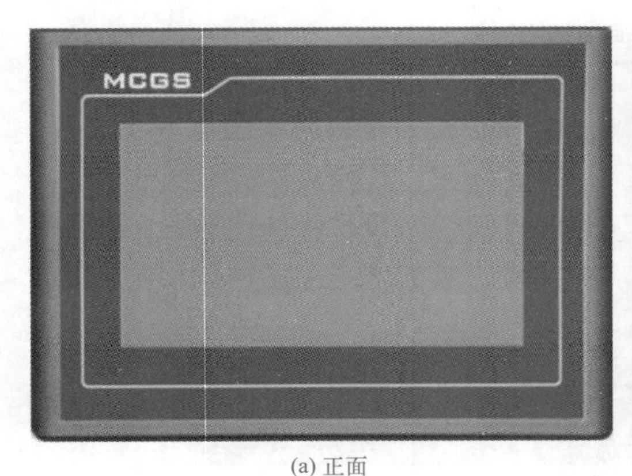

(a) 正面

(b) 背面

图 4-48　昆仑通态 TPC7062 触摸屏外形图

以太网和 USB 接口都是标准接口，不用考虑线序，串口引脚定义示意图见图 4-49，COM1 是 RS232 接口，COM2 是 RS485 接口。RS232 通信只能一对一，接线采用交叉接线，即本侧的 RXD 要接对侧的 TXD，本侧的 TXD 要接对侧的 RXD，支持全双工模式，可同时收发数据。RS485 通信是总线式通信，接线采用对应接线方式，本侧的 RS485+ 接对侧的 RS485+，本侧的 RS485- 接对侧的 RS485-，仅支持半双工模式，即总线上的多个设备中只能有 1 个主设备主动发送数据，其他的都是从设备，只有主设备与自己通信时才能发送反馈数据。

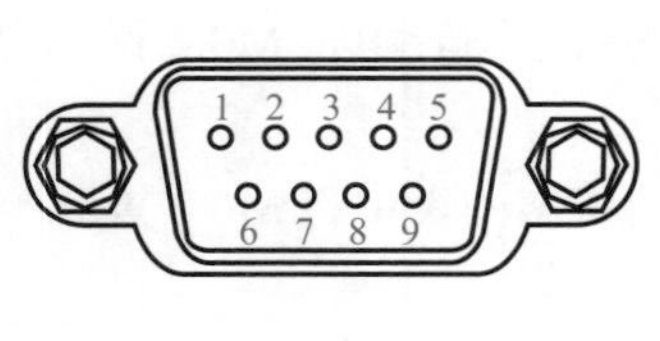

串口引脚定义

接口	PIN	引脚定义
COM1	2	RS232 RXD
	3	RS232 TXD
	5	GND
COM2	7	RS485 +
	8	RS485 −

图 4-49　串口引脚定义示意图

RS485 电路芯片的引脚 A 对应 +，B 对应 −，所以多数设备 RS485 接口的 2 个引脚标记为 A+、B−，也有设备标记为 A−、B+（如欧姆龙和 ABB 的设备），也有设备标记为 RS485+、RS485−，接线时的原则是 + 对 +、− 对 −，仅标 A 和 B 的优先考虑 A 对应 +，B 对应 −。

昆仑通态 TPC7062 触摸屏需打开后盖设置跳线，确定是否接入终端匹配电阻。更换内部 CR2032 3V 锂电池也需要打开后盖。

4.4.2　硬件组态

TPC 触摸屏开机启动后屏幕出现“正在启动……”提示进度条，此时使用手指轻点屏幕任意位置，进入启动属性界面。TPC 触摸屏系统参数设置见图 4-50，在启动属性界面点击“系统维护”进入系统维护界面，再点击“设置系统参数”，进入 TPC 系统设置界面，参数菜单分系统信息、背光灯、蜂鸣器、触摸屏、IP 地址、日期 / 时间和打印机，这些参数中最关键的就是 IP 地址，需要修改为 PLC 所在网段，应记下该 IP 地址，通过网口下载触摸屏程序时也是使用该 IP 地址。

(a) 启动中

(b) 启动属性

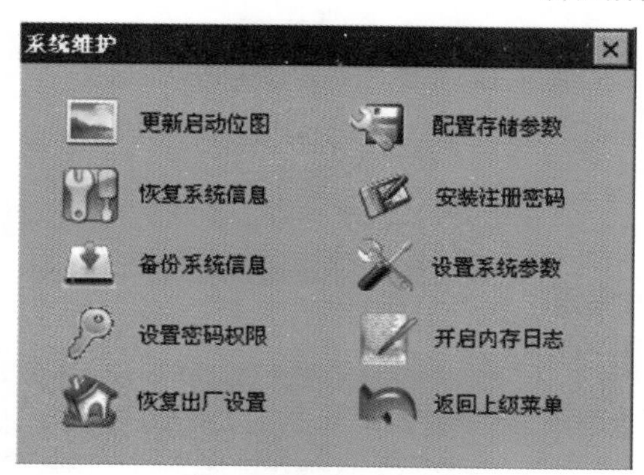

(c) 系统维护

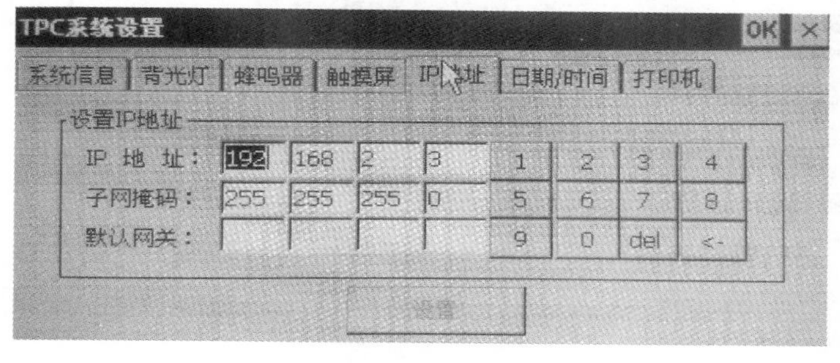

(d) TPC系统设置

图 4-50　TPC 触摸屏系统参数设置

其他参数中的“背光灯”用于设置自动关闭背光功能，“蜂鸣器”用于设置蜂鸣器静音和鸣叫时间，“触摸屏”用于使能鼠标指针、触摸屏校准，“日期/时间”用于修改日期和时间。

4.5 MCGS 嵌入版组态软件

4.5.1 软件简介

MCGS 嵌入版软件可到昆仑通态官网（www.mcgs.cn）下载安装。MCGS 嵌入版组态软件组成见图 4-51，由主控窗口、设备窗口、用户窗口、实时数据库和运行策略五个部分构成。其中主控窗口和运行策略初学时采用默认设置即可；设备窗口用于组态与触摸屏连接的设备类型、通信方式和通信协议；用户窗口用于组态触摸屏界面；实时数据库就是触摸屏与 PLC 间交换数据的变量，包括报警用的变量，这些变量在组态设备窗口或用户窗口时会间接产生，自动出现在实时数据库中。

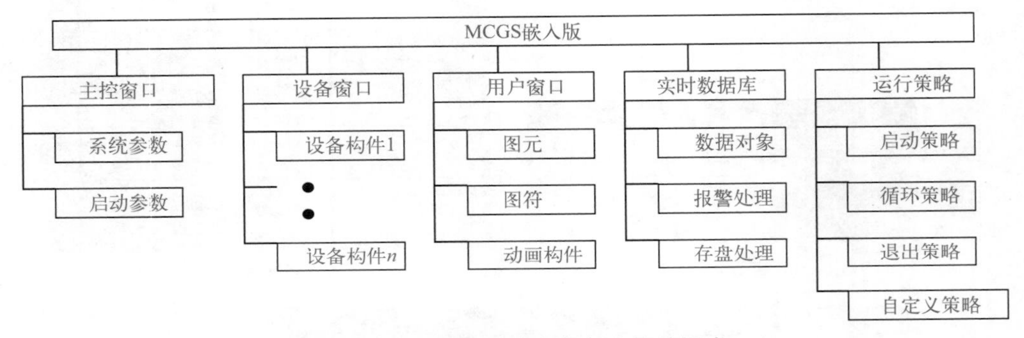

图 4-51　MCGS 嵌入版组态软件组成

4.5.2 新建工程

新建工程操作见图 4-52，在菜单【文件】中点击【新建工程】，弹出新建工程设置界面，

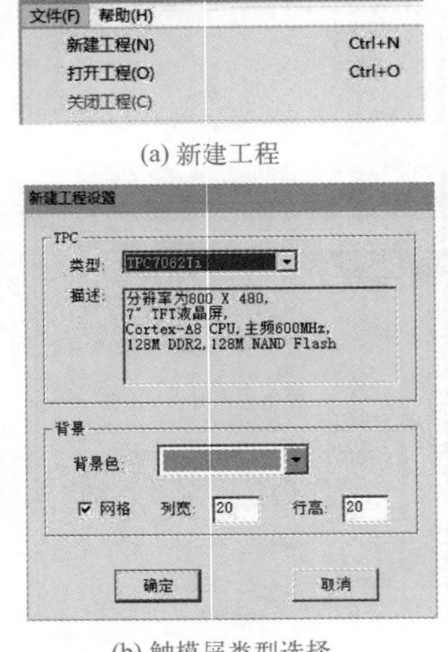

(a) 新建工程

(b) 触摸屏类型选择

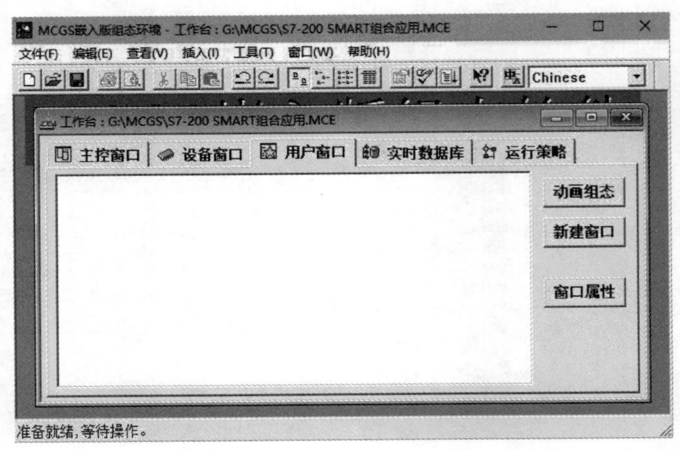

(c) 工作台

图 4-52　新建工程操作

在类型下拉列表框中选择项目使用的触摸屏型号，单击【确定】，弹出工作台界面，完成新建工程操作，工程保存在默认文件夹中，建议另存到相关项目文件夹中。

4.5.3　设备窗口

（1）设备选择

要用 TPC7062 触摸屏连接西门子 S7-200 SMART，可以参考如图 4-53 所示的设备组态与设备工具箱界面，在设备窗口点击【设备组态】，弹出设备组态窗口，这个窗口是空的，需要加入 S7-200 SMART，在设备组态界面右键菜单点击【设备工具箱】或直接点击主界面工具栏中的【设备工具箱】，弹出设备工具箱界面，里面的设备列表只列了常用的设备，没有 S7-200 SMART，点击设备工具箱中的【设备管理】，添加 S7-200 SMART。

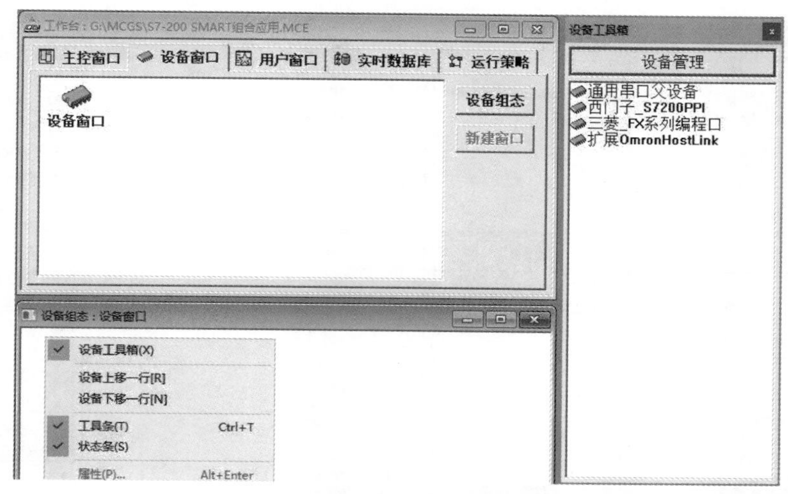

图 4-53　设备组态与设备工具箱界面

在如图 4-54 所示的设备管理界面中查看可选设备，找到“西门子 _Smart200”，点击【增加】，“西门子 _Smart200”出现在选定设备列表中。设备选择见图 4-55，双击设备工具箱中的“西门子 _Smart200”，在设备组态界面出现“设备 0——[西门子 _Smart200]”。

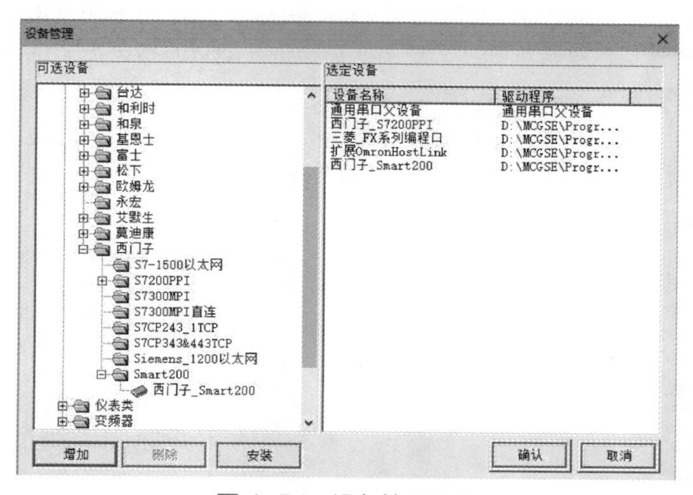

图 4-54　设备管理界面

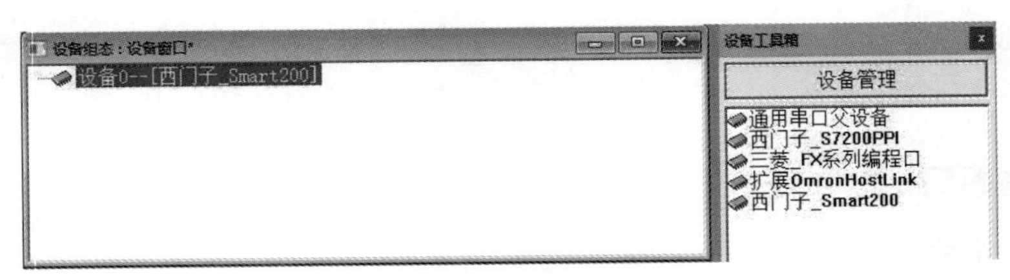

图 4-55　设备选择

（2）设备编辑

双击设备组态界面内的“设备 0——[西门子 _Smart200]”，弹出如图 4-56 所示的设备编辑窗口，在左侧的设备属性界面填写本地 IP 地址为触摸屏 IP 地址，远端 IP 地址为 PLC 的 IP 地址，其他参数可采用默认值，远端端口号 102 不能改，否则无法连接 S7-200 SMART。

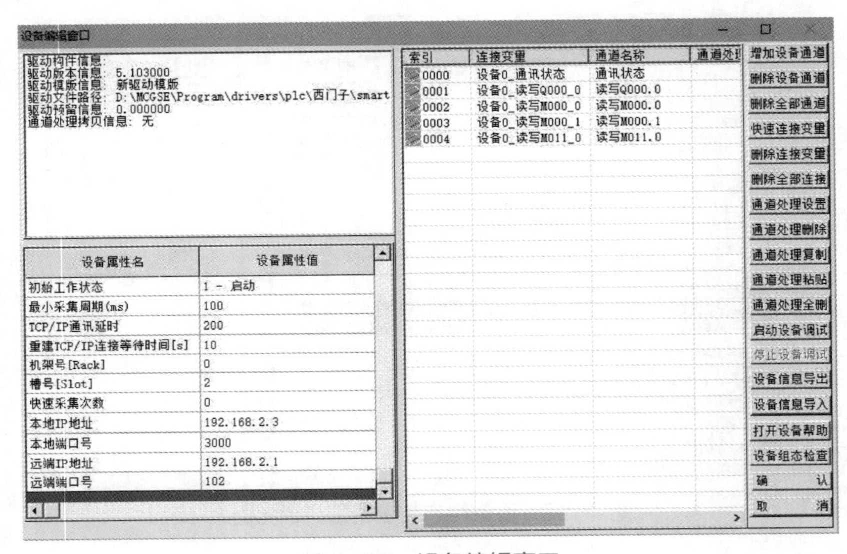

图 4-56　设备编辑窗口

（3）变量编辑

设备编辑窗口右侧是变量编辑界面，单击【增加设备通道】，弹出如图 4-57 所示的添加设备通道界面。先选择通道类型，通道类型支持 I 输入继电器、Q 输出继电器、M 内部继电器和 V 数据寄存器，然后选择数据类型，填写通道地址和通道个数，最后选择读写方式，单击【确认】，设备通道列表会多出刚编辑的通道。

设备通道编辑完成后单击【快速连接变量】，弹出如图 4-58 所示的快速连接界面，选择“默认设备变量连接”，单击【确认】，将变量与通道关联。

添加设备通道
基本属性设置
通道类型　I输入继电器　数据类型　通道的第00位
通道地址　0　通道个数　1
读写方式　只读　只写　读写
扩展属性设置
扩展属性名　扩展属性值
确认　取消

图 4-57　添加设备通道界面

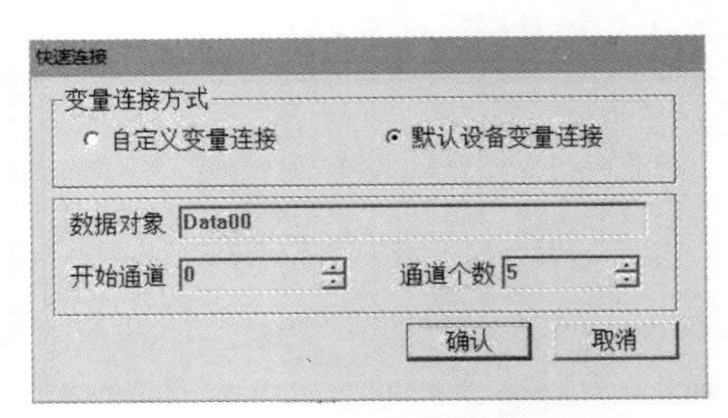

图 4-58　快速连接界面

设备编辑窗口不能直接关闭，只能点击【确认】或【取消】退出设备编辑界面，确认后，如果新增加了变量会提示添加数据对象，选择全部添加。

4.5.4　用户窗口

（1）新建窗口

新建窗口步骤见图 4-59，在用户窗口界面单击【新建窗口】，窗口列表中出现“窗口 0”，继续新建会出现“窗口 1”。在“窗口 0”图标处右键菜单中单击【属性】，会弹出用户窗口属性设置界面，在此界面中可修改窗口名称和窗口背景（颜色）等属性。双击“窗口 0”图标，弹出动画组态窗口。

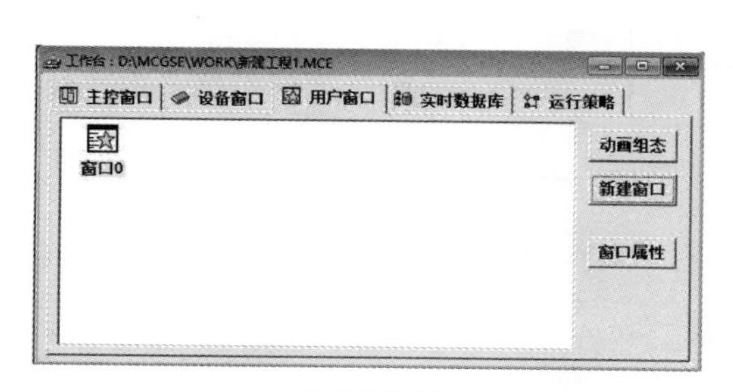

(a) 用户窗口界面

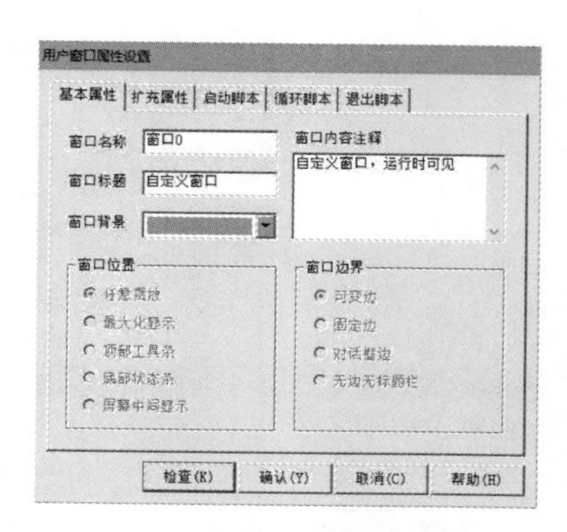

(b) 用户窗口属性设置界面

(c) 动画组态窗口

图 4-59　新建窗口步骤

（2）窗口组态

在主界面工具栏点击【工具箱】，弹出工具箱窗口见图 4-60，从工具箱中选取需要的图形构件，放置到动画组态窗口，调整大小和位置，构建窗口画面。

（3）直线、弧线、矩形、圆角矩形、椭圆和多边形动画组态属性设置

直线、弧线、矩形、圆角矩形、椭圆和多边形的动画组态属性设置见图 4-61，默认作为简单的图形构件，有固定的填充颜色、边线颜色和线型，不与变量相关联。当勾选颜色动画连接中的选项时，可随变量的变化改变填充颜色或边线颜色。当勾选位置动画连接中的选项时，可随变量的变化改变图形位置。当勾选输入输出连接中的选项时，图形可当做按钮用，

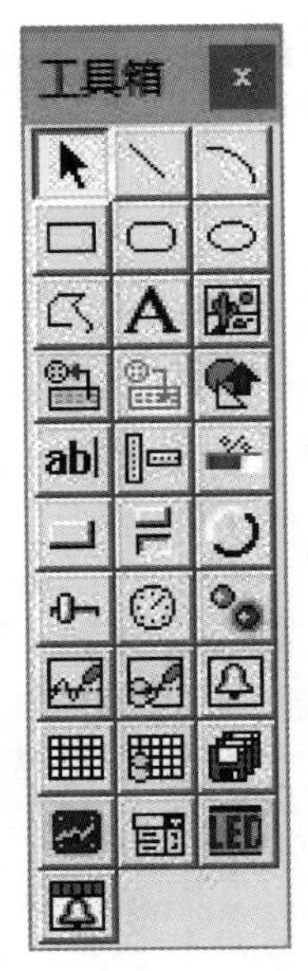

选择器	直线	弧线
矩形	圆角矩形	椭圆
多边形	标签	位图
插入元件	保存元件	常用符号
输入框	流动块	百分比
标准按钮	动画按钮	旋钮
滑动输入	旋转仪表	动画显示
实时曲线	历史曲线	报警显示
自由表格	历史表格	存盘数据
计划曲线	组合框	报警条
报警浏览		

图 4-60　动画组态工具箱

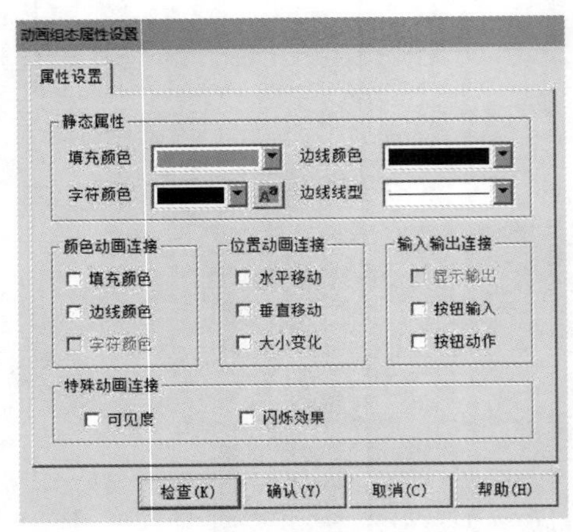

(a) 默认设置

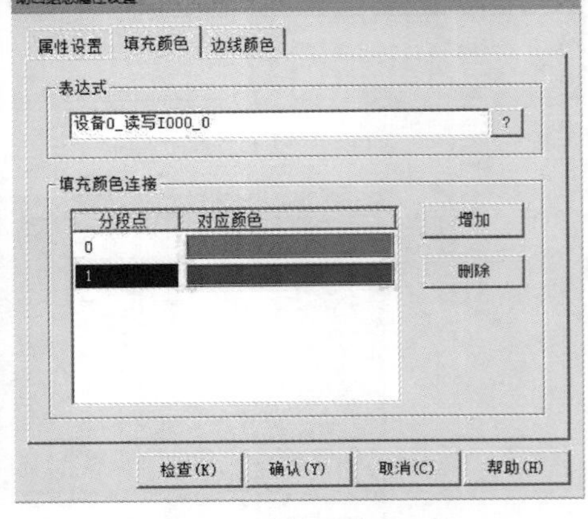

(b) 颜色动画

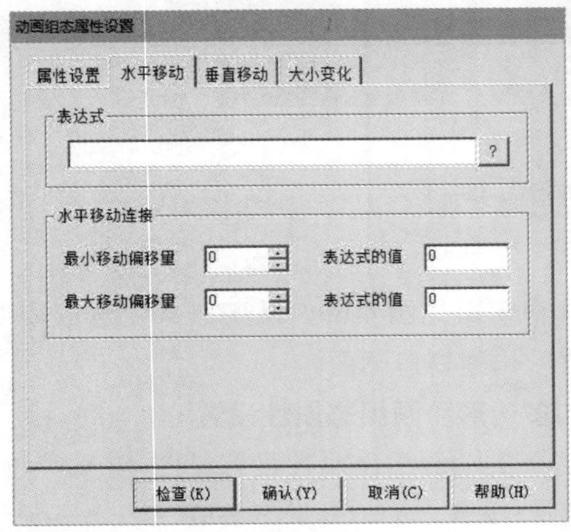

(c) 位置动画

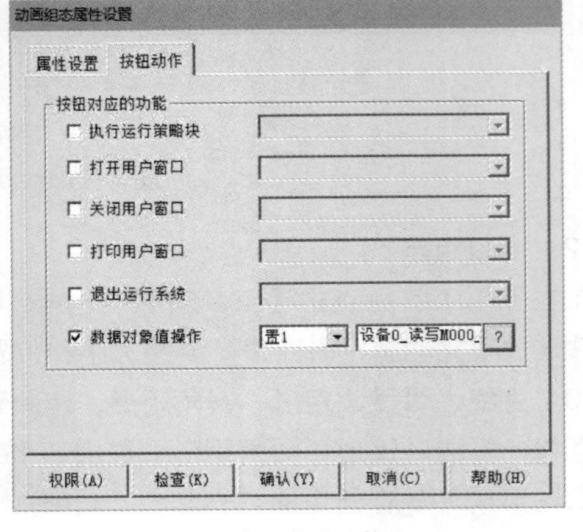

(d) 输入输出连接

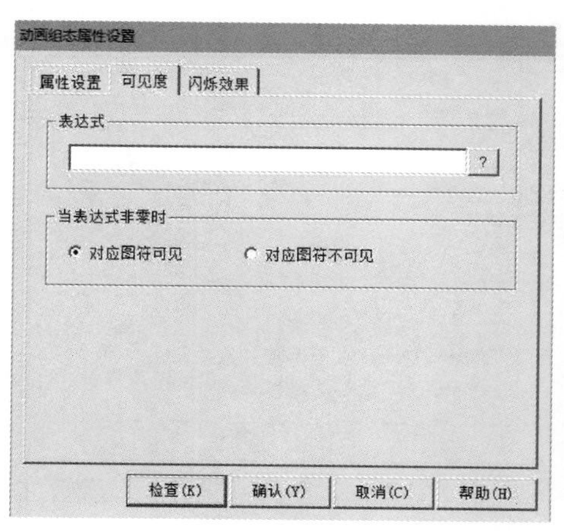

(e) 可见度

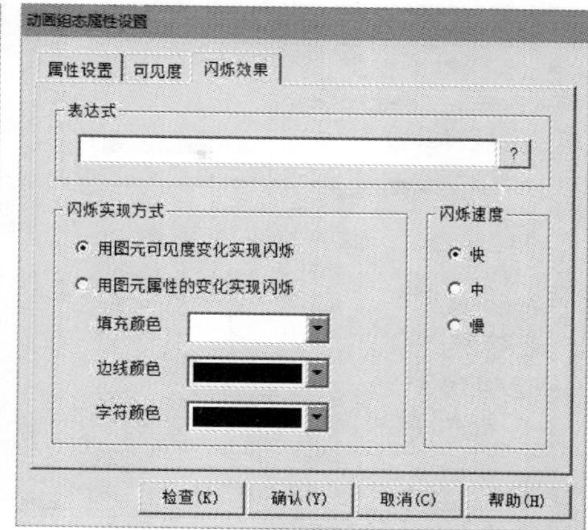

(f) 闪烁效果

图 4-61　动画组态属性设置

响应触摸操作，改变变量的值和显示变量的状态。当勾选可见度时，可随变量的变化隐藏图形。当勾选闪烁效果时，变量为 1 时图形闪烁。

点击表达式输入框后面的【？】按钮，弹出变量选择界面见图 4-62，默认是从数据中心选择，初次进入变量选择界面，列表中的自定义变量是在设备窗口已经编辑好的，可以直接选择使用；列表中没有要用的变量时，选择根据采集信息生成，再填写设备信息连接内容，生成新的变量，同时这个变量也会存入变量列表，下次再使用时可在列表中直接选择。

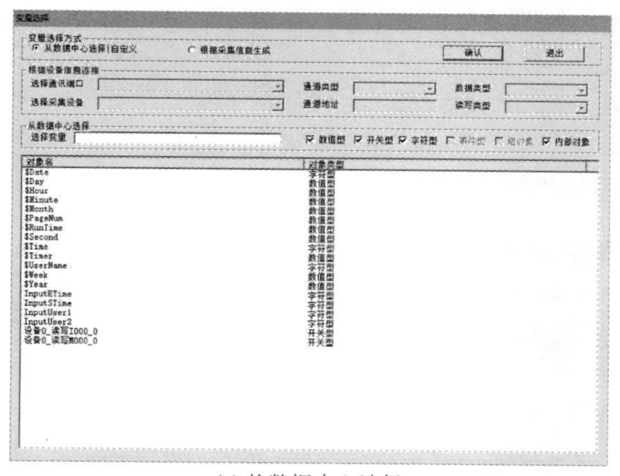

(a) 从数据中心选择

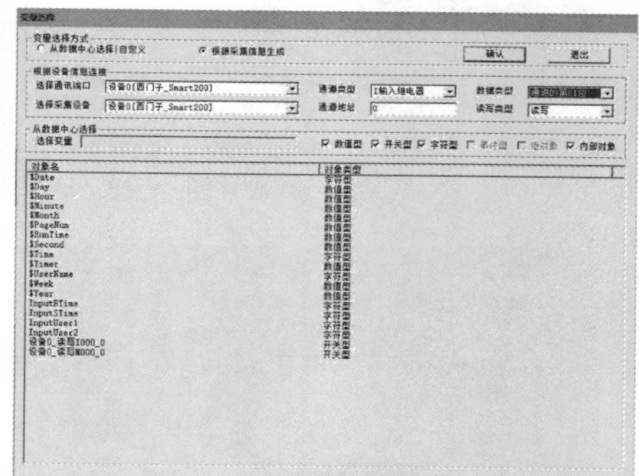

(b) 根据采集信息生成

图 4-62　变量选择界面

（4）标签

标签动画组态属性设置见图 4-63，默认设置与矩形基本相同，都有颜色动画、位置动画、输入输出连接、可见度和闪烁效果设置。与矩形不同的是，标签的扩展属性可输入文本内容，显示文字信息，另外有显示输出功能，用于显示变量的值。

（5）标准按钮

标准按钮构件属性设置见图 4-64，基本属性中可设置按钮抬起、按下时显示不同的文本或图案，勾选“使用蜂鸣器”后按下按钮蜂鸣器会响；操作属性中关于窗口的操作用于多画面时画面的切换，数据对象值操作是对关联变量的操作，可以使变量“置 1”“清 0”“取反”“按 1 松 0”和“按 0 松 1”。

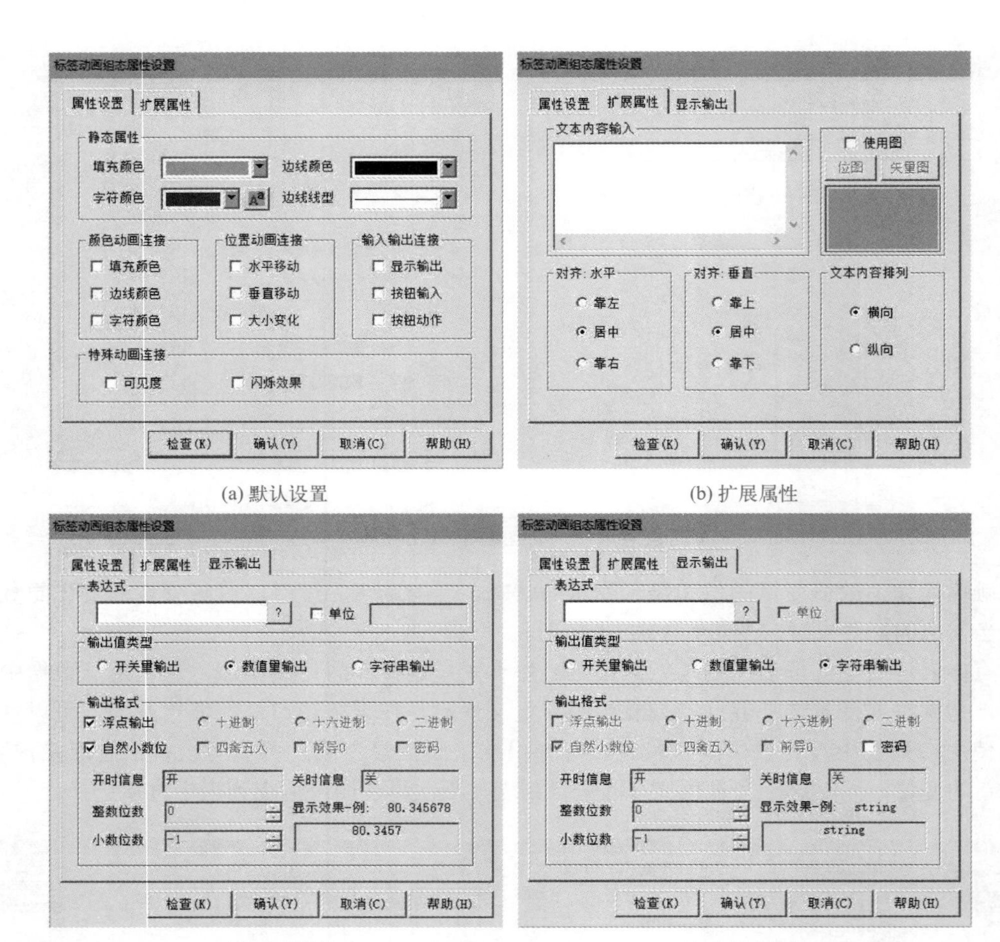

(a) 默认设置　　(b) 扩展属性

(c) 数值量输出　　(d) 字符串输出

图 4-63　标签动画组态属性设置

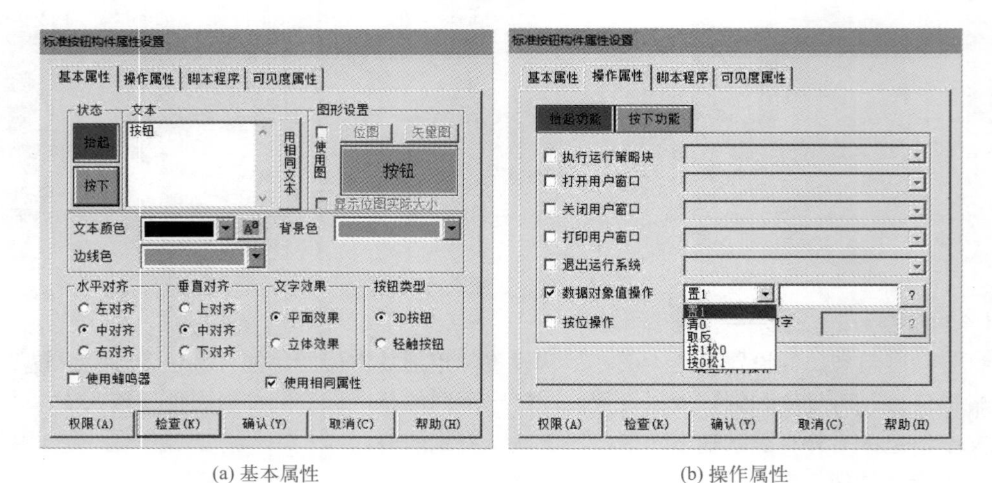

(a) 基本属性　　(b) 操作属性

图 4-64　标准按钮构件属性设置

（6）输入框

输入框构件属性设置见图 4-65，基本属性中可设置对齐方式、边界类型和背景颜色，操作属性中设置输入数据的变量连接和数据格式。

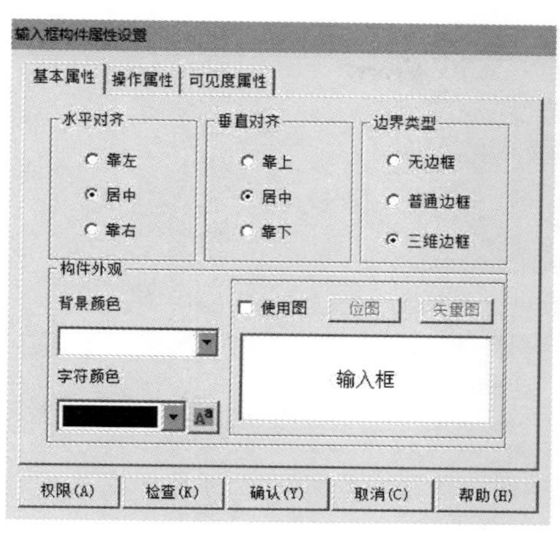

(a) 基本属性

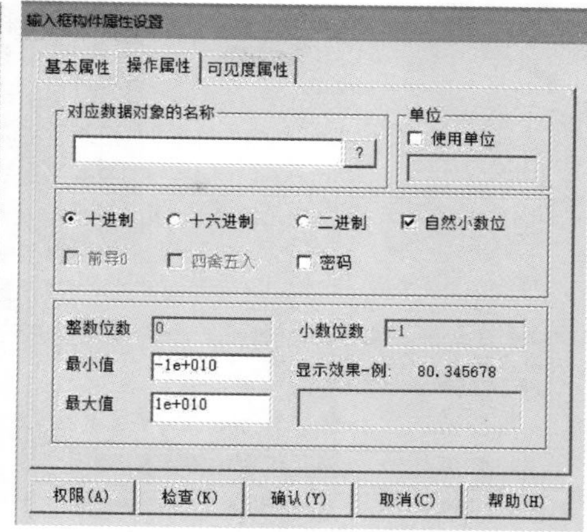

(b) 操作属性

图 4-65　输入框构件属性设置

(7)插入元件

点击工具箱中的“插入元件”，弹出如图 4-66 所示的对象元件库管理界面，左边是分类，有常用的控制元件，如开关、按钮、指示灯和仪表，还有工艺流程图中常用的管道、阀门、泵、反应器和储藏罐。先选分类，再选需要使用的元件，单击【确定】，该元件就会出现在当前动画组态窗口，调整其位置和大小，进入属性设置，设置关联的变量。

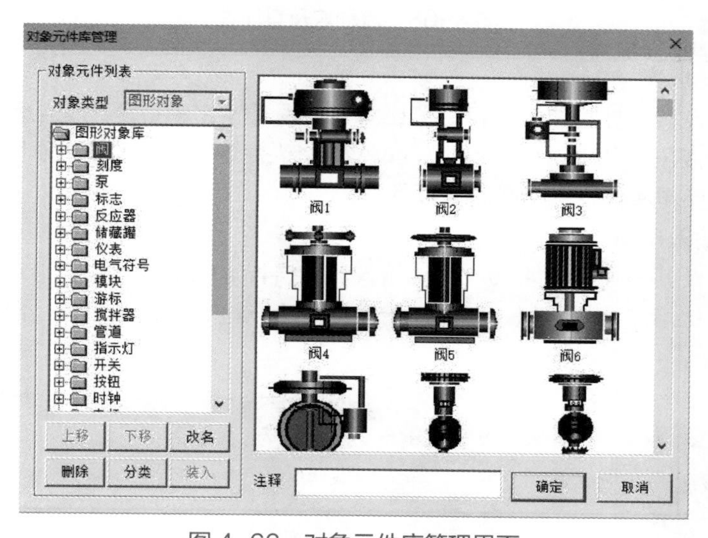

图 4-66　对象元件库管理界面

(8)常用符号

点击工具箱中的“常用符号”，弹出如图 4-67 所示的常用图符界面，选中某个符号，放到当前动画组态窗口，调整其位置和大小，如有需要可设置与变量相关联的动画属性。

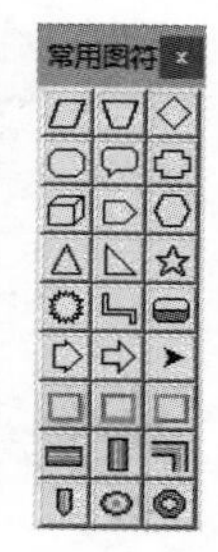

图 4-67　常用图符界面

(9)流动块

流动块及其属性见图 4-68，流动块可竖直或水平放置，常用于表示介质流动的动画效果，基本属性能设置外观颜色、流动方向和流动速度；流动属性设置关联的变量，例如泵启动开始流动，泵停止则流动停止。

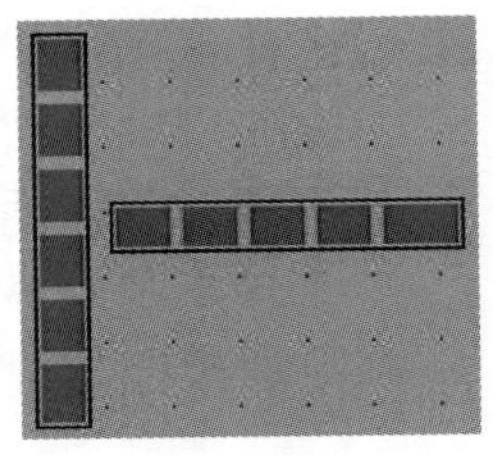

(a) 流动块

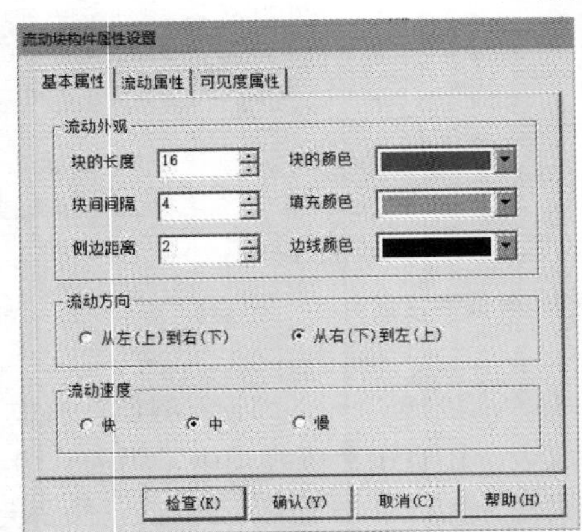

(b) 基本属性

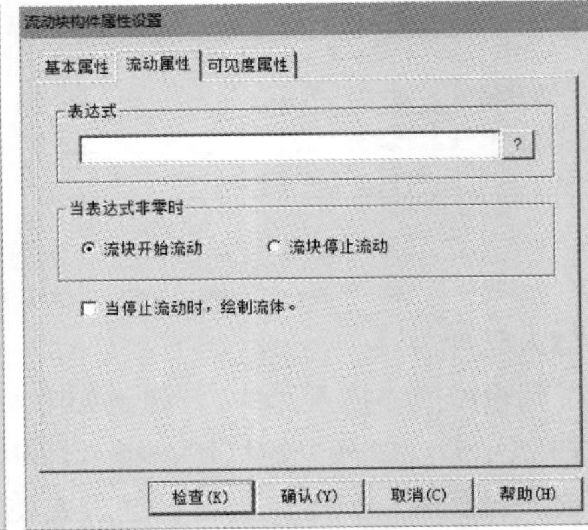

(c) 流动属性

图 4-68 流动块及其属性

(10) 百分比填充

百分比填充及其属性见图 4-69，百分比填充根据长宽比例自动改变显示方向，竖直方向常用于表示罐的液位；基本属性设置构件颜色和边界类型；刻度与标注属性设置刻度线和标注字体的外观；操作属性设置关联的模拟量。

(11) 滑动输入器

滑动输入器及其属性见图 4-70，滑动输入器根据长宽比例自动改变滑动方向，滑动输入器的属性和百分比填充属性类似，区别在于百分比填充是显示变量的值，滑动输入器是改变变量的值。

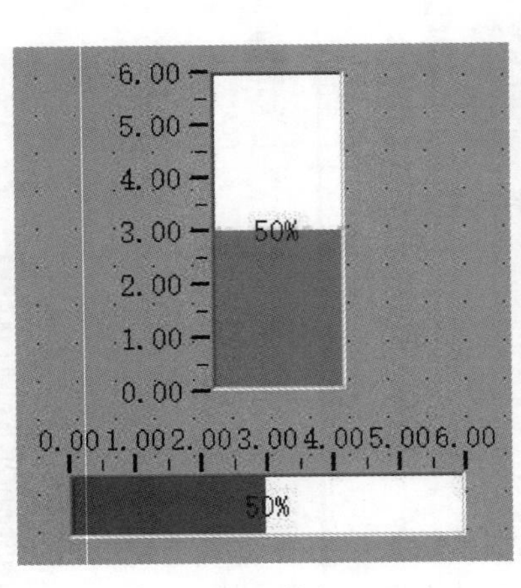

(a) 百分比填充

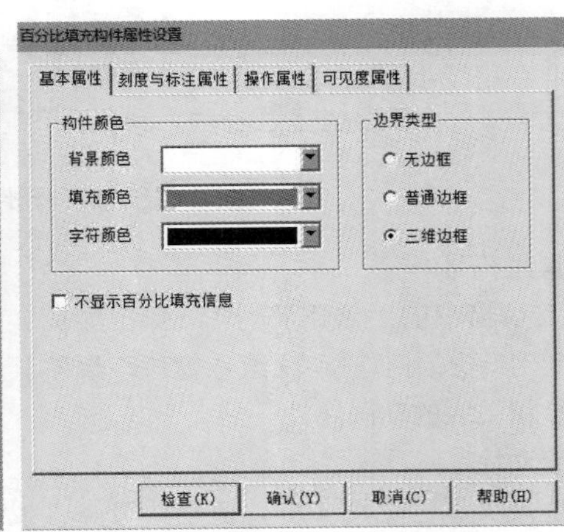

(b) 基本属性

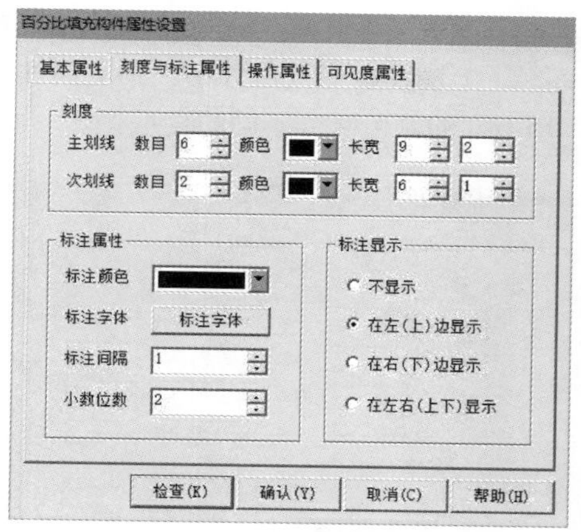

(c) 刻度与标注属性

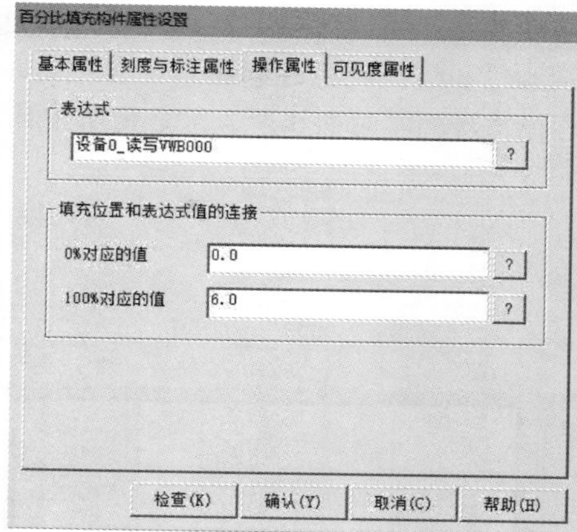

(d) 操作属性

图 4-69 百分比填充及其属性

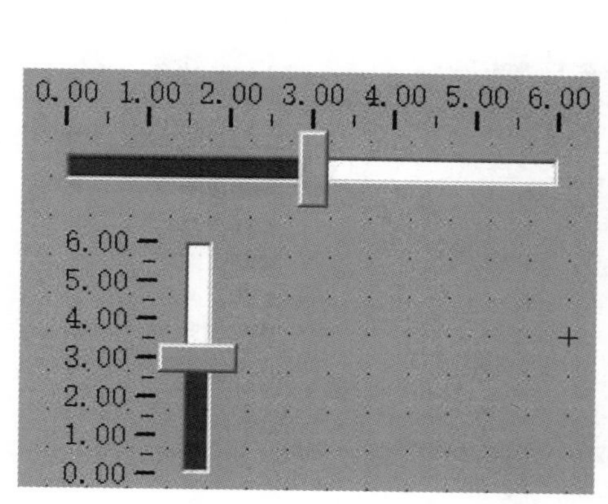

(a) 滑动输入器

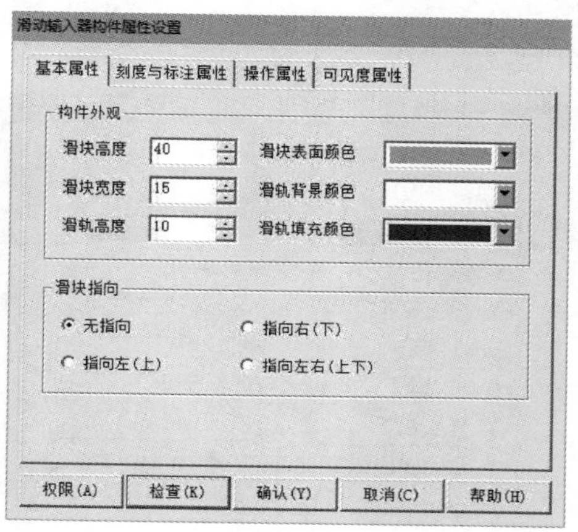

(b) 基本属性

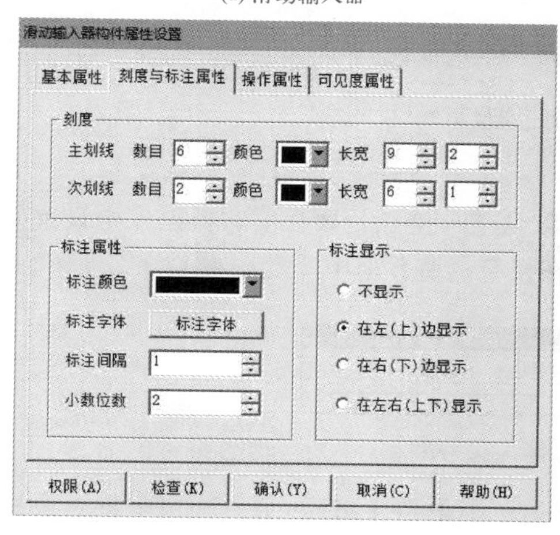

(c) 刻度与标注属性

滑动输入器构件属性设置
基本属性 | 刻度与标注属性 | 操作属性 | 可见度属性
对应数据对象的名称
设备0_读写VWB000
滑块位置和数据对象值的连接
滑块在最左(下)边时对应的值 0
滑块在最右(上)边时对应的值 6
权限(A) 检查(K) 确认(Y) 取消(C) 帮助(H)

(d) 操作属性

图 4-70 滑动输入器及其属性

（12）实时曲线

实时曲线及其属性见图 4-71，实时曲线用于显示变量的变化趋势；基本属性设置背景网格、背景颜色和边框颜色；标注属性 *X* 轴是时间轴，*Y* 轴代表变量值大小；画笔属性可设置显示 6 路模拟量的实时曲线，显示多条曲线时，用不同的颜色区分不同的变量。

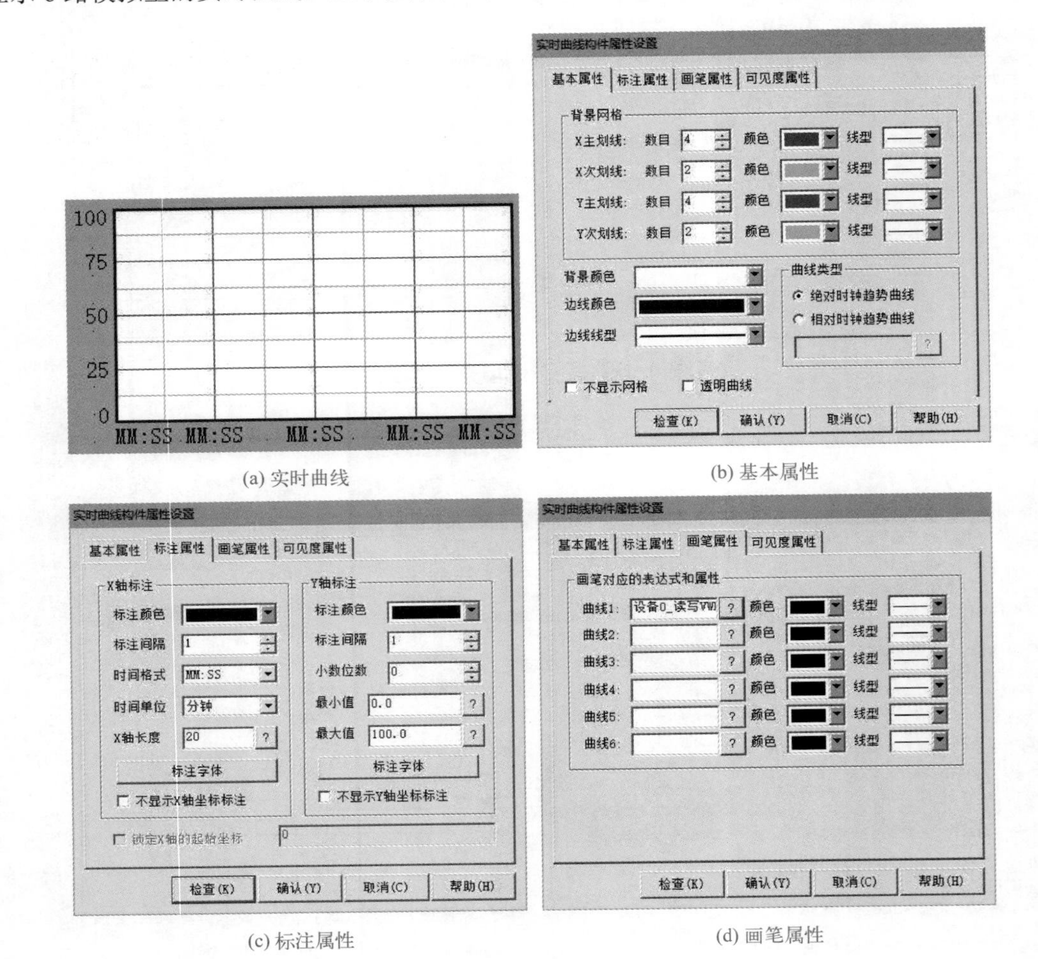

(a) 实时曲线　(b) 基本属性

(c) 标注属性　(d) 画笔属性

图 4-71　实时曲线及其属性

（13）报警浏览

报警浏览界面见图 4-72，属性设置可采用默认值，重点是要在实时数据库中设置好变量的报警属性，达到报警条件时报警信息会显示在报警浏览界面中。

日期	时间	对象名	当前值	报警描述

图 4-72　报警浏览界面

在实时数据库选中需要报警的变量，右键菜单中单击【属性 ...】，弹出数据对象属性设置界面，进入如图 4-73 所示的数据对象报警属性设置界面，勾选“允许进行报警处理”，勾选报警设置中的选项，再填写报警注释，当符合报警设置条件时，报警信息会出现在报警浏览器界面中。

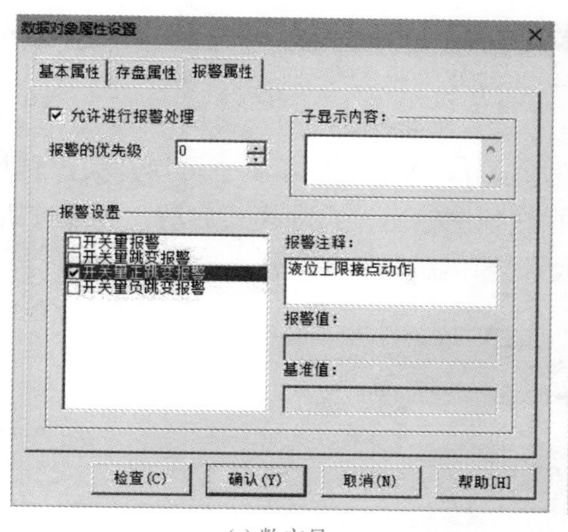

(a) 数字量

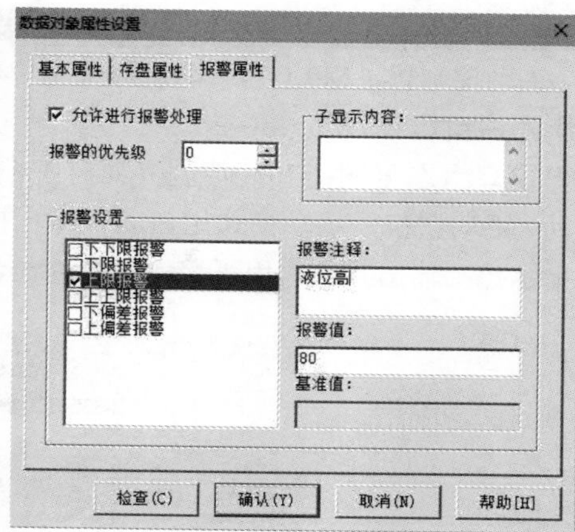

(b) 模拟量

图 4-73　数据对象报警属性设置界面

数字量的报警设置常用正跳变，选“跳变报警”是正跳变和负跳变都报警，选“数字量报警”选项要设置报警值，0 或 1 报警。模拟量报警包括上下限报警和偏差报警，需要设置具体的报警值。

4.5.5　工程下载

触摸屏程序编写完成后，单击工具栏上的【下载工程并进入运行环境】图标，弹出如图 4-74 所示的下载配置界面，连接方式有 TCP/IP 网络和 USB 通讯两种，这里选 TCP/IP 网络，目标机名内填写触摸屏 IP 地址，在触摸屏上电且已接入网络情况下单击【连机运行】，返回信息显示“等待操作……”，单击【工程下载】，当前的工程将下载到触摸屏。

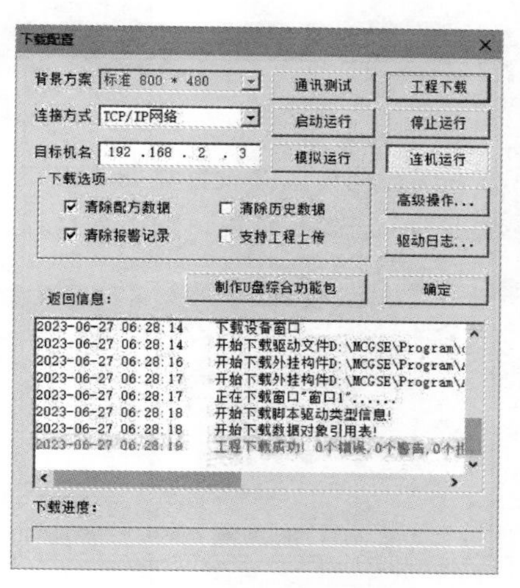

图 4-74　下载配置界面

如果没有选中“支持工程上传”，触摸屏中的工程将无法反向上传至上位机，能起到保密作用。除了连接触摸屏下载工程，还可以制作 U 盘综合功能包，然后将 U 盘插到触摸屏 USB1 接口，将工程导入触摸屏。

4.6　PLC 与昆仑通态触摸屏组合应用

4.6.1　硬件接线与 PLC 编程

CPU ST20 与 TPC7062 组合应用硬件接线同 SMART 700 IE，CPU ST20 和 TPC7062 都需要 DC 24V 电源供电，都用网线接入交换机，编程用笔记本也用网线连接至交换机。PLC 程序不变，只是用 TPC7062 取代 SMART 700 IE。

4.6.2　TPC7062 触摸屏编程

（1）设备窗口

设备编辑窗口见图 4-56，本地 IP 地址为触摸屏 IP 地址 192.168.2.3，远端 IP 地址为 PLC

的 IP 地址 192.168.2.1，新建 4 个设备通道，连接到设备 0，Q0.0 用于显示输出状态，M0.0 为自动 / 手动控制位，M0.1 为手动启停控制位，M11.0 为报警位。

（2）用户窗口

用户窗口组态见图 4-75，控制界面有 1 个指示灯、2 个按钮和 1 个转换开关，转换开关用于自动 / 手动切换，手动模式用启动、停止按钮控制输出，自动模式启动、停止按钮无效，指示灯指示控制输出状态，用报警浏览构件显示报警信息。

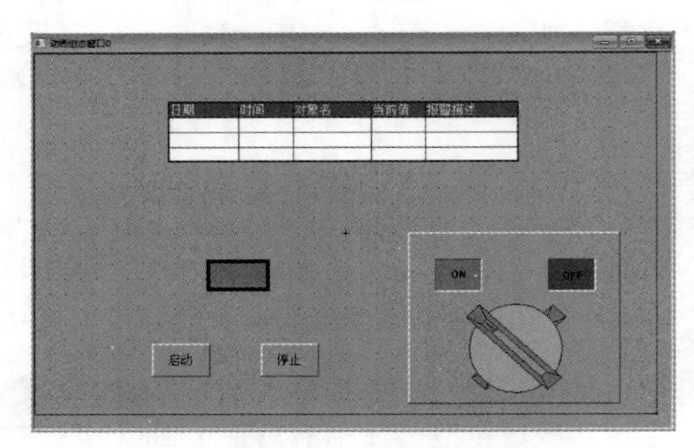

图 4-75　用户窗口组态

图形构件属性设置见图 4-76，指示灯用的是矩形，使用其填充颜色动画连接功能，Q0.0 输出为 1 时显示红色，输出为 0 时显示绿色，启动按钮给 M0.1 置 1，停止按钮给 M0.1 清 0，

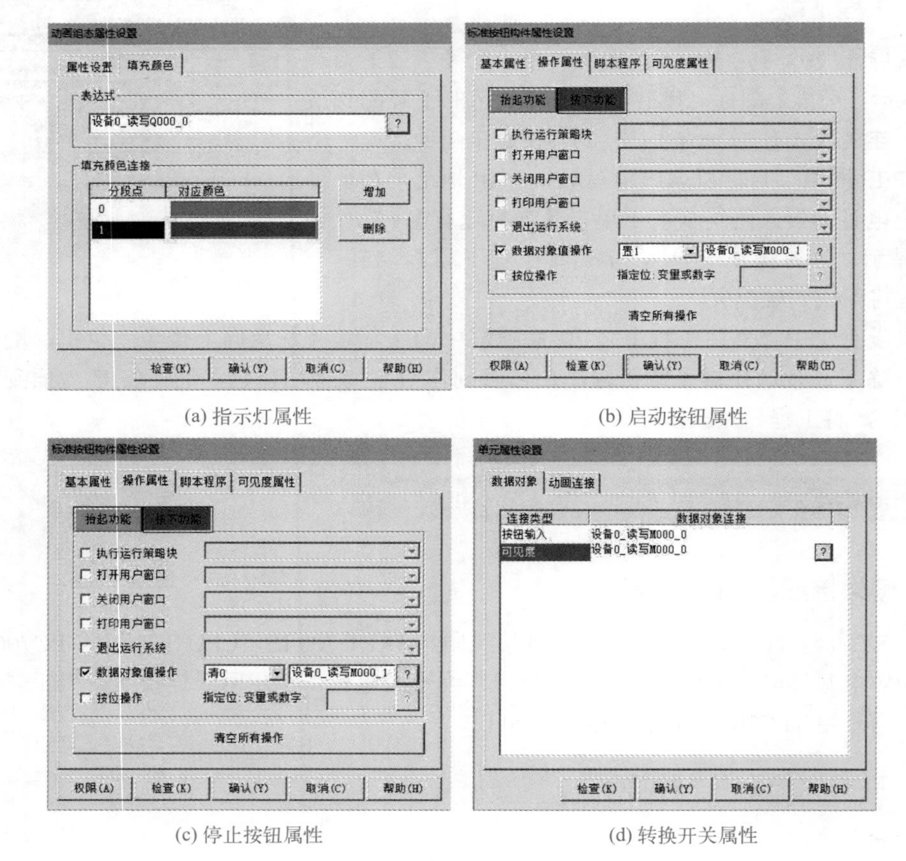

(a) 指示灯属性　　(b) 启动按钮属性

(c) 停止按钮属性　　(d) 转换开关属性

图 4-76　图形构件属性设置

转换开关改变 M0.0 的值，同时其开关指向位置也与 M0.0 关联。

（3）报警设置

在如图 4-77 所示的实时数据库界面，选中变量 M11.0 双击，弹出如图 4-78 所示的数据对象属性设置界面，设置报警属性。

图 4-77　实时数据库界面

4.6.3　TPC7062触摸屏模拟运行

在下载配置界面，“连机运行”状态下点击【工程下载】，将工程下载到触摸屏，然后就可以与 PLC 一起联合测试了。

在下载配置界面，“模拟运行”状态下点击【工程下载】，将工程下载到模拟触摸屏，然后点击【启动运行】，会出现如图 4-79 所示的模拟运行界面。这种情况是用上位机模拟触摸屏和 PLC 建立连接，用鼠标点击模拟界面中的图形构件就相当于是用手点击触摸屏。

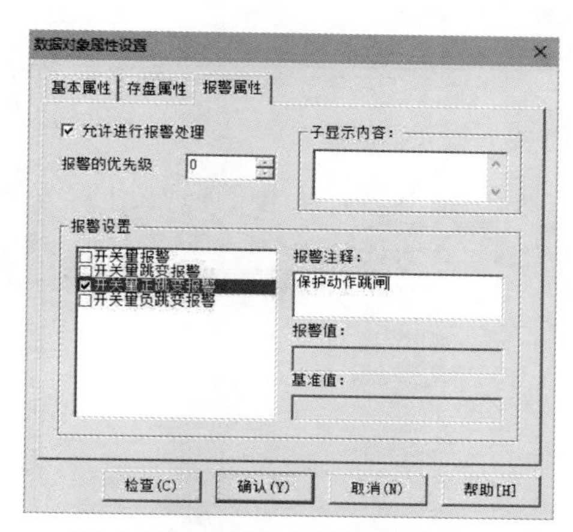

图 4-78　数据对象属性设置界面

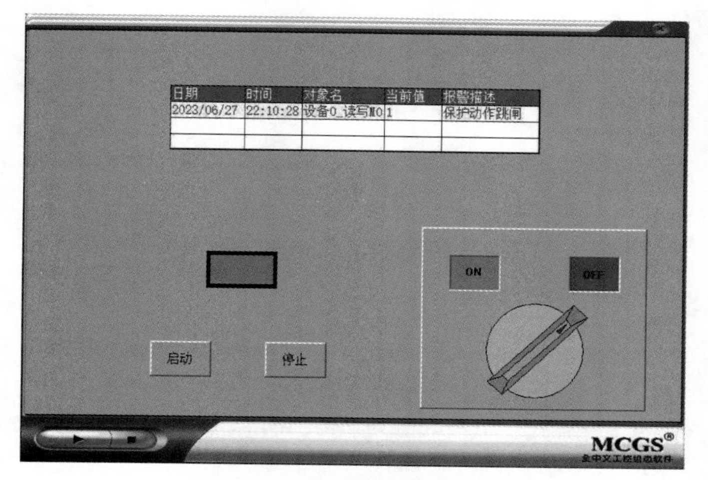

图 4-79　触摸屏模拟运行界面

第 5 章　数字量编程应用

数字量分输入数字量和输出数字量，输入数字量常用于检测，例如接入控制按钮 / 控制开关、限位开关、物位开关和各种检测开关的接点；输出数字量常用来控制输出，例如直接或间接驱动声光指示、电磁阀、电动阀和电动机等设备。

5.1　数字量输入元器件简介

5.1.1　控制按钮与控制开关

控制按钮与控制开关都属于主令电器，从电气原理图上区分时，操作后自动复归原位的是控制按钮，操作后锁定在当前位置的是控制开关。常见控制按钮与控制开关见图 5-1，习惯上控制按钮多采取按动操作；控制开关则会采取旋转操作；急停按钮为了方便操作，采用较大面积的按钮帽，紧急停机时可以用手直接拍下，需要恢复正常时按指示方向旋转按钮；钥匙开关需要先插入配对的钥匙，然后旋转钥匙完成操作。

(a) 控制按钮

(b) 控制开关

(c) 急停按钮

(d) 钥匙开关

图 5-1　常见控制按钮与控制开关

控制按钮和控制开关电气符号示意图见图 5-2。控制按钮触点分常开和常闭，电气设备上常开触点标记为 NO（normal open），表示在未操作状态（复位状态）下触点是打开的，常闭触点标记为 NC（normal close），表示在未操作状态（复位状态）下触点是闭合的。控制开关的触点是在某个位置时接通的，复杂的控制开关可以有多组触点、多个位置，需要查看开关通断表确定在某个位置都有哪些触点接通。

控制按钮和控制开关在常规的电气控制回路应用较多，在 PLC 控制系统应用较少，主要是多数控制回路都实现了自动控制，同时触摸屏也提供了虚拟的控制按钮和控制开关。PLC 控制系统典型的人机界面是触摸屏 + 报警指示 + 急停按钮，急停按钮一般串接在控制电源中，

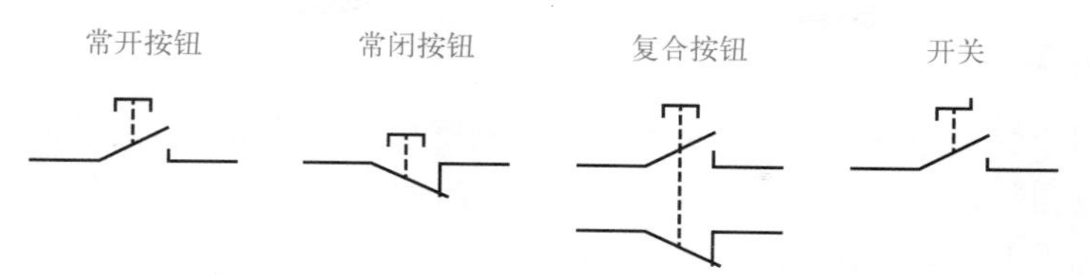

图 5-2　控制按钮和控制开关电气符号示意图

能切断控制电源直接停机，当系统需要按顺序进行紧急停机操作时，急停按钮可接入 PLC 输入端，在 PLC 控制下紧急停机。

5.1.2　限位开关与接近开关

限位开关也称行程开关或位置开关，用来限制机械运动的位置或行程，使运动机械按一定位置或行程自动停止、反向运动、变速运动或自动往返运动等。常见限位开关见图 5-3，限位开关形式多种多样，图中只列了常见的几种，其中第 1 种是微动开关，用于配合凸轮变成旋转角度的限位开关，后 3 种是用于直线行程的限位开关。

图 5-3　常见限位开关

接近开关是一种电子式限位开关，采用电感式、电容式、霍尔式或光电式感应原理工作，当检测体接近开关的感应区域时开关就能动作，无需与运动部件直接接触，其操作频率、使用寿命等参数大大优于机械式限位开关。接近开关接线示意图见图 5-4，分两线型、三线 NPN 型和三线 PNP 型。

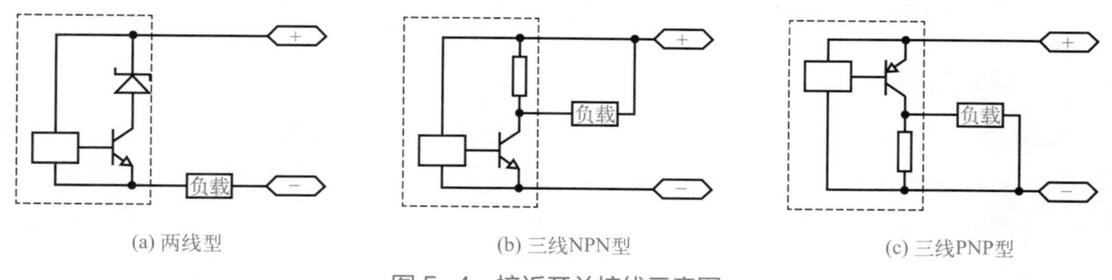

图 5-4　接近开关接线示意图

两线型接近开关必须串接负载接入电源，并且负载电流要在开关允许电流范围内，两线型接近开关导通后内部会有 2 ～ 3V 压降，该压降提供了内部电路的工作电压。NPN 型接近开关输出的高电平由内部上拉电阻提供，不具备带载能力，只有输出低电平时才能驱动负载，和 PLC 输入单元配合使用时，输入单元的公共端应接正电源。PNP 型接近开关输出的高电平由内部 PNP 型三极管提供，可以直接带负载，和 PLC 输入单元配合使用时，输入单元的公共端应接负电源。

5.1.3 物位开关

物位开关用于容器中物料（液位或粉位）的高度检测，当物位达到设定高度时输出报警或控制信号。常用物位开关见图 5-5，浮球开关用于液位检测，阻旋式料位计用于粉位检测，音叉料位计既可用于液位检测，也可用于粉位检测。

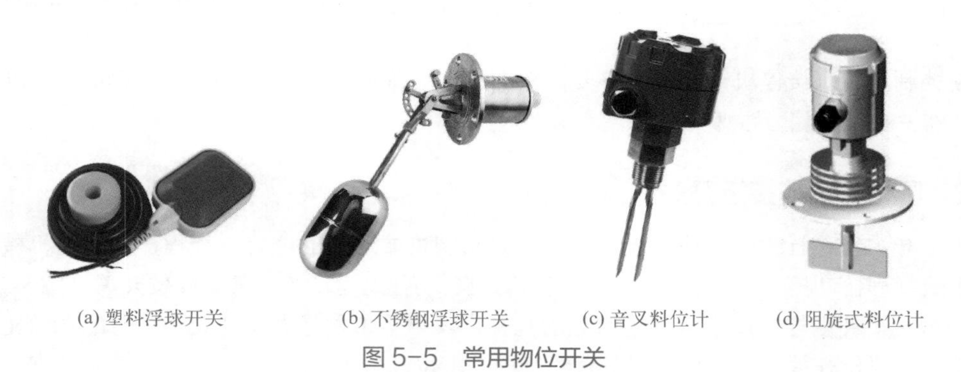

(a) 塑料浮球开关　(b) 不锈钢浮球开关　(c) 音叉料位计　(d) 阻旋式料位计

图 5-5　常用物位开关

塑料浮球开关的浮头内部有滚珠和微动开关，液位变化引起浮头朝上或朝下时，滚珠会离开或压住微动开关，引起微动开关接点动作。不锈钢浮球开关的浮球连杆末端安装有磁铁，当浮球随液位变化到某一位置时，接线盒内的干簧管会因磁铁接近而接点动作。需要注意的是，钕铁硼磁铁的耐温大概在 200℃，超过了会出现退磁现象，如果不锈钢浮球开关使用了钕铁硼磁铁，用于介质温度过高的场合时会因磁铁退磁出现干簧管无法动作的情况。

音叉料位计的工作原理是通过安装在音叉基座上的一对压电晶体，使音叉在一定共振频率下振动，当音叉与被测物料接触时，音叉的频率和振幅将改变，这些变化由电路来进行检测和处理，用晶体管输出开关信号，检测灵敏度通过调节电路板上的可调电阻来调节。音叉料位计不建议用于物料黏度大和工作场合振动大的情况，这些会使音叉料位计误动作。

阻旋式控制器采用电动机经减速后带动监测叶片慢速旋转，当物料阻挡叶片时，检测机构便围绕主轴产生旋转位移，首先使有料信号微动开关动作，随后控制电源的微动开关动作，切断电动机的电源使其停止转动。当检测叶片不受阻挡时，检测机构便依靠弹簧拉力恢复原态，首先控制电源的微动开关复位，接通电机电源使其旋转，随后有料信号微动开关复位。

5.1.4 其他检测开关

常用检测开关见图 5-6，有电接点温度计、压力开关和流量开关。电接点温度计除了能显示温度，还能通过表盘上的旋钮设定温度，当温度指针和限位指针接触时，报警接点接通。压力开关通过因压力产生的机械形变带动栏杆弹簧等机械结构，压力达到设定值时启动微动

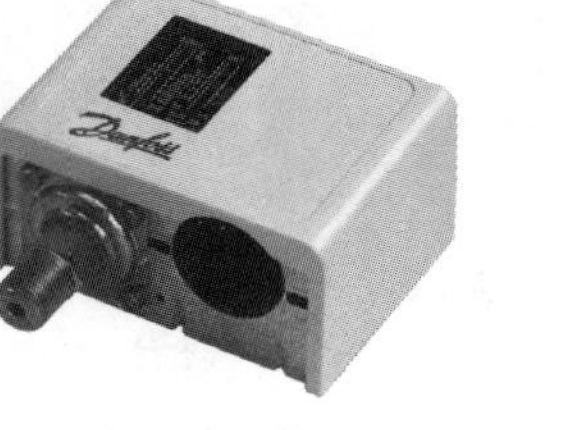

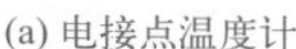

(a) 电接点温度计　(b) 压力开关　(c) 流量开关

图 5-6　常用检测开关

开关输出信号。流量开关安装到管线上，根据管线直径选择合适大小的挡片，管线内介质流动时推动挡片，触发开关内微动开关动作。以上检测开关都是机械式的，现在的控制系统用得不多，一般都是用模拟量单元采集温度、压力和流量等仪表输出的 4 ～ 20mA 信号，在 PLC 内部程序实现越限检测。

5.1.5　数字量输入元器件接线

PLC 输入单元的输入端内部光耦为双向光耦，接线不限制电源极性，当输入端和公共端有 24V DC 电源时，该输入端对应的内部光耦输出就会导通，PLC 检测到输入为 ON，由于多路输入共用同一公共端，这些输入的电源极性就需要保持一致，需要采用共阴极或共阳极接线。

数字量输入元器件接线示意图见图 5-7，公共端接电源负的接线方式称为共阴极接线方式，公共端接电源正的接线方式称为共阳极接线方式，当外部接点来自不同的 24V 电源时，电源的公共端必须接在一起。对于晶体管输出类型的电子开关，PNP 型开关只能用于共阴极接线方式，NPN 型开关只能用于共阳极接线方式，PNP 型和 NPN 型开关无法在同一公共端的一组输入中混用。两线制的电子开关，可用于两种接线方式，注意实际接线的极性即可，有的两线制电子开关内部有整流桥，可以保证内部电路电源极性始终正确，外部接线极性就不用考虑了。

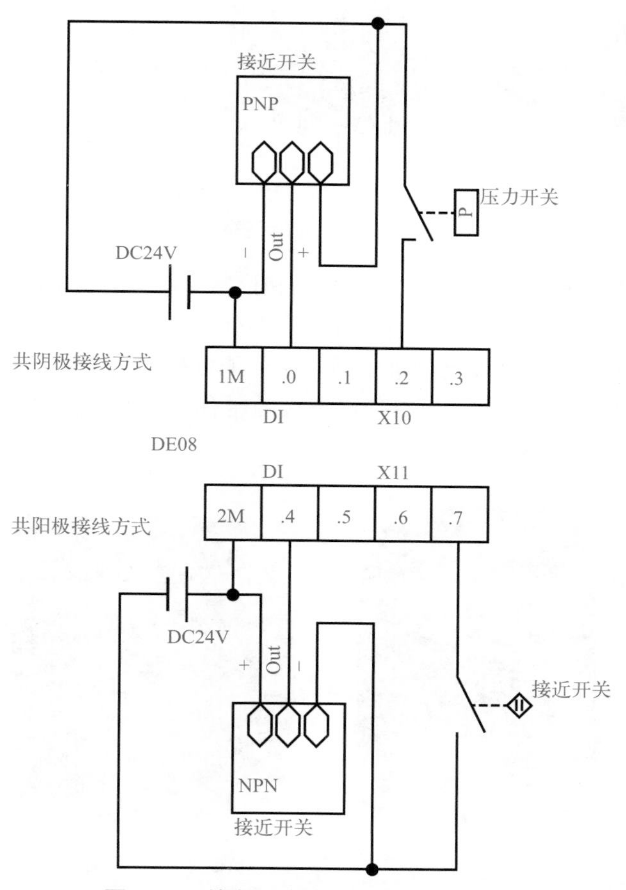

图 5-7　数字量输入元器件接线示意图

5.2 数字量输出元器件简介

5.2.1 继电器和接触器

常规的继电器和接触器基本工作原理一样，都是利用线圈通电产生的磁力吸引衔铁带动触点来工作的。继电器主要用于控制回路和小功率的主回路，接触器有触点灭弧装置，用于大功率主回路。固态继电器的基本工作原理是用过零触发光耦驱动双向晶体管，固态接触器的基本工作原理是用光耦或脉冲变压器驱动大功率双向晶体管，实现电路的通断。

常用欧姆龙继电器见图 5-8，MY2 系列有 2 组接点，接点额定电流为 5A；MY4 系列有 4 组接点，接点额定电流为 3A。MY 系列继电器线圈额定电压常见的有 DC 24V、DC 220V 和 AC 220V，其中线圈电压 DC 24V 的常用来和 PLC 组合使用。安装接线时应注意线圈的端子是标有极性的，接反后继电器能正常动作，但 LED 指示灯在继电器吸合时不亮。G3NB 固态继电器额定电流 5 ～ 90A 可选，需要安装到散热器上。

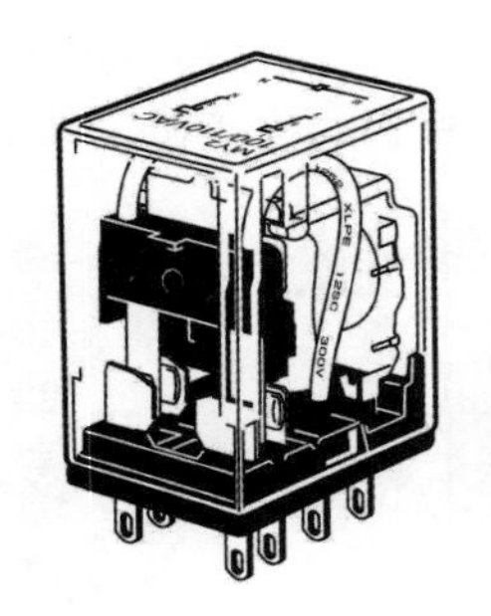

(a) 欧姆龙MY2

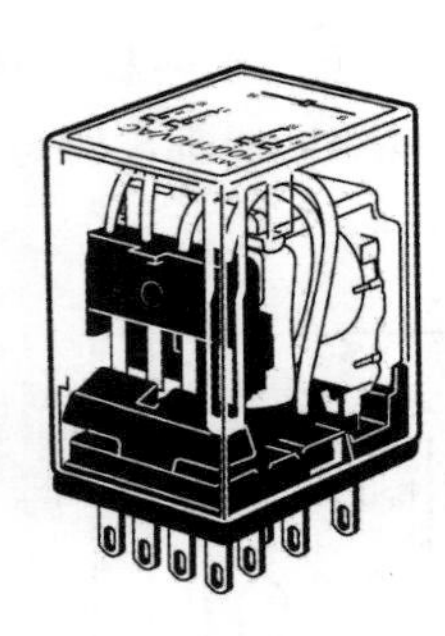

(b) 欧姆龙MY4

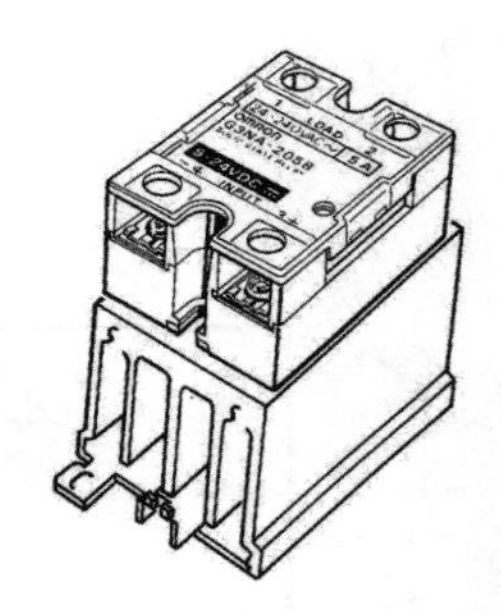

(c) 欧姆龙G3NB固态继电器

图 5-8 常用欧姆龙继电器

接触器供远距离接通或分断电路、频繁启动和控制交流电动机用，小功率接触器可以用 PLC 继电器输出单元直接控制，大功率接触器需要外接继电器控制。常用接触器见图 5-9，普通交流接触器有 3 相主触点接电动机主回路，若干可扩展的辅助接点用于控制回路，实现联锁和点亮指示灯等功能。欧姆龙 G3J 固态接触器有软启动功能，控制电路电源为 24V，PLC 输出单元可直接控制固态继电器的启动和停止。

(a) 正泰CJX2接触器

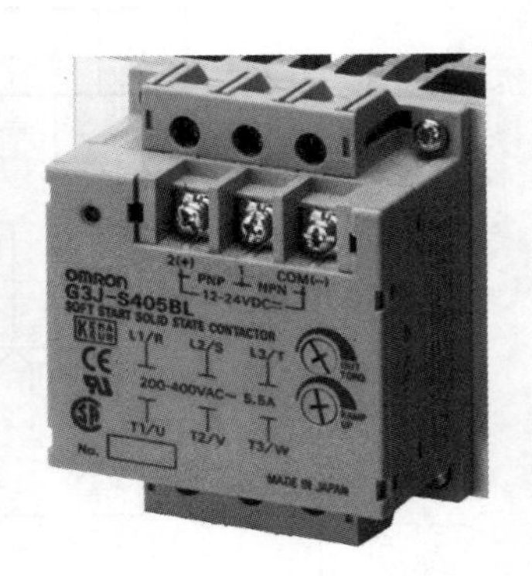

(b) 欧姆龙G3J固态接触器

图 5-9 常用接触器

5.2.2　电磁阀和电动阀

阀门是用来控制管线内的介质（液体、气体、粉末）流动或停止并能控制其流量的装置，而电磁阀和电动阀都是用电驱动的阀门，不同之处在于电磁阀的工作原理是用电磁线圈的吸力来工作，用于管线管径较小的情况，电动阀的工作原理是用电动机带动减速机构来工作，用于管线管径较大的情况。

常用电磁阀见图 5-10，电磁阀按在工艺管线中的作用可分为普通电磁阀和控制电磁阀。普通电磁阀起到电动控制阀门的作用，控制管线内液体或气体的流动。控制电磁阀用于液压或气动控制，间接控制大的阀门或执行机构。电磁阀线圈电压一般选 DC 24V，可以用 PLC 继电器输出单元直接控制。

(a) 普通电磁阀

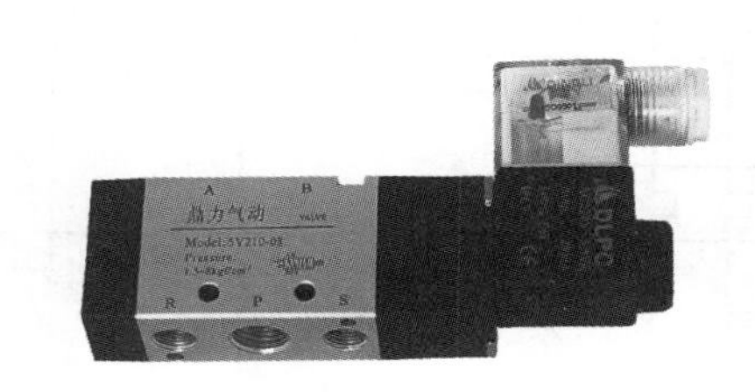

(b) 控制电磁阀

图 5-10　常用电磁阀

常用电动阀见图 5-11，电动阀都会配有手动操作机构，用于电气故障时手动操作和调试限位时的配合操作。较小的电动阀一般选用单相电动机，单相电动机电动阀典型接线图见图 5-12，主回路中串入了开、关限位和本体过热保护接点。较大的电动阀一般选用三相电动机，三相电动机电动阀典型接线图见图 5-13，控制回路中除了开关限位还有过力矩保护接点，过热保护由电气主回路的热元件实现，两个接触器控制回路用常闭接点互锁，防止同时动作造成电源短路。

图 5-11　常用电动阀

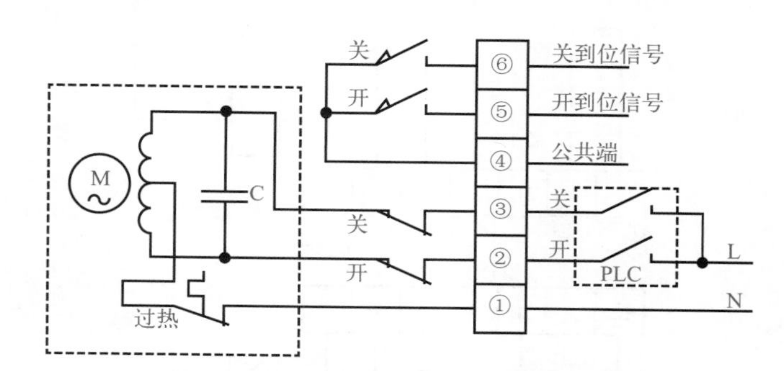

图 5-12　单相电动机电动阀典型接线图

5.2.3　输出单元接线方式

PLC 输出单元有继电器型和晶体管型，其中晶体管型只能直接驱动 DC 24V 供电的指示灯、报警器或电磁阀等设备，继电器型除了能驱动 DC 24V 设备还能驱动 AC 220V 的小功率设备。数字量输出元器件接线示意图见图 5-14，用输出单元直接驱动 DC 24V 供电的小功率设备，对于 DC 24V 大功率设备或 AC 220V 设备，用继电器间接驱动。

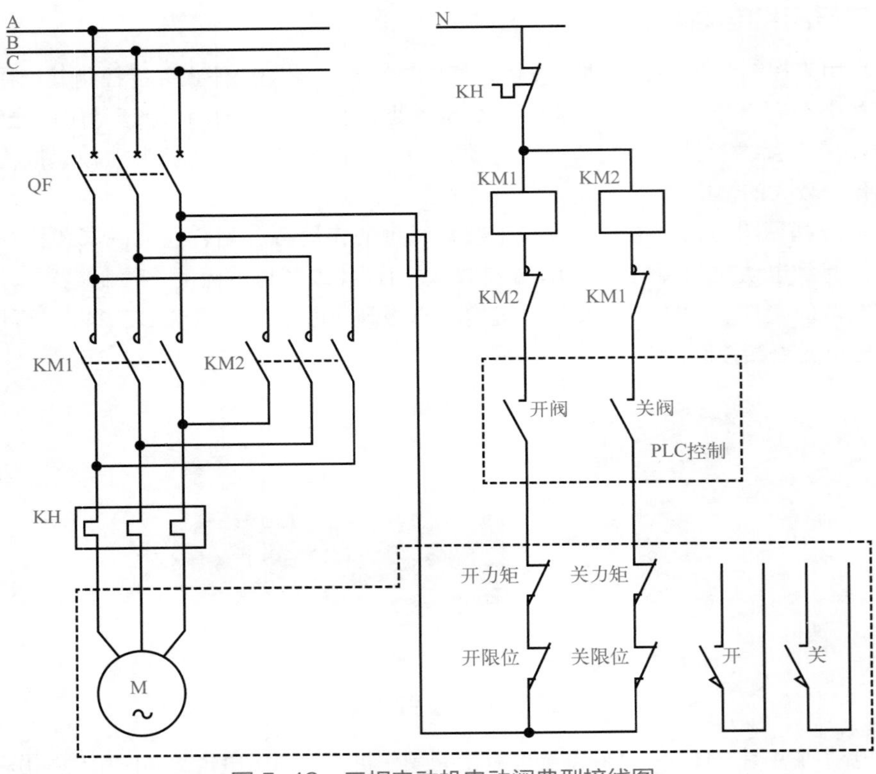

图 5-13　三相电动机电动阀典型接线图

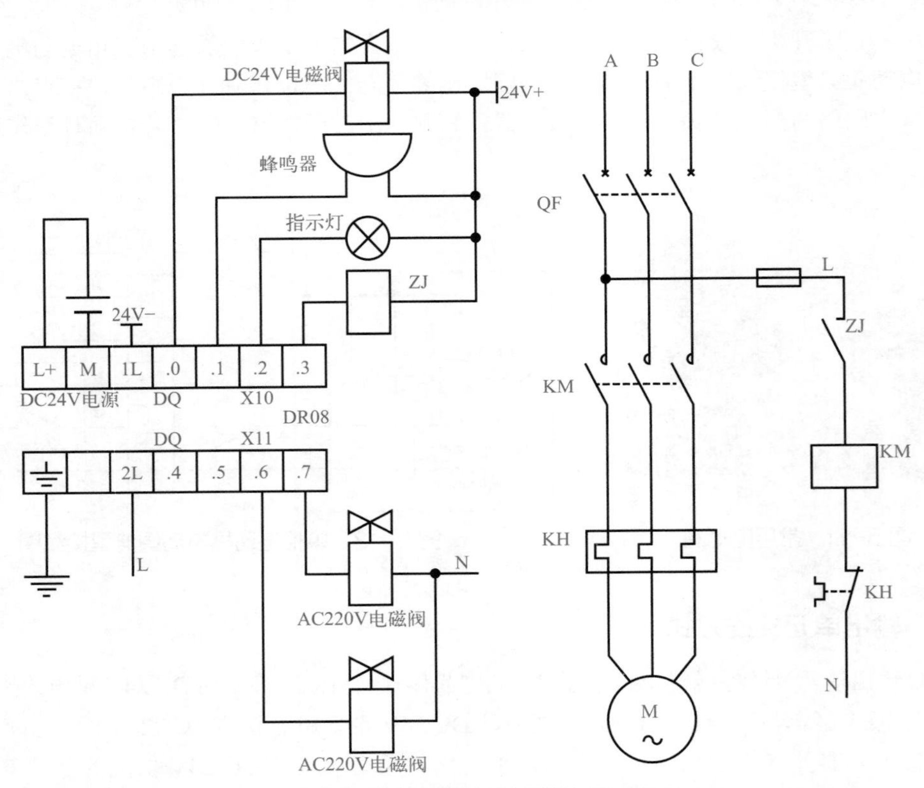

图 5-14　数字量输出元器件接线示意图

5.3 数字量 PLC 程序示例

5.3.1　控制要求

工艺流程示意图见图 5-15，正常运行时两个入口阀门手动打开，要求其中一台泵运行后，自动打开对应出口电动阀，当运行泵因故障停止后，自动关闭对应出口电动阀，同时启动另一台泵，并打开另一台泵的出口电动阀。

触摸屏使用昆仑通态的 TPC7062Ti，泵的启停和切换由触摸屏控制。

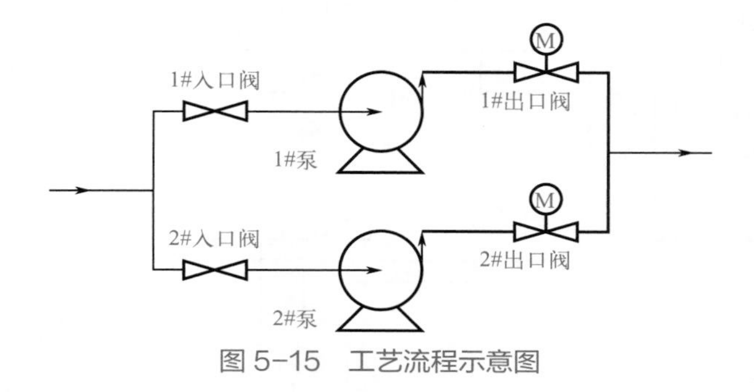

图 5-15　工艺流程示意图

5.3.2　电路设计

电气主回路原理图见图 5-16，主回路设总电源开关，配出 2 路三相电源分别带 1#、2# 泵电动机，配出 3 路单相电源，分别给控制电源和电动阀供电。

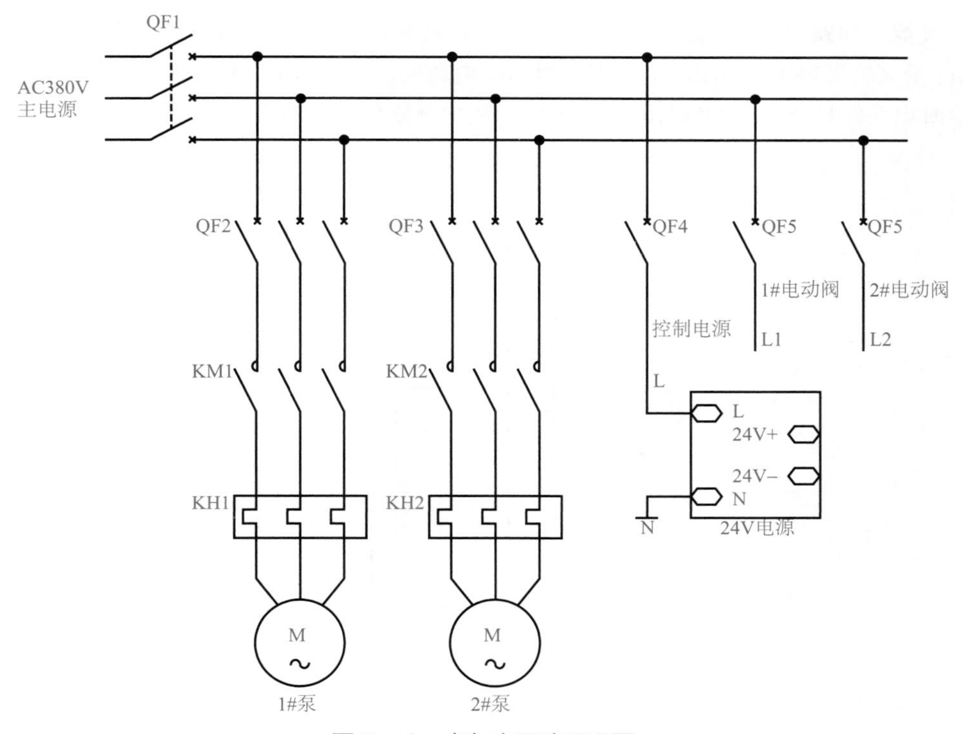

图 5-16　电气主回路原理图

PLC 控制原理图见图 5-17，根据电路估算输入、输出点数，采用 CPU ST20，不需要扩展模块。热继电器的常开接点用于检测泵过载跳闸，发出报警信息，同时自动切换到备用泵运行。电动阀开、关到位接点用于电动阀开、关位置反馈。PLC 输出控制 24V 继电器，KC1 控制 1# 泵启停，KC2 控制 2# 泵启停，KC3 控制 1# 泵出口电动阀，KC4 控制 2# 泵出口电动阀。

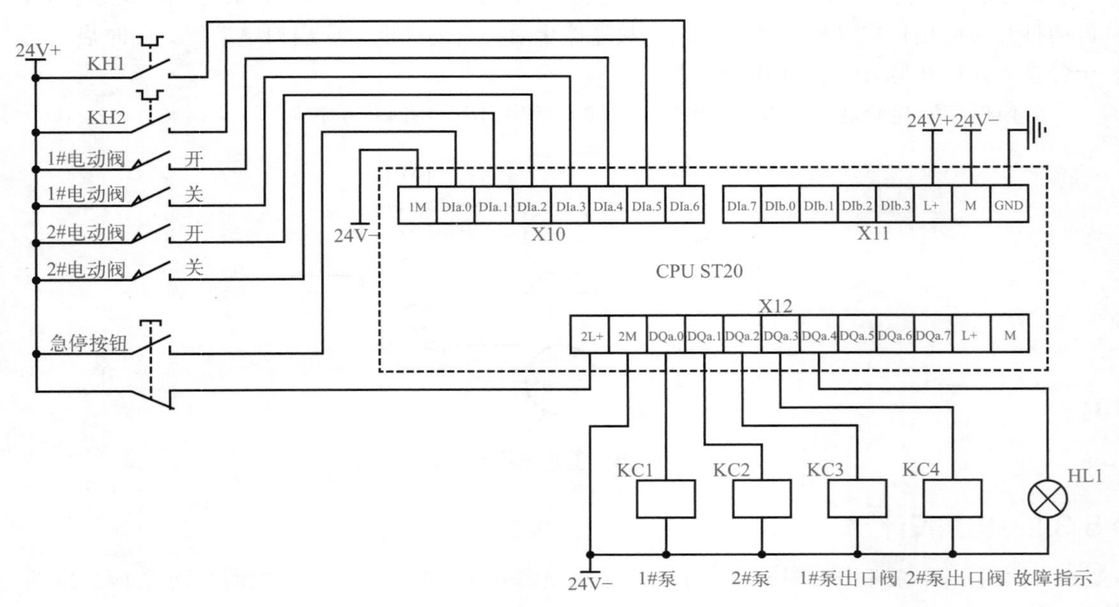

图 5-17 PLC 控制原理图

电气控制回路原理图见图 5-18，1# 泵的接触器 KM1 受 KC1 和 KH1 控制，2# 泵的接触器 KM2 受 KC2 和 KH2 控制，电动阀使用单相电动机，控制继电器释放时电动阀关闭，继电器吸合时电动阀打开，电动阀打开或关闭到位用内部限位直接断电。

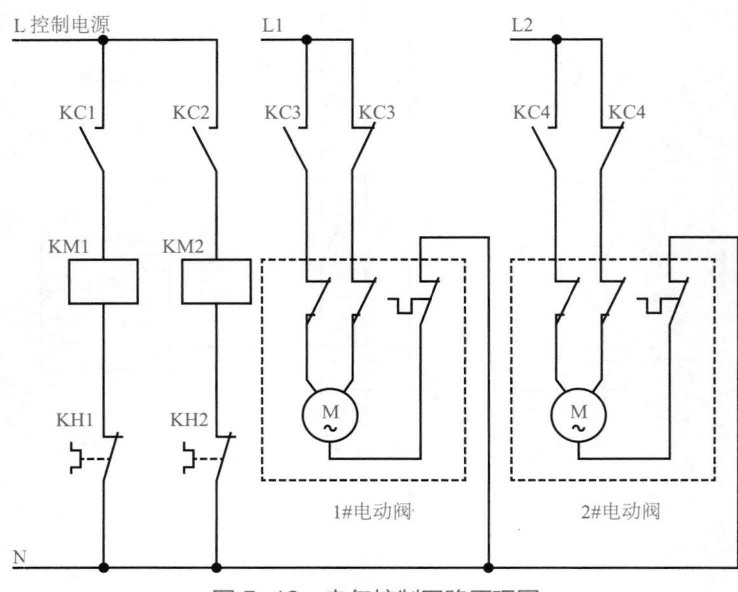

图 5-18 电气控制回路原理图

实际的项目在电路设计完成后，还要根据电机参数选择接触器、开关、电缆等元器件的规格型号，提出材料表。设计出配电柜的外观尺寸，包括触摸屏、开关、按钮和指示灯的开孔尺寸和安装位置布局，还包括柜内 PLC、24V 电源、电源开关、接触器和端子排等的安装位置。

5.3.3 PLC程序设计

PLC 从外部硬件上看就是数字量或模拟量的输入和输出，由内部软件实现输入到输出的逻辑运算，编写程序前要建立项目的 I/O 表，理清输入条件和输出驱动对象，逐个分析输出驱动对象的动作逻辑。

两台泵一运一备控制 I/O 表见表 5-1，表中除了输入、输出接点列表，还加入了系统状态标志位，复杂些的项目还会加入使用的变量列表。

表5-1　两台泵一运一备控制I/O表

序号	地址	符号	说明
1	I0.0	CPU_输入0	急停
2	I0.1	CPU_输入1	2# 电动阀关
3	I0.2	CPU_输入2	2# 电动阀开
4	I0.3	CPU_输入3	1# 电动阀关
5	I0.4	CPU_输入4	1# 电动阀开
6	I0.5	CPU_输入5	2# 泵热继电器动作
7	I0.6	CPU_输入6	1# 泵热继电器动作
8	Q0.0	CPU_输出0	1# 泵
9	Q0.1	CPU_输出1	2# 泵
10	Q0.2	CPU_输出2	1# 电动阀
11	Q0.3	CPU_输出3	2# 电动阀
12	Q0.4	CPU_输出4	报警指示
13	M0.0	RUN	运行/停止
14	M0.1	SW	1#/2# 运行切换
15	M0.2	DRUN	并列运行
16	M1.0	OPEN_ERR1	1# 电动阀没开到位
17	M1.1	CLOSE_ERR1	1# 电动阀没关到位
18	M1.2	OPEN_ERR2	2# 电动阀没开到位
19	M1.3	CLOSE_ERR2	2# 电动阀没关到位

根据 I/O 表建立项目符号表见图 5-19，表格 1 中符号为自定义，I/O 符号分输入和输出两部分，根据硬件组态自动生成，可以对符号和注释进行编辑。

两台泵一运一备控制示例程序见图 5-20，程序分并列运行控制、泵控制、电动阀控制、热继电器控制、电动阀开关不到位报警和报警输出共 6 部分，程序说明见程序条内注释。

符号表

	符号	地址	注释
1	RUN	M0.0	运行/停止
2	SW	M0.1	1#/2#运行切换
3	DRUN	M0.2	并列运行
4	OPEN_ERR1	M1.0	1#电动阀没开到位
5	CLOSE_ERR1	M1.1	1#电动阀没关到位
6	OPEN_ERR2	M1.2	2#电动阀没开到位
7	CLOSE_ERR2	M1.3	2#电动阀没关到位

表格 1 / 系统符号 / POU Symbols / I/O 符号

(a) 自定义符号

符号表

	符号	地址	注释
1	CPU_输入0	I0.0	急停
2	CPU_输入1	I0.1	2#电动阀关
3	CPU_输入2	I0.2	2#电动阀开
4	CPU_输入3	I0.3	1#电动阀关
5	CPU_输入4	I0.4	1#电动阀开
6	CPU_输入5	I0.5	2#泵热继电器动作
7	CPU_输入6	I0.6	1#泵热继电器动作

表格 1 / 系统符号 / POU Symbols / I/O 符号

(b) I/O符号输入部分

符号表

	符号	地址	注释
13	CPU_输出0	Q0.0	1#泵
14	CPU_输出1	Q0.1	2#泵
15	CPU_输出2	Q0.2	1#电动阀
16	CPU_输出3	Q0.3	2#电动阀
17	CPU_输出4	Q0.4	报警
18	CPU_输出5	Q0.5	
19	CPU_输出6	Q0.6	

表格 1 / 系统符号 / POU Symbols / I/O 符号

(c) I/O符号输出部分

图 5-19 项目符号表

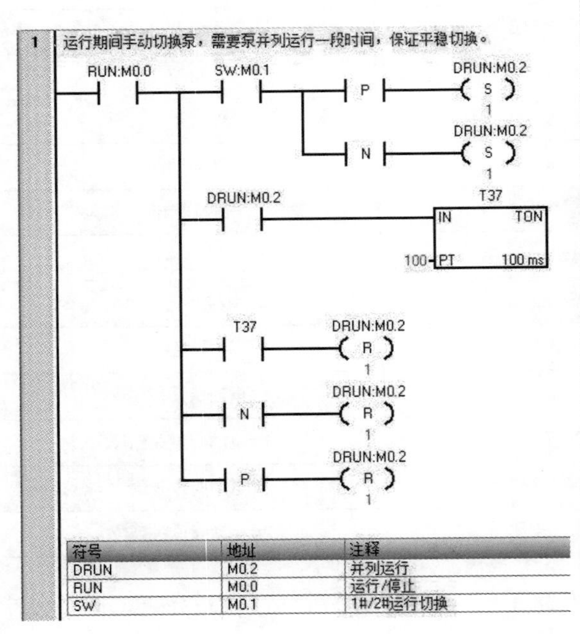

符号	地址	注释
DRUN	M0.2	并列运行
RUN	M0.0	运行/停止
SW	M0.1	1#/2#运行切换

(a) 并列运行控制

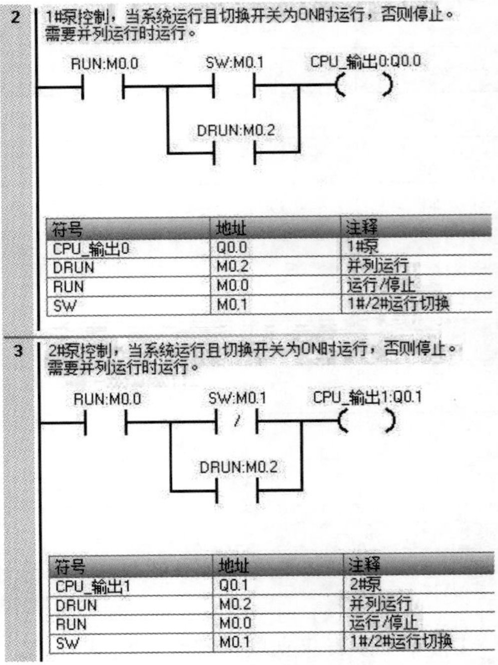

符号	地址	注释
CPU_输出0	Q0.0	1#泵
DRUN	M0.2	并列运行
RUN	M0.0	运行/停止
SW	M0.1	1#/2#运行切换

符号	地址	注释
CPU_输出1	Q0.1	2#泵
DRUN	M0.2	并列运行
RUN	M0.0	运行/停止
SW	M0.1	1#/2#运行切换

(b) 泵控制

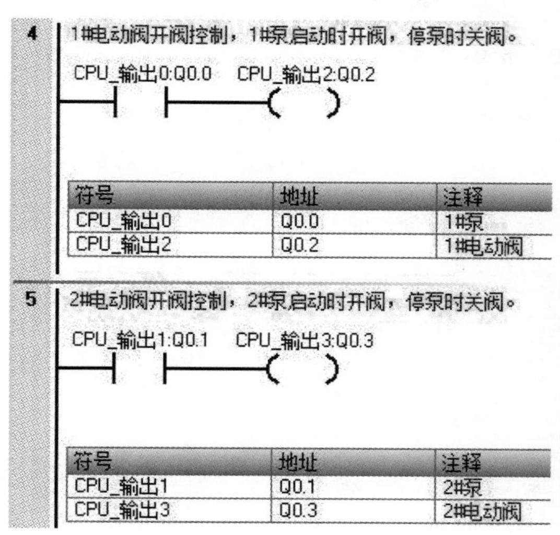

(c) 电动阀控制

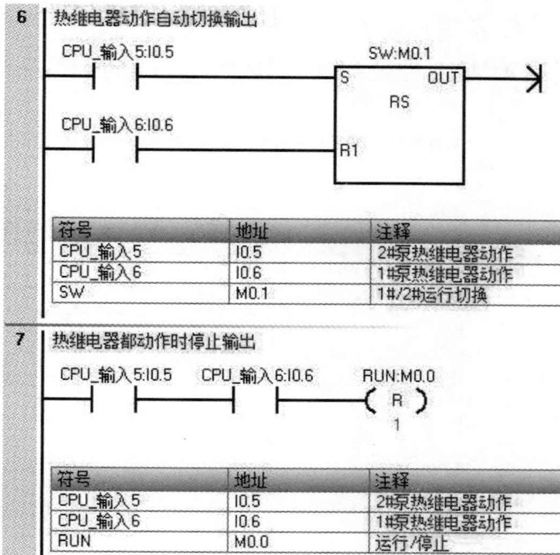

(d) 热继电器控制

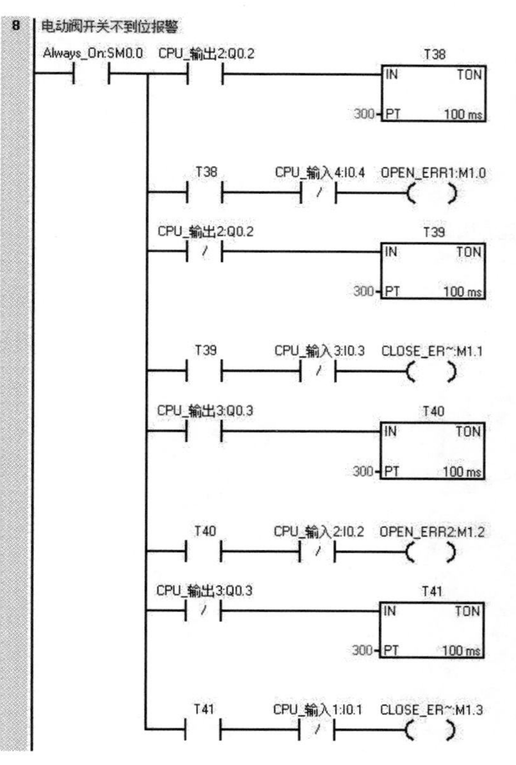

(e) 电动阀开关不到位报警

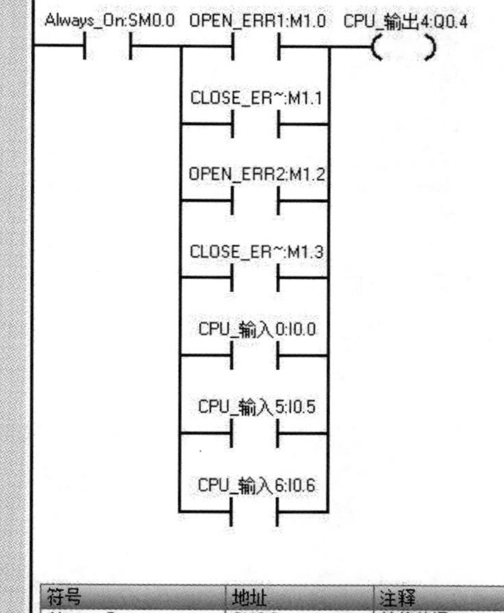

(f) 报警输出

图 5-20　两台泵一运一备控制示例程序

5.3.4 触摸屏程序设计

（1）设备窗口组态

设备窗口组态见图 5-21，设备窗口选择设备“西门子 _Smart200”，选择网络通信方式，设置本地 IP 地址和远程 IP 地址。编辑设备通道，快速连接变量为设备 0。

图 5-21 设备窗口组态

（2）用户窗口组态

用户窗口组态见图 5-22，运行切换开关用于切换两台泵的运行方式，切换到 1# 时表示 1# 泵运行、2# 泵备用，切换到 2# 时表示 2# 泵运行、1# 泵备用。启动、停止按钮用于系统

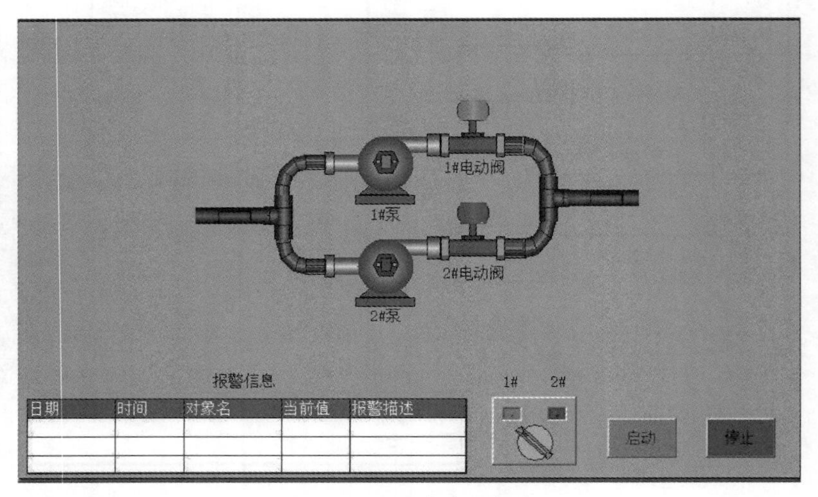

图 5-22 用户窗口组态

启动和停止，系统启动时按运行切换开关选择运行泵，系统运行期间如果运行切换开关状态变化或运行泵过载跳闸，则自动切换到备用泵运行。

泵的填充颜色关联到 PLC 输出位，默认停止是红色，运行时是绿色。电动阀的填充颜色可关联到对应 PLC 输出位或电动阀位置反馈输入。

（3）报警组态

报警组态见图 5-23，对相关变量的报警属性进行设置，满足条件后会在触摸屏报警信息栏出现相关报警信息。

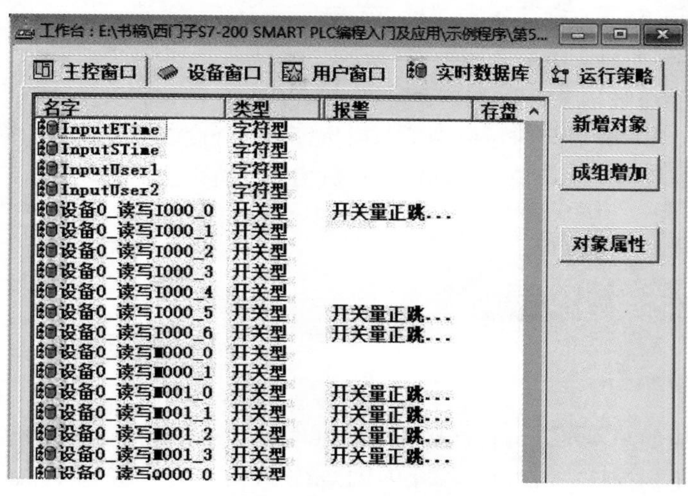

图 5-23　报警组态

5.3.5　现场项目调试

（1）接线检查、送电

控制系统接线完毕后检查电气主回路接线是否正确，测试电气主回路、泵和电动阀的电动机绝缘是否合格，先给主电源送电，控制电源送电，泵和电动阀电源暂不送电。检查 PLC 和触摸屏的 DC 24V 电源是否正常。

（2）控制回路调试

将编程用笔记本电脑连接到控制系统的交换机，下载 PLC 程序和触摸屏程序，然后进行实际操作，通过 PLC 编程软件的程序状态和图表状态监控、触摸屏程序界面状态、PLC 输入输出指示灯检查控制接线的正确性以及程序逻辑的正确性。

调试前一般编写调试方案，每个输入、输出点都要考虑到，调试过程做好记录，最后做好分析总结，不断提高 PLC 电路设计能力和编程能力。

（3）主回路调试

泵和电动阀电源送电，测试泵的正反转，如果反转需调整接线顺序，测试电动阀开关动作是否正常，开到位、关到位时的实际位置是否正确，如不正确还要调整电动阀内部的限位机构。

第6章 模拟量编程应用

在 PLC 控制系统中，工业生产过程中的温度、压力、液位和流量等信号会接入模拟量输入模块，模拟量输出模块则用来控制调节阀或执行器的开度以及变频器的输出频率等。模拟量按信号类型分电压信号和电流信号两种，电流信号因抗干扰能力较电压信号强，应用范围更广些。

6.1 常用变送器、仪表简介

6.1.1 温度变送器

PLC 都有专用的测温单元，直接接入 PT100 电阻或热电偶就能实现测温功能，但是有的控制系统可能只有 1 个或 2 个测温点，恰好模拟量输入模块又有未使用的点，这时多数会选用温度变送器。常见温度变送器见图 6-1，前两种没有就地显示，最后一种为防爆型封装。温度变送器接线示意图见图 6-2，电流输出采用两线制，变送器 V+ 接电源正，变送器 V− 输入到采集设备的正输入，采集设备的负输入接电源负；电压输出采用三线制，变送器 V+、V− 分别接电源正、电源负，变送器输出 OUT 接采集设备的正输入，采集设备的负输入接电源负。

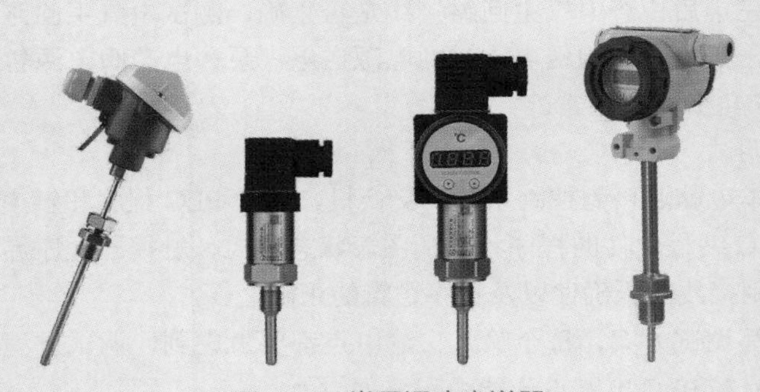

图 6-1 常见温度变送器

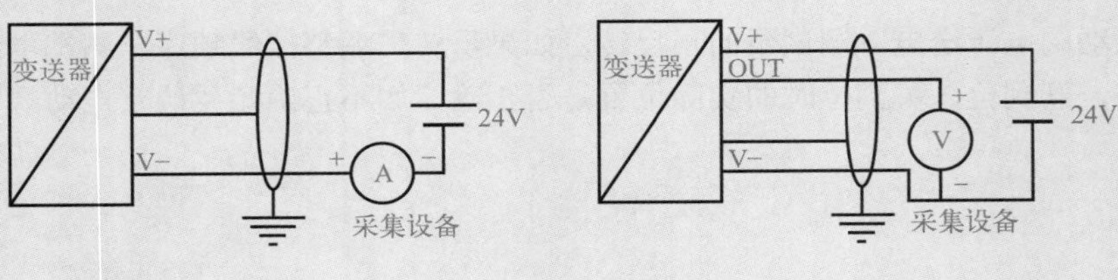

图 6-2 温度变送器接线示意图

温度变送器使用时插入容器或管线的温度测量套管内，套管内加入导热介质可提高温度变化的响应速度。为了减少测量误差，套管要保证一定的插入深度，与介质充分接触，对于较小管径的工艺管线，套管可逆流倾斜安装或安装到弯头处。

6.1.2　压力变送器

常见压力变送器见图 6-3，压力变送器外形和温度变送器外形差不多，压力传感器在单晶硅片上扩散一个惠斯通电桥，被测介质施压使桥臂电阻值发生变化，产生的差动电压信号经放大器放大再转为标准的模拟信号输出。压力变送器和温度变送器接线方式相同，常用的是两线制电流输出。

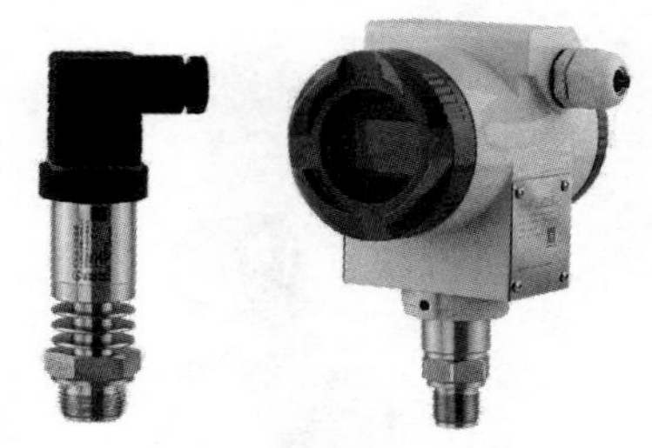

图 6-3　常见压力变送器

压力变送器经截止阀安装到引压管上，工作时打开截止阀。测量压力小于 0.03MPa 时要垂直安装，否则影响测量精度。采用扩散硅充油芯体的传感器严禁测量氧气，使用不当会有爆炸危险。测量气体介质压力时，变送器安装位置宜高于取压点，测量液体或蒸汽压力时，变送器安装位置宜低于取压点，目的在于减少排气、排液附加设施。

6.1.3　液位计

常见液位计见图 6-4，有磁翻板液位计、单法兰液位计、投入式液位计和雷达液位计，一般都采用两线制电流输出的接线方式。

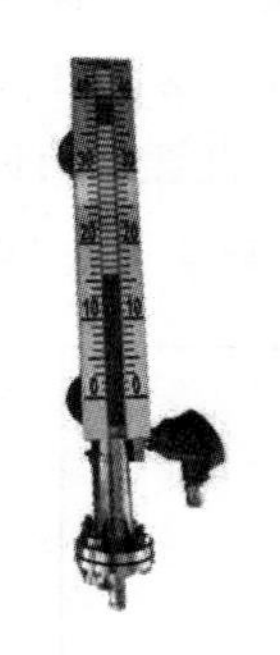

(a) 磁翻板液位计

(b) 单法兰液位计

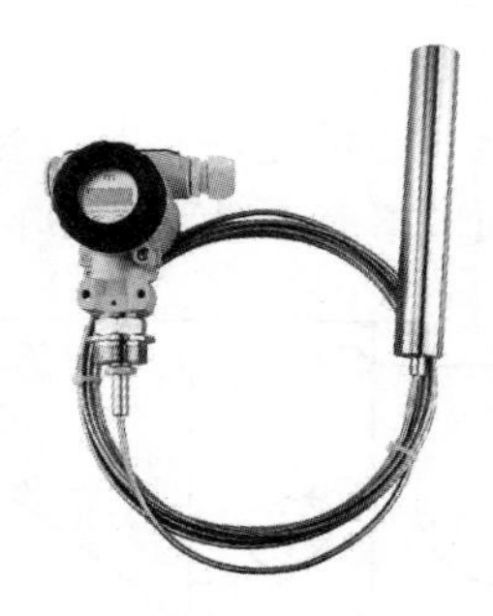

(c) 投入式液位计

(d) 雷达液位计

图 6-4　常见液位计

磁翻板液位计又称磁浮子液位计，由连通器、主导管、磁性浮子、现场指示牌和捆绑式液位变送器组成，当主导管内磁性浮子随液位升、降时，通过磁耦合驱动指示器内磁翻柱翻转实现就地观测，驱动捆绑式液位变送器内干簧管实现信号远传。

单法兰液位计和投入式液位计的工作原理与压力变送器相同，利用液位产生的压力折算为液位，为此不能用于密闭带压力容器内液位的测量，液体上侧的气体压力会使液位值变得虚高，这种情况可使用双法兰液位计。

雷达液位计测量原理是时域反射原理，发出的高频微波遇到被测介质会有一部分能量被反射回来，发射脉冲与反射脉冲的时间间隔与被测介质的距离成正比，从而计算出探测组件顶部被测介质表面的距离，再根据容器总高度计算出物位高度。

6.1.4 流量计

常见流量计见图 6-5，有电磁流量计、超声波流量计、涡街流量计和差压式流量计等，各式流量计工作原理不同，适用于不同介质、不同环境和不同的精度要求，其对外接线方式基本相同，电源一般可选 AC 220V 或 DC 24V 供电，输出 DC 4～20mA 电流信号代表瞬时流量，累计流量在显示屏底部观察或通过通信接口读取，RS485 通信接口是独立的，HART 通信是利用 DC 4 ～ 20mA 信号线传输的。

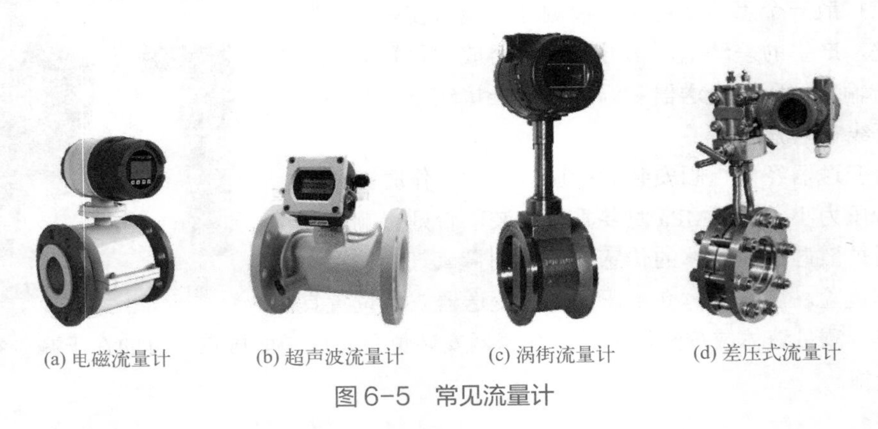

图 6-5 常见流量计

电磁流量计电路结构示意图见图 6-6，励磁电路驱动线圈建立磁场，导电流体流动时感生出电动势，通过流量计内电极输入到前置放大器，对放大后的信号进行 A/D 转换和计算，测得流体速度，再根据管径计算出体积流量。流量计耗电相对较多，无法采用两线制电流输出，必须独立供电。流量计通过键盘可修改流量单位、流量量程、累积量单位、通信地址和通信波特率等参数，流量量程根据工艺参数设定，一般按最大流量的 1.5 ～ 2 倍计算并取整设定量程。使用电磁流量计要注意的是，要求介质具有一定导电性，前后直管段的长度要满足一定要求，不能安装在介质向下流动的管段，介质不满管会影响测量准确性。

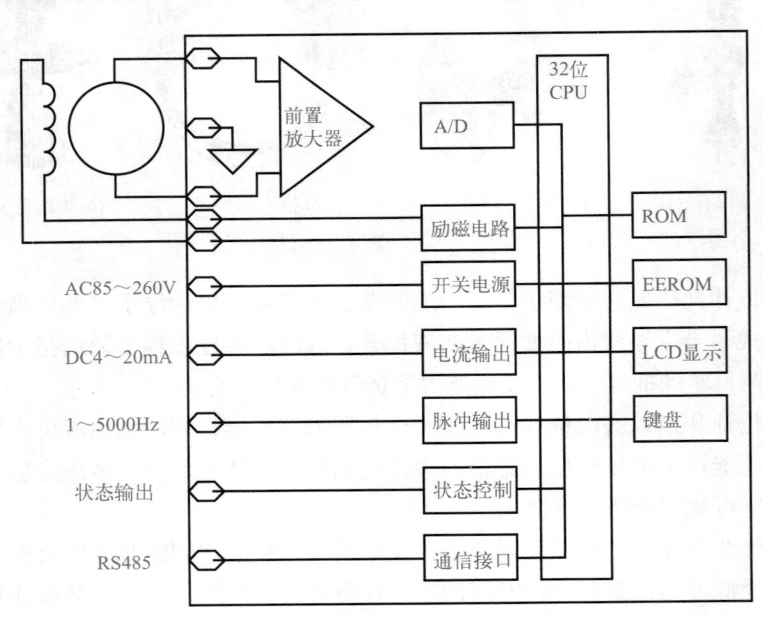

图 6-6 电磁流量计电路结构示意图

超声波流量计和电磁流量计一样，也是通过测量流体速度再根据管径计算出流量的，只是测量流体速度采用的是超声波技术，不再要求介质是否导电。超声波流量计有管段式和外夹式，管段式的超声波探头已安装到流量计的管段上，外夹式的超声波探头是分体的，直接安装到管线上，在管线的两侧布置一对超声波发射和接收探头，探头采用非对称方式布置，发射探头布置在上游侧，接收探头布置在下游侧，安装时要先打磨安装处的管线并涂抹耦合剂，然后再固定。

涡街流量计根据卡门涡街原理测量气体、蒸汽或液体的体积流量。涡街流量计在流体中设置三角柱型旋涡发生体，从旋涡发生体两侧交替地产生有规则的旋涡，这种旋涡称为卡门旋涡，通过压电应力式传感器，测量旋涡频率就可以计算出流过旋涡发生体的流体平均速度，进而计算出流量。

差压式流量计是利用流体流经节流装置时所产生的压力差与流量之间存在一定关系的原理，通过测量压力差来实现流量测定。节流装置是在管道中安装的一个局部收缩元件，最常用的有孔板、喷嘴和文丘里管。

6.1.5　电子秤

工业生产过程中粉料的配比、粉料的定量包装会用到电子秤，电子秤结构示意图见图6-7，通常由4个称重传感器支撑或吊挂称重用容器，称重传感器的接线汇总到称重变送器，输出的DC 4～20mA信号代表毛重，是容器和物料的总重量。

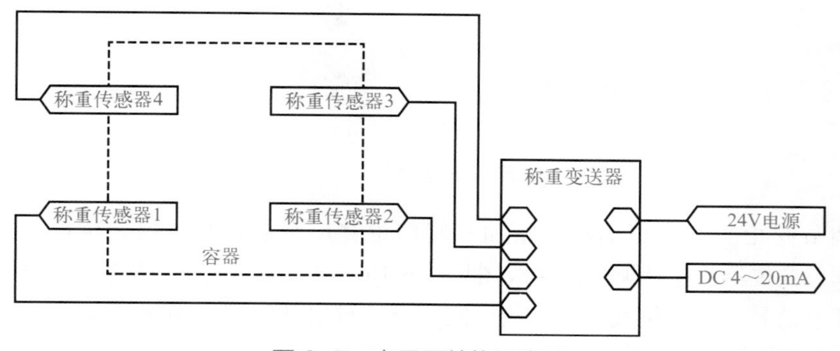

图6-7　电子秤结构示意图

称重传感器多采用电阻应变原理，弹性体在外力作用下产生弹性变形，使粘贴在它表面的电阻应变片也随之产生变形，电阻应变片变形后，它的阻值将发生变化，再经相应的测量电路把这一电阻变化转换为电信号，从而完成了将外力变换为电信号的过程。

称重传感器接线方式有四线和六线两种，优先选用六线制的，六线制称重传感器接线方式见图6-8，电源线EXC给电阻桥电路提供工作电压，用反馈线SEN测出电阻桥电路两端的实际电压，称重传感器受力后输出电压信号SIG，这种接线方式可避免电源线内阻对测量结果的影响。当接成四线制时，电源线与反馈线短接，仅限于传感器与称重变送器距离较近，电压损耗非常小的场合，否则测量存在误差。

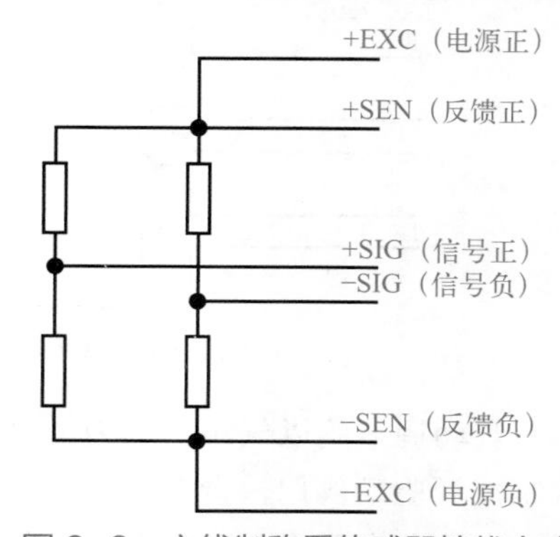

图6-8　六线制称重传感器接线方式

6.2 常用调节设备简介

6.2.1 调节阀

调节阀又名控制阀，在工业自动化过程控制系统中通过模拟量输出单元输出 DC 4 ～ 20mA 信号，借助动力操作去改变介质流量、压力、温度、液位等工艺参数，同时将当前位置以 DC 4 ～ 20mA 信号返回给模拟量输入单元。新型调节阀内含伺服功能，接受与工艺参数对应的 DC 4 ～ 20mA 信号，自动控制调节阀开度，使工艺参数稳定在设定值。调节阀由执行机构和阀门组成，按其所配执行机构使用的动力，可以分为电动调节阀、气动调节阀和液动调节阀，常用的电动调节阀和气动调节阀见图 6-9。

(a) 电动调节阀 (b) 气动调节阀

图 6-9 常用的电动调节阀和气动调节阀

电动调节阀相当于在电动阀上增加了阀门位置反馈装置和阀门定位控制电路，使用 FC11C 型阀门定位器的电动调节阀接线图见图 6-10，电动调节阀对外接线比较简单，提供电源，给定开度信号，返回位置信号。阀门定位器通过内部的双向晶闸管自动调节电动机正、反转，使阀门位置信号等于给定开度信号。

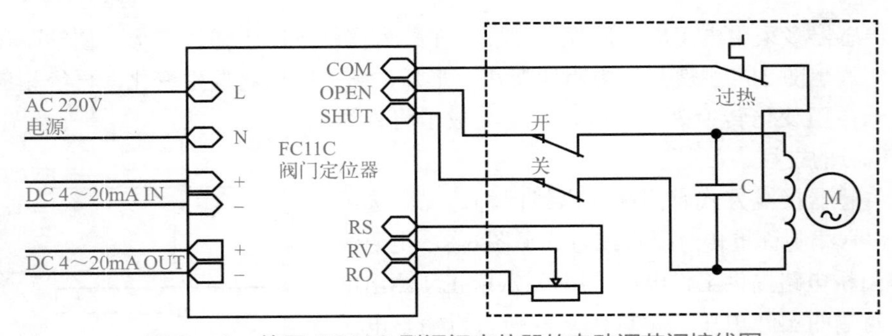

图 6-10 使用 FC11C 型阀门定位器的电动调节阀接线图

气动调节阀以气源为动力，以气缸为执行器，受 DC 4 ～ 20mA 信号控制电磁阀，间接控制气源驱动阀门，调节管线内介质的流量和压力等工艺参数。气动调节阀具有控制简单、反应快速和本质安全等优点，在有气源且防爆要求较高的工厂中应用范围较广。气动调节阀的气动执行机构分单作用式和双作用式，单作用执行器内部有弹簧，在失去气源或控制信号时受弹簧作用保持在全开或全关的初始状态，通过电磁阀控制气源压力抵消弹簧的作用力来控制阀门开度。

某型号气动调节阀定位器原理图见图 6-11，控制器的接口只有 DC 4 ～ 20mA 控制信号，从控制信号取电供内部电路工作，同时在控制信号叠加了 HART 通信功能。控制信号和位置反馈信号经 A/D 转换传给微处理器，计算后输出驱动信号经电 / 气转换变为气压信号，控制气动放大器驱动执行机构，改变阀门开度到设定位置。

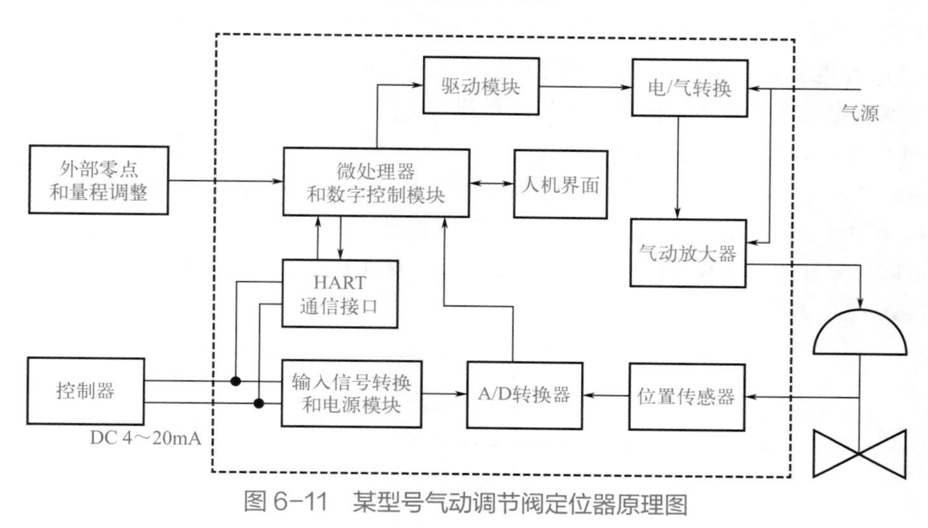

图 6-11　某型号气动调节阀定位器原理图

6.2.2　变频器调速

变频器的控制分启停控制和频率控制两部分，每种控制都可以通过参数设定为键盘、端子或通信控制。英威腾 CHE 系列变频器控制回路接线图见图 6-12，有 4 路数字量输入 S1、S2、S3 和 S4，2 路模拟量输入 AI1 和 AI2，2 路数字量输出（其中 1 路为继电器输出，另 1

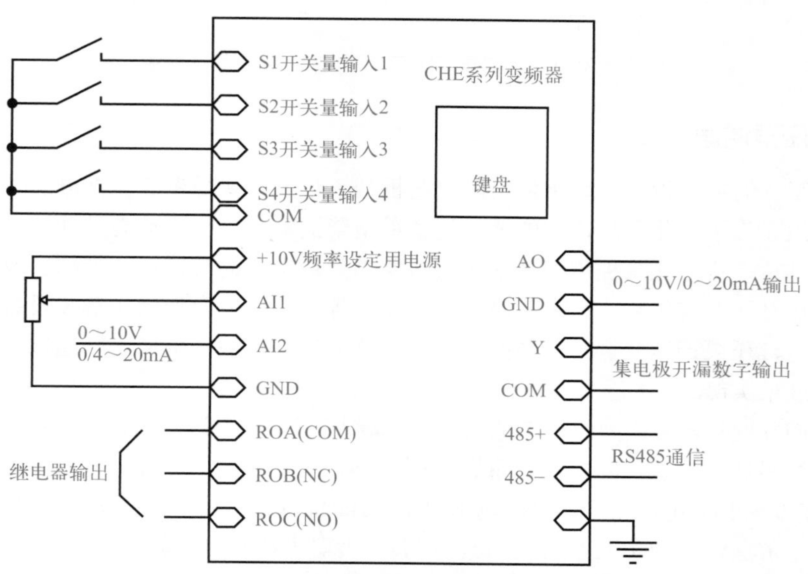

图 6-12　英威腾 CHE 系列变频器控制回路接线图

路为集电极开漏输出）模拟量输出和 RS485 通信各 1 路。

变频器的数字量输入功能可通过参数设置确定，CHE 系列变频器出厂默认 S1 为正转运行控制、S2 为正转点动、S3 为故障复位、S4 未设任何功能。模拟量输入 AI1 的信号为 DC 0 ～ 10V 电压信号，模拟量输入 AI2 的信号通过跳线可设为 DC 0 ～ 10V 电压信号或 DC 0 ～ 20mA 电流信号，模拟量输入可通过设定上限和下限等参数调整信号输入范围，比如 AI2 的输入信号为 DC 4 ～ 20mA 电流信号时，可修改 AI2 下限值使得 DC 4 ～ 20mA 电流信号与输出频率 0 ～ 50Hz 线性对应。数字量输出功能也通过参数设置确定，继电器输出默认为故障信号，集电极开路输出默认为运行信号。模拟量输出通过跳线设置为 DC 0 ～ 10V 电压信号或 DC 0 ～ 20mA 电流信号输出，功能默认为运行频率，根据需要可修改参数，改为输出电流、输出电压或输出功率等参数，模拟量输出通过设定上限和下限等参数调整信号输出范围。

在 PLC 控制系统中，变频器的常规控制方案为：用数字量输出控制启停，用模拟量输出控制频率。PLC 控制 CHE 系列变频器接线示意图见图 6-13，数字量输出接点闭合，变频器启动；数字量输出接点断开，变频器停止。变频器启动后按模拟量输出所设定的频率运行，变频器故障信号接点反馈给 PLC 的数字量输入端。变频器的运行信号和运行电流等信号可根据需要接入 PLC 系统。

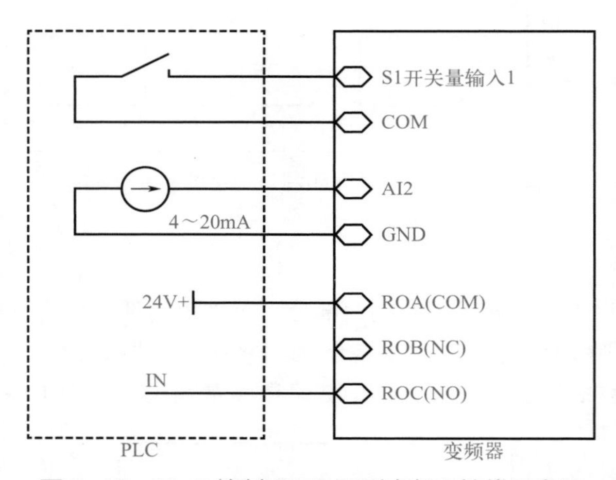

图 6-13 PLC 控制 CHE 系列变频器接线示意图

6.2.3 液压泵调速

在野外工作的撬装设备，如果使用的电动机功率较大，现场无法提供电源时要配套使用撬装发电机组。为了简化系统，有的撬装设备采用柴油发动机作为动力带动液压泵，再用液压驱动液压马达，将液压泵提供的液体压力转变为其输出轴的机械能，带动泵或压缩机等设备工作。液压马达具有体积小、重量轻、结构简单等优点，适合使用在撬装设备上，液压马达的调速通过液压泵调速（调整液体的压力和流量）实现，液压泵调速则通过电磁线圈控制比例阀的开度来实现。

比例阀的开度与电磁线圈的工作电流有关，最大工作电流接近 1A，需要通过比例阀放大器控制。某型号比例阀放大器接线示意图见图 6-14，工作电源为 24V，共有 8 路放大器，输入信号为 DC 0 ～ 10V 电压信号，对应输出 0% ～ 100% 占空比频率为 200Hz 的脉宽调制信号，可驱动额定电流 2A 以下的电磁线圈。该比例阀放大器支持 CAN 通信，可在通信模式下直接控制 8 路输出的占空比。

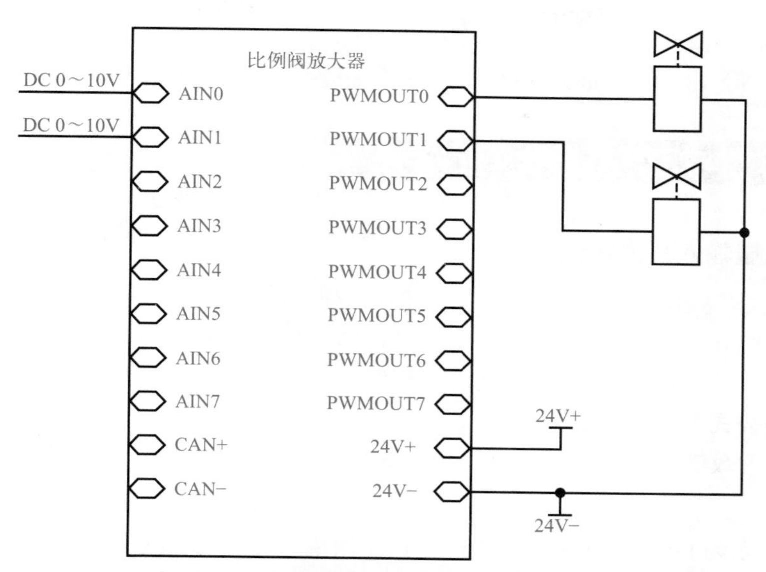

图 6-14　某型号比例阀放大器接线示意图

PVG32 比例多路阀见图 6-15，多路阀是由多个阀块组成的阀块组，每个阀块组可有高达 10 个基本阀块，单个阀块既可用手柄手动控制，也可电控。手柄控制时自由状态为中间停止位置，然后两个方向可控制正反转，手柄动作幅度控制转速。

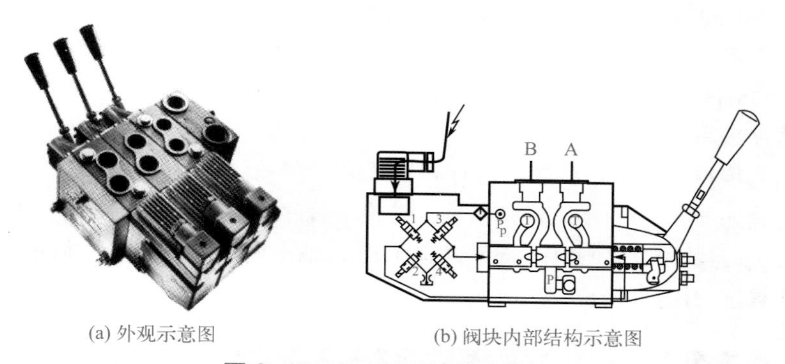

(a) 外观示意图　　(b) 阀块内部结构示意图

图 6-15　PVG32 比例多路阀

PVG32 比例多路阀电控部分内部集成了放大器，其接线示意图见图 6-16，为了和模拟量输出单元的 DC 0 ～ 10V 电压信号配合，电源选 12V，当输入信号为 0.5 倍电源电压（6V）

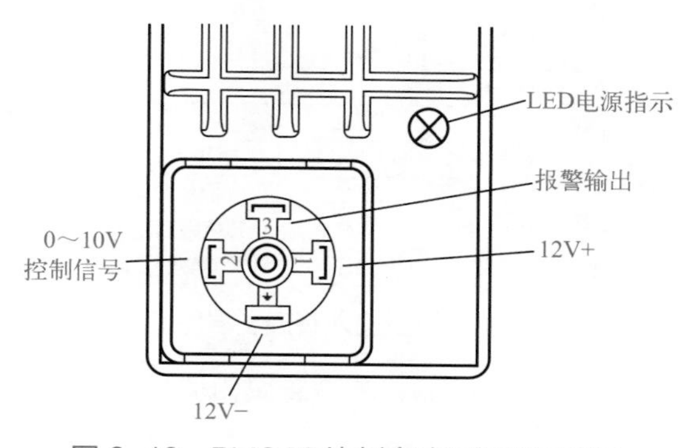

图 6-16　PVG32 比例多路阀接线示意图

时为停止状态，当输入信号为 0.75 倍电源电压（9V）时为正向最大速度，当输入信号为 0.25 倍电源电压（3V）时为反向最大速度，内部故障报警输出为集电极开漏输出，低电平有效。

6.3 模拟量与工艺参数之间的转换

6.3.1 模拟量输入转换示例

测量温度、压力、液位等工艺参数的变送器和仪表都会有个量程范围，这个量程范围又会对应 DC 4 ～ 20mA 模拟量输入到 PLC 的模拟量模块，PLC 采集到的数值范围是 5530 ～ 27648，最终要转换为具体的工艺参数值。

（1）转换公式

设采集到的数值为 x，工艺参数值为 y，关于 x、y 的一次方程为：

$$y=kx+b$$

设量程下限为 OSL（4mA 对应 5530），上限为 OSH（20mA 对应 27648），代入方程 $y=kx+b$：

$$OSL=5530k+b$$

$$OSH=27648k+b$$

求得：

$k=(OSH-OSL)/22118 \quad b=OSL-(OSH-OSL)/4$

得到转换公式：

$y=kx+b=(OSH-OSL)x/22118+OSL-(OSH-OSL)/4$

（2）子程序编写

项目中用到模拟量输入，会多次进行转换计算，在子程序中编写转换公式，方便多次重复调用，先创建如图 6-17 所示的模拟量输入转换子程序变量表，输入变量有 3 个，分别是采集到的数值 Input、量程上限 OSH、量程下限 OSL，输出变量 Output 为实际的工艺参数数值，其他变量为计算过程用到的临时变量。

变量表

	地址	符号	变量类型	数据类型	注释
1		EN	IN	BOOL	
2	LW0	Input	IN	WORD	输入，PLC采集到原始数值
3	LD2	OSH	IN	REAL	量程上限
4	LD6	OSL	IN	REAL	量程下限
5			IN_OUT		
6	LD10	Output	OUT	REAL	输出，对应采集值的工艺参数值
7	LD14	k	TEMP	REAL	一次函数斜率
8	LD18	b	TEMP	REAL	一次函数常数
9	LD22	tmpR	TEMP	REAL	计算用临时变量
10	LD26	tmpD	TEMP	DINT	计算用临时变量

图 6-17 模拟量输入转换子程序变量表

模拟量输入转换子程序见图 6-18，先根据量程求出 k 和 b，然后将采集到的输入值代入方程，输出转换后的结果。

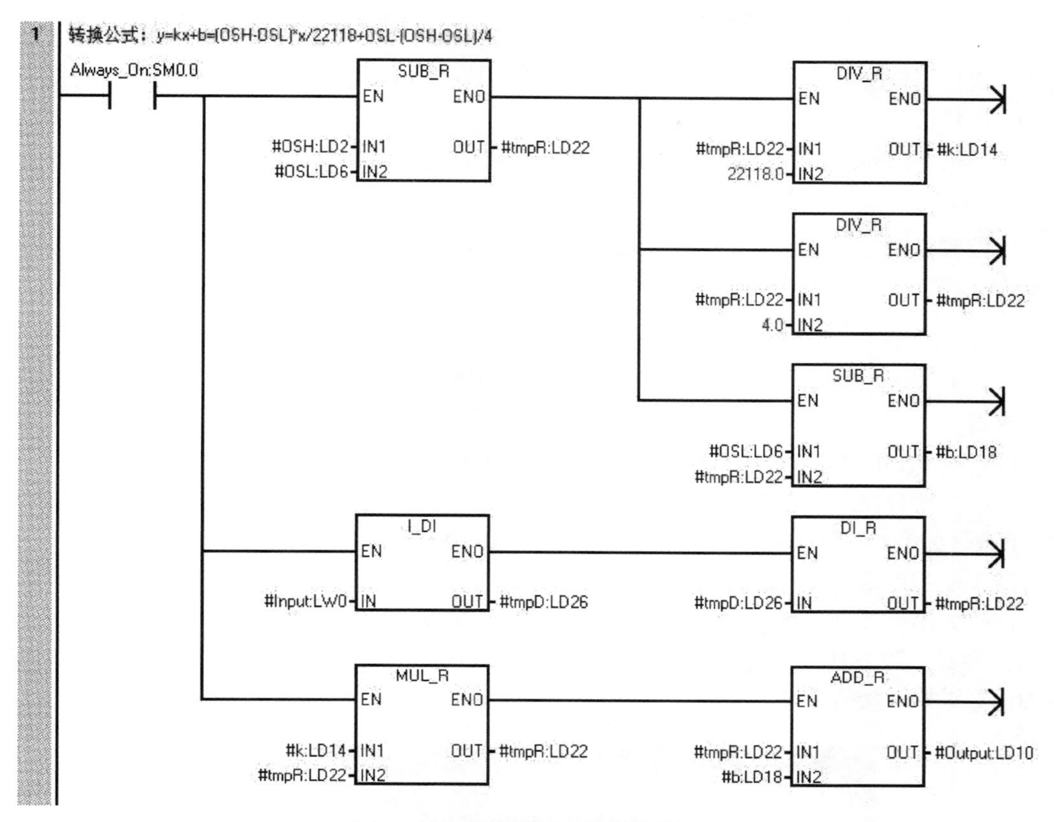

图 6-18　模拟量输入转换子程序

（3）子程序调用

PLC 扩展的模拟量输入模块通道 0 接了温度传感器，其测温范围为 0 ～ 200℃，对应输出 DC 4 ～ 20mA 电流信号。如图 6-19 所示在主程序中调用模拟量输入转换子程序，指定模拟量输入通道，输入量程的上限和下限，输出的温度值存放到 VD104（单精度浮点数）。

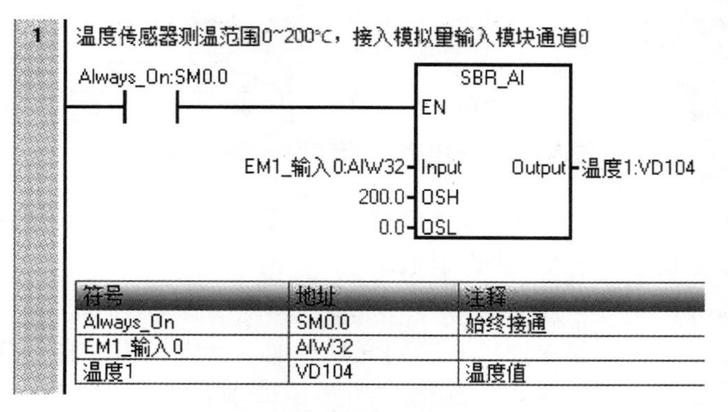

符号	地址	注释
Always_On	SM0.0	始终接通
EM1_输入0	AIW32	
温度1	VD104	温度值

图 6-19　调用模拟量输入转换子程序

6.3.2　模拟量输出转换示例

使用模拟量输出控制调节阀开度或变频器频率时，如果输出的模拟量范围是 DC 0 ～ 20mA，同时被控制设备也支持 DC 0 ～ 20mA 输入，这种情况下直接乘以系数就转换了，例如频率输出 0.0 ～ 50.0Hz，乘以 552.96，范围变为 0 ～ 27648，赋值给 PLC 的模拟量输出通道寄存器就完成输出转换了。如果被控制设备只支持 DC 4 ～ 20mA 输入，那就需要用公式转换了。

（1）转换公式

设控制参数为 x，PLC 输出值为 y，关于 x、y 的一次方程为：

$$y=kx+b$$

设控制参数下限为 ISL（4mA 对应 5530），上限为 ISH（20mA 对应 27648），代入方程 $y=kx+b$：

$$5530=k\times \mathrm{ISL}+b$$

$$27648=k\times \mathrm{ISH}+b$$

求得：

$k=22118/(\mathrm{ISH}-\mathrm{ISL})\ b=5530-22118\times \mathrm{ISL}/(\mathrm{ISH}-\mathrm{ISL})$

得到转换公式：

$y=kx+b=22118\times x/(\mathrm{ISH}-\mathrm{ISL})+5530-22118\times \mathrm{ISL}/(\mathrm{ISH}-\mathrm{ISL})$

（2）子程序编写

创建如图 6-20 所示的模拟量输出转换子程序变量表，输入变量有 3 个，分别是控制参数 Input、参数上限 ISH、参数下限 ISL，输出变量 Output 为模拟量输出通道寄存器值，其他变量为计算过程用到的临时变量。

变量表

	地址	符号	变量类型	数据类型	注释
1		EN	IN	BOOL	
2	LD0	Input	IN	REAL	控制参数输入
3	LD4	ISH	IN	REAL	控制参数上限
4	LD8	ISL	IN	REAL	控制参数下限
5			IN		
6			IN_OUT		
7	LW12	Output	OUT	WORD	模拟量输出
8			OUT		
9	LD14	k	TEMP	REAL	一次函数斜率
10	LD18	b	TEMP	REAL	一次函数常数
11	LD22	tmpR	TEMP	REAL	计算用临时变量
12	LD26	tmpD	TEMP	DINT	计算用临时变量

图 6-20　模拟量输出转换子程序变量表

模拟量输出转换子程序见图 6-21，先根据参数上下限求出 k 和 b，然后将设定值代入方程，输出转换后的模拟量输出通道寄存器值。

（3）子程序调用

PLC 扩展的模拟量输出模块通道 0 接到变频器模拟量输入端，输出 DC 4 ～ 20mA 电流信号时，对应变频器频率范围为 0 ～ 50Hz。如图 6-22 所示，在主程序中调用模拟量输出转换子程序，输入为频率设定寄存器，频率上下限，输出值直接驱动模拟量输出。

6.3.3　库的创建与使用

库的创建步骤见图 6-23，在项目树中找到“库”，右键菜单点击【创建库】，在弹出的创建库界面依次完成“名称和路径”“组件”“保护”“版本生成”和“完成”共 5 个步骤，第 1

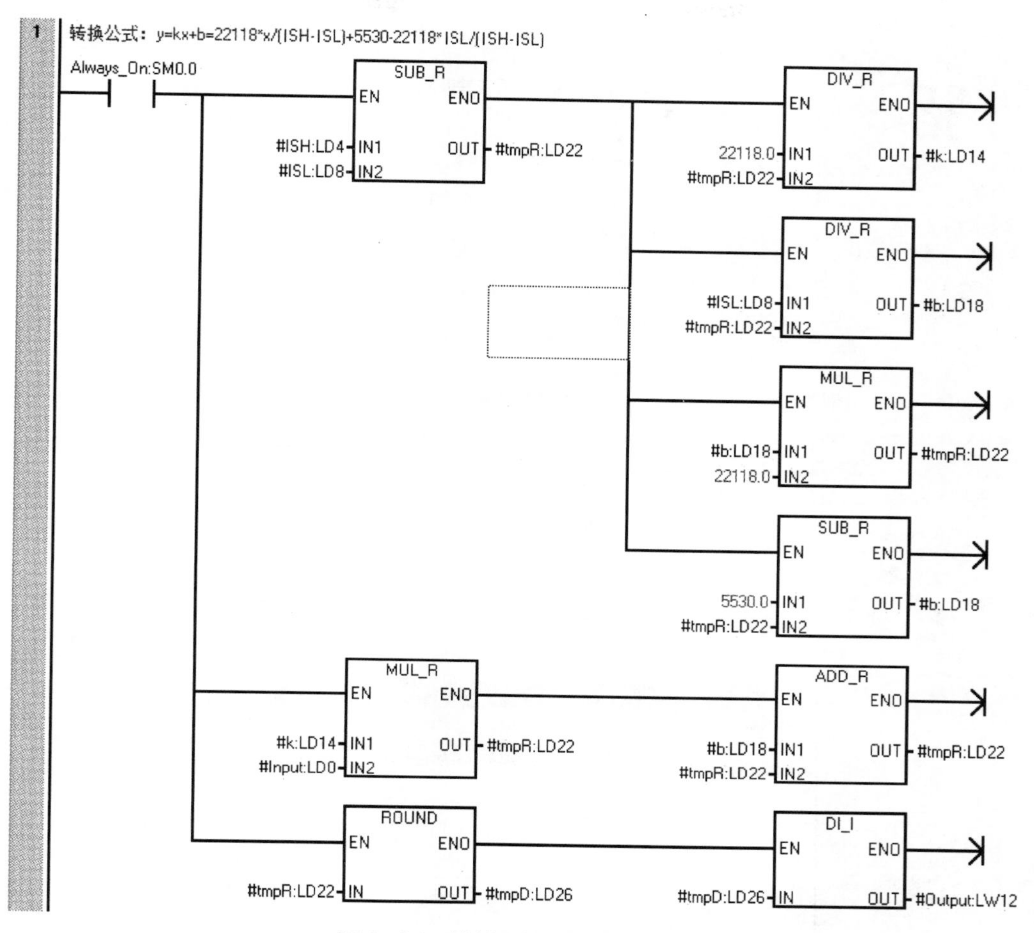

图 6-21　模拟量输出转换子程序

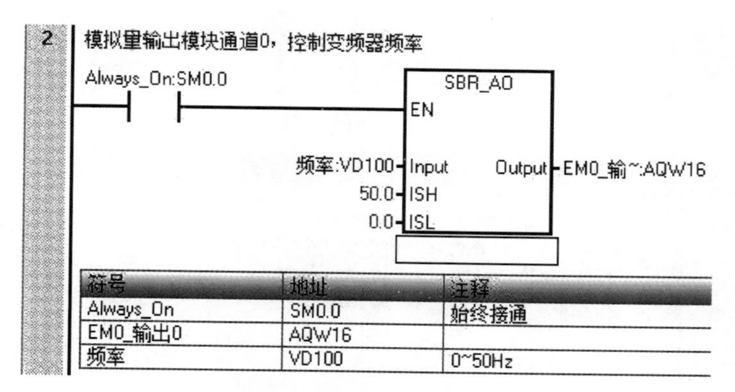

符号	地址	注释
Always_On	SM0.0	始终接通
EM0_输出0	AQW16	
频率	VD100	0~50Hz

图 6-22　调用模拟量输出转换子程序

步命名库，第 2 步添加子程序，第 3、4 步用默认值，第 5 步单击【创建】，这样子程序就转化为库，在其他项目中可直接使用。

在“库”的右键菜单点击【打开库文件夹】，在打开的文件夹中会有刚创建的“模拟量转换”库文件，将该文件复制到其他计算机的库文件内，在“库”的右键菜单点击【刷新库】，看到“模拟量转换”库后就可以使用了，使用方法同子程序调用。

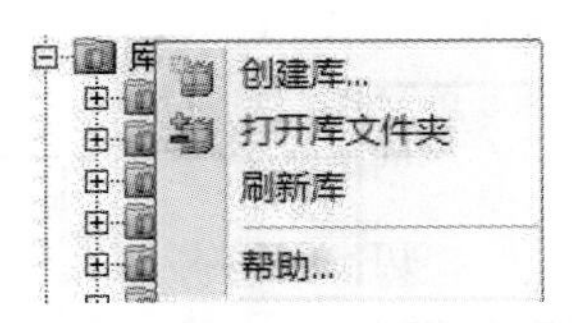

(a) 右键菜单【创建库】

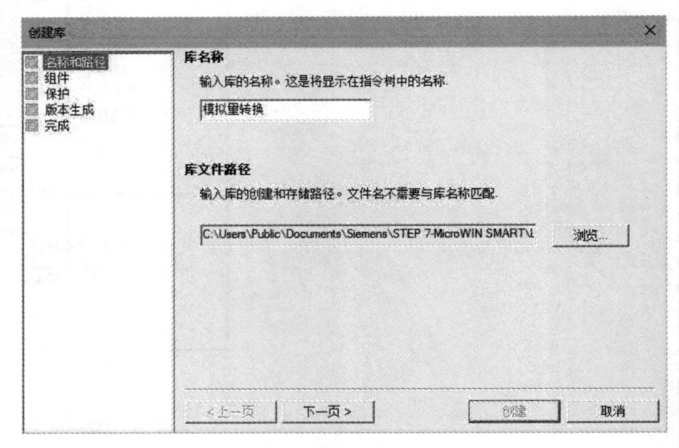

(b) 库的名称和路径

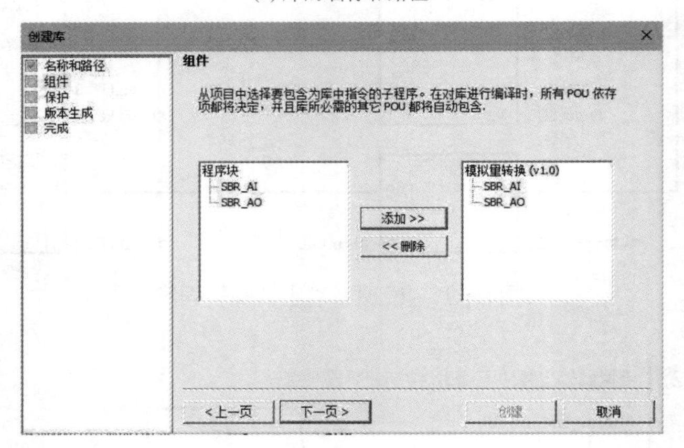

(c) 组件

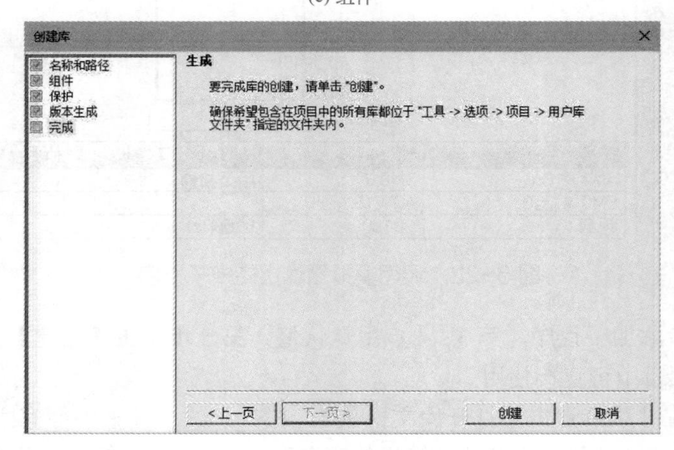

(d) 完成

图 6-23　库的创建步骤

6.3.4　模拟量转换库“Scale.smartlib”

西门子官方网站提供了模拟量转换指令库“Scale.smartlib”，下载后放到库文件夹内，刷新后出现如图 6-24 所示的模拟量转换库 Scale。

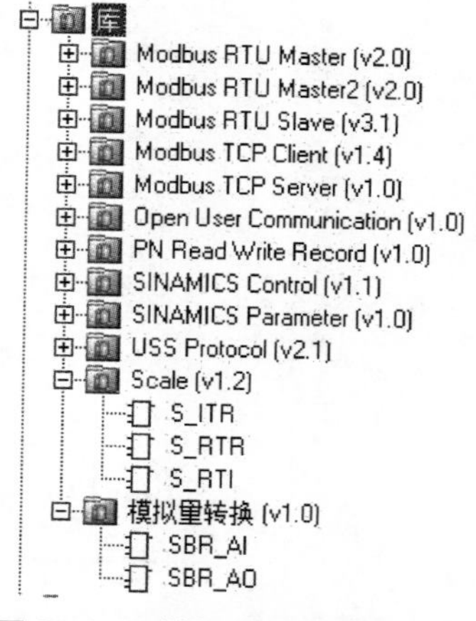

图 6-24　模拟量转换库 Scale

模拟量转换库 Scale 包含 3 个转换指令，其中“S_ITR”的用途是将输入范围中的整数缩放为输出范围中的实数，“S_RTI”的用途是将输入范围中的实数缩放为输出范围中的整数，“S_RTR”的用途是将输入范围内的标准化模拟量输入缩放到输出范围内。

Scale 库中 3 个模拟量转换指令说明见表 6-1，转换公式相同：输出 =[(OSH−OSL)×(输入 − ISL)/(ISH−ISL)]+OSL，只是输入、输出变量类型有区别，S_ITR 可用于模拟量输入的转换，S_RTI 可用于模拟量输出的转换。

表6-1　模拟量转换指令说明

指令	梯形图	说明			
		变量	方向	类型	定义
S_ITR	S_ITR EN Input Output ISH ISL OSH OSL	Output	OUT	REAL	已缩放输出值
		Input	IN	INT	模拟量输入值
		OSH	IN	REAL	已缩放输出值的范围上限
		OSL	IN	REAL	已缩放输出值的范围下限
		ISH	IN	INT	模拟量输入值的范围上限
		ISL	IN	INT	模拟量输入值的范围下限
		变量	方向	类型	定义
S_RTR	S_RTR EN Input Output ISH ISL OSH OSL	Output	OUT	INT	已缩放输出值
		Input	IN	REAL	模拟量输入值
		OSH	IN	INT	已缩放输出值的范围上限
		OSL	IN	INT	已缩放输出值的范围下限
		ISH	IN	REAL	模拟量输入值的范围上限
		ISL	IN	REAL	模拟量输入值的范围下限
		变量	方向	类型	定义
S_RTI	S_RTI EN Input Output ISH ISL OSH OSL	Output	OUT	REAL	已缩放输出值
		Input	IN	REAL	模拟量输入值
		OSH	IN	REAL	已缩放输出值的范围上限
		OSL	IN	REAL	已缩放输出值的范围下限
		ISH	IN	REAL	模拟量输入值的范围上限
		ISL	IN	REAL	模拟量输入值的范围下限

模拟量转换库应用见图 6-25，S_ITR 与自建库中的 SBR_AI 对比测试，结果是一致的。自建库中的 SBR_AI 没有提供模拟量输入值的范围上、下限接口，只能用于 DC 4 ～ 20mA 信号转换，S_ITR 的 ISL 为 0 时，可以用于 DC 0 ～ 20mA 信号转换。

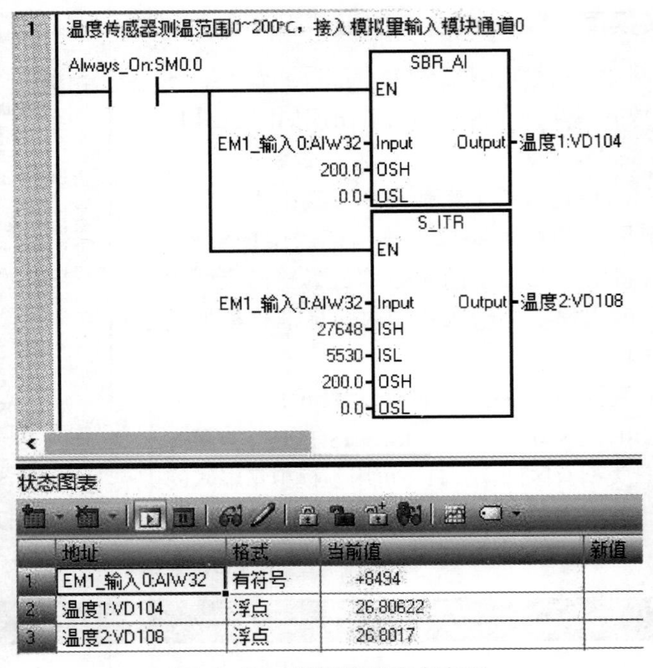

	地址	格式	当前值	新值
1	EM1_输入0:AIW32	有符号	+8494	
2	温度1:VD104	浮点	26.80622	
3	温度2:VD108	浮点	26.8017	

图 6-25　模拟量转换库应用

6.4 PID 功能应用

6.4.1 温度PID控制测试电路

温度 PID 控制测试电路见图 6-26，控制部分使用 CPU ST20 加模拟量输入扩展模块 AE04，模拟量输入通道 0 外接两线制温度传感器，测温范围为 0 ～ 200℃，数字量输出 Q0.0 直接驱动额定电流为 25A 的固态继电器，用来控制电加热。

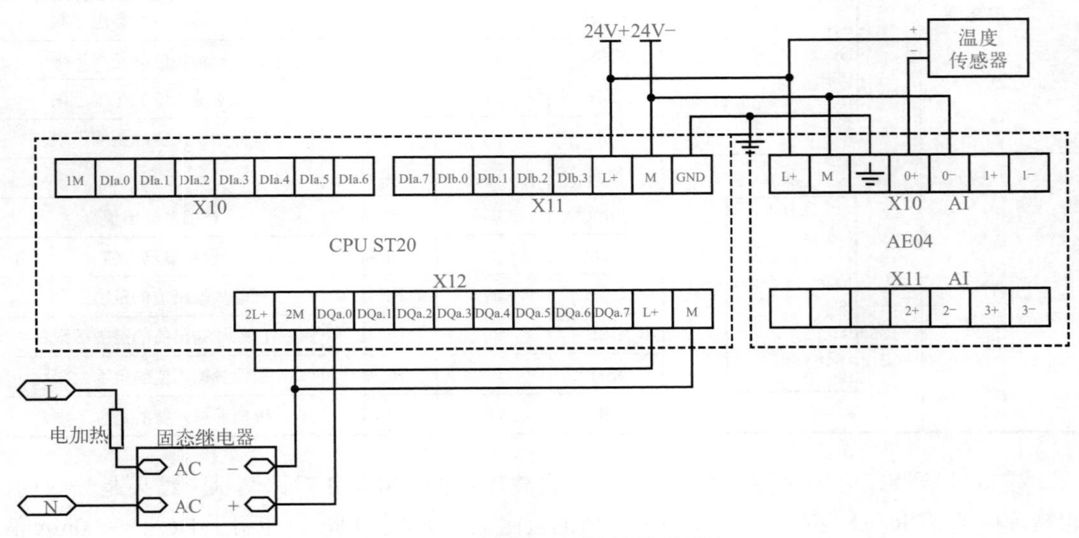

图 6-26　温度 PID 控制测试电路

6.4.2　用PID回路指令实现PID控制

（1）硬件组态

温度 PID 控制硬件组态见图 6-27，采集温度数据的通道 0 类型设为电流，自动分配的地址是 AIW16。

（2）PID 参数

PID 回路指令的回路表占用 120 个字节存储器，首地址设为 VB100，回路表前 7 个浮点数为该 PID 控制回路的主要参数，PLC 编程时只需考虑这 7 个参数，其他数据一直到 VB220 之前保证程序不再占用就行。建立温度 PID 控制程序符号表见图 6-28，在使用 PID 回路指令之前需要先初始化回路增益、采样时间、积分时间和微分时间，一般回路增益先设为 1，采样时间设为 1s，积分时间设为 10min，微分时间设为 0min，暂不使用微分功能。

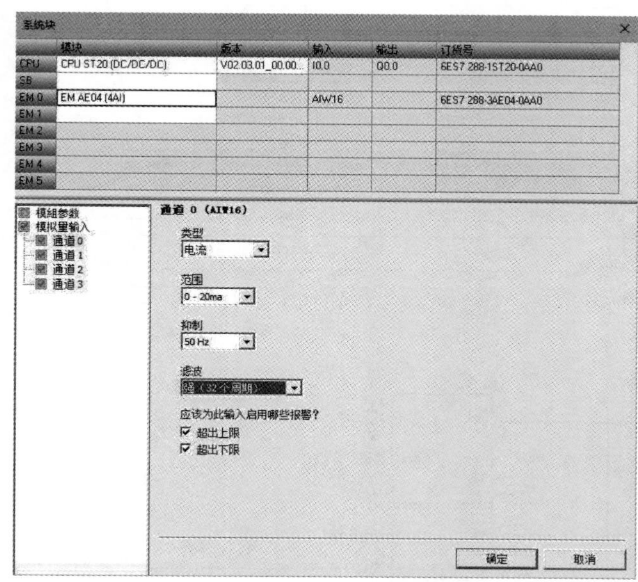

图 6-27　温度 PID 控制硬件组态

符号表

			符号	地址	注释
1			测量温度☆	VD100	0.00~1.00
2			设定温度☆	VD104	0.00~1.00
3			控制输出☆	VD108	0.00~1.00
4			回路增益	VD112	初始值1
5			采样时间	VD116	初始值1秒
6			积分时间	VD120	初始值10分钟
7			微分时间	VD124	初始值0分钟

图 6-28　温度 PID 控制程序符号表

回路表第 1 个参数为测量温度☆，第 2 个参数为设定温度☆，加☆表示是标准化值，标准化值计算公式：标准化值 =（实际值 − 量程下限）/（量程上限 − 量程下限）。例如测温范围为 0 ～ 200℃的传感器，如果实际测量温度是 20℃，那么测量温度☆ =20/200=0.1，如果实际设定温度是 50℃，那么设定温度☆ =50/200=0.25。

有了设定值和测量值，PID 运算后将计算结果存放到控制输出☆，编程时要根据控制方式将其转化为实际的数字量或模拟量输出。

（3）PLC 程序

PID 指令控制程序见图 6-29，第 1 段程序初始化 PID 参数，设控制温度为 50，回路增益为 1.0，采样时间为 1s，积分时间为 10min，微分时间为 0min，PWM 周期为 1000ms，使能 Q0.0 的 PWM 输出功能；第 2 段程序每秒采集一次温度，刷新 PWM 输出值，进行 PID（回路编号 0）运算，将输出标准化值变为实际控制输出值。

（4）PID 控制测试

将程序下载到 PLC，运行后通过如图 6-30 所示的温度 PID 控制程序状态图表观察温度控

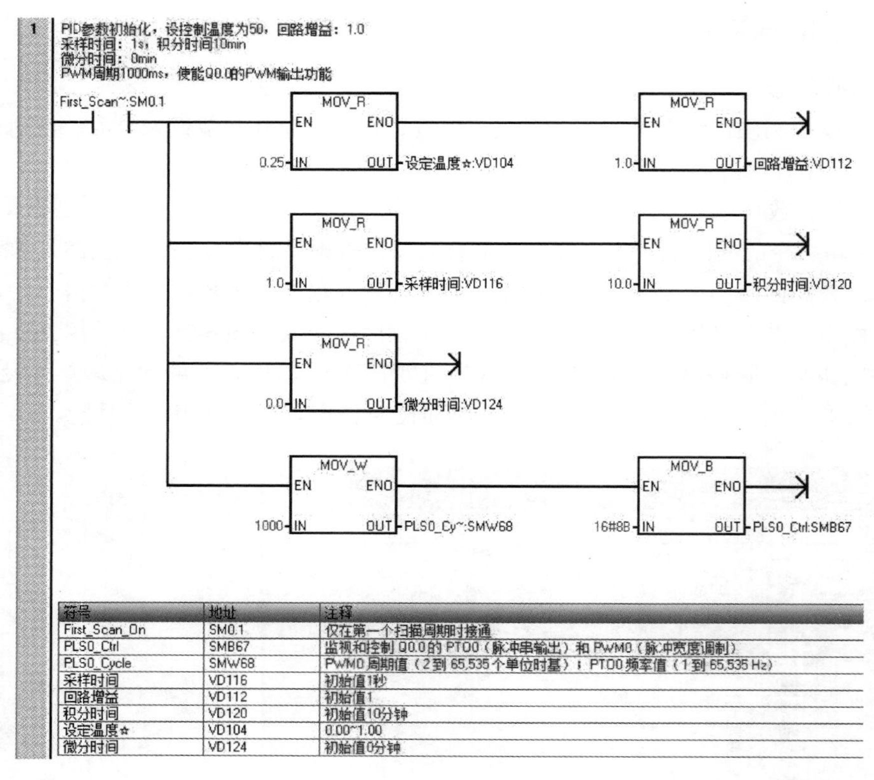

符号	地址	注释
First_Scan_On	SM0.1	仅在第一个扫描周期时接通
PLS0_Ctrl	SMB67	监视和控制 Q0.0 的 PTO0（脉冲串输出）和 PWM0（脉冲宽度调制）
PLS0_Cycle	SMW68	PWM0 周期值（2 到 65,535 个单位时基）；PTO0 频率值（1 到 65,535 Hz）
采样时间	VD116	初始值1秒
回路增益	VD112	初始值1
积分时间	VD120	初始值10分钟
设定温度☆	VD104	0.00~1.00
微分时间	VD124	初始值0分钟

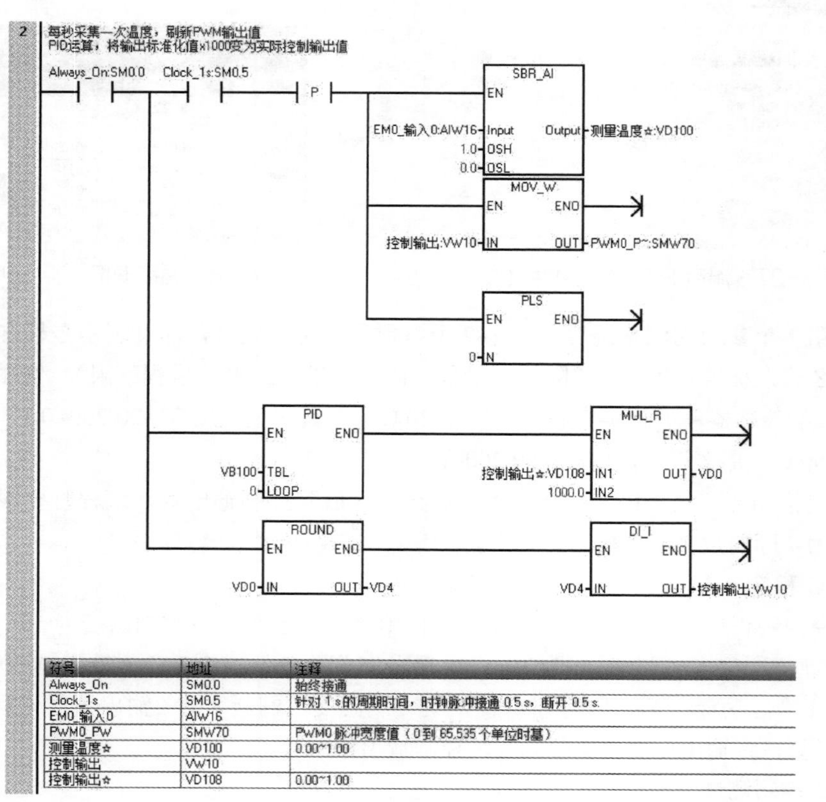

符号	地址	注释
Always_On	SM0.0	始终接通
Clock_1s	SM0.5	针对 1 s 的周期时间，时钟脉冲接通 0.5 s，断开 0.5 s.
EM0_输入0	AIW16	
PWM0_PW	SMW70	PWM0 脉冲宽度值（0 到 65,535 个单位时基）
测量温度☆	VD100	0.00~1.00
控制输出	VW10	
控制输出☆	VD108	0.00~1.00

图 6-29　PID 指令控制程序

制过程。当测量温度☆小于设定温度☆时，控制输出值不断增加，当测量温度☆大于设定温度☆时，控制输出值不断减少，使测量温度☆接近于设定温度☆，说明 PID 控制起到作用了。试着更改 PID 参数，查看控制变化过程，了解不同参数的增减对控制过程的影响，找到相对满意的 PID 参数值。

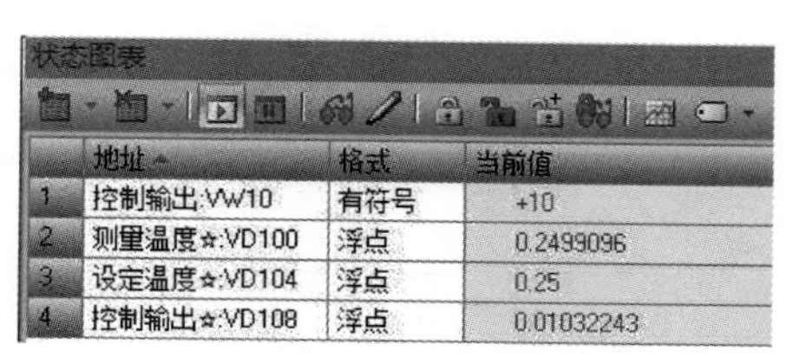

状态图表

	地址	格式	当前值
1	控制输出:VW10	有符号	+10
2	测量温度☆:VD100	浮点	0.2499096
3	设定温度☆:VD104	浮点	0.25
4	控制输出☆:VD108	浮点	0.01032243

图 6-30　温度 PID 控制程序状态图表

6.4.3　用PID向导实现PID控制

在控制电路和硬件组态不变的情况下，改用 PID 向导实现 PID 控制，在 PID 向导提示下对 PID 功能进行设置，使用 PID 控制面板进行 PID 控制调试，可直观查看 PID 控制参数的变化曲线，用自整定功能自动设置最优的 PID 参数。

（1）PID 向导

PID 回路向导界面见图 6-31，设置步骤如下：

➢ 选择 PID 回路；

➢ 重命名该 PID 回路；

➢ 参数设置可保持默认值；

➢ 过程变量根据输入信号范围 4 ～ 20mA 选择单极 20% 偏移量，与 PID 回路指令不同的是，回路设定值标准化后的范围是 0.0 ～ 100.0；

➢ 输出回路选择数字量，循环时间设为 1s，程序会自动根据 PID 计算结果按百分比在 1s 内输出高电平信号；

➢ 报警没有选择；

➢ 代码中的子例程和中断例程名称采用默认值，没有选择手动控制；

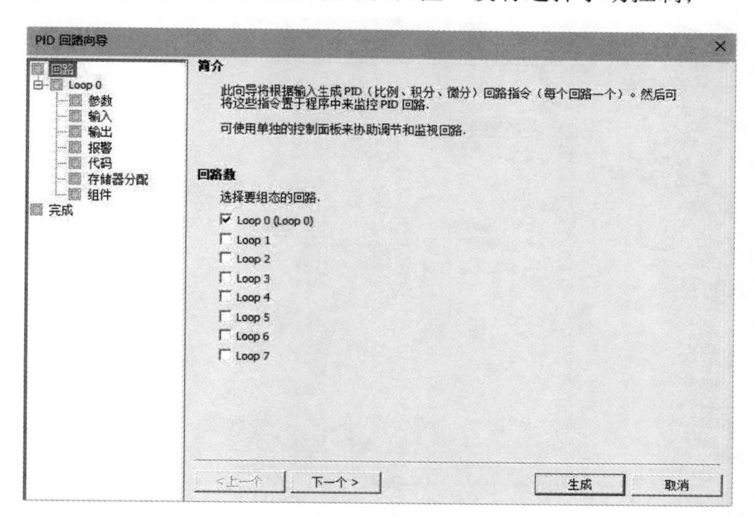

(a) PID回路选择

图 6-31

PID 回路向导
回路
Loop 0 (Loop 0)
参数
输入
输出
报警
代码
存储器分配
组件
完成
Loop 0 (Loop 0)
此回路应如何命名?
Loop 0
< 上一个
下一个 >
生成
取消

(b) PID回路重命名

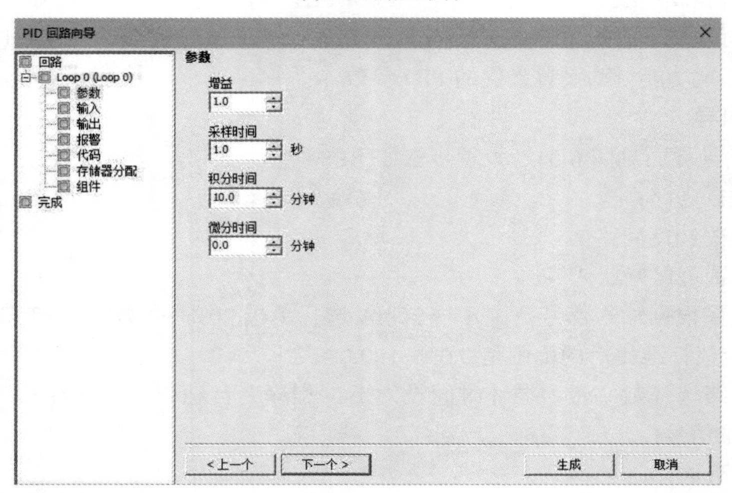

(c) 参数

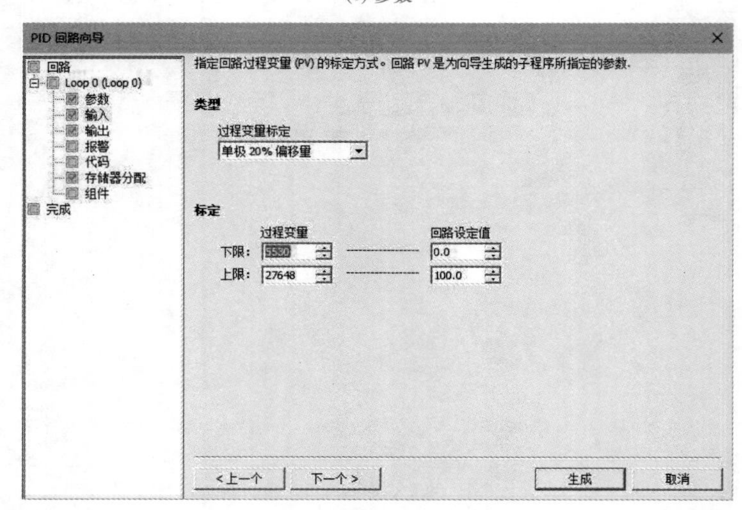

(d) 输入

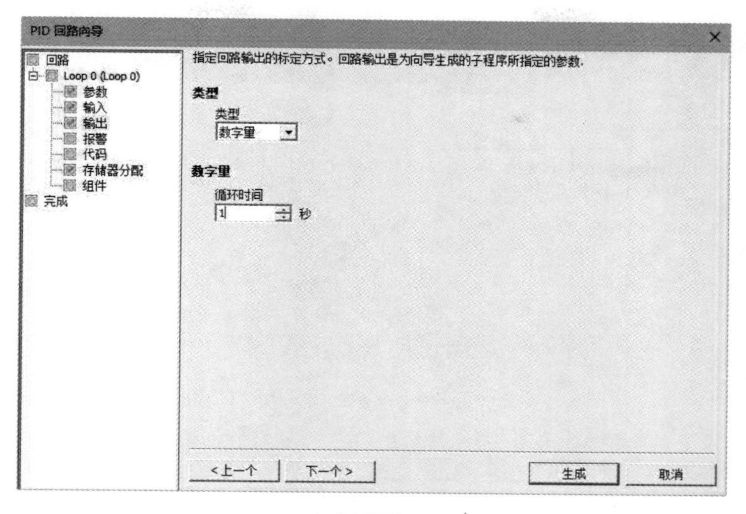

(e) 输出

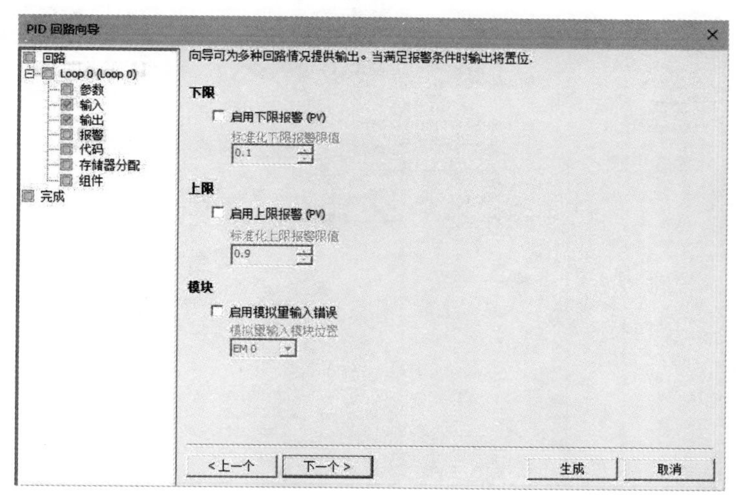

(f) 报警

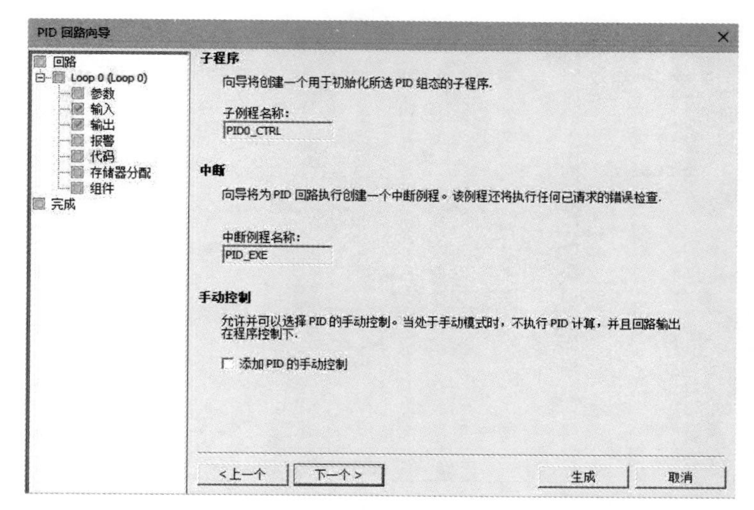

(g) 代码

图 6-31

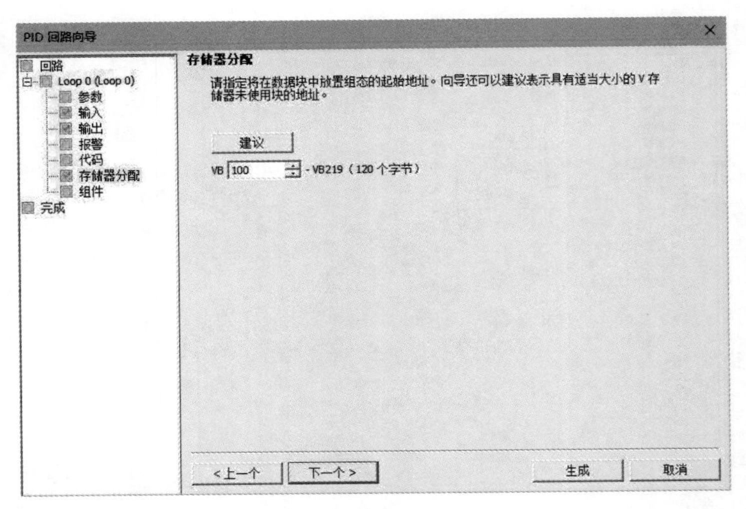

(h) 存储器分配

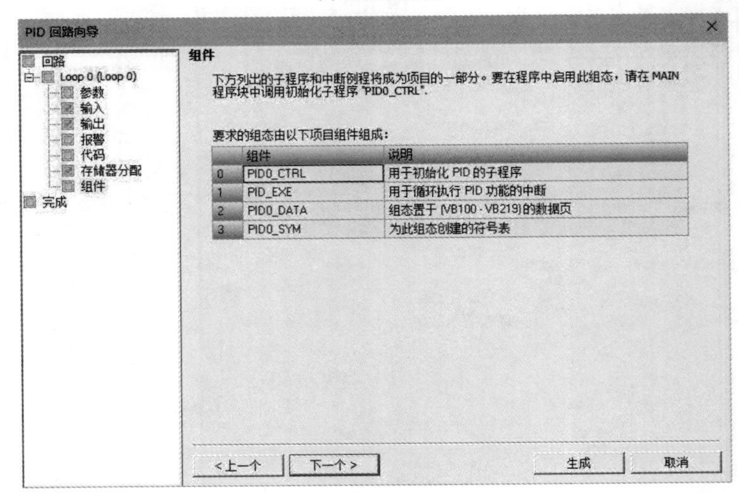

(i) 组件

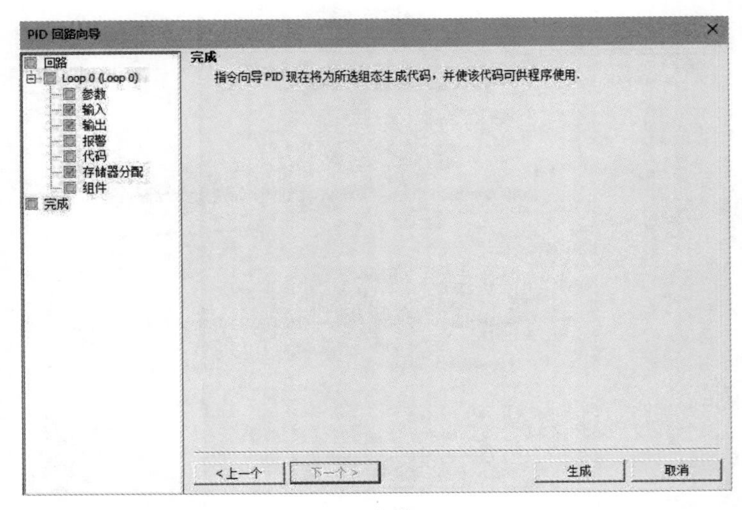

(j) 完成

图 6-31　PID 回路向导界面

➢ 存储器分配设为 VB100；

➢ 组件界面列出了 PID 相关组件；

➢ 单击【生成】，完成 PID 设置。

（2）PLC 程序

PID 向导设置完成后会在项目树中的调用子程序栏出现 PID 控制子程序，在主程序中直接调用就可以实现 PID 功能了。PID 向导控制程序见图 6-32，在主程序中用 SM0.0 调用 PID0_CTRL，PV_I 为温度传感器接入的模拟量输入通道，Setpoint 为控制目标设定值，设定值 =100×（实际值 – 量程下限）/（量程上限 – 量程下限），如果设定温度是 80℃，那么设定值 =100×80/200=40，Output 为控制输出端，用 Q0.0 的通断来控制加热。

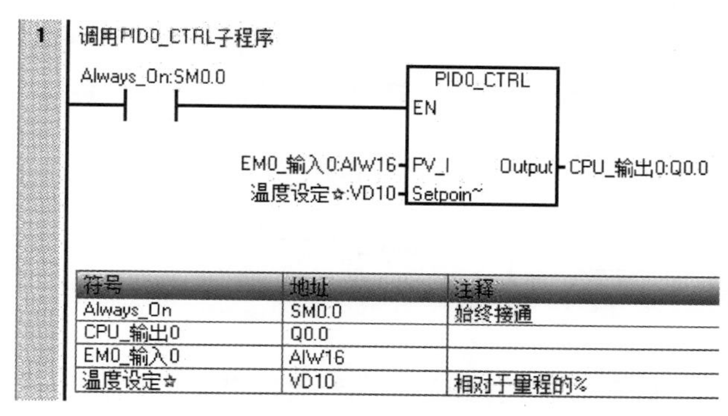

符号	地址	注释
Always_On	SM0.0	始终接通
CPU_输出0	Q0.0	
EM0_输入0	AIW16	
温度设定☆	VD10	相对于量程的%

图 6-32　PID 向导控制程序

（3）PID 控制测试

将程序下载到 PLC，运行后在工具栏打开 PID 控制面板，选择使用的 PID 控制回路，出现如图 6-33 所示的 PID 控制面板调试界面。在状态图表中设置温度设定值为 40（80℃），观察图中曲线变化过程，其中 SP 是设定值曲线，PV 是返回值曲线，OUT 是输出曲线。手动调整 PID 参数需要重新进入 PID 向导进行设定，自动调整 PID 参数需要单击【启动】，进入自动计算参数过程，自动计算完成后单击【更新 CPU】，自动更改 PID 参数。

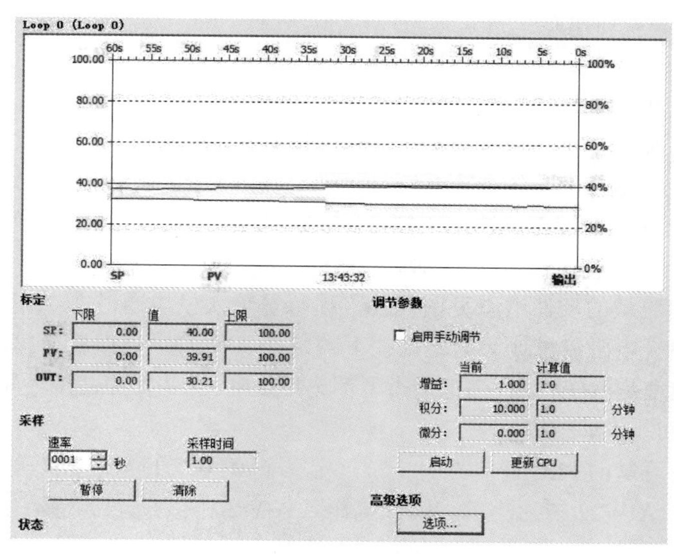

图 6-33　PID 控制面板调试界面

6.5 模拟量 PLC 程序示例

6.5.1 用调节阀控制流量

（1）工艺流程

液体混配流程分两类：一类是在容器中按比例加入不同液体，液体可同时加也可分别加，只要分别控制总量就可以，不需要控制流量；还有一类是实时混配，配制时边配边用，需要用控制流量的方法来控制配比。控制流量常用的方案有变频调速控制和调节阀控制两种，用调节阀控制流量的工艺流程示意图见图 6-34，离心泵启动后将介质加压后经流量计和电动调节阀输出，这里不能用齿轮泵，因为齿轮泵属于定量泵，只能用变频调速来控制流量，如果用调节阀调节齿轮泵的流量，会造成憋压，轻则法兰泄漏，重则设备损坏。

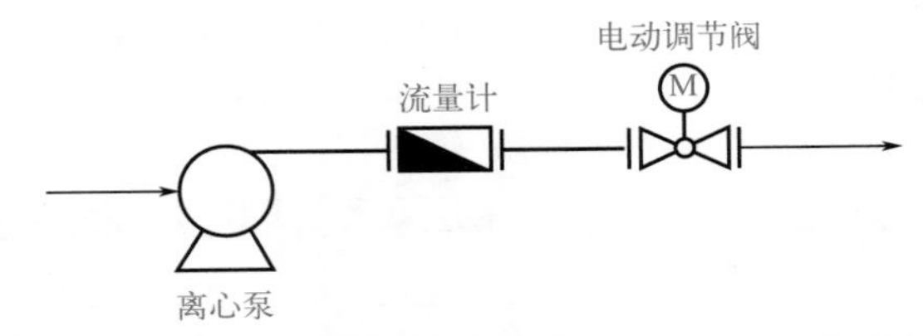

图 6-34　用调节阀控制流量的工艺流程示意图

流量计使用电磁流量计，根据流量范围选择合适的管径，例如某品牌电磁流量计 DN25 的测量范围是 2.4 ～ 80L/min，DN40 的测量范围是 7.3 ～ 125L/min，DN65 的测量范围是 20 ～ 450L/min，实际流量 30 ～ 70L/min 时看似用哪种都可以，实则用 DN25 测量结果精度会高些，但上限太接近，用 DN65 测量结果精度会低些，用 DN40 比较合适。电磁流量计参数设置要设置流量单位和对应的量程，DN40 的测量范围是 7.3 ～ 125L/min，相当于 0.44 ～ 7.5m^3/h，如果选择流量单位为 L/min，量程可设为 100 或 120，要求比最高测量范围低，比实际最大流量高，如果选择流量单位为 m^3/h，量程可设为 6。电磁流量计的 4 ～ 20mA 输出对应 0 ～最大量程流量。

电动阀开度设定和开度反馈都是 4 ～ 20mA 对应 0% ～ 100% 开度。

（2）控制电路及硬件组态

用调节阀控制流量的控制电路图见图 6-35，控制部分由 CPU ST20 加上模拟量扩展模块 AE04 和 AQ02 构成。ST20 的数字量输出 Q0.0 驱动中间继电器 KC1，间接控制离心泵的启停。AE04 的通道 2 接调节阀反馈的 4 ～ 20mA 信号，通道 3 接电磁流量计的 4 ～ 20mA 信号。AQ02 的通道 0 输出 0 ～ 20mA 信号控制调节阀的开度。

用调节阀控制流量的硬件组态见图 6-36，模拟量输入模块通道 2（调节阀反馈）的地址是 AIW20，通道 3（电磁流量计）的地址往下顺延是 AIW22，模拟量输出模块通道 0（调节阀开度控制）的地址是 AQW32。模拟量类型都选择“电流”，对应范围为 4 ～ 20mA。

（3）软件编程

用调节阀控制流量的 PLC 程序见图 6-37，定义了流量、开度反馈和开度控制变量，在程序中将模拟量输入 AIW22 转为流量，模拟量输入 AIW20 转为开度反馈，将开度控制转为模拟量 AQW32 输出。

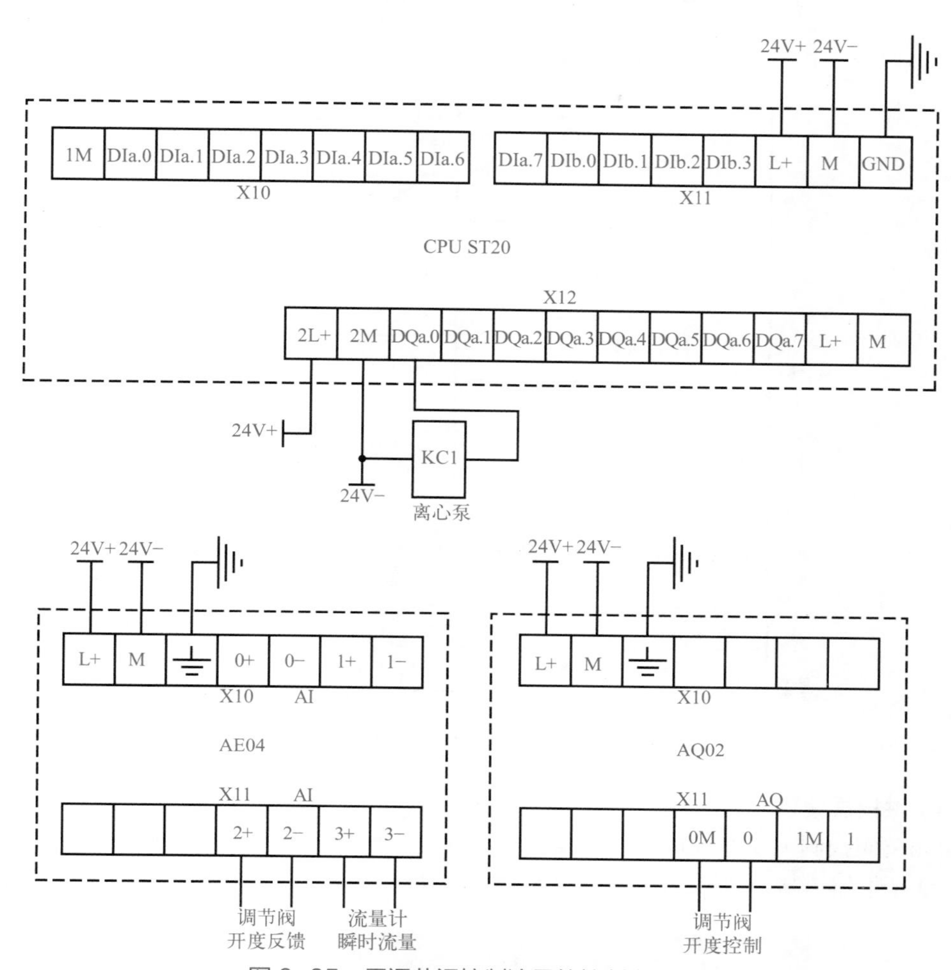

图 6-35　用调节阀控制流量的控制电路图

系统块

	模块	版本	输入	输出	订货号
CPU	CPU ST20 (DC/DC/DC)	V02.03.01_00.00...	I0.0	Q0.0	6ES7 288-1ST20-0AA0
SB					
EM 0	EM AE04 (4AI)		AIW16		6ES7 288-3AE04-0AA0
EM 1	EM AQ02 (2AQ)			AQW32	6ES7 288-3AQ02-0AA0
EM 2					
EM 3					
EM 4					
EM 5					

模组参数
模拟量输入
通道 0
通道 1
通道 2
通道 3

通道 2 (AIW20)

类型
电流

范围
0 - 20ma

图 6-36　用调节阀控制流量的硬件组态

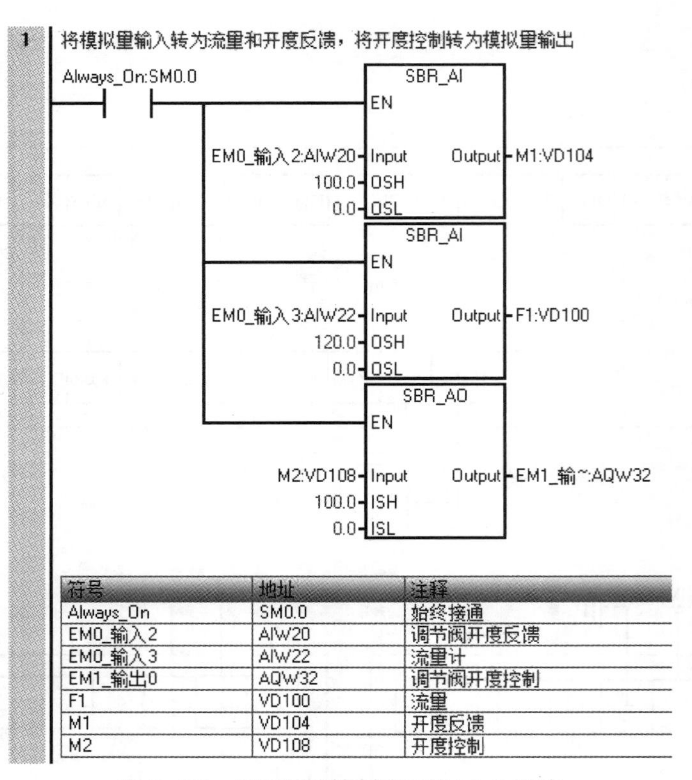

符号	地址	注释
Always_On	SM0.0	始终接通
EM0_输入2	AIW20	调节阀开度反馈
EM0_输入3	AIW22	流量计
EM1_输出0	AQW32	调节阀开度控制
F1	VD100	流量
M1	VD104	开度反馈
M2	VD108	开度控制

图 6-37　用调节阀控制流量的 PLC 程序

(4) 触摸屏编程

用调节阀控制流量触摸屏的用户窗口见图 6-38，触摸屏用的是昆仑通态的 TPC7062Ti，界面用 2 个按钮控制泵的启停，用 2 个标签显示流量和开度反馈，用输入框设定调节阀开度。

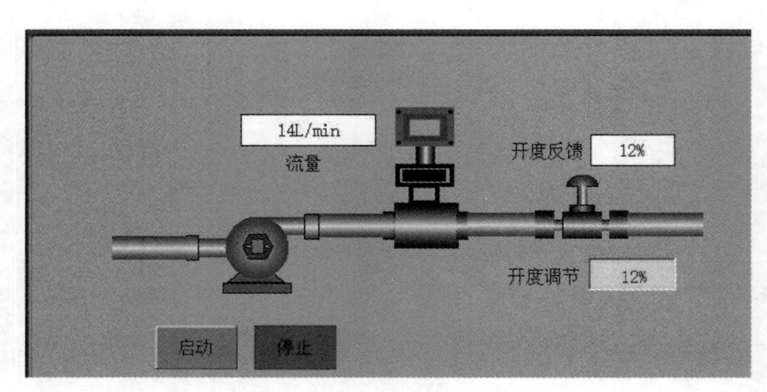

图 6-38　用调节阀控制流量触摸屏的用户窗口

用调节阀控制流量触摸屏的设备窗口见图 6-39，设置本地 IP 地址为触摸屏 IP 地址，远程 IP 地址为 PLC 的 IP 地址，增加设备通道并连接变量，其中流量 VDF100 和开度反馈 VDF104 设为只读，开度控制 VDF108 设为只写。

用户窗口按钮构建属性设置见图 6-40，程序调试时按下“启动”按钮，CPU ST20 的 Q0.0 指示灯亮，按下“停止”按钮，CPU ST20 的 Q0.0 指示灯灭。

用户窗口标签属性设置见图 6-41，程序调试时在模拟量输入模块的输入端 2 和 3 分别输入 4 ～ 20mA 信号，观察标签显示数值与输入信号能否对应上。

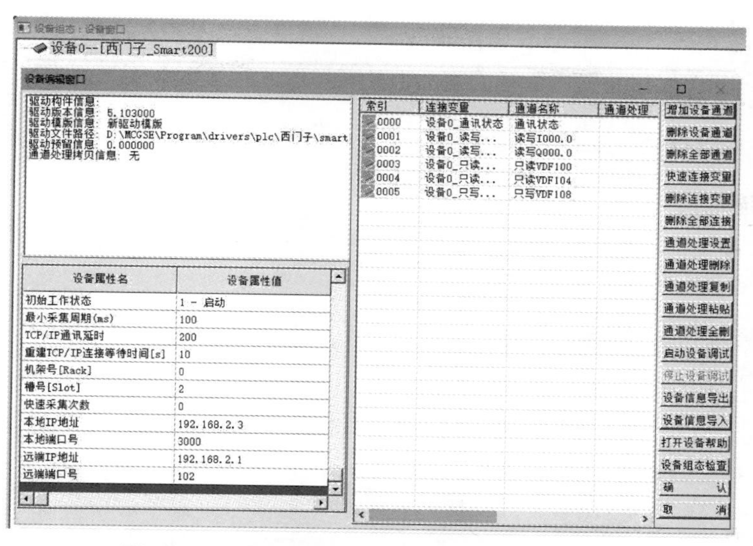

图 6-39　用调节阀控制流量触摸屏的设备窗口

(a)“启动”按钮　　(b)“停止”按钮

图 6-40　用户窗口按钮构建属性设置

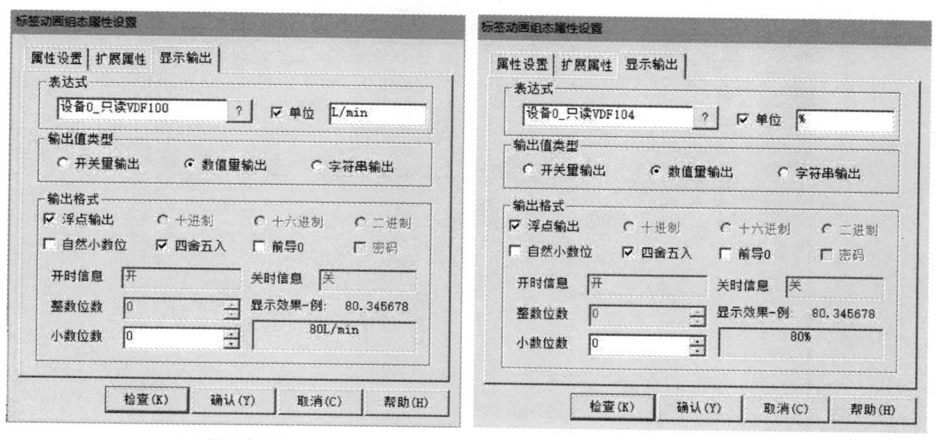

(a) 流量标签　　(b) 开度反馈标签

图 6-41　用户窗口标签属性设置

用户窗口输入框构件属性设置见图 6-42，程序调试时单击输入框，弹出数字键盘，输入开度调节数据，测量模拟量输出模块的输出端 0 输出的 4 ～ 20mA 信号与设定开度是否对应。

6.5.2 储罐液位PID控制

（1）工艺流程

图 6-43 是储罐液位 PID 控制的工艺流程示意图，储罐进水量是变化的，要求用变频驱动排液泵控制储罐液位保持在设定液位。

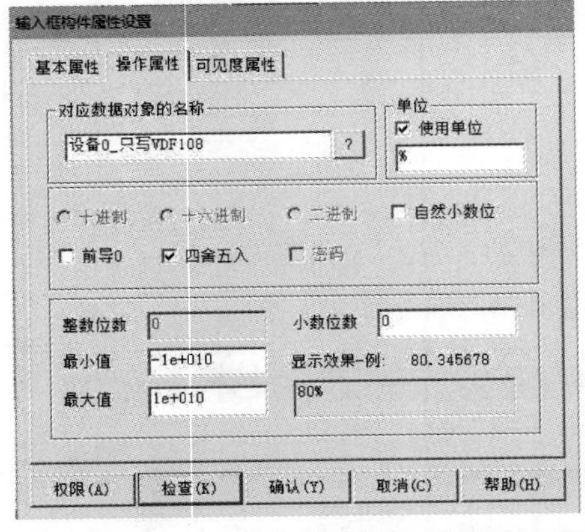

图 6-42　用户窗口输入框构件属性设置

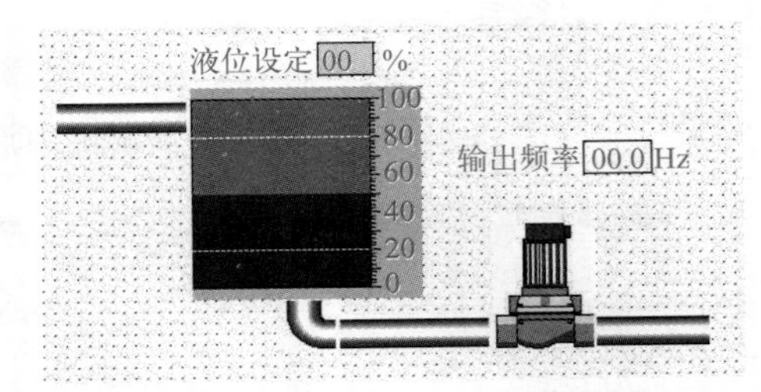

图 6-43　储罐液位 PID 控制的工艺流程示意图

（2）硬件组态

储罐液位 PID 控制的硬件组态见图 6-44，模拟量输入 AIW16 用于检测液位，模拟量输出 AQW32 用于控制排液泵变频器频率。

（3）软件编程

储罐液位 PID 控制的 PLC 程序见图 6-45，定义了频率设定输出、频率值、液位百分比和液位设定变量，在程序中将模拟量输入 AIW16 转为液位百分比，将频率设定输出转为模拟量 AQW32 输出，用 PID 自动控制变频器频率。

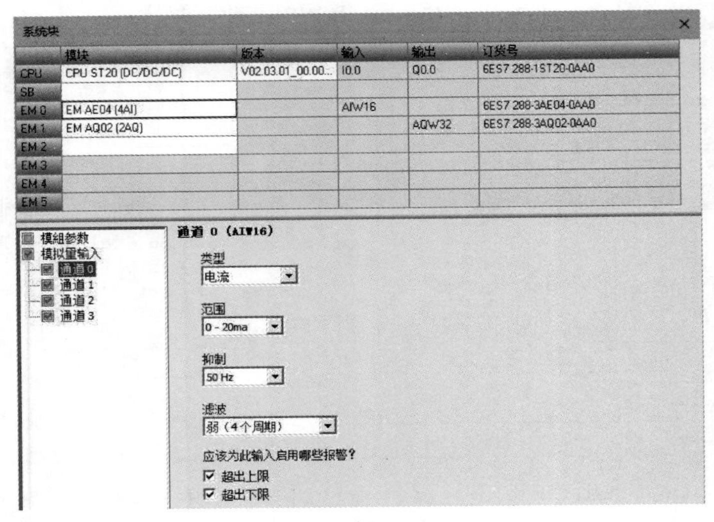

(a) 模拟量输入AIW16

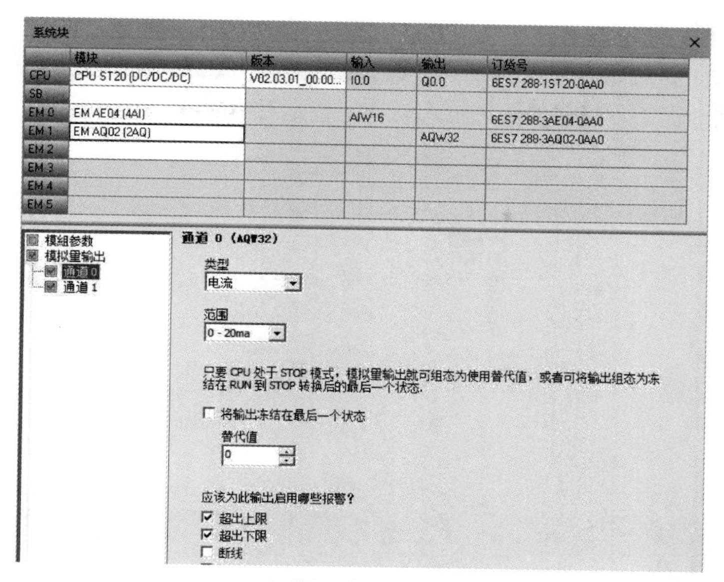

(b) 模拟量输出AQW32

图 6-44　储罐液位 PID 控制的硬件组态

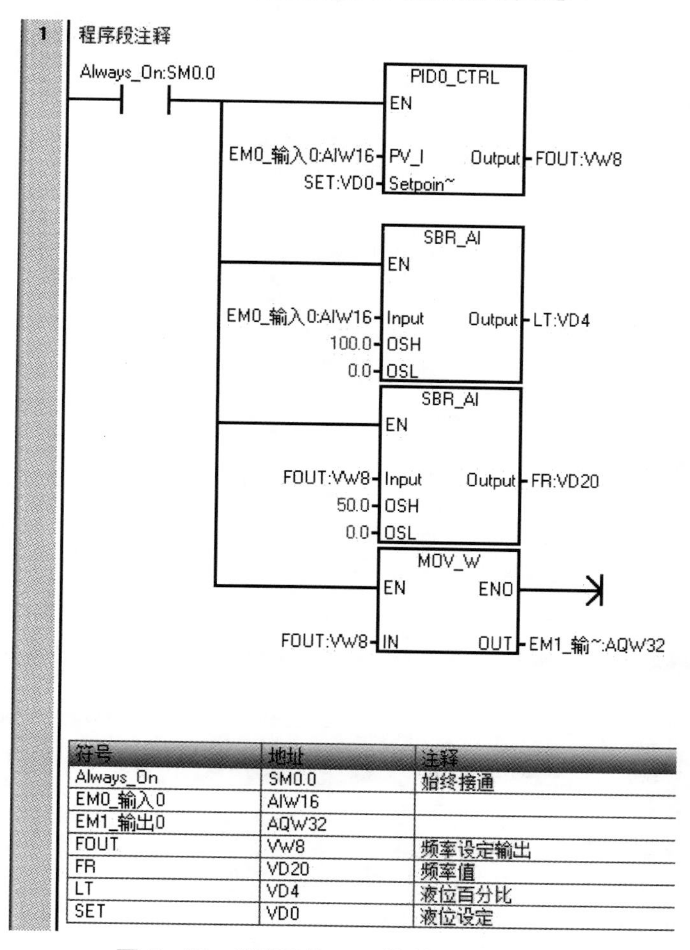

符号	地址	注释
Always_On	SM0.0	始终接通
EM0_输入0	AIW16	
EM1_输出0	AQW32	
FOUT	VW8	频率设定输出
FR	VD20	频率值
LT	VD4	液位百分比
SET	VD0	液位设定

图 6-45　储罐液位 PID 控制的 PLC 程序

（4）PID 参数设置

储罐液位 PID 的向导界面见图 6-46，选择的回路是 Loop0，参数设置可先使用默认值，然后在 PID 调试过程逐步修改参数，输入、输出设定对应了 4 ～ 20mA 模拟量，存储器分配

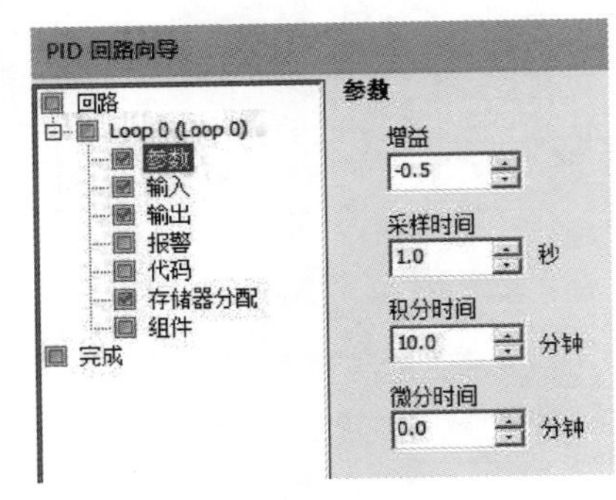

(a) 参数

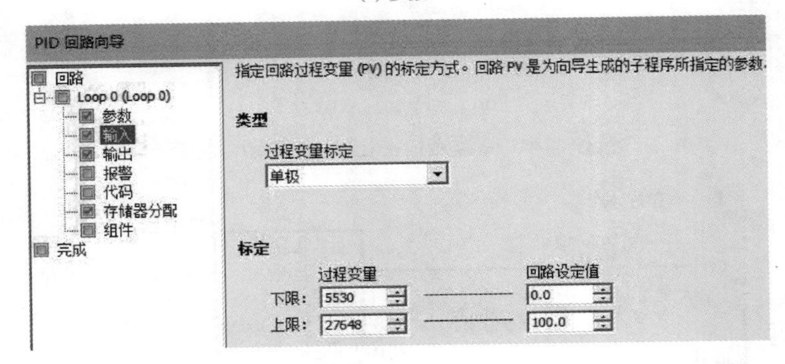

(b) 输入

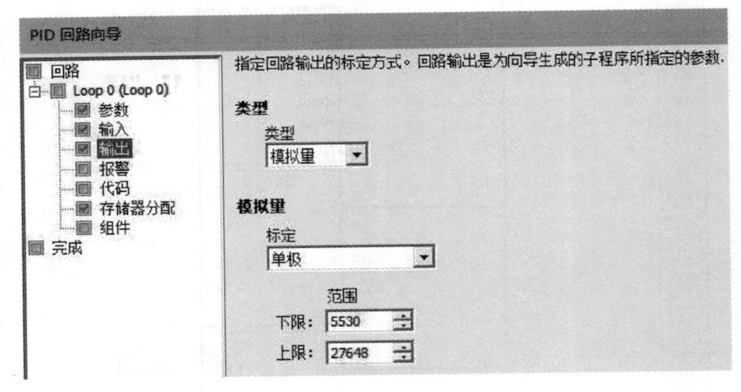

(c) 输出

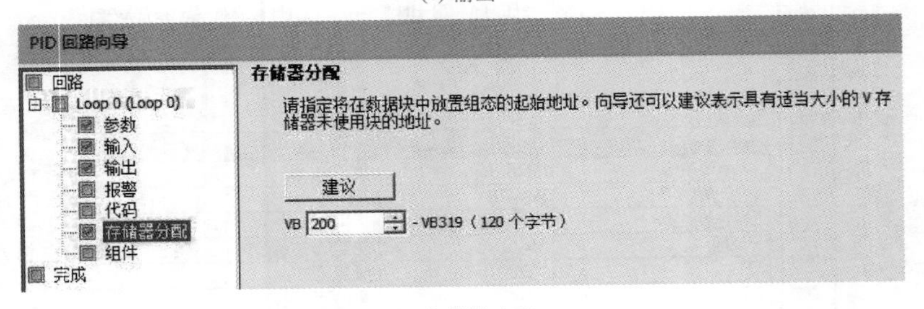

(d) 存储器分配

图 6-46　储罐液位 PID 的向导界面

了首地址为 VB200 的 120 个字节供 PID 计算用。

这里注意增益设为负值，表示这是一个反向 PID。正向 PID 的反馈值与设定值偏差越大则输出就越大，如果这里的水泵是向储罐注水，那么就用正向 PID，水位低时加大频率往储罐内注水。现在是用排水泵控制液位，液位低时需要降低频率、减少排水才能控制到目标液位，反馈值与设定值偏差越大则输出就越小，这就是反向 PID。

（5）触摸屏编程

储罐液位 PID 控制触摸屏编程见图 6-47，触摸屏用的是西门子的 SMART700 IE，连接采用以太网接口，设置触摸屏和 PLC 的 IP 地址；变量 1 ～ 3 分别是液位设定、液位百分比和频率值，都是单精度浮点数；用 IO 域 _1 设定目标液位；用棒图显示液位；用 IO 域 _2 显示输出频率。

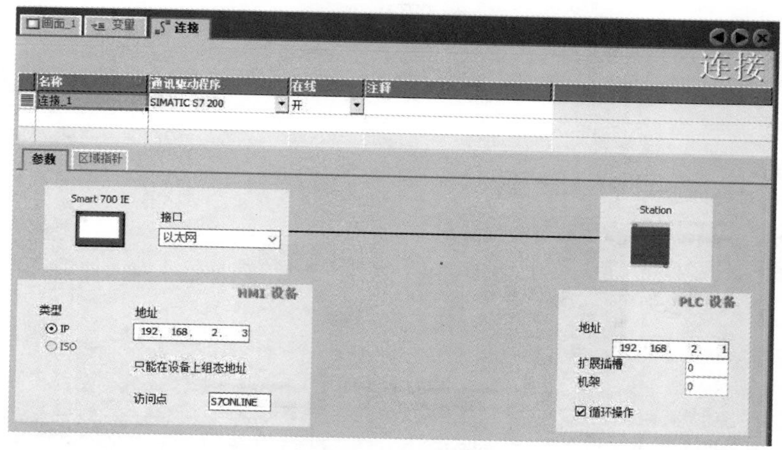

(a) 连接

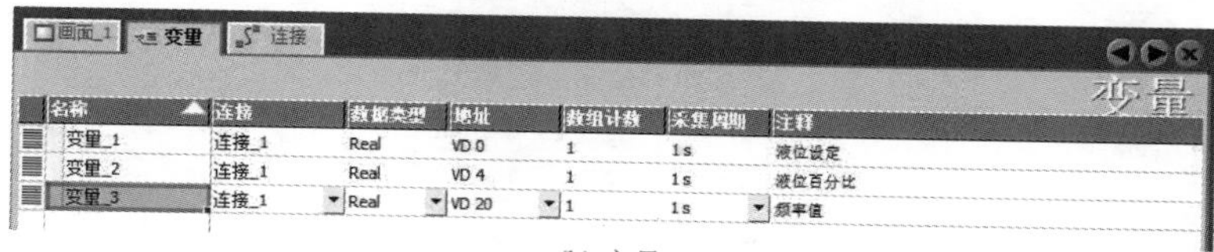

(b) 变量

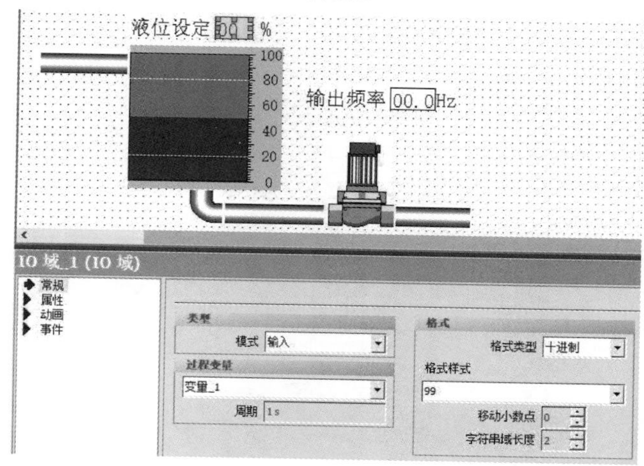

(c) 液位设定

图 6-47

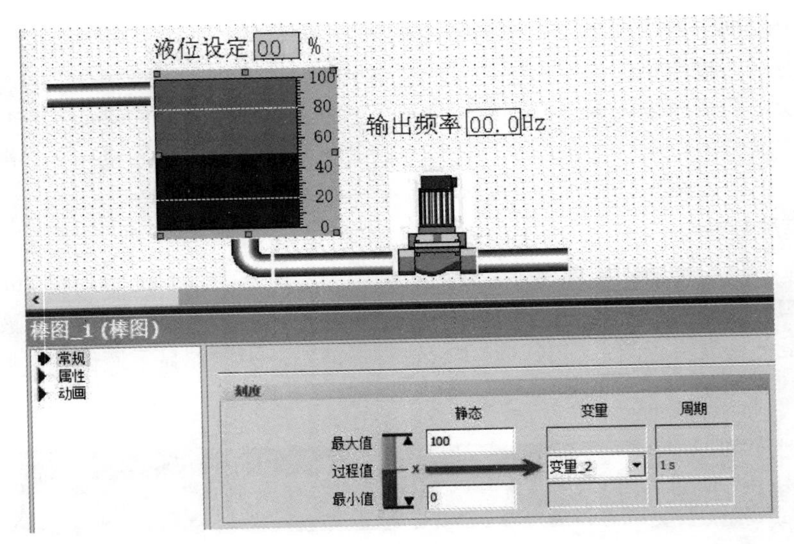

(d) 液位显示

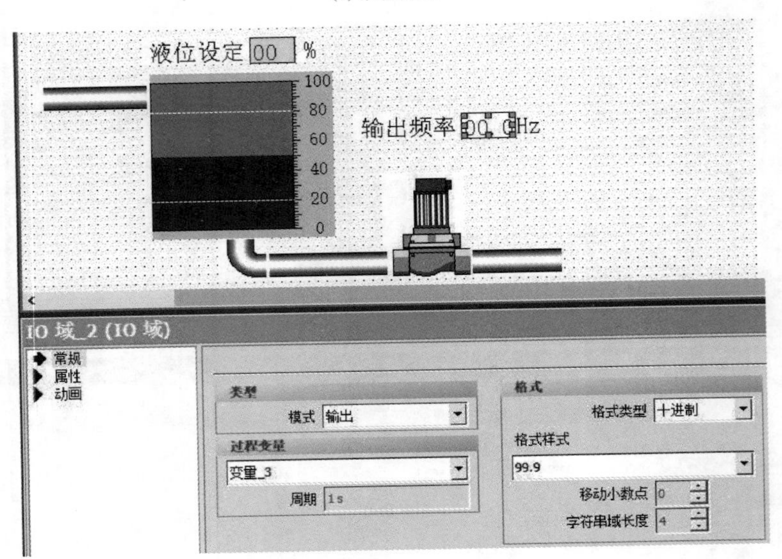

(e) 输出频率显示

图 6-47 储罐液位 PID 控制触摸屏编程

SMART PLC

第7章 PLC串行通信

PLC 串行通信接口形式有 RS232、RS422 和 RS485，底层接口都是 TTL 电平的 UART 通信，通过不同的电路转换为不同的外部串行通信接口。RS232 是全双工通信，缺点是无法远距离通信、不支持多机通信。RS422 也是全双工通信，解决了 RS232 通信距离近的问题，和 RS232 一样主要用于一对一通信，在 PLC 控制系统中逐渐被淘汰。RS485 通信属于半双工通信，能组成 RS485 通信网络，多数电气、仪表设备都支持 RS485 通信。通信控制与传统的 I/O 控制相比，具有抗干扰性能强、接线简单、能传递模拟量无法传递的信息（如流量计累积流量、变频器故障码）等优点。

7.1 串行通信基础知识

7.1.1 RS485网络

（1）RS485 网络特点

RS485 网络是一种单主多从的控制网络，网络中只有一台设备是主站，其他设备都是从站，同一 RS485 网络中从站地址不能重复。主站能够主动地往 RS485 网络发送报文，所有从站都能收到报文，要对报文进行解析，首先确认报文地址与本从站地址一致，然后按通信协议执行报文命令并发送回应报文，其他从站则不用执行报文命令，也不会回应报文。主站可以发送广播报文，从站需执行广播报文所包含的命令，但无需回应报文给主站。

RS485 通信线使用屏蔽双绞线，波阻抗为 120Ω，线路较长时需要在终端接匹配电阻，阻值为 120Ω，减少行波反射造成的干扰。

（2）常规接线

RS485 网络常规接线方式见图 7-1，通信线总体上是一条总线，从站通信接口都接到总线上，+ 对 +，- 对 -，屏蔽线也要都接上，与仪表屏蔽线不同的是，通信屏蔽线要两端都接上，主要是起到等电位的作用。较长线路时才接入终端电阻，部分设备内部有终端电阻，用跳线或开关投退。

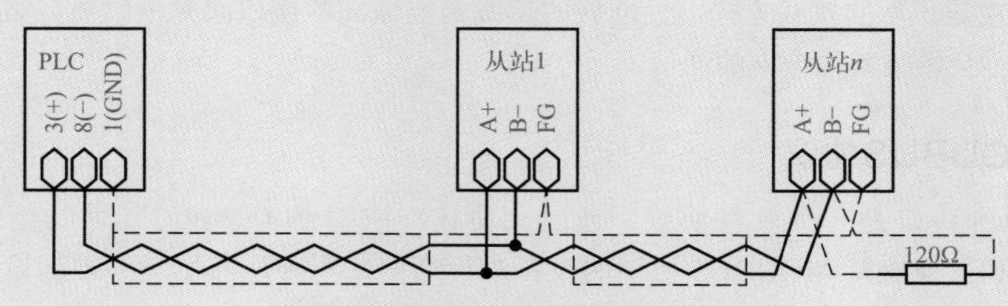

图 7-1 RS485 网络常规接线方式

（3）星形接线

RS485网络星形接线方式见图7-2，这是一种不推荐使用的接线方式，如果在实践中设备比较集中，如都在一个配电柜内或是都在一个撬装设备内，通信距离较近时，这种接线方式也是能正常工作的。相对较长的通信线末端可接入终端电阻。

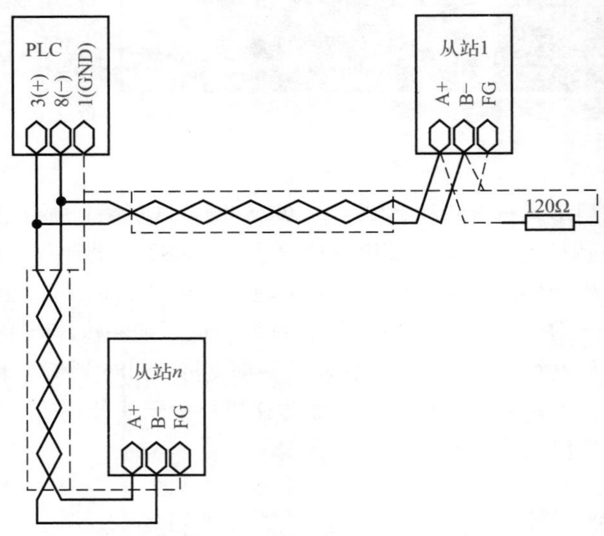

图7-2 RS485网络星形接线方式

（4）RS485中继器

RS485通信距离与通信波特率有关，实际应用中波特率为1200时，通信距离可达1km，当线路更长时，如果出现数据不稳定现象，可在合适位置加RS485中继器，延长RS485通信距离。RS485网络中继接线方式见图7-3，中继把两组RS485总线连接起来，由于每组RS485网络内有从站数量限制，中继还能起到扩展从站数量的作用。

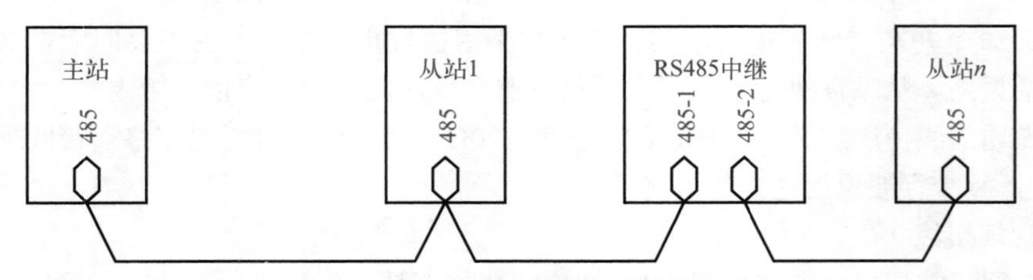

图7-3 RS485网络中继接线方式

（5）RS485集线器

RS485网络集线器接线方式见图7-4，集线器比中继器多几个从站接口，通过集线器接成星形接线方式是正常的接线方式，性能好的集线器能做到各接口间光电隔离，某分支接口通信出现问题不会影响其他分支的通信。

7.1.2 MODBUS协议

MODBUS协议是一种软件协议，通过此协议，控制器（如PLC）可以经由以太网或RS485网络和其他支持MODBUS协议的设备进行通信，不同厂商生产的控制设备只要支持MODBUS协议，就可以连成工业网络，进行集中监控。

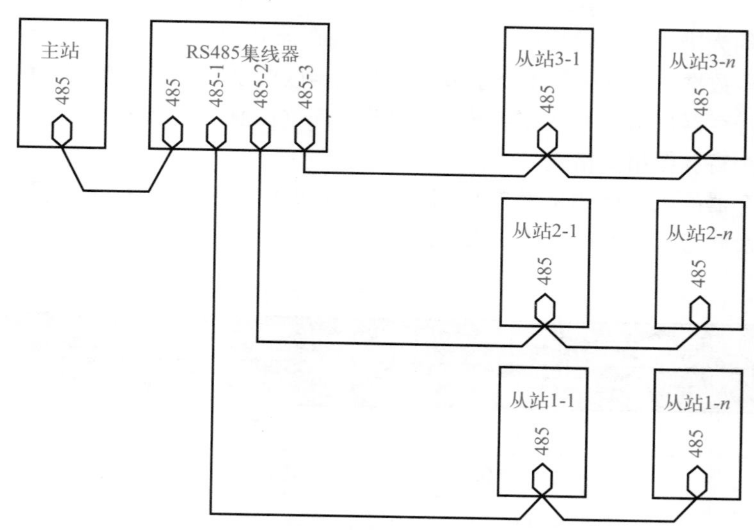

图 7-4　RS485 网络集线器接线方式

（1）ASCII 模式和 RTU 模式

RS485 网络中的 MODBUS 协议有两种传输模式：ASCII 模式和 RTU 模式。其中 ASCII 模式以字符方式传输数据，RTU 模式以十六进制格式传输数据。例如 RTU 模式传输 1 字节数据 16#01，ASCII 模式对应要传输 16#30 16#31 两字节数据，RTU 模式下数据传输效率更高，所以默认使用 RTU 模式，较少使用 ASCII 模式。还有一点不同之处是，ASCII 模式采用 LRC 校验，而 RTU 模式采用 CRC 校验。在同一个 MODBUS 网络中，所有的设备除了传输模式相同外，波特率、数据位、校验位、停止位等通信参数也必须一致。

（2）MODBUS 协议报文结构

MODBUS 协议报文由地址码、功能码、数据区和校验码组成。其中地址码长度为 1 字节，代表从站的通信地址；功能码长度为 1 字节，代表该报文的功能是读或写、读写对象是寄存器（字）还是线圈（位）；数据区长度不固定，校验码长度为 2 字节，是校验码之前所有报文字节经 CRC 校验算法生成的字，低位字节在前，高位字节在后。

（3）读取寄存器报文格式

读取寄存器的报文格式见表 7-1，主站发送报文的功能码为 16#03 或 16#04，具体以从站

表 7-1　读取寄存器的报文格式

主站发送报文		从站返回报文	
结构	说明	结构	说明
地址码	从站地址	地址码	从站地址
功能码	功能码为 16#03 或 16#04	功能码	功能码为 16#03 或 16#04
数据区	寄存器起始地址高字节	数据区	字节数，寄存器数量的 2 倍
	寄存器起始地址低字节		寄存器内容高字节
	寄存器数量高字节		寄存器内容低字节
	寄存器数量低字节		其他寄存器数据
校验码	CRCL	校验码	CRCL
	CRCH		CRCH

设备的通信规约为准，报文数据区明确了从哪个寄存器开始连续读取多少个寄存器，从站按要求返回寄存器数据，数据区第 1 个字节是后面数据区的字节数，一般为寄存器数量的 2 倍，然后依次是各寄存器数据，每个寄存器占 2 字节，高位在前，低位在后。

（4）写单个寄存器报文格式

写单个寄存器的报文格式见表 7-2，主站发送报文的功能码为 16#06，报文数据区明确了从寄存器地址及要写入的数据，从站原文返回数据。

表7-2　写单个寄存器的报文格式

主站发送报文		从站返回报文	
结构	说明	结构	说明
地址码	从站地址	地址码	从站地址
功能码	功能码为 16#06	功能码	功能码为 16#06
数据区	寄存器地址高字节	数据区	寄存器地址高字节
	寄存器地址低字节		寄存器地址低字节
	寄存器数据高字节		寄存器数据高字节
	寄存器数据低字节		寄存器数据低字节
校验码	CRCL	校验码	CRCL
	CRCH		CRCH

（5）写多个寄存器报文格式

写多个寄存器的报文格式见表 7-3，主站发送报文的功能码为 16#10，报文数据区包括待写入寄存器的起始地址、寄存器数量、待写入数据字节数和数据内容，从站返回已写入寄存器的起始地址和寄存器数量。

表7-3　写多个寄存器的报文格式

主站发送报文		从站返回报文	
结构	说明	结构	说明
地址码	从站地址	地址码	从站地址
功能码	功能码为 16#10	功能码	功能码为 16#10
数据区	寄存器起始地址高字节	数据区	寄存器起始地址高字节
	寄存器起始地址低字节		寄存器起始地址低字节
	寄存器数量高字节		寄存器数量高字节
	寄存器数量低字节		寄存器数量低字节
	字节数	校验码	CRCL
	寄存器数据高字节		CRCH
	寄存器数据低字节		
	其他寄存器数据		
校验码	CRCL		
	CRCH		

（6）写线圈报文格式

写线圈也称写继电器，用于控制输出或改变位变量的值。写线圈的报文格式见表 7-4，主站发送报文的功能码为 16#05，报文数据区为线圈地址及要写入的值，从站原文返回数据。写入的值为 16#FF00 时置位线圈，写入的值为 16#0000 时复位线圈。

表 7-4 写线圈的报文格式

主站发送报文		从站返回报文	
结构	说明	结构	说明
地址码	从站地址	地址码	从站地址
功能码	功能码为 16#05	功能码	功能码为 16#05
数据区	线圈地址高字节	数据区	线圈地址高字节
	线圈地址低字节		线圈地址低字节
	写入值高字节		写入值高字节
	写入值低字节		写入值低字节
校验码	CRCL	校验码	CRCL
	CRCH		CRCH

（7）异常响应报文格式

如果主站发送了一个非法的报文给从站或者是主站请求一个无效的寄存器时，从站就会返回异常响应报文。异常响应报文由从站地址、功能码、故障码和校验码组成，其中功能码为主站发送来的功能码加 16#80，例如主站读寄存器的功能码为 16#03 时，返回的功能码为 16#83，故障码的含义见表 7-5。

表 7-5 故障码的含义

故障码	说明
16#01	非法功能码，从站不支持该功能码
16#02	非法寄存器地址，寄存器地址超出从站可读写寄存器地址范围
16#03	非法数据值，寄存器数量超范围，数据格式错误或超出范围

7.1.3 USS 协议

（1）USS 报文结构

USS 协议是西门子变频器专用的通信协议，USS 报文结构见表 7-6，分 STX、LGE、ADR、PKW 区、PZD 区和 BCC 共 6 部分，各部分详细说明如下。

- STX——起始符，固定为 16#02。
- LGE——报文长度为从 ADR 到 BCC 的字节数。
- ADR——变频器 USS 地址，占 1 字节，其中低 5 位为地址值，范围为 0 ～ 31，位 5 为广播位，该位为 1 时是广播报文，此时忽略地址值，位 6 表示镜像报文，从站将收到报文原样返回给主站。
- PKW 区——主站对变频器读写参数。任务 ID 为 0 时表示没任务，为 1 时读取参数，为 2 时修改单字参数，为 3 时修改双字参数。应答 ID 为 0 时表示不应答，为 1 时表示参数值为单字，没有参数值 PWE2，应答 ID 为 2 时表示参数值为双字。参数号即去掉参数代码前面字符后的数值，参数下标是参数数组号，一般取 0 组。参数值在读取时都设为 0，参数值返回时根据参数内容占 1 个字或 2 个字，由应答 ID 决定。

• PZD 区——主站对变频器运行控制，从站返回变频器运行状态。变频器控制字（STW）含义见表 7-7，变频器状态字（ZSW）含义见表 7-8。频率值为相对值 = 实际值 ×16384/50。

• BCC——长度为 1 字节的校验和，用于检查该信息是否有效，它是报文中 BCC 前面所有字节异或运算的结果。

表 7-6　USS 报文结构

USS 协议框架		主站发送		变频器返回	
符号	说明	符号	说明	符号	说明
STX	起始符，16#02	STX	起始符，16#02	STX	起始符，16#02
LGE	报文长度	LGE	报文长度	LGE	报文长度
ADR	USS 地址	ADR	USS 地址	ADR	USS 地址
PKW	读写参数	PKE	任务 ID+ 参数号	PKE	应答 ID+ 参数号
		IND	参数下标	IND	参数下标
		PWE1	参数值	PWE1	参数值
		PWE2	参数值	PWE2	参数值
PZD	变频器控制	STW	控制字	ZSW	状态字
	变频器状态	HSW	频率设定值	HIW	运行频率值
BCC	校验和	BCC	校验和	BCC	校验和

表 7-7　变频器控制字（STW）含义

位	含义	0	1
位 00	ON 斜坡上升 /OFF1 斜坡下降	0 否	1 是
位 01	OFF2 按惯性自由停车	0 是	1 否
位 02	OFF3 快速停车	0 是	1 否
位 03	脉冲使能	0 否	1 是
位 04	斜坡函数发生器 RFG 使能	0 否	1 是
位 05	RFG 开始	0 否	1 是
位 06	设定值使能	0 否	1 是
位 07	故障确认	0 否	1 是
位 08	正向点动	0 否	1 是
位 09	反向点动	0 否	1 是
位 10	由 PLC 进行控制	0 否	1 是
位 11	设定值反向	0 否	1 是
位 12	未使用		
位 13	用电动电位计 MOP 升速	0 否	1 是
位 14	用 MOP 降速	0 否	1 是
位 15	本机 / 远程控制	0P0719 下标 0	1P0719 下标 1

表7-8　变频器状态字（ZSW）含义

位 00	变频器准备	0 否	1 是
位 01	变频器运行准备就绪	0 否	1 是
位 02	变频器正在运行	0 否	1 是
位 03	变频器故障	0 是	1 否
位 04	OFF2 命令激活	0 是	1 否
位 05	OFF3 命令集活	0 否	1 是
位 06	禁止 ON 接通命令	0 否	1 是
位 07	变频器报警	0 否	1 是
位 08	设定值 / 实际值偏差过大	0 是	1 否
位 09	PZDI 过程数据控制	0 否	1 是
位 10	已达到最大频率	0 否	1 是
位 11	电动机电流极限报警	0 是	1 否
位 12	电动机抱闸制动投入	0 是	1 否
位 13	电动机过载	0 是	1 否
位 14	电动机正向运行	0 否	1 是
位 15	变频器过载	0 是	1 否

（2）USS 报文示例

❶ 激活变频器 USS 通信报文如下（十六进制）：

STX	LGE	ADR	PKE	IND	PWE1	PWE2	STW	HSW	BCC
02	0E	00	1044	0000	0000	0000	047E	2666	62

返回报文如下（十六进制）：

STX	LGE	ADR	PKE	IND	PWE1	PWE2	ZSW	HIW	BCC
02	0E	00	2044	0000	31F2	1666	FA31	0000	10

发送报文中 PKE 任务 ID 为 1，表示读取参数，参数号 16#44=68 表示要读取输出电流，STW 为 16#047E 表示停止，设定频率为 50×16#2666/16#4000=30Hz。返回报文中 ZSW 为 16#FA31 表示已激活 USS 通信，可以发送启动报文，否则继续发送激活 USS 通信报文。

❷ 发送启动报文如下（十六进制）：

STX	LGE	ADR	PKE	IND	PWE1	PWE2	STW	HSW	BCC
02	0E	00	1044	0000	0000	0000	047F	2666	63

返回报文如下（十六进制）：

STX	LGE	ADR	PKE	IND	PWE1	PWE2	ZSW	HIW	BCC
02	0E	00	2044	0000	41AC	899A	FA31	0000	5D

发送报文中 STW 为 16#047F 表示启动，设定频率为 50×16#2666/16#4000=30Hz。返回报文中电流值为 16#41AC899A=21.6A，变频器从 0Hz 启动，返回的频率值为 0，等变频器启动完成后该频率值应接近设定值 16#2666。

❸ 发送读取故障码报文如下（十六进制）：

STX	LGE	ADR	PKE	IND	PWE1	PWE2	STW	HSW	BCC
02	0E	00	13B3	0000	0000	0000	0000	0000	AC

返回报文如下（十六进制）：

STX	LGE	ADR	PKE	IND	PWE1	ZSW	HIW	BCC
02	0C	00	13B3	0000	0000	FBB4	1333	C1

发送报文中 STW 为 16#0000 表示本报文不控制变频，PKE 中参数号为 16#3B3=947，表示要读取最新故障码。返回报文中 PKE 中应答 ID 为 1，表示 PWE 占 1 字，故障码为 0 代表当前无故障，变频器当前频率值为 50×16#1333/16#4000=15Hz。

（3）USS 协议指令

STEP 7 Micro/WIN SMART 指令库包括专门设计用于通过 USS 协议与电机变频器进行通信的预组态子例程和中断例程，从而使控制西门子变频器更加简便。可使用 USS 指令控制变频器启停和读写变频器参数。

USS 协议指令见表 7-9，首次扫描时初始化 USS 协议，设置通信波特率和通信端口，激

表7-9　USS协议指令

指令	梯形图	说明
USS 初始化	USS_INIT：EN；Mode、Baud、Port、Active；Done、Error	EN：首次扫描时初始化 USS 协议。 Mode：1——启用 USS 协议，0——禁用 USS 协议。 Baud：通信波特率，常用 9600。 Port：0 = CPU 中的 RS485，1 = CM01 信号板 RS485。 Active：待激活变频器 USS 地址表，32 位从低到高依次代表 USS 地址为 0 ~ 31，例如 Active=6，激活 USS 地址为 1 和 2。 Done：通信完成标志。 Error：错误代码，见表 7-10
USS 控制	USS_CTRL：EN；RUN；OFF2；OFF3；F_ACK；DIR；Drive、Type、Speed_SP；Resp_R、Error、Status、Speed、Run_EN、D_Dir、Inhibit、Fault	EN：始终接通。 RUN：1——变频器运行，“OFF2”和“OFF3”为 0， 0——变频器停止，“OFF2”为 1 时自然停止，“OFF3”为 1 时快速停止。 F_ACK：故障确认，从 0 变为 1 时，变频器将清除故障。 DIR：方向，指示电动机转向。 Drive：受控变频器 USS 地址。 Type：变频器类型选择，0——MM3 系列早期产品，1——MM4 系列、G110 系列、V20 系列。 Speed_SP：速度设定值，范围：-200.0% ~ 200.0%。 Resp_R：收到变频器的响应。 Error：错误代码，见表 7-10。 Status：变频器状态。 Speed：速度值，范围：-200.0% ~ 200.0%。 RUN_EN：1——变频器运行，0——变频器停止。 D_Dir：方向，指示电动机转向。 Inhibit：禁止位状态，0——未禁止，1——已禁止。 Fault：故障位状态，0——无故障，1——故障

续表

指令	梯形图	说明
USS 读	USS_RPM_W EN XMT_REQ Drive　Done Param　Error Index　Value DB_Ptr	USS 协议共有三条读取指令： USS_RPM_W 指令用于读取无符号字参数。 USS_RPM_D 指令用于读取无符号双字参数。 USS_RPM_R 指令用于读取浮点参数。 EN：始终接通。 XMT_REQ：上升沿发送读指令。 Drive：受控变频器 USS 地址。 Param：要读取参数的编号。 Index：要读取参数的索引值。 DB_Ptr：16 字节缓冲区的首地址。 Done：通信指令完成标志。 Error：错误代码，见表 7-10。 Value：读取到的参数值
USS 写	USS_WPM_W EN XMT_REQ EEPROM Drive　Done Param　Error Index Value DB_Ptr	USS 协议共有三种写入指令： USS_WPM_W 指令用于写入无符号字参数。 USS_WPM_D 指令用于写入无符号双字参数。 USS_WPM_R 指令用于写入浮点参数。 EN：始终接通。 XMT_REQ：上升沿发送写指令。 EEPROM：1——写入到变频器的 RAM 和 EEPROM，0——只写入到 RAM。 Drive：受控变频器 USS 地址。 Param：要写入参数的编号。 Index：要写入参数的索引值。 Value：要写入的参数值。 DB_Ptr：16 字节缓冲区的首地址。 Done：通信指令完成标志。 Error：错误代码，见表 7-10

表7-10　USS错误代码

错误代码	说明
0	无错误
1	变频器无响应
2	检测到来自变频器的响应存在检验和错误
3	检测到来自变频器的响应存在奇偶校验错误
4	用户程序的干扰导致错误
5	尝试非法命令
6	提供的变频器地址非法
7	通信端口没有设置为用于 USS 协议通信
8	通信端口正在忙于处理指令
9	变频器速度输入超出范围
10	变频器响应长度不正确
11	变频器响应的第一个字符不正确

续表

错误代码	说明
12	变频器响应中的长度字符不受 USS 指令支持
13	响应了错误的变频器
14	提供的 DB_Ptr 地址不正确
15	提供的参数编号不正确
16	选择的协议无效
17	USS 激活；不允许更改
18	指定的波特率非法
19	无通信：变频器未激活
20	变频器响应中的参数或值不正确或包含错误代码
21	返回一个双字值，而不是请求的字值
22	返回一个字值，而不是请求的双字值
23	端口号无效
24	信号板（SB）端口 1 缺失或未组态

活变频器通信功能，USS 控制指令控制变频器启停和运行频率，USS 读写指令用于读取和修改变频器参数。

7.1.4 串口扩展无线通信

在不方便敷设电缆的情况下，通过串口可转为无线通信，近距离无线通信有蓝牙和 WiFi 通信模块，超过 20m 可使用远距离无线通信 LoRa 或 ZigBee 通信模块，覆盖半径约 500m，大功率 LoRa 模块配高增益天线时通信距离可达 10km，距离再远就要用 4G 或 NB 模块了。

（1）无线点对点通信

无线点对点通信示意图见图 7-5，常见的 LoRa 和 ZigBee 无线通信模块支持透传模式，设置好参数后 PLC 可以通过串口经无线网络读写设备参数。

图 7-5　无线点对点通信示意图

（2）经无线网关转无线网络

无线网关通信示意图见图 7-6，通过 LoRa 和 ZigBee 无线通信网络，无线网关连接附近的多个无线仪表，采集无线仪表数据信息，PLC 通过串口读取网关采集到的数据。

（3）物联网

串口转物联网示意图见图 7-7，PLC 经串口服务器（4G 或 NB）连接物联网，上位机或手机也登录同一物联网平台，可实现 PLC 的远程操控。

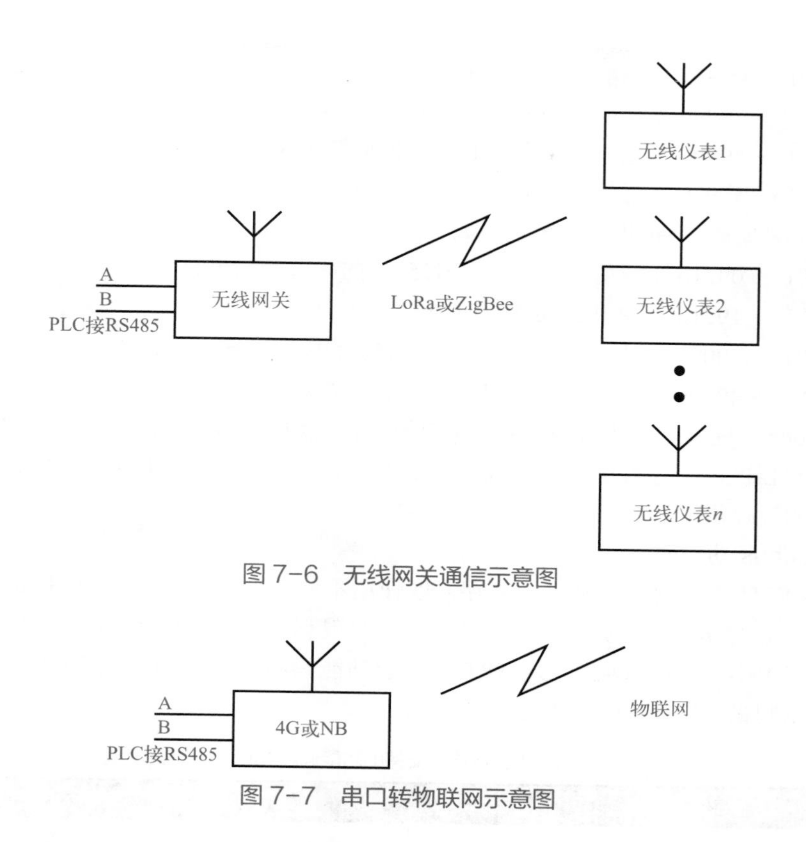

图 7-6　无线网关通信示意图

图 7-7　串口转物联网示意图

7.2 MODBUS RTU 协议库

7.2.1 MODBUS RTU 通信概述

（1）Modbus RTU 库功能

S7-200 SMART 支持主站和从站设备均通过 RS485（集成端口 0 和可选信号板端口 1）进行 Modbus 通信。STEP 7-Micro/WIN SMART 编程软件包含了如图 7-8 所示的 Modbus RTU 库，S7-200 SMART 作为主站时可使用指令 MBUS_CTRL、MBUS_MSG 或指令 MBUS_CTRL2、MBUS_MSG2 与从站交换数据，作为从站时可使用指令 MBUS_INIT、MBUS_SLAVE 与主站交换数据。

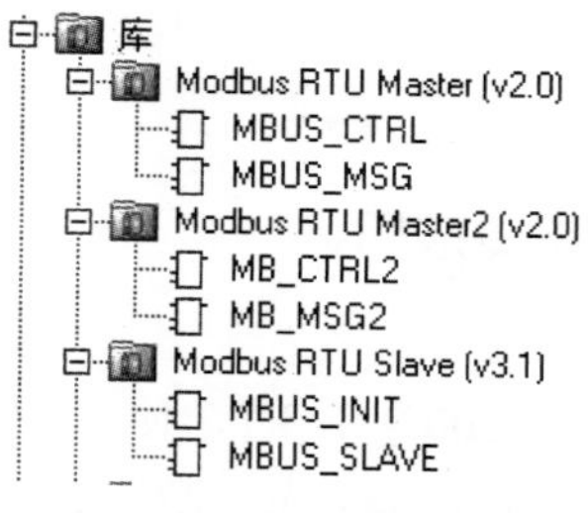

图 7-8　Modbus RTU 库

（2）Modbus 寻址

PLC 作为主站时，从站 Modbus 地址定义如下：

➢ 00001 ～ 09999 是离散量输出（线圈）。
➢ 10001 ～ 19999 是离散量输入（触点）。
➢ 30001 ～ 39999 是输入寄存器（通常是模拟量输入）。
➢ 40001 ～ 49999 是保持寄存器。

PLC 作为从站时，Modbus 地址定义如下：

➢ 00001 ～ 09216 是映射到 Q0.0 ～ Q1151.7 的离散量输出。
➢ 10001 ～ 19216 是映射到 I0.0 ～ I1151.7 的离散量输入。
➢ 30001 ～ 30056 是映射到 AIW0 ～ AIW110 的模拟量输入寄存器。
➢ 40001 ～ 49999 是映射到 V 存储器的保持寄存器。

这里 Modbus 地址不同于 Modbus 协议中的寄存器地址，Modbus 地址的首位数字代表的是不同的寄存器区，去掉首位数字再减 1 才是寄存器地址。例如 40001 代表的是保持寄存器中地址为 0 的寄存器。

（3）Modbus 功能码

Modbus RTU 主站读写从站不同寄存器区使用不同的功能码，不同的 Modbus RTU 从站根据其自身特点对功能码种类和寄存区大小有一定限制，读写数据前需参考 Modbus RTU 从站设备的通信协议说明。S7-200 SMART 支持的功能码和 Modbus 地址范围见表 7-11，读寄存器时每次限制最多读取 120 个寄存器。

表7-11 S7-200 SMART支持的功能码和Modbus地址范围

寄存器区	Modbus 地址	寄存器地址	读取 / 写入	对应 Modbus 功能码
离散输出	00001 ~ 09999	0 ~ 9998	读取	功能码 1
			写入	功能码 5 适用于单个输出点 功能码 15 适用于多个输出点
离散输入	10001 ~ 19999	0 ~ 9998	读取	功能码 2
			写入	不可以
输入寄存器	30001 ~ 39999	0 ~ 9998	读取	功能码 4
			写入	不可以
保持寄存器	40001 ~ 49999	0 ~ 9998	读取	功能码 3
			写入	功能码 6 适用于单个寄存器 功能码 16 适用于多个寄存器

PLC 编程用的较多的是读写保持寄存器，用功能码 3 读取从站中的工艺参数数据，用功能码 6 改写从站参数。例如和变频器通信，用功能码 3 读取变频器电压、电流和故障码等参数，用功能码 6 设定输出频率。

7.2.2 MODBUS RTU主站指令应用

（1）Modbus RTU 主站指令

Modbus RTU 主站指令可组态 S7-200 SMART，使其作为 Modbus RTU 主站设备运行并与一个或多个 Modbus RTU 从站设备通信，最多可以配置 2 个 Modbus RTU 主站。Modbus RTU 主站指令见表 7-12，主站指令有主站初始化和主站通信 2 个指令，主站初始化指令用于设置通信波特率、奇偶校验位和通信端口，主站通信指令则明确了从站的设备地址、参数地址、数据的读写操作、读写数量及数据在本地的存放地址。

表7-12　Modbus RTU主站指令

指令	梯形图	说明
主站初始化	MBUS_CTRL: EN, Mode, Baud, Parity, Port, Timeout; Done, Error	EN：输入接通时，在每次扫描时均执行该指令。 Mode：1——启用 Modbus 协议，0——禁用 Modbus 协议。 Baud：通信波特率，常用 9600。 Parity：0——无校验，1——奇校验，2——偶校验。 Port：0 = CPU 中的 RS485，1 = CM01 信号板 RS485。 Timeout：等待从站做出响应的时间（毫秒）。 Done：初始化完成标志。 Error：错误代码，详见表 7-13
主站通信	MBUS_MSG: EN, First, Slave, RW, Addr, Count, DataPtr; Done, Error	EN：EN 输入和 First 输入同时接通时启动通信。 First：上升沿启动通信。 Slave：从站设备地址，范围为 0 ~ 247。 RW：0——读取，1——写入。 Addr：参数地址。 Count：数据量。 DataPtr：间接地址指针，指向读 / 写数据的 V 存储器。 Done：通信完成标志。 Error：错误代码，详见表 7-14

表7-13　MBUS_CTRL错误代码

错误代码	说明
0	无错误
1	奇偶校验类型无效
2	波特率无效
3	超时无效
4	模式无效
9	端口号无效

表7-14　MBUS_MSG错误代码

错误代码	说明
0	无错误
1	奇偶校验错误
2	未使用
3	接收超时
4	请求参数出错
5	未启用 Modbus 主站
6	Modbus 忙
7	响应出错
8	响应存在 CRC 错误
11	端口号无效
12	信号板端口 1 缺失或未组态

续表

错误代码	说明
101	从站不支持该地址的请求功能
102	从站不支持数据地址
103	从站不支持数据类型
104	从站设备故障
105	从站接收消息，但未按时做出响应
106	从站繁忙，拒绝了消息：可以再次尝试相同的请求以获得响应
107	从站因未知原因拒绝了消息
108	从站存储器奇偶校验错误：从站设备有故障

主站初始化指令在每次扫描时都必须要执行，主站通信指令用定时的上升沿启动，通信完成或通信超时置位通信完成标志，本条通信指令完成标志的上升沿去启动下一条通信指令。

（2）Modbus RTU 主站通信示例

CPU ST20 的 RS485 网络中接有压力变送器、电动调节阀和流量计各 1 个，通信参数都设置为 9600,n,8,1，压力变送器的通信地址设为 1，电动调节阀的通信地址设为 2，流量计的通信地址设为 3。

❶ 压力变送器　CYYZ11 经济型压力变送器支持 MODBUS 协议，读取压力值通信示例如下：

从站地址	功能码	寄存器地址	寄存器点数	CRC 校验
16#01	16#03	16#0000	16#0001	16#840A

返回报文如下：

从站地址	功能码	字节数量	数据	CRC 校验
16#01	16#03	16#02	16#02AC	16#B959

该传感器量程为 0 ～ 1.6MPa，对应数据范围为 0 ～ 2000，16#02AC=684，则当前压力：P=1.6×684/2000=0.5472MPa

❷ 电动调节阀　FC11R 系列阀门控制模块寄存器表见表 7-15，远程 / 本地寄存器上电默认为 0，要想实现远程 RS485 通信控制，需要先向地址 16#0000 写入 16#0001，然后再向地址 16#0002 写入设定值。FC11R 系列阀门控制模块故障代码表见表 7-16，当开阀堵转时故障代码为“－ E5 －”，读回的寄存器值为 16#0020，十进制为 $32=2^5$。

表 7-15　FC11R 系列阀门控制模块寄存器表

序号	名称	寄存器地址	数据类型	说明
1	远程 / 本地	16#0000	UINT	0——本地 DC 4 ～ 20mA 控制，1——远程 RS485 通信控制
2	阀位值	16#0001	UINT	读取的数值减去 1999，结果为实际返回阀位值，单位 0.1%
3	设定值	16#0002	UINT	写入数据等于 1999 加上实际设定阀位值，单位 0.1%
4	故障代码	16#0003	UINT	故障代码，数值为 2^n 代表故障码为－En－

表7-16　FC11R系列阀门控制模块故障代码表

序号	错误代码	说明
1	—E1—	DC 4 ~ 20mA 控制模式下输入信号≤ 3mA
2	—E3—	控制线或信号线接线错误
3	—E4—	关阀堵转
4	—E5—	开阀堵转

读取 FC11R 寄存器的通信报文见表 7-17，设置远程操作的通信报文见表 7-18，设置阀门开度的通信报文见表 7-19。

表7-17　读取FC11R寄存器的通信报文

读取命令		返回信息	
数据	说明	数据	说明
16#02	地址为 2	16#02	地址为 2
16#03	功能码为读取	16#03	功能码为读取
16#00	起始地址为 0	16#06	返回 6 字节
16#00		16#00	16#0001 远程
16#00	读取 3 个存储器	16#01	
16#03		16#0A	16#0ABD=2749 2749−1999=750 阀位值 75.0
CRCL	CRC 校验码	16#BD	
CRCH		16#0A	16#0ABD=2749 2749−1999=750 设定值 75.0
		16#BD	
		CRCL	CRC 校验码
		CRCH	

表7-18　设置远程操作的通信报文

读取命令		返回信息	
数据	说明	数据	说明
16#02	地址为 2	16#02	原文返回
16#06	功能码为写入	16#06	
16#00	地址为 16#0001	16#00	
16#00		16#00	
16#00	数据位 16#0001	16#00	
16#01		16#01	
CRCL	CRC 校验码	CRCL	
CRCH		CRCH	

❸ 电磁流量计　L-mag 电磁流量计 RS485 通信接口仅支持功能码 04 读取输入寄存器来实现采集数据。L-mag 电磁流量计寄存器表见表 7-20，最常用的是瞬时流量和正向累积整数，读取多个寄存器的通信报文见表 7-21。

表7-19　设置阀门开度的通信报文

读取命令		返回信息	
数据	说明	数据	说明
16#02	地址为 2	16#02	原文返回
16#06	功能码为写入	16#06	
16#00	地址为 16#0002	16#00	
16#02		16#02	
16#09	设定值 50.0　1999+500=2499 2499=16#09C3	16#09	
16#C3		16#C3	
CRCL	CRC 校验码	CRCL	
CRCH		CRCH	

表7-20　L-mag 电磁流量计寄存器表

序号	名称	地址	数据类型
1	瞬时流量	16#1010	REAL
2	瞬时流速	16#1012	REAL
3	流量百分比	16#1014	REAL
4	流体电导比	16#1016	REAL
5	正向累积整数	16#1018	UDINT

表7-21　读取多个寄存器的通信报文

读取命令		返回信息	
数据	说明	数据	说明
16#03	地址为 3	16#03	地址为 3
16#04	功能码为读取	16#04	功能码为读取
16#10	起始地址为 16#1010	16#14	返回 20 字节
16#10		16#41BB3333	十进制 23.4m³/h
16#00	读取 10 个存储器	16#XXXXXXXX	忽略
16#0A		16#XXXXXXXX	忽略
CRCL	CRC 校验码	16#XXXXXXXX	忽略
CRCH		16#00000834	十进制 2100m³
		CRCL	CRC 校验码
		CRCH	

❹ PLC 编程　Modbus RTU 主站通信示例程序见图 7-9，程序分 6 段，各段作用如下：

➢ 主站通信参数设置；
➢ 读取压力值；
➢ 读取流量计瞬时流量和累积流量；
➢ 读取电动调节阀远程 / 本地状态和阀位值；
➢ 如果电动调节阀处于本地状态，设为远程状态；

➢ 如果电动调节阀处于远地状态，设置开度。

首先初始化主站，然后定时触发第一条通信，第一条通信完成去触发第二条通信，最后根据电动阀状态确定是要改变状态还是改变开度值。

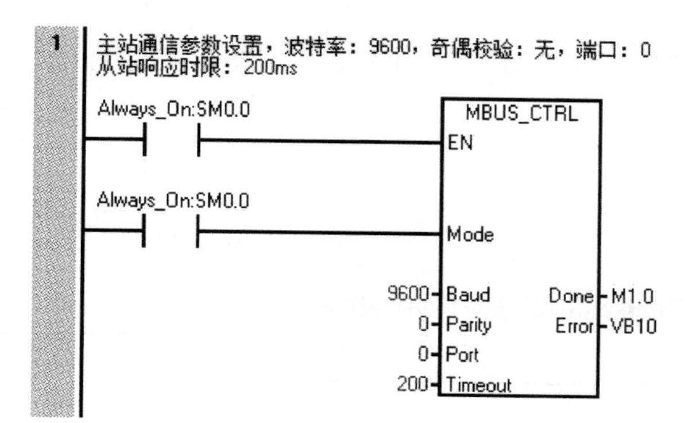

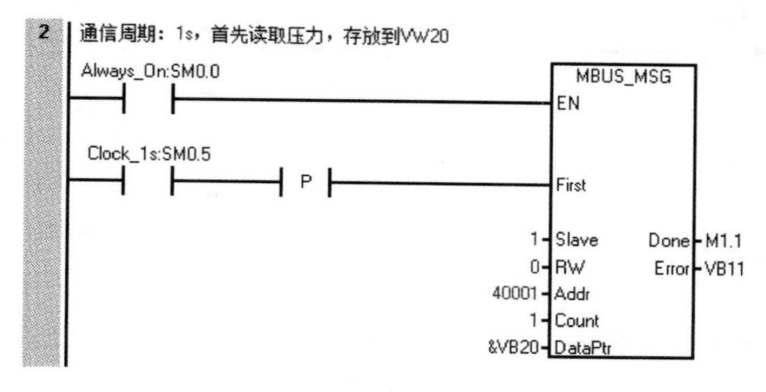

3
读取电磁流量计数据
寄存器地址16#1010(4112)转为输入寄存器区Modbus地址：30000+4112+1=34113
瞬时流量浮点数存放到VD30，累计流量存放到VD46
Always_On:SM0.0
M1.1
P
MBUS_MSG
EN
First
3 Slave
0 RW
34113 Addr
10 Count
&VB30 DataPtr
Done M1.2
Error VB12

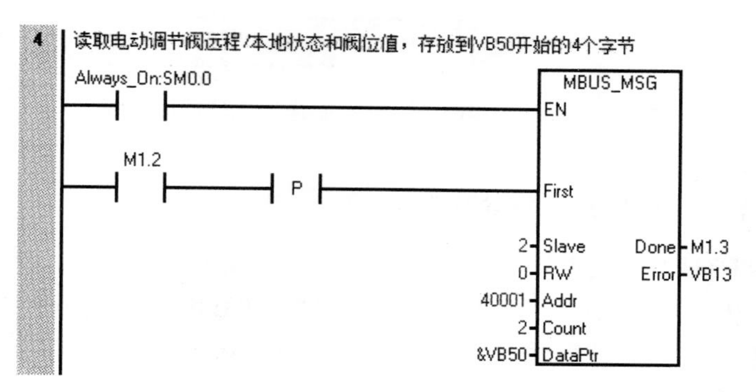

图 7-9

5 如果电动调节阀处于本地状态，写入值VW54=1，设为远程状态

Always_On:SM0.0 — MBUS_MSG EN

VW50 ==I 0 — M1.3 — P — First

2 Slave, 1 RW, 40001 Addr, 1 Count, &VB54 DataPtr; Done M1.4, Error VB14

6 如果电动调节阀处于远地状态，写入值VW56=开度值，设置开度

Always_On:SM0.0 — MBUS_MSG EN

VW50 >I 0 — M1.3 — P — First

2 Slave, 1 RW, 40003 Addr, 1 Count, &VB56 DataPtr; Done M1.5, Error VB15

图 7-9　Modbus RTU 主站通信示例程序

程序编完不要忘了给 Modbus RTU 主站通信库分配存储器，否则编译报错不会通过，Modbus RTU 主站通信库存储器分配见图 7-10，设一个起始地址，从起始地址开始的 286 个 V 存储器就被占用了，程序中不要再使用。

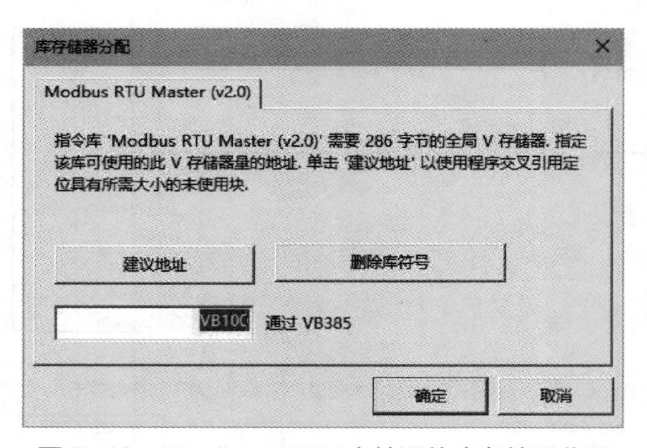

图 7-10　Modbus RTU 主站通信库存储器分配

7.2.3　MODBUS RTU 从站指令应用

（1）Modbus RTU 从站指令

Modbus RTU 从站指令可用于组态 S7-200 SMART，使其作为 Modbus RTU 从站设备运行，并与 Modbus RTU 主站设备进行通信。Modbus RTU 从站指令见表 7-22，从站指令有从站初始化和从站通信 2 个指令，从站初始化指令与主站初始化指令不同，只需在首个扫描周期执

行。从站通信指令没有输入参数，每个扫描周期都要执行。

从站初始化时设置从站地址、通信波特率、奇偶校验和通信端口，延时（Delay）建议设置为 50 ～ 100ms 的值，波特率高时延时短些，波特率低时延时长些，从站一旦收到数据，超过延时时间未接到新数据时判断该帧报文结束，开始对报文按 Modbus 协议解析并作出响应，然后准备接收下一帧数据。

从站初始化指令还限定了对从站寄存器的读写范围：

❶ 参数 MaxIQ 用于设置 Modbus 地址 0xxxx 和 1xxxx 可用的 I 和 Q 点数，取值范围是 0 ～ 256，值为 0 表示禁用所有对输入和输出的读写操作。

❷ 参数 MaxAI 用于设置 Modbus 地址 3xxxx 可用的字输入寄存器数，取值范围是 0 ～ 56，值为 0 时将禁止读取模拟量输入。

❸ 参数 MaxHold 用于设置 Modbus 地址 4xxxx 可访问的 V 存储器中的字保持寄存器数。例如，要允许 Modbus 主站访问 2000 个字节的 V 存储器，应将 MaxHold 的值设置为 1000 个字。

❹ 参数 HoldStart 是 V 存储器中保持寄存器的起始地址，该值通常设置为 VB0。Modbus 主站可访问起始地址为 HoldStart，字数为 MaxHold 的 V 存储器。

表7-22　Modbus RTU从站指令

指令	梯形图	说明
从站初始化	MBUS_INIT EN Mode　Done Addr　Error Baud Parity Port Delay MaxIQ MaxAI MaxHold HoldStart	EN：首次扫描时初始化 Modbus 从站协议。 Mode：1——启用 Modbus 协议，0——禁用 Modbus 协议。 Addr：从站地址，范围 1 ～ 247 Baud：通信波特率，常用 9600。 Parity：0——无校验，1——奇校验，2——偶校验。 Port：0 = CPU 中的 RS485，1 = CM01 信号板 RS485。 Delay：用超时判断主站报文结束。 MaxIQ：设置 Modbus 地址 0xxxx 和 1xxxx 可用的 I 和 Q 点数。 MaxAI：用于设置 Modbus 地址 3xxxx 可用的字输入寄存器数。 MaxHold：用于设置 Modbus 地址 4xxxx 可访问的 V 存储器数。 HoldStart：可访问 V 存储器的起始地址。 Done：初始化完成标志。 Error：错误代码，见表 7-23
从站通信	MBUS_SLAVE EN Done Error	EN：输入接通时，会在每次扫描时执行该指令。 Done：通信完成标志。 Error：错误代码，见表 7-23

表7-23　Modbus RTU从站错误代码

错误代码	说明
0	无错误
1	存储器范围错误
2	波特率或奇偶校验非法
3	从站地址非法
4	Modbus 参数值非法

续表

错误代码	说明
5	保持寄存器与 Modbus 从站符号重叠
6	收到奇偶校验错误
7	收到 CRC 错误
8	功能请求非法 / 功能不受支持
9	请求中的存储器地址非法
10	从站功能未启用
11	端口号无效
12	信号板端口 1 缺失或未组态

（2）Modbus RTU 从站通信测试

Modbus RTU 从站通信示例程序见图 7-11，程序只有 2 段，分别是从站初始化和从站通信。从站通信属于下位机模式，通信参数要与上位机主站一致，上位机可以是监控主机或控制系统中的主 PLC。

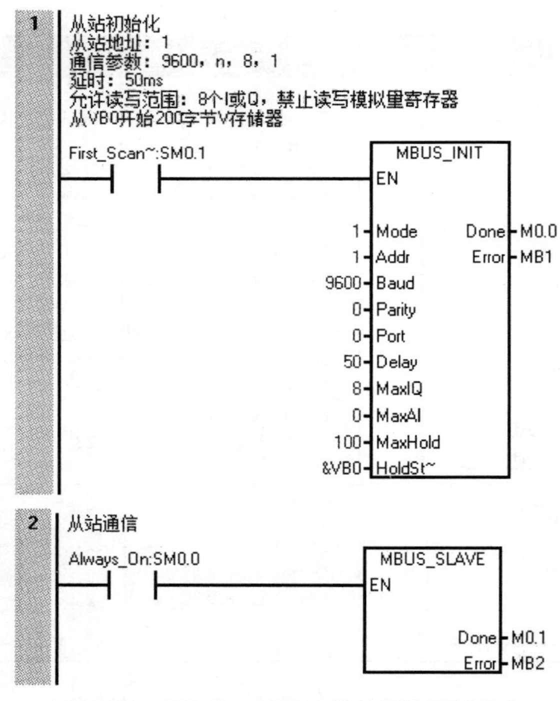

图 7-11　Modbus RTU 从站通信示例程序

Modbus RTU 从站通信库存储器分配见图 7-12，设一个起始地址，从起始地址开始的 781 个 V 存储器就被占用了，程序中不要再使用。程序编译后下载到 PLC，使用串口调试软件测试 Modbus RTU 从站通信功能。

从站通信测试串口调试工具截图见图 7-13，先发送 01 05 00 00 FF 00 8C 3A 表示将 Q0.0 置位，观察 CPU ST20 的 Q0.0 指示灯点亮，同时返回同样的数据；再发送 01 05 00 00 00 00 CD CA 表示将 Q0.0 复位，观察 CPU ST20 的 Q0.0 指示灯熄灭，同时返回同样的数据。

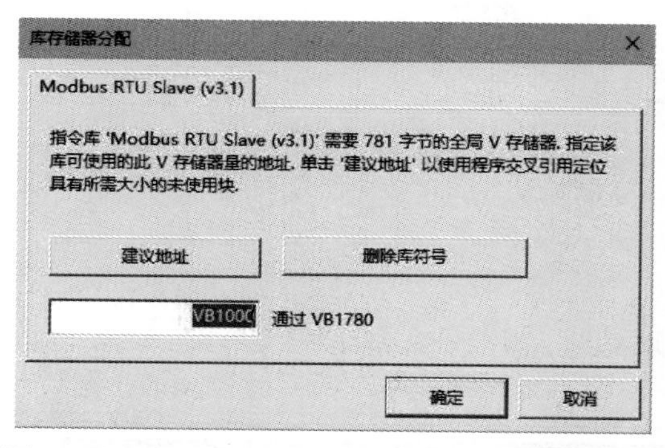

图 7-12　Modbus RTU 从站通信库存储器分配

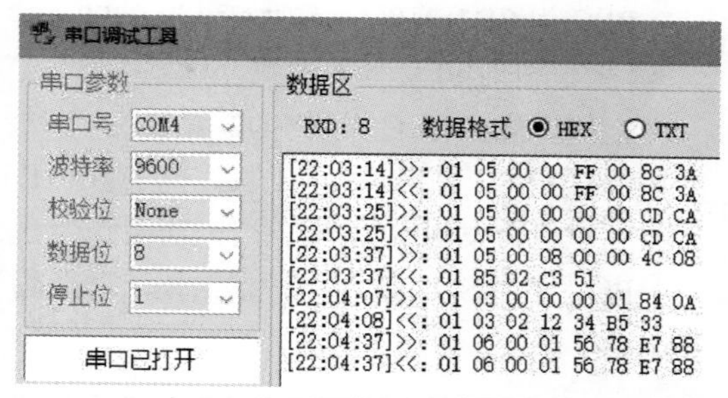

图 7-13　从站通信测试串口调试工具截图

发送 01 05 00 08 00 00 4C 08 表示将 Q1.0 置位，由于初始化时已限定只能写 8 个 Q 点，Q1.0 已超出范围，该报文不会执行，PLC 返回 01 85 02 C3 51 表示读写操作超出范围。

在如图 7-14 所示的从站通信程序状态图表中，设定 VB0 的值为 16#12、VB1 的值为 16#34，然后发送 01 03 00 00 00 01 84 0A 表示读取从 VB0 开始的 1 个寄存器，结果返回 01 03 02 12 34 B5 33，返回数值就是设定的数值。发送 01 06 00 01 56 78 E7 88 表示向地址为 1 的寄存器写入 16#5678，PLC 返回同样数据，状态图表中 VB2、VB3 的值由原来的 16#00 分别变为 16#56、16#78。

状态图表

	地址	格式	当前值	新值
1	VB0	十六进制	16#12	
2	VB1	十六进制	16#34	
3	VB2	十六进制	16#56	
4	VB3	十六进制	16#78	
5	MB0	二进制	2#0000_0001	
6	MB1	十六进制	16#00	
7	MB2	十六进制	16#00	

图 7-14　从站通信程序状态图表

7.3　西门子内部 PPI 协议

7.3.1　S7-200 PPI 协议简介

（1）协议概述

PPI（Point-to-point Interface）是西门子为 S7-200 开发的一种通信协议，属于主从协议，主要用于上位机和触摸屏与 PLC 通信。使用 PPI 协议进行通信时，PLC 可以不用编程，而且可读写所有数据区，快捷方便。S7-200 的自由端口默认协议是 PPI 的从站模式，默认通信参数为 9600,e,8,1，可以通过设置端口 0（1）的控制寄存器 SMB30（SMB130）来修改通信参数。

（2）协议格式说明

PPI 协议有 4 种帧格式，分别是 SD1、SD2、SD4 和 SC 帧格式，其具体帧格式分别见表 7-24 ～表 7-27。

上位机和 PLC 用 PPI 协议通信过程如下。

❶ PLC 上电后先建立连接

• 上位机向 PLC 发送 SD1 帧查询 PLC 状态，功能码为 0x49。
• PLC 用 SD1 帧确认，功能码为 0x00，建立连接。

❷ 上位机对 PLC 读写数据

• 上位机先向 PLC 发送 SD2 请求帧，功能码为 0x6C。
• PLC 用 SC 帧确认，SC 帧为单字节 0xE5。
• 上位机再发送 SD1 帧查询，功能码为 0x5C。
• PLC 才用 SD2 帧返回请求结果，功能码为 0x08。

表7-24　SD1帧格式

符号	意义	说明
SD1	Start Delimiter 1（0x10）	起始符 0x10
DA	Destination Address	目标地址
SA	Source Address	源地址
FC	Frame Control	功能码
FCS	Frame Check Sequence（DA+SA+FC）	校验码
ED	End Delimiter（0x16）	结束符 0x16

功能码 FC 在请求帧中数值的意义如下：

• 0x5C-alternating FCB；
• 0x7C-alternating FCB；
• 0x49-FDL_STATUS。

功能码 FC 在确认帧中数值的意义如下：

• 0x02-NAK（no resource, RR）；
• 0x03-NAK（no service activited, RS）；
• 0x00-FDL_STATUS（slave station）；
• 0x10-FDL_STATUS（master station, not ready）；
• 0x20-FDL_STATUS（master, ready to enter ring）；
• 0x30-FDL_STATUS（master, already in ring）。

表7-25　SD2帧格式

符号	意义	说明
SD2	Start Delimiter 2（0x68）	起始符 0x68
LE	Length Byte	从 DA ~ Data Unit 的字节长度
LEr	Length Byte repeated	重复字节长度
SD2	Start Delimiter 2（0x68）	起始符 0x68
DA	Destination Address	目标地址
SA	Source Address	源地址
FC	Frame Control	功能码
Data Unit	Message Data and Control	数据单元
FCS	Frame Check Sequence（DA+SA+FC）	校验码，从 DA ~ FCS 之前数据和低 8 位
ED	End Delimiter（0x16）	结束符 0x16

功能码 FC 在请求帧中代表 SRD（Send and Request Data），数值的意义如下：

- 0x6C-first message cycle 首次通信；
- 0x5C-alternating FCB 再次通信 0x5C 和 0x7C 交替使用；
- 0x7C-alternating FCB。

功能码 FC 在确认帧中代表 DL，值固定为 0x08。

表7-26　SD4帧格式

符号	意义	说明
SD4	Start Delimiter 4（0xDC）	起始符 0xDC
DA	Destination Address	目标地址
SA	Source Address	源地址

表7-27　SC帧格式

符号	意义	说明
SC	Short Acknowledge（0xE5）	短应答

（3）读命令具体格式

SD2 帧中数据单元又称为 PDU（Protocol Data Unit），包括 Header、Parameter block、Data block 这 3 部分。读命令 SD2 帧格式见表 7-28，响应读命令 SD2 帧格式见表 7-29。

表7-28　读命令SD2帧格式

<table>
<tr><th>字节序号</th><th>十六进制数值</th><th>符号</th><th colspan="3">说明</th></tr>
<tr><td>0</td><td>68</td><td>SD2</td><td colspan="3">起始符 0x68</td></tr>
<tr><td>1</td><td>1B</td><td>LE</td><td colspan="3">从 DA ~ Data Unit 的字节长度</td></tr>
<tr><td>2</td><td>1B</td><td>LEr</td><td colspan="3">重复字节长度</td></tr>
<tr><td>3</td><td>68</td><td>SD2</td><td colspan="3">起始符 0x68</td></tr>
<tr><td>4</td><td>02</td><td>DA</td><td colspan="3">目标地址</td></tr>
<tr><td>5</td><td>00</td><td>SA</td><td colspan="3">源地址</td></tr>
<tr><td>6</td><td>6C</td><td>FC</td><td colspan="3">功能码</td></tr>
<tr><td>7</td><td>32</td><td>PROTO_ID</td><td>Protocol Identification
0x32：S7-200 协议识别码</td><td rowspan="6">Header</td><td rowspan="6">PDU</td></tr>
<tr><td>8</td><td>01</td><td>ROSCTR</td><td>Remote Operating Services Control
0x01：请求
0x02：无参数及数据确认
0x03：带参数及数据确认</td></tr>
<tr><td>9　10</td><td>00　00</td><td>RED_ID</td><td>Redundancy Identification，固定值</td></tr>
<tr><td>11　12</td><td>00　00</td><td>PDU_REF</td><td>协议数据单元编号，响应帧与此一致</td></tr>
<tr><td>13　14</td><td>00　0E</td><td>PAR_LG</td><td>参数长度</td></tr>
<tr><td>15　16</td><td>00　00</td><td>DAT_LG</td><td>数据长度</td></tr>
</table>

续表

字节序号	十六进制数值	符号	说明		
17	04	SERVICE_ID	Service Identification 服务码 0x04：读 0x05：写 0x00：虚拟设备状态 0xF0：设置应用连接	Parameter block	PDU
18	01	No.of Variables	参数区编号，不限于1个参数区		
19	12	Varible Spec			
20	0A	V_ADDR_LG	可变地址区数据长度		
21	10	Syntax_ID			
22	02	Type	数据类型 0x01：BOOL 0x02：BYTE 0x04：WORD 0x06：DWORD 0x1E：C 0x1F：T 0x20：HC		
23 24	00 04	Number_Elements	读取数量		
25 26	00 01	Snbarea	0x0001：V区 0x0000：其他区		
27	84	Area	数据区码： 0x04：S 0x05：SM 0x06：AI 0x07：AQ 0x1E：C 0x1F：T 0x20：HC 0x81：I 0x82：Q 0x83：M 0x84：V		
28 29 30	00 03 20	Offset	24位地址，后3位为位地址，前面为字节地址 0x0320右移3位变为0x64，字节地址为100		
31	8E	FCS	校验码		
32	16	ED	结束符0x16		

表7-29 响应读命令SD2帧格式

字节序号	十六进制数值	符号	说明
0	68	SD2	起始符0x68
1	19	LE	从DA～Data Unit的字节长度

续表

<table>
<tr><th>字节序号</th><th>十六进制数值</th><th>符号</th><th colspan="3">说明</th></tr>
<tr><td>2</td><td>19</td><td>LEr</td><td colspan="3">重复字节长度</td></tr>
<tr><td>3</td><td>68</td><td>SD2</td><td colspan="3">起始符 0x68</td></tr>
<tr><td>4</td><td>00</td><td>DA</td><td colspan="3">目标地址</td></tr>
<tr><td>5</td><td>02</td><td>SA</td><td colspan="3">源地址</td></tr>
<tr><td>6</td><td>08</td><td>FC</td><td colspan="3">功能码</td></tr>
<tr><td>7</td><td>32</td><td>PROTO_ID</td><td>Protocol Identification
0x32：S7-200 协议识别码</td><td rowspan="7">Header</td><td rowspan="13">PDU</td></tr>
<tr><td>8</td><td>03</td><td>ROSCTR</td><td>Remote Operating Services Control
0x01：请求
0x02：无参数及数据确认
0x03：带参数及数据确认</td></tr>
<tr><td>9　10</td><td>00　00</td><td>RED_ID</td><td>Redundancy Identification，固定值</td></tr>
<tr><td>11　12</td><td>00　00</td><td>PDU_REF</td><td>协议数据单元编号，响应帧与此一致</td></tr>
<tr><td>13　14</td><td>00　02</td><td>PAR_LG</td><td>参数长度</td></tr>
<tr><td>15　16</td><td>00　08</td><td>DAT_LG</td><td>数据长度</td></tr>
<tr><td>17　18</td><td>00　00</td><td>ERR</td><td>错误码，0x0000 表示正常</td></tr>
<tr><td>19</td><td>04</td><td>SERVICE_ID</td><td>Service Identification　服务码
0x04：读
0x05：写
0x00：虚拟设备状态
0xF0：设置应用连接</td><td rowspan="2">Parameter block</td></tr>
<tr><td>20</td><td>01</td><td>No.of Variables</td><td>参数区编号，不限于 1 个参数区</td></tr>
<tr><td>21</td><td>FF</td><td>Access Result</td><td>返回结果：
0xFF：无错误
0x01：硬件错误
0x03：不支持的对象
0x05：地址错误
0x06：不支持的数据类型
0x0A：对象不存在或长度错误</td><td rowspan="4">Data block</td></tr>
<tr><td>22</td><td>04</td><td>Data Type</td><td>数据类型：
0x00：数据错误
0x03：位
0x04：字节、字、双字等</td></tr>
<tr><td>23　24</td><td>00　20</td><td>Length</td><td>字节数 ×8，=0 时表示出错</td></tr>
<tr><td>25　26</td><td>12　34
56　78</td><td>Variable Value</td><td>返回数据</td></tr>
<tr><td>27</td><td>85</td><td>FCS</td><td colspan="3">校验码</td></tr>
<tr><td>28</td><td>16</td><td>ED</td><td colspan="3">结束符 0x16</td></tr>
</table>

（4）写命令具体格式

写命令 SD2 帧格式见表 7-30，响应写命令 SD2 帧格式见表 7-31。

表7-30　写命令SD2帧格式

<table>
<tr><th>字节序号</th><th>十六进制数值</th><th>符号</th><th colspan="3">说明</th></tr>
<tr><td>0</td><td>68</td><td>SD2</td><td colspan="3">起始符 0x68</td></tr>
<tr><td>1</td><td>21</td><td>LE</td><td colspan="3">从 DA ~ Data Unit 的字节长度</td></tr>
<tr><td>2</td><td>21</td><td>LEr</td><td colspan="3">重复字节长度</td></tr>
<tr><td>3</td><td>68</td><td>SD2</td><td colspan="3">起始符 0x68</td></tr>
<tr><td>4</td><td>02</td><td>DA</td><td colspan="3">目标地址</td></tr>
<tr><td>5</td><td>00</td><td>SA</td><td colspan="3">源地址</td></tr>
<tr><td>6</td><td>6C</td><td>FC</td><td colspan="3">功能码</td></tr>
<tr><td>7</td><td>32</td><td>PROTO_ID</td><td>Protocol Identification
0x32：S7-200 协议识别码</td><td rowspan="6">Header</td><td rowspan="17">PDU</td></tr>
<tr><td>8</td><td>01</td><td>ROSCTR</td><td>Remote Operating Services Control
0x01：请求
0x02：无参数及数据确认
0x03：带参数及数据确认</td></tr>
<tr><td>9 10</td><td>00 00</td><td>RED_ID</td><td>Redundancy Identification，固定值</td></tr>
<tr><td>11 12</td><td>00 00</td><td>PDU_REF</td><td>协议数据单元编号，响应帧与此一致</td></tr>
<tr><td>13 14</td><td>00 0E</td><td>PAR_LG</td><td>参数长度</td></tr>
<tr><td>15 16</td><td>00 06</td><td>DAT_LG</td><td>数据长度</td></tr>
<tr><td>17</td><td>05</td><td>SERVICE_ID</td><td>Service Identification 服务码
0x04：读
0x05：写
0x00：虚拟设备状态
0xF0：设置应用连接</td><td rowspan="9">Parameter block</td></tr>
<tr><td>18</td><td>01</td><td>No.of Variables</td><td>参数区编号，不限于 1 个参数区</td></tr>
<tr><td>19</td><td>12</td><td>Varible Spec</td><td></td></tr>
<tr><td>20</td><td>0A</td><td>V_ADDR_LG</td><td>可变地址区数据长度</td></tr>
<tr><td>21</td><td>10</td><td>Syntax_ID</td><td></td></tr>
<tr><td>22</td><td>02</td><td>Type</td><td>数据类型
0x01：BOOL
0x02：BYTE
0x04：WORD
0x06：DWORD
0x1E：C
0x1F：T
0x20：HC</td></tr>
<tr><td>23 24</td><td>00 02</td><td>Number_Elements</td><td>写入数量</td></tr>
<tr><td>25 26</td><td>00 01</td><td>Snbarea</td><td>0x0001：V 区
0x0000：其他区</td></tr>
</table>

续表

<table>
<tr><th>字节序号</th><th>十六进制数值</th><th>符号</th><th colspan="3">说明</th></tr>
<tr><td>27</td><td>84</td><td>Area</td><td>数据区码：
0x04：S
0x05：SM
0x06：AI
0x07：AQ
0x1E：C
0x1F：T
0x20：HC
0x81：I
0x82：Q
0x83：M
0x84：V</td><td rowspan="2">Parameter block</td><td rowspan="6">PDU</td></tr>
<tr><td>28 29 30</td><td>00 03 C0</td><td>Offset</td><td>24 位地址，后 3 位为位地址，前面为字节地址
0x03C0 右移 3 位变为 0x78，字节地址为 120</td></tr>
<tr><td>31</td><td>00</td><td>Reserved</td><td></td><td rowspan="4">Data block</td></tr>
<tr><td>32</td><td>04</td><td>Data Type</td><td>数据类型：
0x03：位
0x04：字节、字、双字等</td></tr>
<tr><td>33 34</td><td>00 10</td><td>Length</td><td>字节数 ×8</td></tr>
<tr><td>35 36</td><td>88 66</td><td>Variable Value</td><td>待写入数据</td></tr>
<tr><td>37</td><td>35</td><td>FCS</td><td colspan="3">校验码</td></tr>
<tr><td>38</td><td>16</td><td>ED</td><td colspan="3">结束符 0x16</td></tr>
</table>

表 7-31 响应写命令 SD2 帧格式

<table>
<tr><th>字节序号</th><th>十六进制数值</th><th>符号</th><th colspan="3">说明</th></tr>
<tr><td>0</td><td>68</td><td>SD2</td><td colspan="3">起始符 0x68</td></tr>
<tr><td>1</td><td>12</td><td>LE</td><td colspan="3">从 DA ~ Data Unit 的字节长度</td></tr>
<tr><td>2</td><td>12</td><td>LEr</td><td colspan="3">重复字节长度</td></tr>
<tr><td>3</td><td>68</td><td>SD2</td><td colspan="3">起始符 0x68</td></tr>
<tr><td>4</td><td>00</td><td>DA</td><td colspan="3">目标地址</td></tr>
<tr><td>5</td><td>02</td><td>SA</td><td colspan="3">源地址</td></tr>
<tr><td>6</td><td>08</td><td>FC</td><td colspan="3">功能码</td></tr>
<tr><td>7</td><td>32</td><td>PROTO_ID</td><td>Protocol Identification
0x32：S7-200 协议识别码</td><td rowspan="5">Header</td><td rowspan="5">PDU</td></tr>
<tr><td>8</td><td>03</td><td>ROSCTR</td><td>Remote Operating Services Control
0x01：请求
0x02：无参数及数据确认
0x03：带参数及数据确认</td></tr>
<tr><td>9 10</td><td>00 00</td><td>RED_ID</td><td>Redundancy Identification，固定值</td></tr>
<tr><td>11 12</td><td>00 00</td><td>PDU_REF</td><td>协议数据单元编号，响应帧与此一致</td></tr>
<tr><td>13 14</td><td>00 02</td><td>PAR_LG</td><td>参数长度</td></tr>
</table>

续表

字节序号	十六进制数值	符号	说明		
15 16	00 01	DAT_LG	数据长度	Header	PDU
17 18	00 00	ERR	错误码，0x0000 表示正常		
19	05	SERVICE_ID	Service Identification 服务码 0x04：读 0x05：写 0x00：虚拟设备状态 0xF0：设置应用连接	Parameter block	
20	01	No.of Variables	参数区编号，不限于 1 个参数区		
21	FF	Access Result	返回结果： 0xFF：无错误 0x01：硬件错误 0x03：不支持的对象 0x05：地址错误 0x06：不支持的数据类型 0x0A：对象不存在或长度错误	Data block	
22	47	FCS	校验码		
23	16	ED	结束符 0x16		

7.3.2 PPI协议通信测试

（1）读 VB100 开始的 4 字节寄存器

新建一个 PLC 程序，不需要编任何代码，直接下载到 PLC，如图 7-15 所示，在状态图表中给 VB100 开始的 4 字节寄存器赋值，看 PPI 协议读取数据测试结果是否正确。

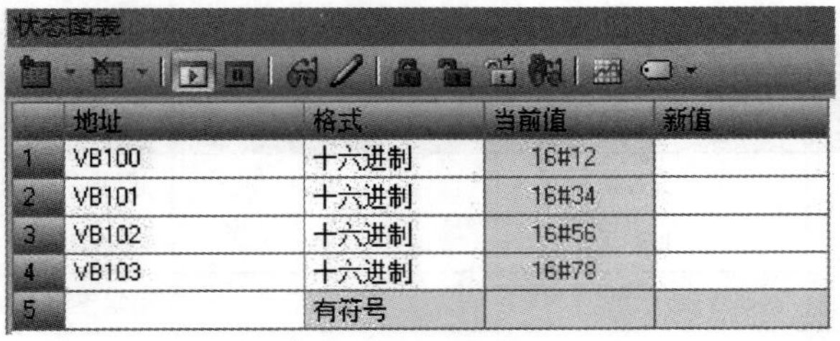

状态图表

	地址	格式	当前值	新值
1	VB100	十六进制	16#12	
2	VB101	十六进制	16#34	
3	VB102	十六进制	16#56	
4	VB103	十六进制	16#78	
5		有符号		

图 7-15 PPI 协议读数据测试状态图表

PPI 协议读数据测试串口调试软件截图见图 7-16，上位机用 USB 转串口线连接到 PLC，运行串口调试工具软件，通信参数设置为 9600,e,8,1，测试过程如下。

上位机发送：10 02 00 49 4B 16。

PLC 返回：10 00 02 00 02 16，建立连接。

上位机发送：68 1B 1B 68 02 00 6C 32 01 00 00 00 00 00 0E 00 00 04 01 12 0A 10 02 00 04 00 01 84 00 03 20 8E 16，读取 VB100 开始的 4 字节寄存器。

PLC 返回：E5。

上位机发送：10 02 00 5C 5E 16。

PLC 返回：68 19 19 68 00 02 08 32 03 00 00 00 00 00 02 00 08 00 00 04 01 FF 04 00 20 12 34 56 78 85 16，返回数据与状态图表中设置数据一致。

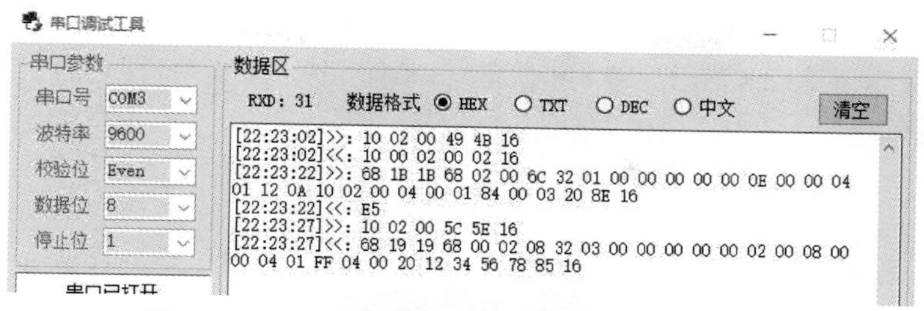

图 7-16　PPI 协议读数据测试串口调试软件截图

（2）将 16#88、16#66 写入 VB120 开始的 2 字节寄存器

PPI 协议写数据测试串口调试软件截图见图 7-17，上位机用 USB 转串口线连接到 PLC，运行串口调试工具软件，通信参数设置为 9600,e,8,1，测试过程如下。

上位机发送：10 02 00 49 4B 16。

PLC 返回：10 00 02 00 02 16，建立连接。

上位机发送：68 21 21 68 02 00 6C 32 01 00 00 00 00 00 0E 00 06 05 01 12 0A 10 02 00 02 00 01 84 00 03 C0 00 04 00 10 88 66 35 16，向 VB120 开始写入 2 字节数据。

PLC 返回：E5。

上位机发送：10 02 00 5C 5E 16。

PLC 返回：68 12 12 68 00 02 08 32 03 00 00 00 00 00 02 00 01 00 00 05 01 FF 47 16。

查看如图 7-18 所示 PPI 协议写数据测试状态图表，VB120、VB121 的数值与写入数据一致。

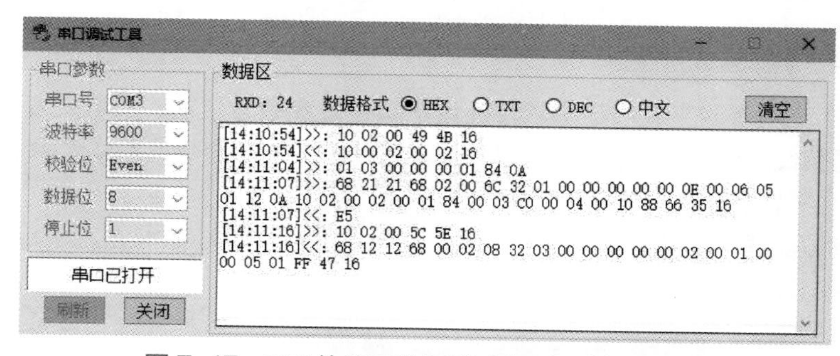

图 7-17　PPI 协议写数据测试串口调试软件截图

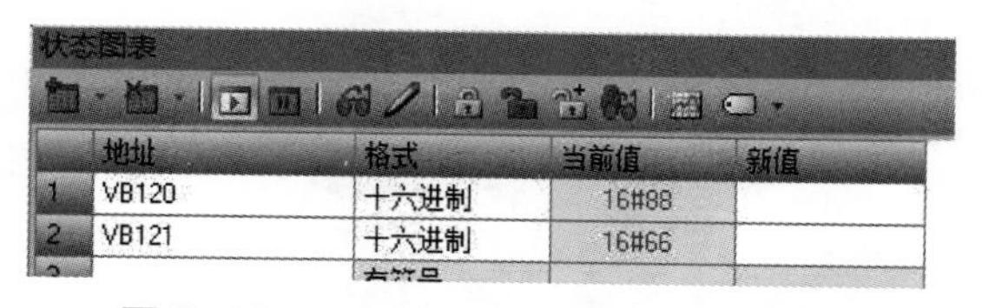

图 7-18　PPI 协议写数据测试状态图表

7.4　物联网远程监控 PLC 示例

7.4.1　有人物联 GPRS 数传终端 USR-G771

（1）USR-G771 简介

USR-G771 是一款 LTE 无线数传终端，其外形图见图 7-19，左上部是 GPRS 天线接口，需要外接 GPRS 天线，USB 接口一般用于升级固件程序，右上侧的 SIM 接口一般不用，USR-G771 内置电信贴片卡，出厂带 8 年流量（100M/ 月）。接线端子排用于接入直流工作电源和 RS485 通信线，电源电压范围为 DC 9 ～ 26V。

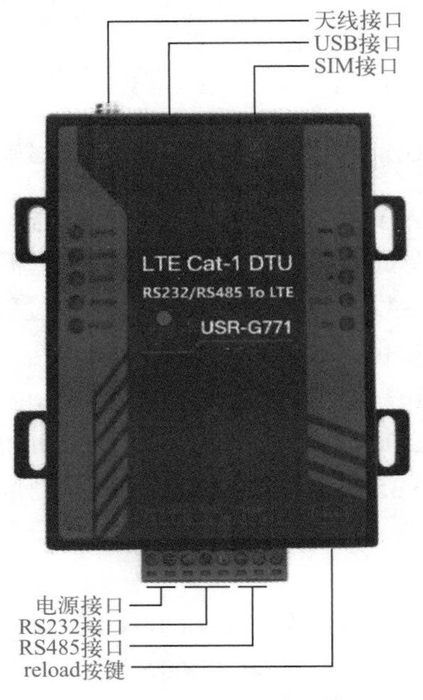

图 7-19　USR-G771 外形图

（2）USR-G771 参数设置

USR-G771 是用官网下载的配套软件通过串口进行参数设置的，参数设置前先接好电源线和 RS485 通信线。USR-G771 参数设置软件界面见图 7-20，参数设置步骤如下。

• 选择串口号，默认串口参数为：115200,n,8,1，打开串口。

• 单击【进入配置状态】按钮，软件自动发送 AT 指令，USR-G771 由上电后自动进入的通讯状态转为进入配置状态。

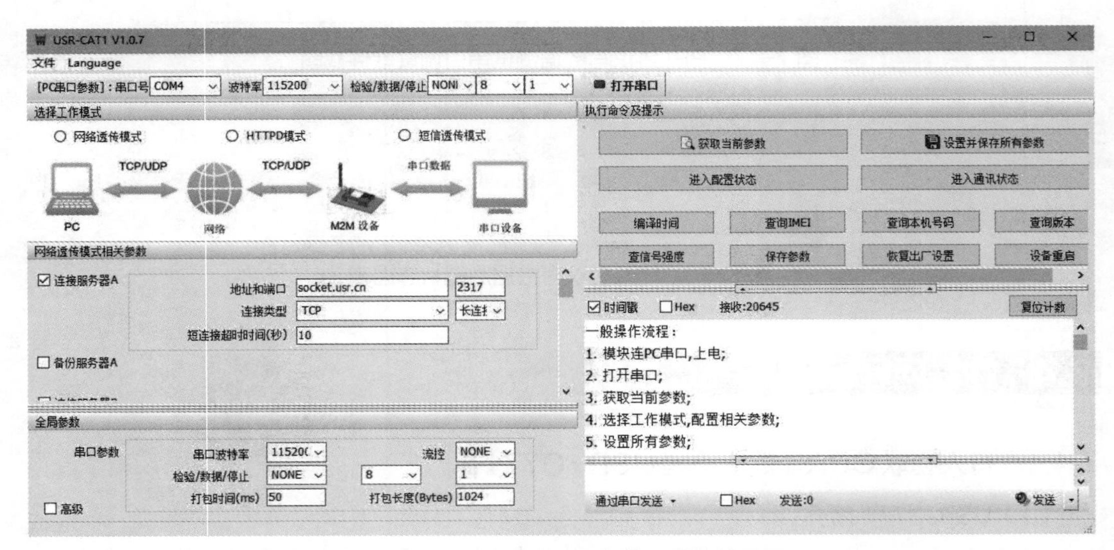

图 7-20　USR-G771 参数设置软件界面

• 单击【获取当前参数】按钮，显示出厂默认的服务器地址为 clouddata.usr.cn，端口为 2317。

•参数可使用出厂配置好的默认值，如有更改，更改后单击【设置并保存所有参数】按钮，软件发送 AT 指令，给 USR-G771 设置新参数。

7.4.2　物联网平台

（1）物联网平台作用

工业控制系统中 PLC 可经串口连接 USR-G771 实现联网，大多数连接以太网设备的 IP 地址是动态的，设备间无法直接建立连接，需要通过物联网服务器建立通信通道。物联网平台类似于微信平台，都是借助服务器建立客户端之间的通信连接。登录物联网平台的包括用户及用户所属的设备，用户登录是为了管理自己的设备，设备登录后可将数据保存到服务器上或实时传给其他已登录设备。

要实现物联网远程监控 PLC，以有人物联网为例，从物联网服务器所起到的作用方面看主要有两种方式：一种是透传模式，PLC、上位机或手机登录服务器后直接互相通信，上位机和手机端需要安装监控软件；第二种方式是“云组态”，在物联网服务器上组态，编辑监控画面，物联网服务器和 PLC 间通信，实时更新数据，上位机和手机登录服务器，以网页的模式监控 PLC，上位机不需要安装监控软件。

（2）注册后添加网关

打开网页 http://cloud.usr.cn/，进入有人云的用户注册 / 登录界面，初次使用先注册，后登录。登录有人云后依次单击【网关管理】→【网关列表】，进入添加网关界面，见图 7-21，添加了 1 个网关，添加网关时需要输入 USR-G771 背面标记的 SN 码和 IMEI 码，添加成功后如果 USR-G771 已经上电并接入有人云服务器，网关状态会显示“在线”。

图 7-21　添加网关界面

（3）远程监控 PLC 测试程序

远程监控 PLC 测试程序图 7-22，把 PLC 作为 MODBUS RTU 从站，从站地址为 1，通信参数与 USR-G771 一致，是 115200,n,8,1。PLC 程序符号表见图 7-23，流量、开度反馈、开度设置都是浮点数，启停控制是整数。

（4）设备管理

单击【设备管理】→【设备模板】，进入设备模板界面，见图 7-24，点击【添加】，进入如图 7-25 所示的编辑设备模板界面。

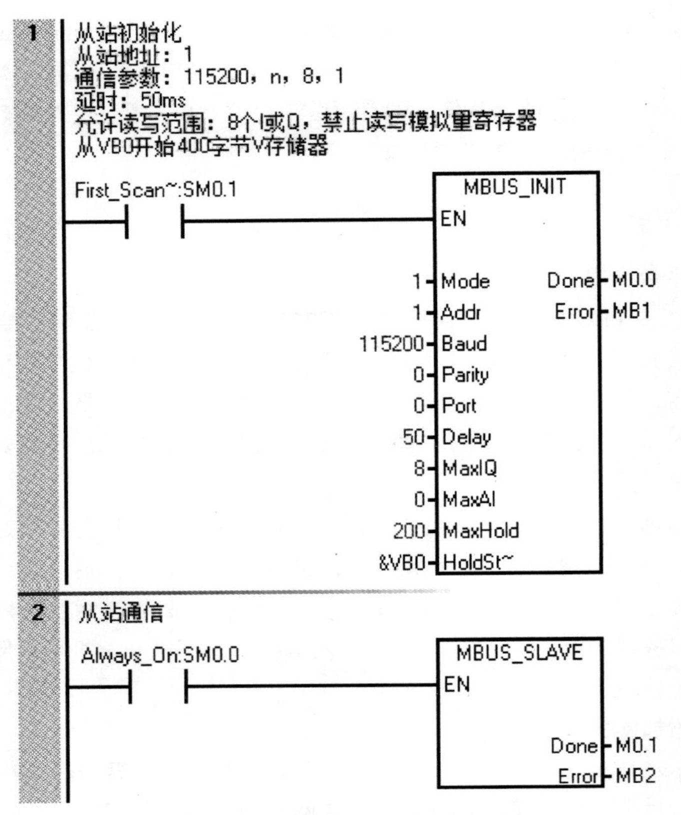

图 7-22 远程监控 PLC 测试程序

符号表

	符号	地址	注释
1	流量	VD100	浮点数
2	开度反馈	VD104	浮点数
3	开度设置	VD108	浮点数
4	启停控制	VW112	整数

图 7-23 远程监控 PLC 测试程序符号表

设备管理 > 设备模板

设备模板

请选择组织 请输入模板名称 查询 添加 批量删除

模板名称	所属组织	变量总数	关联设备数	采集方式	更新时间	操作
MODBUS	我的分组	4	1	云端轮询	2023-11-08 21:14:26	查看

图 7-24 设备模板界面

采集方式选择云端轮询，接着添加与远程监控 PLC 测试程序符号表对应的变量，这里需要注意 PLC 存储器和 MODBUS 地址之间的关系，流量 VD100 起始字节相对于 VB0 是第 100 个字节，50 个字，MODBUS 地址是以字为单位的，所以 PLC 中 VD100 转为 MODBUS 地址为 40051。

序号	变量名称	变量类型	数值类型	寄存器	读写
1	流量	直采变量	float-ABCD	40051	只读
2	开度反馈	直采变量	float-ABCD	40053	只读
3	开度设置	直采变量	float-ABCD	40055	读写
4	启停控制	直采变量	ushort	40057	读写

图 7-25　编辑设备模板界面

单击【设备管理】→【设备列表】，进入设备列表界面，见图 7-26，单击添加设备，进入如图 7-27 所示的编辑设备界面，填写名称和所属组织，然后选择已编辑好的设备模板和网关，完成设备添加工作。

设备列表

请选择组织　请选择设备状态　请选择标签　请输入设备名称　查询　添加设备

	设备状态	设备名称	编号	所属组织	网关	设备模板
	在线	CPU_ST20	0000007509000001	我的分组	PLC远程控制	MODBUS

图 7-26　设备列表界面

（5）组态设计

单击【组态管理】→【模板组态】，进入模板组态界面，见图 7-28，添加“PLC 远程监控测试”模板，单击模板的【组态设计】，进入如图 7-29 所示的组态设计界面，单击【组态分享】会生成二维码，手机扫描该二维码可以进入监控界面。

在组态界面中运用其中的元件库和图库编辑画面，然后将其中元件关联到数据源，例如流量的变量值关联到组态好的变量“流量”，停止、运行按钮分别向启停控制变量写入 0 和 1。PC 端组态完接着组态手机端的，既可以用 PC 也可以用手机查看监控界面。

设备管理 > 设备列表 > 编辑设备

编辑设备

基本信息

* 设备名称　CPU_ST20

* 所属组织　我的分组

设备描述　西门子PLC

设备标签　添加标签

数据设置

关联设备模板　MODBUS　删除　选择模板

* 串口序号　1

* 从机地址　1

联网设置

关联网关　PLC远程控制

图 7-27　编辑设备界面

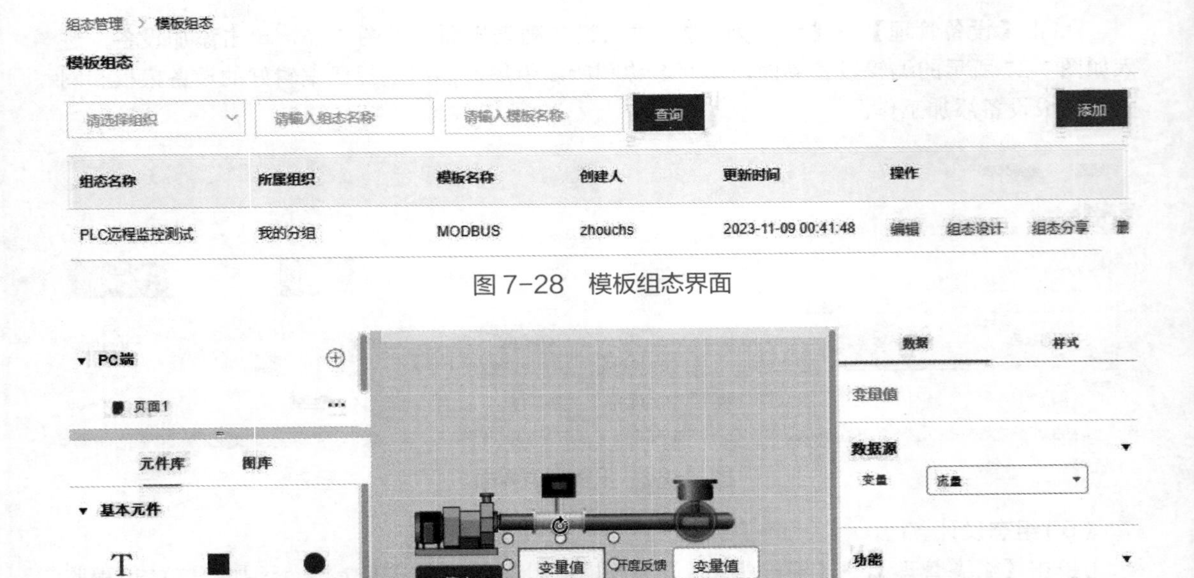
组态管理 > 模板组态

模板组态

请选择组织　请输入组态名称　请输入模板名称　查询　添加

组态名称	所属组织	模板名称	创建人	更新时间	操作
PLC远程监控测试	我的分组	MODBUS	zhouchs	2023-11-09 00:41:48	编辑　组态设计　组态分享

图 7-28　模板组态界面

图 7-29　组态设计界面

7.4.3　远程监控测试

USR-G771 连接好 PLC 的 RS485 接口，PLC 运行后登录有人云控制台，远程监控测试效果见图 7-30，在状态图表中给流量和开度反馈设置数值，PC 端界面和手机端界面显示对应的变量数值，修改开度设置或启停操作，状态图表中对应的寄存器数据会随之变化。

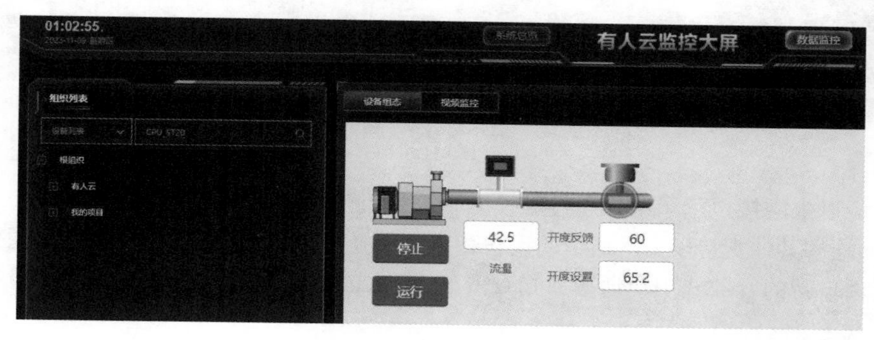

(a) PC监控界面

(b) 手机监控界面

状态图表

	地址	格式	当前值
1	流量:VD100	浮点	42.5
2	开度反馈:VD104	浮点	60.0
3	开度设置:VD108	浮点	65.2
4	启停控制:VW112	有符号	+1

(c) PLC状态图表

图 7-30　远程监控测试效果

第8章 PLC以太网通信

PLC的以太网接口除了用于连接触摸屏和编程用计算机，还可以连接其他PLC（包括不同品牌）、连接其他支持以太网通信的设备和监控计算机。S7-200 SMART以太网通信编程使用编程软件自带的开放式用户通信库指令或MODBUS TCP库指令，开放式用户通信库指令的应用范围更广泛些。

8.1 开放式以太网通信

8.1.1 以太网通信基础

以太网通信方式主要有http通信和Socket通信两种，http连接多用于网页浏览，传输数据量较大，工控设备间网络通信多使用Socket通信，特点是报文短，传输效率高、响应快。Socket又称套接字，用于描述IP地址和端口，PLC可以通过Socket向网络发出请求或者应答网络请求，通信双方建立socket连接，就建立起数据传输通道，Socket的使用可以基于TCP或UDP协议。

TCP（Tranfer Control Protocol）是一种面向连接的保证可靠传输的协议。通过TCP协议通信的两端分别称为客户端和服务端，服务端对指定端口进行监听，等待建立连接，客户端则创建1个Socket去连接服务端，服务端监听到连接请求后返回应答报文，建立连接后可进行双向数据传输。

UDP（User Datagram Protocol）是一种无连接的协议，每个数据报文都包括完整的源地址或目的地址，但能否传到目的地址以及内容的正确性都是不能被保证的，实际使用时可在数据报文中加入校验，通过软件保证报文的正确性。通过UDP协议发送数据需指定本地端口、远程IP地址和端口，通过UDP协议接收数据时会同时收到数据所属设备的IP地址和端口。

8.1.2 开放式用户通信库指令

开放式用户通信库指令见表8-1，包括创建连接指令、数据传输（发送/接收）指令和断开连接指令。连接类型分TCP和UDP，根据通信对象的通信协议进行选择。

8.1.3 TCP客户端通信测试

（1）测试方案

PLC（IP地址：192.168.2.1，端口：6080）作为客户端连接上位机（IP地址：192.168.2.10，端口：8080），建立连接后每秒向上位机发送8字节数据，建立接收缓冲区接收上位机发来的数据。

表8-1　开放式用户通信库指令

指令	梯形图	说明
TCP 连接	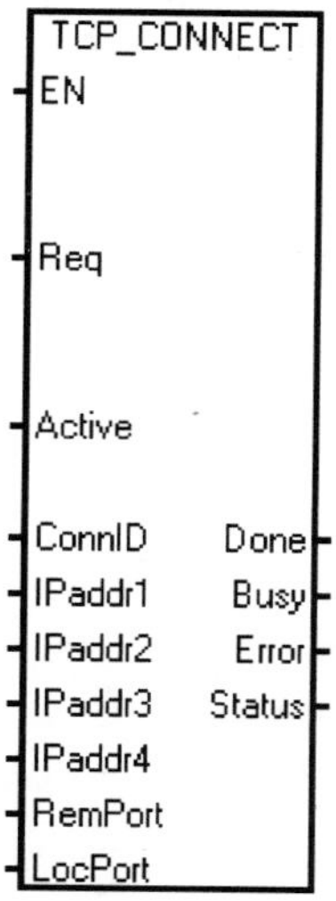 TCP_CONNECT EN Req Active ConnID　Done IPaddr1　Busy IPaddr2　Error IPaddr3　Status IPaddr4 RemPort LocPort	EN：使能输入。 Req：1——启动连接，0——输出显示连接状态。 Active：1——主动连接，客户端，0——被动连接，服务端。 ConnID：连接 ID，范围：0 ~ 65534。 IPaddr1 ~ 4：远程设备 IP 地址。 RemPort：远程设备端口号。 LocPort：本地设备端口号。 Done：连接完成标志。 Busy：Busy 输出。 Error：错误标志。 Status：错误代码，详见表 8-2
ISO 连接	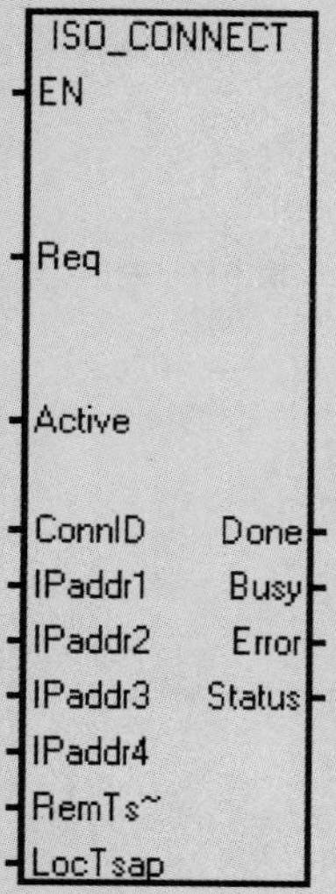 ISO_CONNECT EN Req Active ConnID　Done IPaddr1　Busy IPaddr2　Error IPaddr3　Status IPaddr4 RemTs~ LocTsap	EN：使能输入。 Req：1——启动连接，0——输出显示连接状态。 Active：1——主动连接，客户端，0——被动连接，服务端。 ConnID：连接 ID，范围：0 ~ 65534。 IPaddr1 ~ 4：远程设备 IP 地址。 RemTsap：远程 TSAP 字符串。 LocTsapt：本地 TSAP 字符串。 Done：连接完成标志。 Busy：Busy 输出。 Error：错误标志。 Status：错误代码，详见表 8-2
UDP 连接	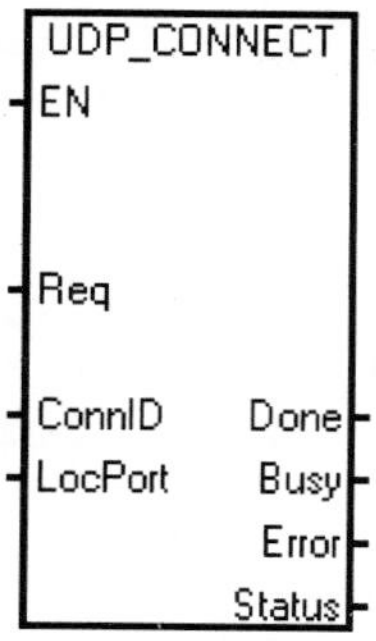 UDP_CONNECT EN Req ConnID　Done LocPort　Busy Error Status	EN：使能输入。 Req：1——启动连接，0——输出显示连接状态。 ConnID：连接 ID，范围：0 ~ 65534。 LocPort：本地设备端口号，范围：1 ~ 49151。 Done：连接完成标志。 Busy：Busy 输出。 Error：错误标志。 Status：错误代码，详见表 8-2

续表

指令	梯形图	说明
TCP 发送	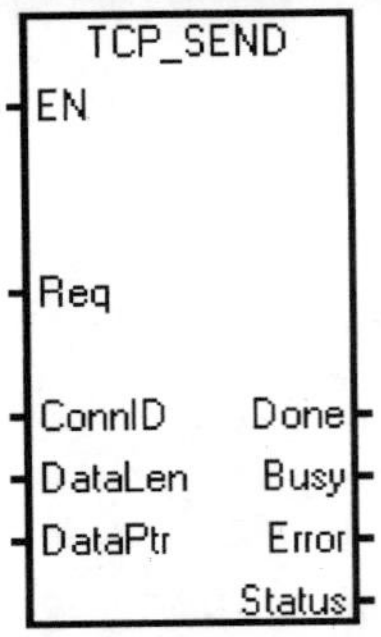 TCP_SEND EN Req ConnID Done DataLen Busy DataPtr Error Status	EN：使能输入。 Req：1——启动发送，0——输出显示发送状态。 ConnID：连接 ID，范围：0 ~ 65534。 DataLen：发送字节数，范围：1 ~ 1024。 DataPtr：待发送数据的起始地址指针。 Done：连接完成标志。 Busy：Busy 输出。 Error：错误标志。 Status：错误代码，详见表 8-2
TCP 接收	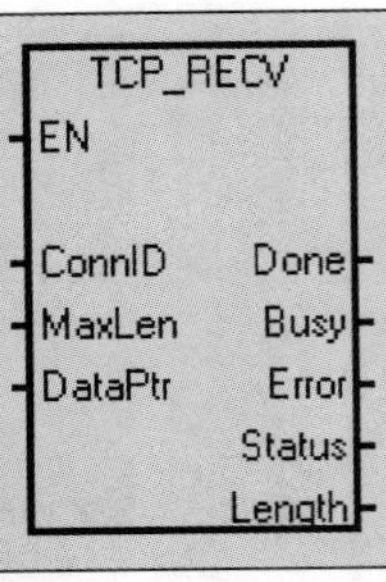 TCP_RECV EN ConnID Done MaxLen Busy DataPtr Error Status Length	EN：使能输入。 ConnID：连接 ID，范围：0 ~ 65534。 MaxLen：要接收的最大字节数。 DataPtr：接收数据的起始地址指针。 Done：连接完成标志。 Busy：Busy 输出。 Error：错误标志。 Status：错误代码，详见表 8-2。 Length：实际接收字节数
UDP 发送	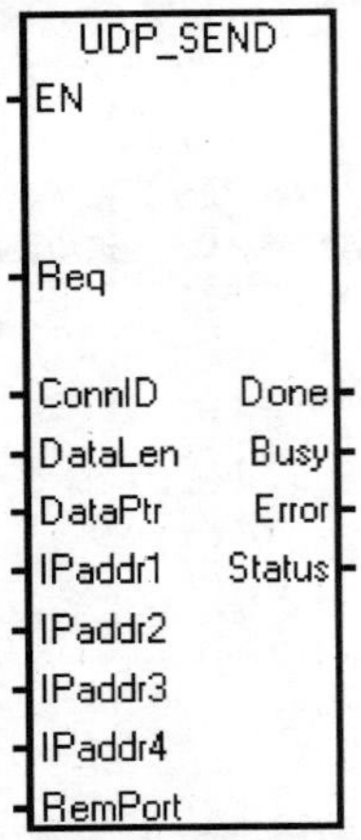 UDP_SEND EN Req ConnID Done DataLen Busy DataPtr Error IPaddr1 Status IPaddr2 IPaddr3 IPaddr4 RemPort	EN：使能输入。 Req：1——启动发送，0——输出显示发送状态。 ConnID：连接 ID，范围：0 ~ 65534。 DataLen：发送字节数，范围：1 ~ 1024。 DataPtr：待发送数据的起始地址指针。 IPaddr1 ~ 4：远程设备 IP 地址。 RemPort：远程设备端口号。 Done：连接完成标志。 Busy：Busy 输出。 Error：错误标志。 Status：错误代码，详见表 8-2
UDP 接收	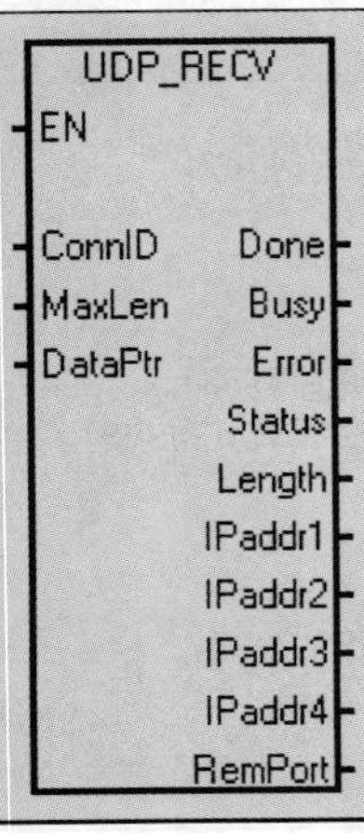 UDP_RECV EN ConnID Done MaxLen Busy DataPtr Error Status Length IPaddr1 IPaddr2 IPaddr3 IPaddr4 RemPort	EN：使能输入。 ConnID：连接 ID，范围：0 ~ 65534。 MaxLen：要接收的最大字节数。 DataPtr：接收数据的起始地址指针。 Done：连接完成标志。 Busy：Busy 输出。 Error：错误标志。 Status：错误代码，详见表 8-2。 Length：实际接收字节数。 Paddr1 ~ 4：远程设备 IP 地址。 RemPort：远程设备端口号

续表

指令	梯形图	说明
断开连接	DISCONNECT EN Req Conn_ID　Done Busy Error Status	EN：使能输入。 Req：1——启动断开连接。 ConnID：连接 ID，范围：0 ~ 65534。 Done：连接完成标志。 Busy：Busy 输出。 Error：错误标志。 Status：错误代码，详见表 8-2

表8-2　开放式用户通信库指令错误代码

代码	说明	连接	发送	接收	断开
0	无错误	X	X	X	X
1	数据长度输入参数大于允许的最大值（1024 字节）		X	X	
2	数据缓冲区未处于 I、Q、M 或 V 存储区		X	X	
3	数据缓冲区不适合存储区		X	X	
5	连接在另一上下文中被锁定。正在尝试同时在背景（Main 程序）和中断程序组织单元（POU）中访问同一连接	X	X	X	X
6	UDP IP 地址或端口错误		X		
7	实例不符：在另一实例中连接为忙，或是当发起请求时，为所请求的连接 ID 保存的数据与输入数据不符	X	X	X	X
8	连接 ID 不存在，因为从未创建连接，或连接已由程序通过 DISCONNECT 指令终止	X	X	X	X
9	TCP_CONNECT、ISO_CONNECT 或 UDP_CONNECT 指令正使用此连接 ID 执行		X	X	X
10	DISCONNECT 指令正使用此连接 ID 执行	X	X	X	
11	TCP_SEND 或 UDP_SEND 指令正使用此连接 ID 执行		X		X
12	发生了临时通信错误。此时无法启动连接。再试一次	X	X	X	
13	连接伙伴拒绝或主动终止了连接。伙伴发出与此 CPU 断开连接的命令	X	X	X	
14	CPU 无法访问连接伙伴。连接请求无应答	X	X	X	
15	由于存在不一致问题 CPU 中止了连接。断开并重新连接以纠正这种情况	X	X	X	X
16	连接 ID 已与不同的 IP 地址、端口或 TSAP 组合配合使用	X			
17	没有连接资源可用。所有请求类型（主动 / 被动）的连接都在使用中	X			
18	本地或远程端口号被保留，或端口号已用于另一服务器（被动）连接	X			
19	已发生以下 IP 地址错误之一： IP 地址无效（例如，地址 0.0.0.0）。 该 IP 地址是此 CPU 的 IP 地址。 该 CPU 地址为 0.0.0.0。 IP 地址为广播地址或多播地址	X			
20	本地或远程 TSAP 错误（仅 ISO-on-TCP）	X			
21	连接 ID 无效（65535 保留）	X			

续表

代码	说明	连接	发送	接收	断开
24	没有待决操作，因此没有要报告的状态		X		X
25	接收缓冲区过小：CPU 接收的字节数超出缓冲区支持的长度。CPU 丢弃额外的字节			X	
31	未知错误。断开并重新连接以解决问题	X	X	X	X

（2）测试程序

TCP 客户端通信测试程序见图 8-1，第 1 段程序建立 TCP 连接，第 2 段程序发送数据，第 3 段程序接收数据。开放式用户通信库存储器分配见图 8-2，设定起始地址 VB0，从起始地址开始的 50 个 V 存储器就被占用了，程序中不要再使用。

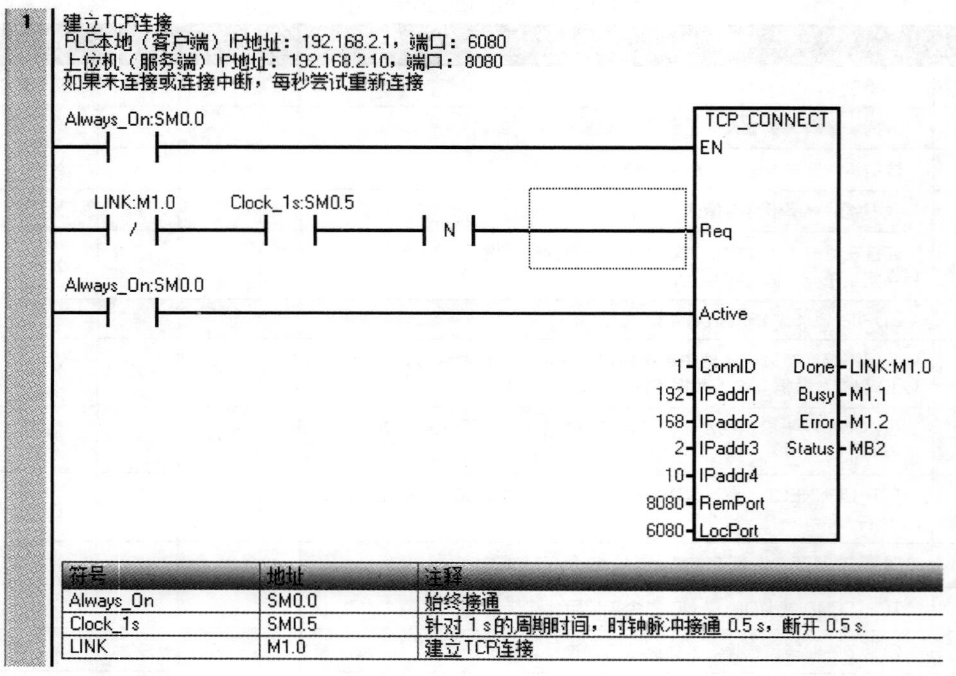

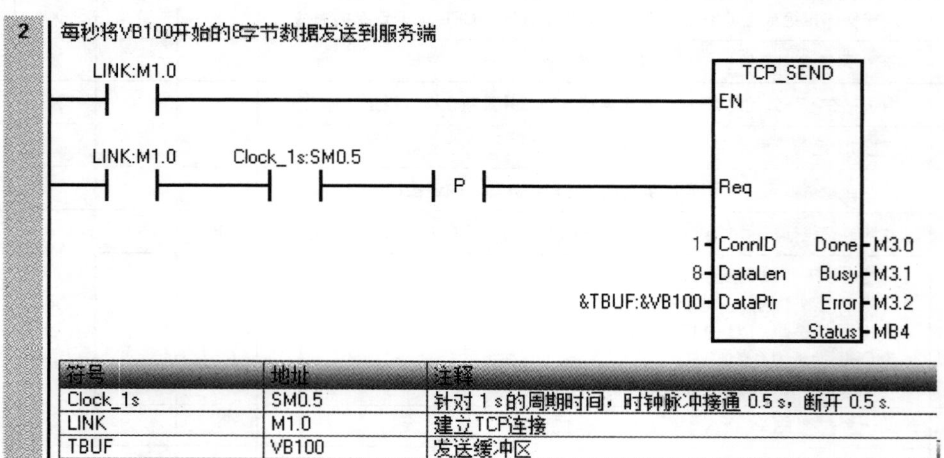

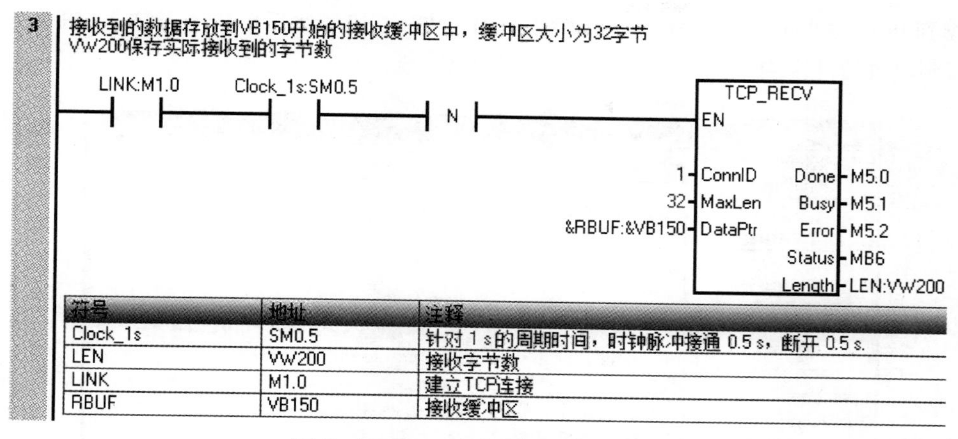

图 8-1　TCP 客户端通信测试程序

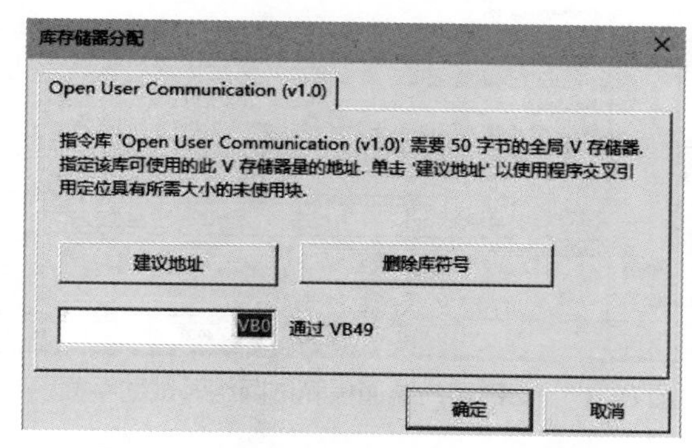

图 8-2　开放式用户通信库存储器分配

（3）测试结果

TCP 客户端通信测试程序编译通过后下载到 PLC，上位机用网络调试助手软件与 PLC 进行通信测试。TCP 客户端通信测试状态图表见图 8-3，在图表 1 中将发送缓冲区置数，在图表 2 中观察上位机发来的数据。

状态图表（图表 1）

	地址	格式	当前值
2	TBUF:VB100	十六进制	16#60
3	VB101	十六进制	16#61
4	VB102	十六进制	16#62
5	VB103	十六进制	16#63
6	VB104	十六进制	16#64
7	VB105	十六进制	16#65
8	VB106	十六进制	16#66
9	VB107	十六进制	16#67

状态图表（图表 2）

	地址	格式	当前值
1	LEN:VW200	有符号	+5
2	RBUF:VB150	十六进制	16#81
3	VB151	十六进制	16#82
4	VB152	十六进制	16#83
5	VB153	十六进制	16#84

图 8-3　TCP 客户端通信测试状态图表

TCP 客户端通信测试网络调试助手截图见图 8-4，选择协议类型为“TCP Server”，本地主机端口设为 8080，打开后从数据日志可以看到“Client 192.168.2.1:6080 gets online.”，表示 PLC 已经和上位机建立连接，“RECV HEX FROM 192.168.2.1 :6080>60 61 62 63 64 65 66 67”

表示收到 PLC 发来的数据。在发送区输入“8182838485”，然后单击【发送】，在图表 2 中可观察到接收缓冲区中的数据与上位机发来的数据一致。

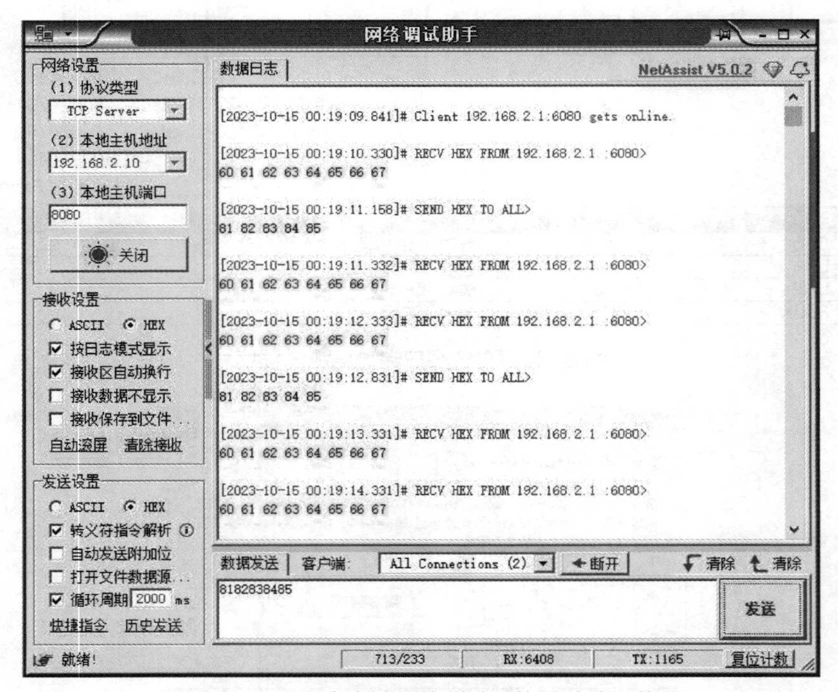

图 8-4 TCP 客户端通信测试网络调试助手截图

8.1.4 TCP服务端通信测试

（1）测试方案

PLC（IP 地址：192.168.2.1，端口：6080）作为服务端等待上位机（IP 地址：192.168.2.10）来连接，上位机作为客户端是不要求具体端口的，上位机端口初始化时是 8080，实际连接时随意。建立连接后 PLC 每秒向上位机发送 8 字节数据，建立接收缓冲区接收上位机发来的数据。

（2）测试程序

TCP 服务端通信测试程序见图 8-5，第 1 段程序建立 TCP 连接，第 2 段程序发送数据，第 3 段程序接收数据，开放式用户通信库存储器分配同图 8-2。服务端和客户端程序的主要区别是服务端 TCP 连接 Active 输入为低电平。

（3）测试结果

TCP 服务端通信测试程序编译通过后下载到 PLC，上位机用网络调试助手软件与 PLC 进行通信测试。TCP 服务端通信测试状态图表见图 8-6，在图表 1 中将发送缓冲区置数，在图表 2 中观察上位机发来的数据。

TCP 服务端通信测试网络调试助手截图见图 8-7，选择协议类型为“TCP Client”，远程主机地址即 PLC 的 IP 地址：192.168.2.1，端口设为 6080，打开后从数据日志可以看到“The server is connected from local 192.168.2.10:1699”，表示上位机已经和 PLC 建立连接，“RECV HEX>10 11 12 13 14 15 16 17”表示收到 PLC 发来的数据。在发送区输入“2021222324252627 2829”，然后单击【发送】，在图表 2 中可观察到接收缓冲区中的数据与上位机发来的数据一致。

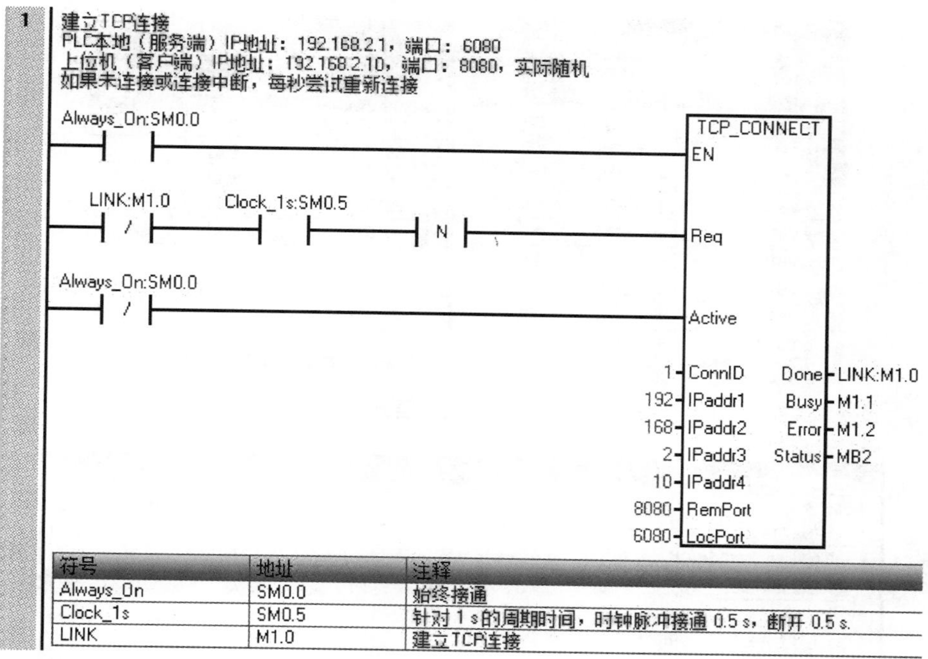

符号	地址	注释
Always_On	SM0.0	始终接通
Clock_1s	SM0.5	针对 1 s的周期时间，时钟脉冲接通 0.5 s，断开 0.5 s.
LINK	M1.0	建立TCP连接

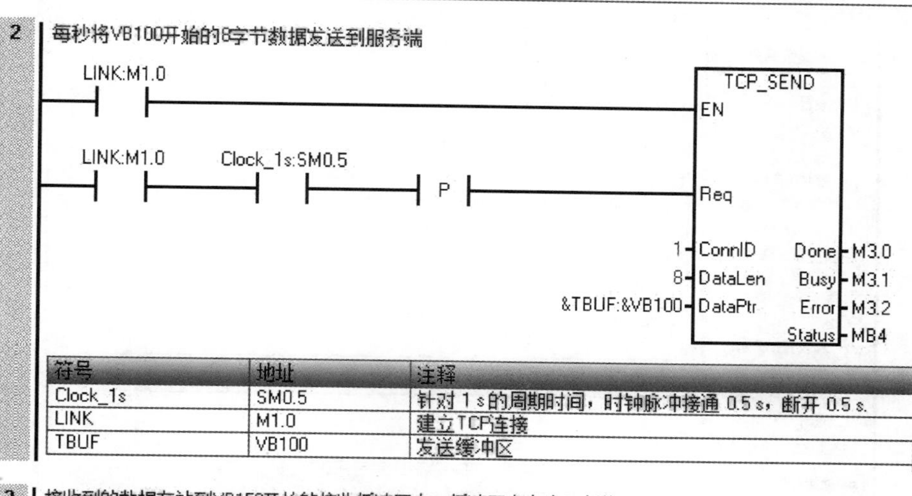

符号	地址	注释
Clock_1s	SM0.5	针对 1 s的周期时间，时钟脉冲接通 0.5 s，断开 0.5 s.
LINK	M1.0	建立TCP连接
TBUF	VB100	发送缓冲区

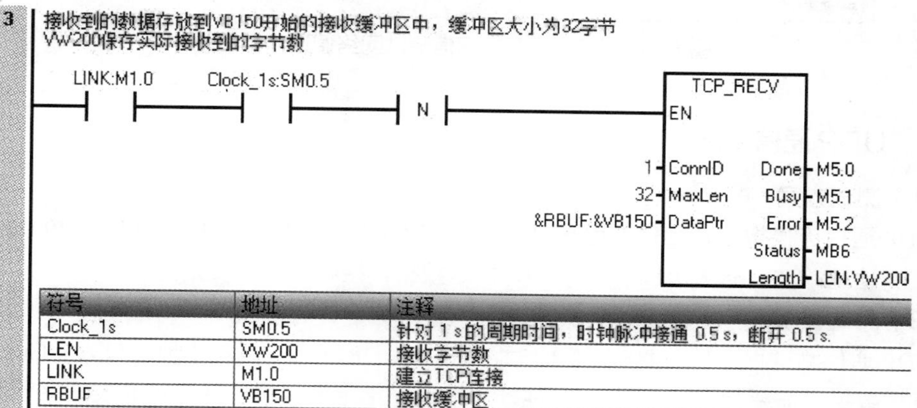

符号	地址	注释
Clock_1s	SM0.5	针对 1 s的周期时间，时钟脉冲接通 0.5 s，断开 0.5 s.
LEN	VW200	接收字节数
LINK	M1.0	建立TCP连接
RBUF	VB150	接收缓冲区

图 8-5　TCP 服务端通信测试程序

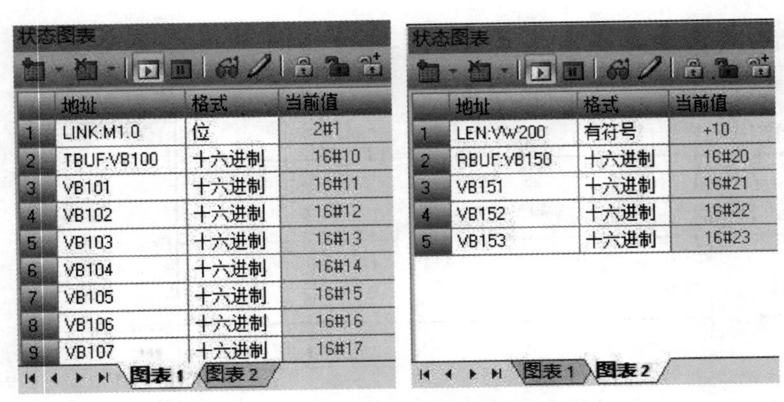

图 8-6 TCP 服务端通信测试状态图表

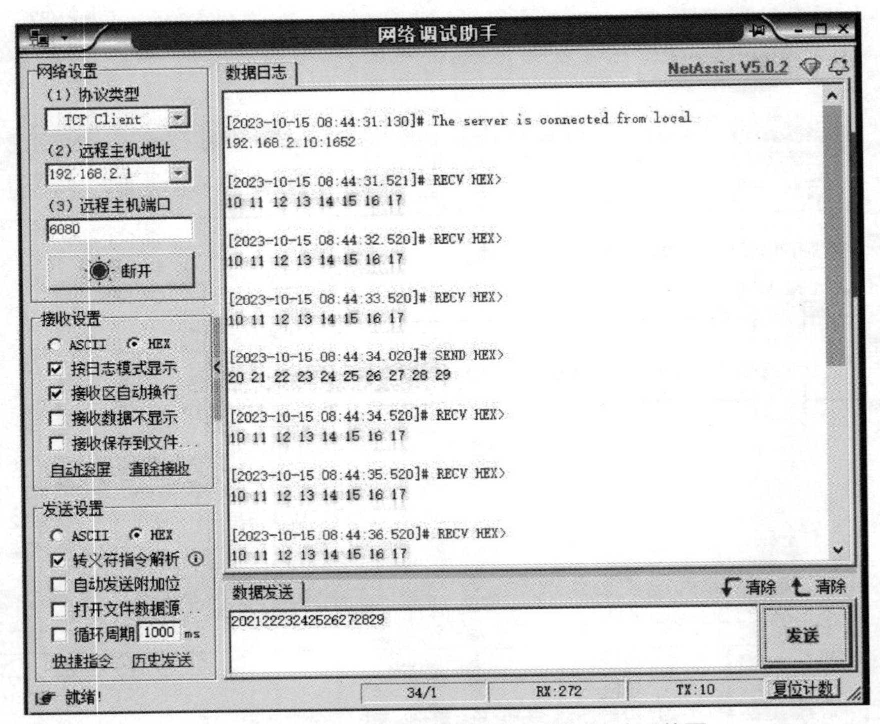

图 8-7 TCP 服务端通信测试网络调试助手截图

8.1.5 UDP通信测试

(1)测试方案

UDP 通信连接指令初始化本地端口，PLC（IP 地址：192.168.2.1，端口：6080）定时向上位机（IP 地址：192.168.2.10，端口 8080）发送数据，接收上位机发来的数据。

(2)测试程序

UDP 通信测试程序见图 8-8，第 1 段程序建立 UDP 连接，设置本地端口为 6080，第 2 段程序发送数据，需要指定远程设备 IP 地址和端口，指定发送缓冲区地址和发送字节数，第 3 段程序接收数据，指定接收缓冲区地址和最大接收字节数。开放式用户通信库存储器分配同图 8-2。

1

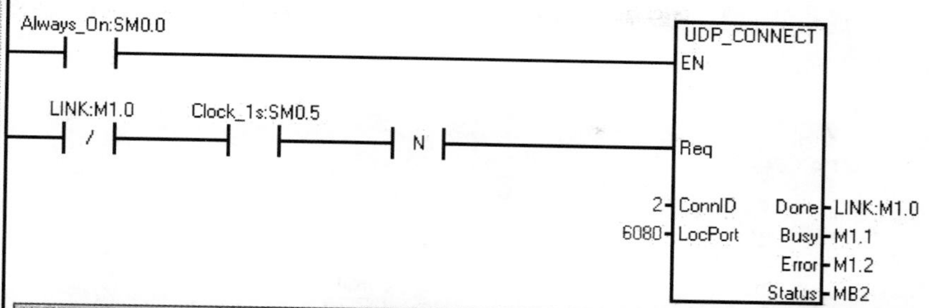

符号	地址	注释
Always_On	SM0.0	始终接通
Clock_1s	SM0.5	针对 1 s的周期时间，时钟脉冲接通 0.5 s，断开 0.5 s.
LINK	M1.0	建立TCP连接

2

每秒将VB100开始的8字节数据发送到:192.168.2.10:8080

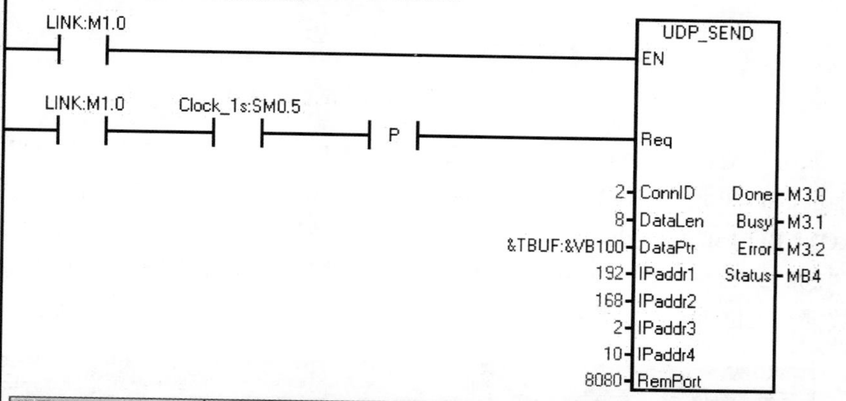

符号	地址	注释
Clock_1s	SM0.5	针对 1 s的周期时间，时钟脉冲接通 0.5 s，断开 0.5 s.
LINK	M1.0	建立TCP连接
TBUF	VB100	发送缓冲区

3

接收到的数据存放到VB150开始的接收缓冲区中，缓冲区大小为32字节
VW200保存实际接收到的字节数
VB300开始保存远程IP地址和端口

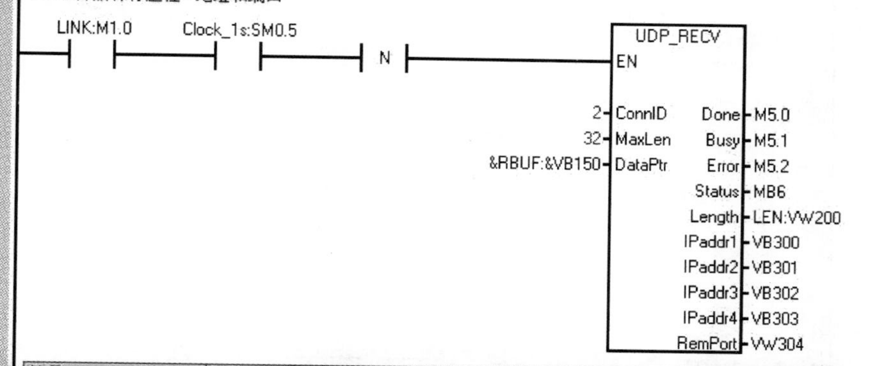

符号	地址	注释
Clock_1s	SM0.5	针对 1 s的周期时间，时钟脉冲接通 0.5 s，断开 0.5 s.
LEN	VW200	接收字节数
LINK	M1.0	建立TCP连接
RBUF	VB150	接收缓冲区

图 8-8　UDP 通信测试程序

（3）测试结果

UDP 通信测试程序编译通过后下载到 PLC，上位机用网络调试助手软件与 PLC 进行通信测试。UDP 通信测试状态图表见图 8-9，在图表 1 中将发送缓冲区置数，在图表 2 中观察上位机发来的数据。

状态图表（图表 1）

	地址	格式	当前值
1	LINK:M1.0	位	2#1
2	TBUF:VB100	十六进制	16#01
3	VB101	十六进制	16#02
4	VB102	十六进制	16#03
5	VB103	十六进制	16#04
6	VB104	十六进制	16#05
7	VB105	十六进制	16#06
8	VB106	十六进制	16#07
9	VB107	十六进制	16#08

状态图表（图表 2）

	地址	格式	当前值
1	VB300	无符号	192
2	VB301	无符号	168
3	VB302	无符号	2
4	VB303	无符号	10
5	VW304	有符号	+8080
6	LEN:VW200	有符号	+10
7	RBUF:VB150	十六进制	16#20
8	VB151	十六进制	16#21
9	VB152	十六进制	16#22
10	VB153	十六进制	16#23

图 8-9　UDP 通信测试状态图表

TCP 服务端通信测试网络调试助手截图见图 8-10，选择协议类型为“UDP”，本地主机地址即上位机的 IP 地址：192.168.2.10，端口设为 8080，打开后从数据日志可以看到“ RECV HEX FROM 192.168.2.1 :6080>01 02 03 04 05 06 07 08”，表示收到 PLC 发来的数据。在发送区输入“20212223242526272829”，然后单击【发送】，在 PLC 图表 2 中可观察到接收缓冲区中的数据与上位机发来的数据一致。

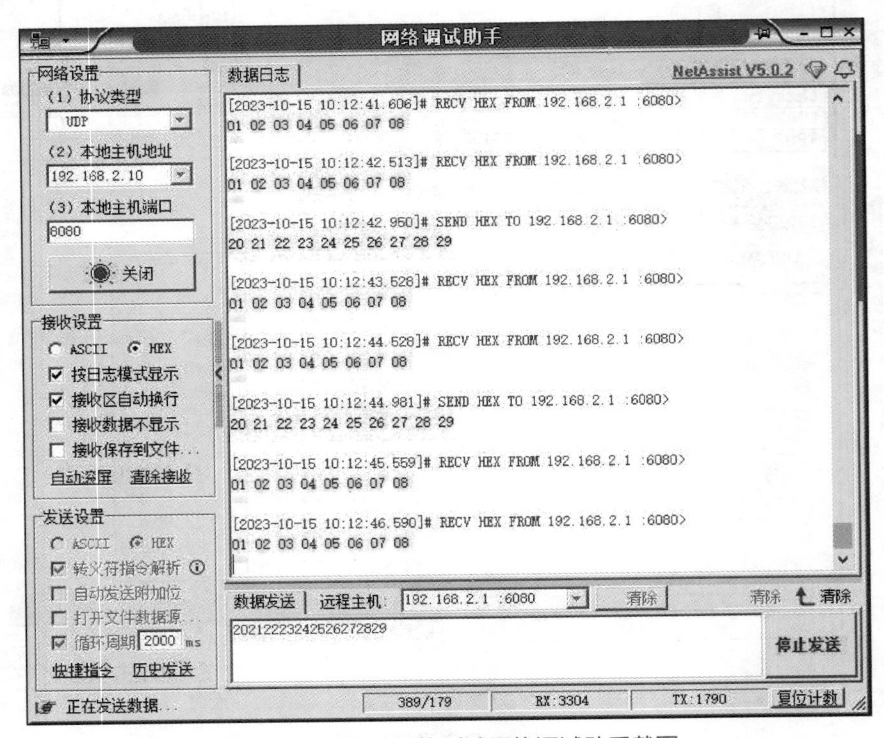

图 8-10　TCP 通信测试网络调试助手截图

8.2 MODBUS TCP 通信

8.2.1 MODBUS TCP 库指令

MODBUS TCP 协议是在以太网上应用的 MODBUS 协议，与 RS485 网络的 MODBUS 协议相比变化不大，只是在 MODBUS 报文前加了 6 个字节，由于 TCP 报文有校验，所以在后面省去了 2 个字节的 CRC 校验，增加的 6 个字节代表：

❶ 事务处理标识符高字节；

❷ 事务处理标识符低字节，主机的事务处理标识符不断变化，从机必须与其一致；

❸ 协议标识符高字节；

❹ 协议标识符低字节，一般为 0x0000；

❺ 数据长度高字节，为 0，要求数据长度小于 256；

❻ 数据长度低字节，后面数据字节数量。

根据以上规则，使用开放式用户通信库指令编程可以实现 MODBUS TCP 协议，STEP 7 Micro/WIN SMART 提供了 MODBUS TCP 库指令，可以直接调用库指令与支持 MODBUS TCP 协议的设备通信。

MODBUS TCP 库指令见表 8-3，MODBUS TCP 客户端指令一般用于与设备通信，MODBUS TCP 服务端指令一般用于和上位机通信。

表8-3　MODBUS TCP库指令

指令	梯形图	说明
MODBUS TCP 客户端	MBUS_CLIENT EN Req Connect IPAddr1　Done IPAddr2　Error IPAddr3 IPAddr4 IP_Port RW Addr Count DataPtr	EN：使能输入。 Req：1——发送 Modbus 请求。 Connect：1——建立连接，0——断开连接。 IPaddr1 ~ 4：远程设备 IP 地址。 IP_Port：远程设备端口号，MODBUS 协议默认值 502。 RW：1——写入，0——读取。 Addr：MODBUS 寄存器地址。 Count：MODBUS 寄存器数量。 DataPtr：数据缓冲区的起始地址指针。 Done：连接完成标志。 Error：错误代码，见表 8-4
MODBUS TCP 服务端	MBUS_SERVER EN Connect IP_Port　Done MaxIQ　Error MaxAI MaxHold HoldStart	EN：使能输入。 Connect：1——建立连接，0——断开连接。 IP_Port：本地设备端口号，MODBUS 协议默认值 502。 MaxIQ：设置 Modbus 地址 0xxxx 和 1xxxx 可用的 I 和 Q 点数。 MaxAI：用于设置 Modbus 地址 3xxxx 可用的字输入寄存器数。 MaxHold：用于设置 Modbus 地址 4xxxx 可访问的 V 存储器数。 HoldStart：可访问 V 存储器的起始地址。 Done：连接完成标志。 Error：错误代码，见表 8-5

表8-4 MODBUS TCP客户端错误代码

代码	说明
0	无错误
32	未知状态，检查网络连接，查看程序
33	连接正忙于另一个请求
34	Addr 输入是非法值
35	Count 输入是非法值
36	RW 输入是非法值
37	请求的事务 ID 与服务器的响应不匹配
38	从服务器收到无效的协议 ID
39	服务器发送的字节数与“Count”输入值不匹配
40	请求的单元标识符与服务器的响应不匹配
41	请求的功能代码与服务器的响应不匹配
42	服务器发送的数据与 MODBUS TCP 写入功能请求的数据不匹配
43	接收超时：服务器在 mReceiveTimeout 时间段内没有响应
44	输入值与激活请求的值不匹配
45	Modbus 数据寄存器范围超出 V 存储器范围

表8-5 MODBUS TCP服务端错误代码

代码	说明
0	无错误
32	未知状态，检查网络连接，查看程序
33	输入 MaxIQ 的值无效
34	输入 MaxAI 的值无效
35	输入 MaxHold 的值无效
36	HoldStart 输入不在 V 存储器中或超出 V 存储器范围
37	保持寄存器与 Modbus 服务器符号重叠
38	输入值与当前连接的值不匹配

MBUS_CLIENT 指令使用 RW 输入指示读取或写入功能，使用 Addr 输入定义要读取或写入的数据类型。MODBUS TCP 功能码见表 8-6，显示了 MBUS_CLIENT 指令根据 RW 和 Addr 输入参数提供的 Modbus 功能。

8.2.2 MODBUS TCP客户端通信测试

（1）测试方案

PLC（IP 地址：192.168.2.1，端口：6080）作为客户端连接远程服务端（IP 地址：192.168.2.10）的 502 端口，读取 MODBUS 地址为 0（40001）开始的 10 个寄存器，保存到 VB100 开始的数据缓冲区。

表8-6　MODBUS TCP功能码

功能码	功能	RW	Addr	Count	CPU 地址
01	读取位	0	00001 ~ 09999	1 ~ 1920 位	Q0.0 ~ Q1151.7
02	读取位	0	10001 ~ 19999	1 ~ 1920 位	I0.0 ~ I1151.7
03	读取字	0	40001 ~ 49999	1 ~ 120 字	V 存储器
04	读取字	0	30001 ~ 39999	1 ~ 120 字	AIW0 ~ AIW110
05	写入单个位	1	00001 ~ 09999	1 位	Q0.0 ~ Q1151.7
06	写入单个字	1	40001 ~ 49999	1 个字	V 存储器
15	写入多个位	1	00001 ~ 09999	1 ~ 1920 位	Q0.0 ~ Q1151.7
16	写入多个字	1	40001 ~ 49999	1 ~ 120 字	V 存储器

（2）测试程序

MODBUS TCP 客户端通信测试程序见图 8-11，用常闭点始终使能 MODBUS TCP 客户端指令，用 M0.0 控制建立连接，每秒读取一次数据。MODBUS TCP 客户端通信库存储器分配见图 8-12，占用 662 字节的全局 V 存储器，起始地址设的是 VB1000。

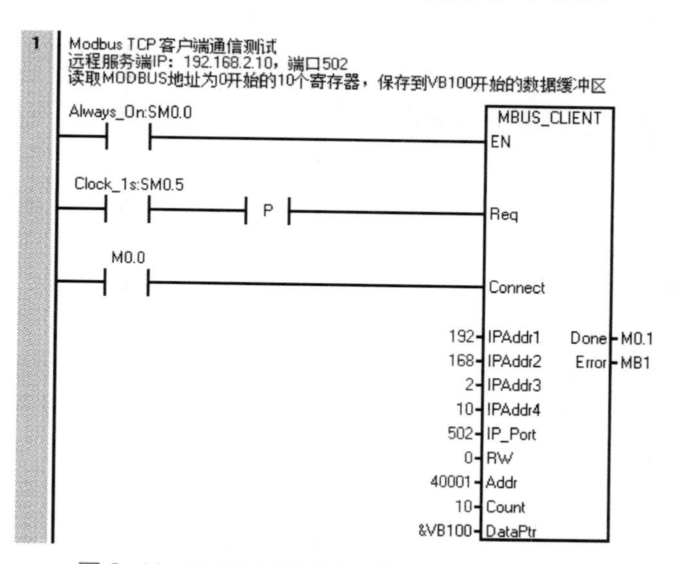

图 8-11　MODBUS TCP 客户端通信测试程序

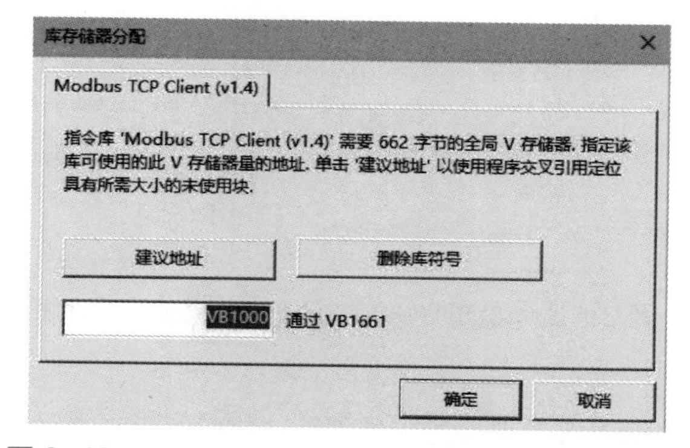

图 8-12　MODBUS TCP 客户端通信库存储器分配

（3）测试结果

MODBUS TCP 客户端通信测试网络调试助手截图见图 8-13，用网络调试助手模拟设备，选择协议类型为“TCP Server”，本地主机 IP 地址：192.168.2.10，端口 502，打开后从数据日志可以看到 PLC 与网络调试助手建立连接，并发来报文“00 20 00 00 00 06 FF 03 00 00 00 0A”读取数据。在发送区输入“00 20 00 00 00 17 FF 03 14 01 02 03 04 00 00 00 00 00 00 00 00 00 00 00 00 00 00 00 00”，然后单击【发送】，模拟设备返回数据，在图 8-14 所示的 MODBUS TCP 客户端通信测试状态图表中可观察到接收缓冲区中的数据与网络调试助手发来的数据一致。

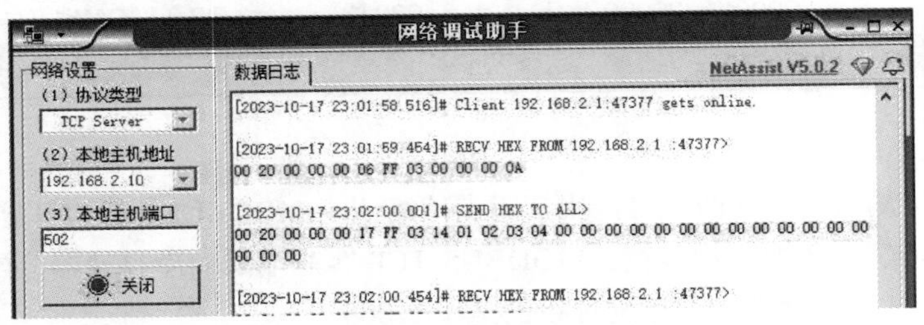

图 8-13　MODBUS TCP 客户端通信测试网络调试助手截图

状态图表

	地址	格式	当前值
1	VB100	十六进制	16#01
2	VB101	十六进制	16#02
3	VB102	十六进制	16#03
4	VB103	十六进制	16#04
5	M0.0	位	2#1
6	M0.1	位	2#0
7	MB1	无符号	0

图 8-14　MODBUS TCP 客户端通信测试状态图表

8.2.3　MODBUS TCP 服务端通信测试

（1）测试方案

PLC（IP 地址：192.168.2.1，端口：502）作为服务端，网络调试助手作为客户端（IP 地址：192.168.2.10）连接 PLC 并读取 PLC 中 V 存储器中的数据。

（2）测试程序

MODBUS TCP 服务端通信测试程序见图 8-15，用常闭点始终使能 MODBUS TCP 服务端指令，用 M0.0 控制建立连接，响应客户端读写数据命令。MODBUS TCP 服务端通信库存储器分配见图 8-16，占用 445 字节的全局 V 存储器，起始地址设的是 VB1000。

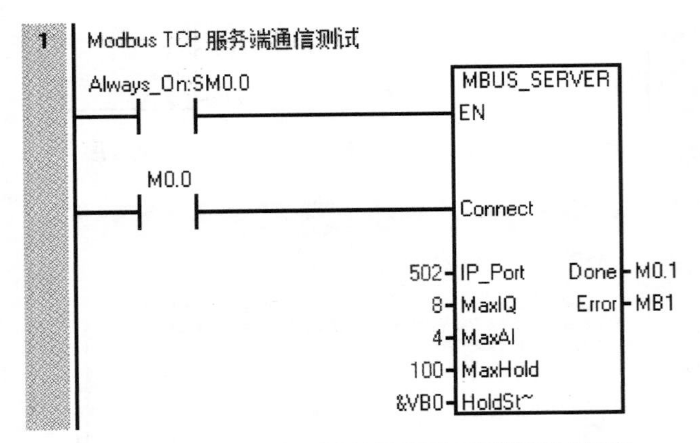

图 8-15　MODBUS TCP 服务端通信测试程序

（3）测试结果

在图 8-17 所示的 MODBUS TCP 服务端通信测试状态图表中预置 VB0 开始的 3 字节数据，MODBUS TCP 服务端通信测试网络调试助手截图见图 8-18，用网络调试助手模拟客户端，选择协议类型为“TCP Client”，远程主机 IP 地址：192.168.2.1，端口 502，连接后发送报文“00 28 00 00 00 06 FF 03 00 00 00 0A”读取数据，PLC 返回数据“00 28 00 00 00 17 FF 03 14 01 02 03 00 00 00 00 00 00 00 00 00 00 00 00 00 00 00 00 00”，前 3 字节数据与预置数据一致。

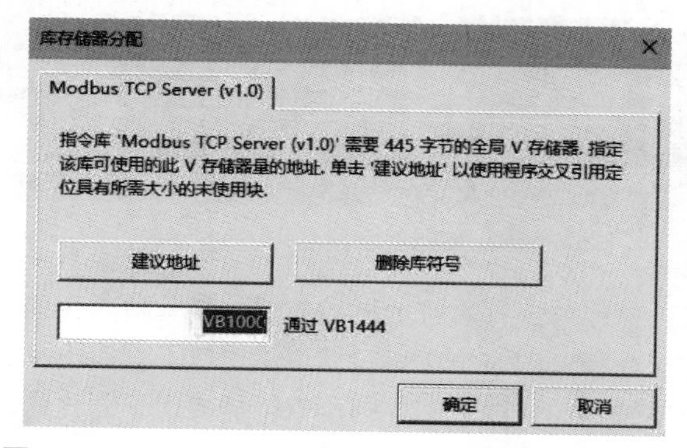

图 8-16　MODBUS TCP 服务端通信库存储器分配

状态图表

	地址	格式	当前值
1	M0.0	位	2#1
2	M0.1	位	2#0
3	MB1	无符号	0
4	VB0	十六进制	16#01
5	VB1	十六进制	16#02
6	VB2	十六进制	16#03

图 8-17　MODBUS TCP 服务端通信测试状态图表

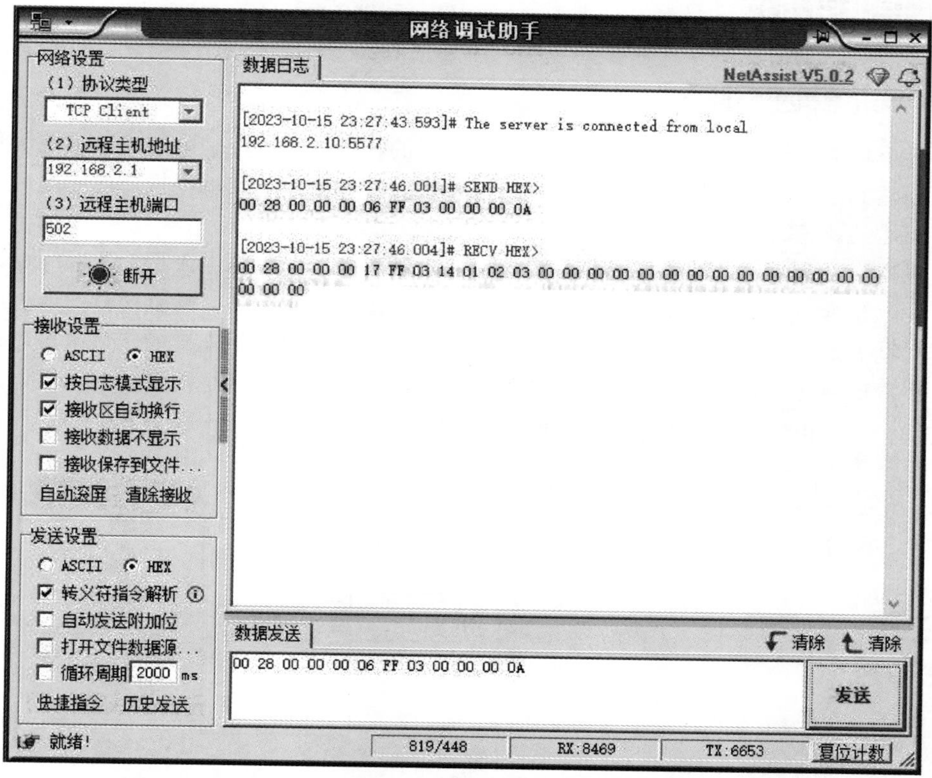

图 8-18　MODBUS TCP 服务端通信测试网络调试助手截图

SMART PLC

第9章 PLC 运动控制

运动控制就是对机械运动部件的位置、速度等进行实时的控制管理，使其按照预期的运动轨迹和规定的运动参数进行运动。PLC 运动控制的对象主要包括步进电机、伺服电机和舵机，控制回路数也称轴数，单轴可进行速度控制和直线运动控制，双轴能实现平面内的运动控制，多轴协同能实现较复杂的运动控制。

9.1 步进电机控制

9.1.1 步进电机工作原理

步进电机的旋转是以固定的角度一步一步运行的，可以通过控制脉冲个数来控制角位移量，从而达到准确定位的目的，同时可以通过控制脉冲频率，来控制电机转动的速度和加速度，从而达到调速的目的。

步进电机都会有配套的步进电机驱动器，要求工作电压和工作电流相匹配，PLC 通过步进电机驱动器驱动步进电机。步进电机控制原理图见图 9-1，步进电机驱动器的电源给步进电机提供动力，先根据工艺流程要求选择步进电机的功率，再选择配套的步进电机驱动器和电源，电源的额定电流要大于 1.5 倍电机额定电流。电动机绕组接线要根据电动机电流选择合理的线径，按极性标志接线，极性接反会影响转向。

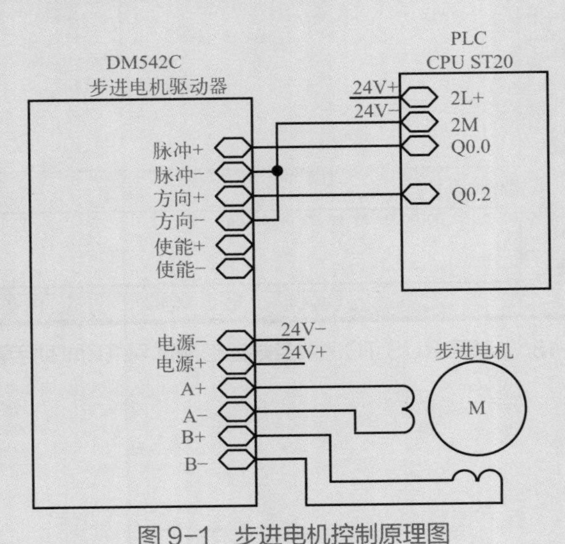

图 9-1 步进电机控制原理图

步进电机驱动器的控制有 3 组接线：

➢ 脉冲控制电机转动；

➢ 方向高、低电平变化后步进电机转向随之变化；

➢ 使能输入一般不使用。

使能输入默认是低电平使能，此时步进电机受脉冲控制，没有脉冲时线圈也是带电的，使电机制动在当前位置不动；当使能端高电平时，驱动输出停止，电机转子解除制动状态。

DM542C 型步进电机驱动器的控制线输入电压范围是 DC 5 ～ 24V，内部采用了恒流驱动光耦技术，能适应较大范围的电压，图 9-1 中和 CPU ST20 配合使用时采用共阴极接线方式，Q0.0Q 输出脉冲，Q0.2 控制转向。

DM542C 型步进电机驱动器外形图见图 9-2，除了正确接线外，还要调整 SW 拨码开关位置，设置工作电流和微步细分，例如步进电机电流为 1.5A，参照图 9-2 中的 Current Table（电流表）设置工作电流为 1.46A，将 SW1 ～ 3 分别设为 OFF、ON、ON，参照图 9-2 中的 Pulse/rev Table（细分表）设置微步细分为 3200 脉冲 / 转，将 SW4 ～ 7 分别设为 ON、ON、OFF、ON。

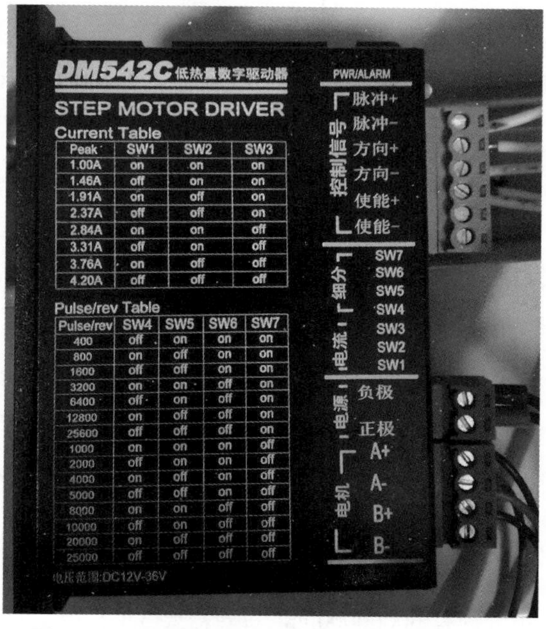

图 9-2　DM542C 型步进电机驱动器外形图

9.1.2　使用脉冲指令控制步进电机

CPU ST20 有两个通道（Q0.0 和 Q0.1）支持脉冲指令（PLS），脉冲指令有脉宽调制（PWM）模式和脉冲串输出（PTO）模式，如果步进电机工作于调速模式，可用脉冲指令的 PWM 模式控制速度，如果步进电机工作于定位模式，可用脉冲指令的 PTO 模式调整位置。

（1）PLC 控制步进电机速度测试

PLC 控制步进电机速度测试程序见图 9-3，程序段 1 将设定的转速转换为 PWM 周期，程序段 2 用 M0.0 上升沿调节转速，启动步进电机，程序段 3 用 M0.1 上升沿停止脉冲输出 PWM，停止步进电机。转速转换为 PWM 周期计算：

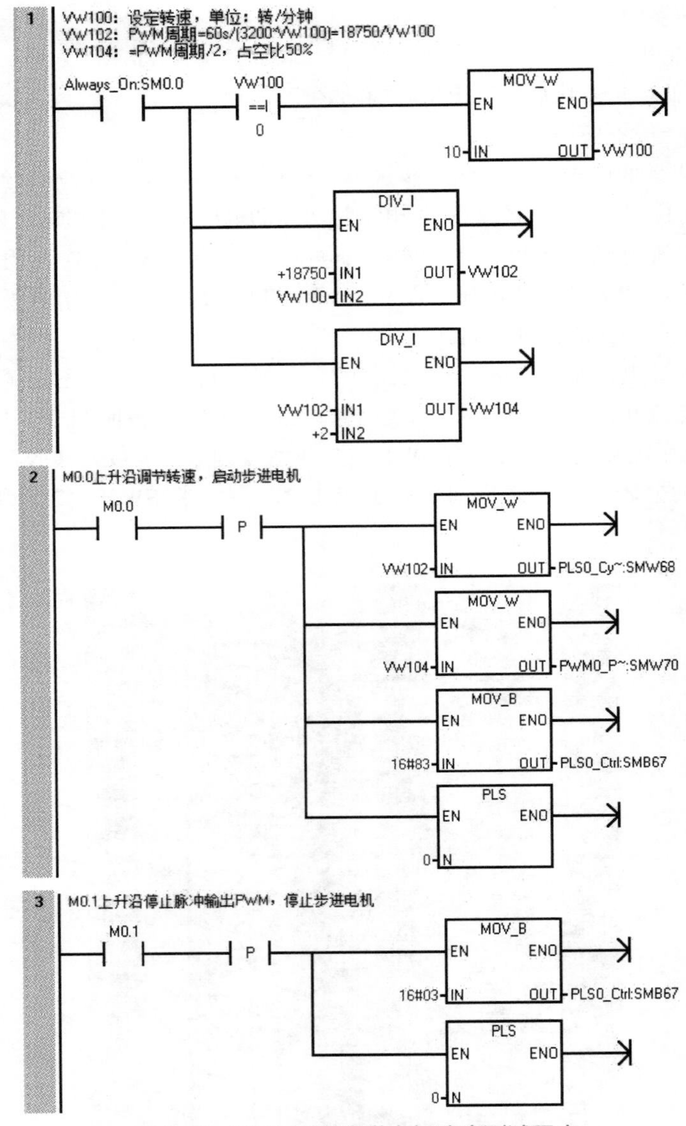

图 9-3　PLC 控制步进电机速度测试程序

PWM 时基为 1μs，每分钟有 60000000μs，每转需要 3200 个脉冲；

PWM 周期 =60000000/(3200×VW100)=18750/VW100；

脉冲宽度为周期的一半时，占空比为 50%。

PLC 控制步进电机速度测试状态图表见图 9-4，先给转速 VW100 赋值 60，M0.0、M0.1 赋值 0，然后将 M0.0 变为 1，步进电机开始转动，转速 60r/min。改变转速后，将 M0.0 变 0 后再变 1，步进电机转速随之变化，将 M0.1 置 1 时步进电机停止转动。

状态图表

	地址	格式	当前值
1	M0.1	位	2#0
2	M0.0	位	2#0
3	PLS0_Ctrl:SMB67	十六进制	16#03
4	PLS0_Cycle:SMW68	有符号	+312
5	PWM0_PW:SMW70	有符号	+156
6	VW100	有符号	+60

图 9-4　PLC 控制步进电机速度测试状态图表

（2）PLC 控制步进电机定位测试

PLC 控制步进电机定位测试程序见图 9-5，程序段 1 步进电机低速反转寻找零位，程序段 2 寻到零位停止，

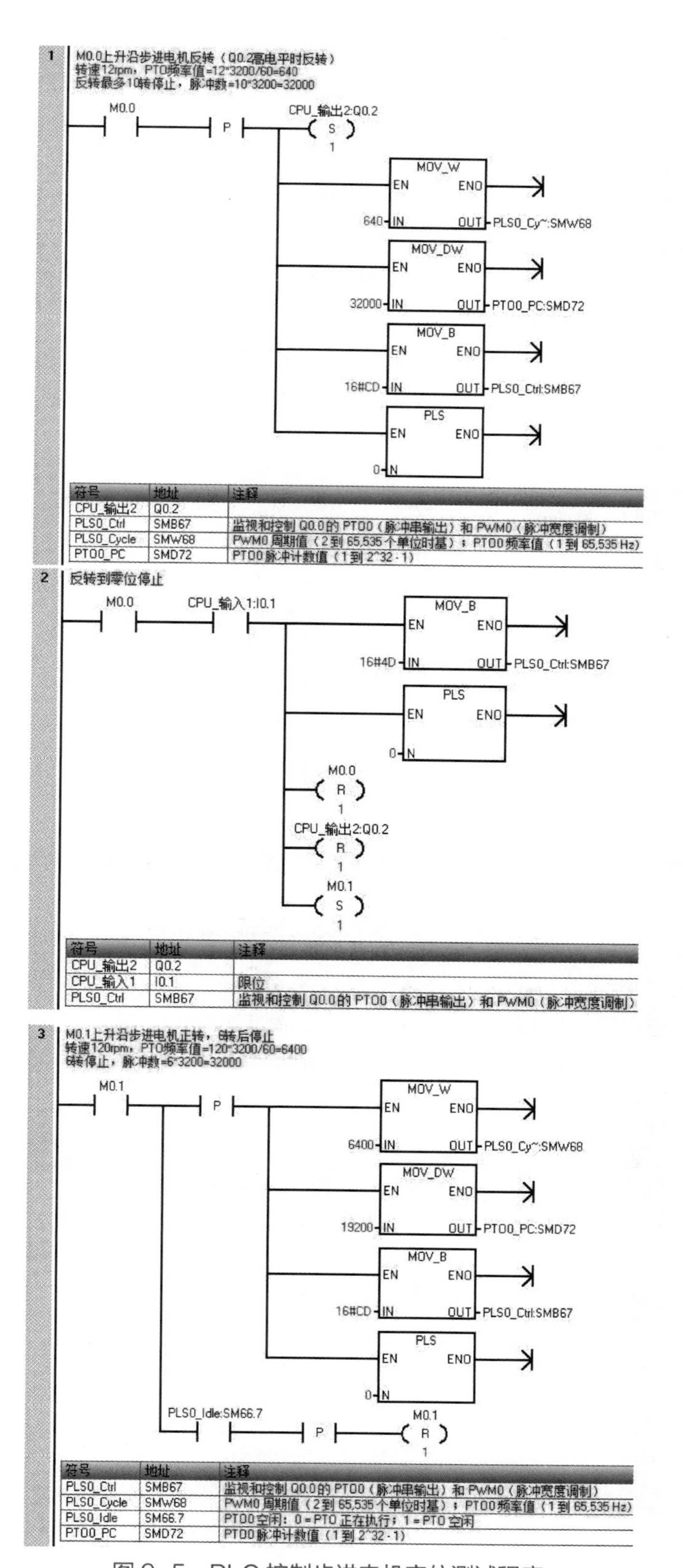

图 9-5　PLC 控制步进电机定位测试程序

程序段 3 高速正转 6 转定位。

测试时将 M0.0 置 1，步进电机开始反转，转速 12r/min，短接 I0.1 输入，模拟零点限位动作，步进电机开始正转，转速 120r/min，转 6 周停止。

（3）PTO 脉冲的多段管道化测试

PTO 脉冲的多段管道化就是将步进电机的运动过程分成多段，每段分别设定起始频率、结束频率和脉冲数，这样步进电机不仅能变速运行，而且能匀速变速。不同段的参数组合又称包络表，Q0.0 对应包络表起始地址由 SMW168 定义，包络表最多可由 255 段组成，每段对应一个加速、匀速或减速操作。

PTO 脉冲的多段管道化测试程序见图 9-6，程序较简单，定义包络表起始地址为 VB100，使能 PTO 多段操作模式，使能脉冲输出就可以了。测试程序的包络表没有在程序中赋值，直接在状态图表赋值。

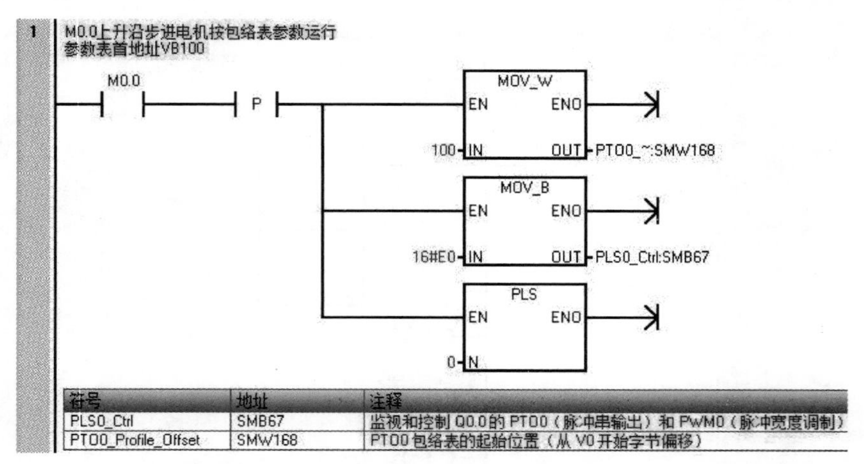

符号	地址	注释
PLS0_Ctrl	SMB67	监视和控制 Q0.0的 PTO0（脉冲串输出）和 PWM0（脉冲宽度调制）
PTO0_Profile_Offset	SMW168	PTO0 包络表的起始位置（从 V0 开始字节偏移）

图 9-6　PTO 脉冲的多段管道化测试程序

PTO 脉冲的多段管道化测试程序状态图表见图 9-7，测试时先给包络表赋值，然后将 M0.0 置 1，步进电机第 1 段转速 12r/min 匀速上升到 120r/min，转 10 周，进入第 2 段，以转速 120r/min 转 20 周，进入第 3 段，从转速 120r/min 降到 12r/min，转 5 周停止。

状态图表

	地址	格式	当前值	新值	说明
1	VB100	无符号	3		段数：3
2	VD101	有符号	+640		段1起始频率
3	VD105	有符号	+6400		段1结束频率
4	VD109	有符号	+32000		段1脉冲数
5	VD113	有符号	+6400		段2起始频率
6	VD117	有符号	+6400		段2结束频率
7	VD121	有符号	+64000		段2脉冲数
8	VD125	有符号	+6400		段3起始频率
9	VD129	有符号	+640		段3结束频率
10	VD133	有符号	+16000		段3脉冲数
11	M0.0	位	2#1		
12	PTO0_Seg_Num:SMB166	无符号	3		当前段编号
13		有符号			

图 9-7　PTO 脉冲的多段管道化测试程序状态图表

9.1.3　使用运动控制向导控制步进电机

在编程软件 STEP7-Micro/WIN SMART 中使用运动控制向导生成子例程，在程序中调用子例程控制步进电机的运动。运动控制向导应用步骤见图 9-8，步骤说明如下。

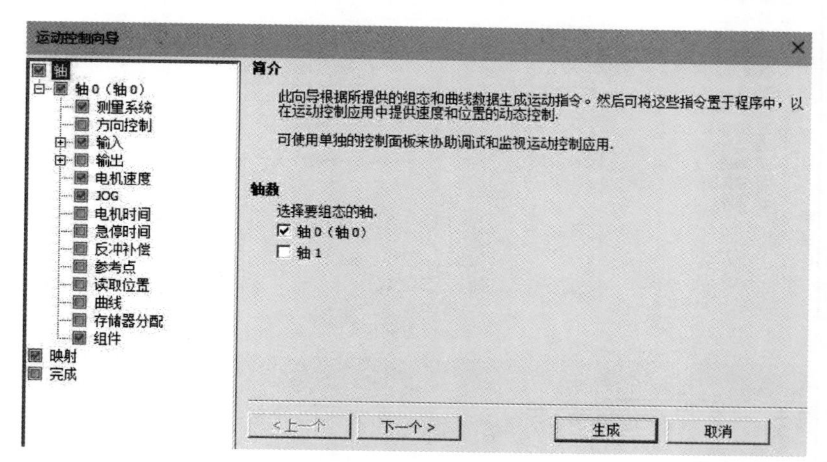

(a) 选择要组态的轴

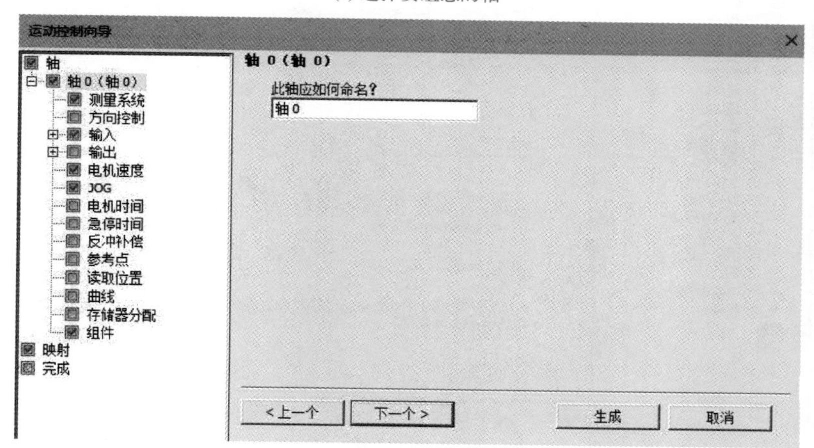

(b) 选中轴命名

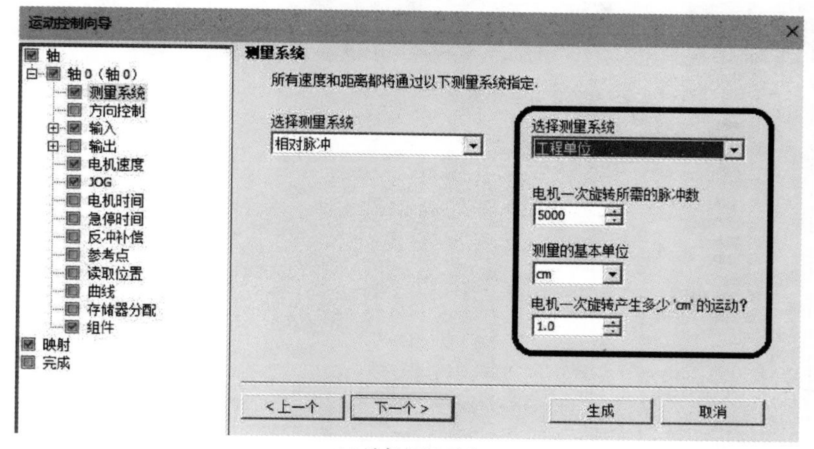

(c) 选择测量系统

图 9-8

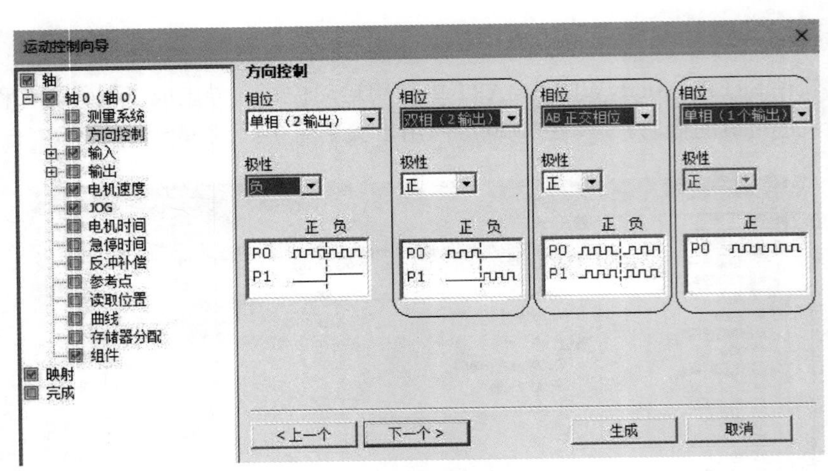

(d) 选择方向控制

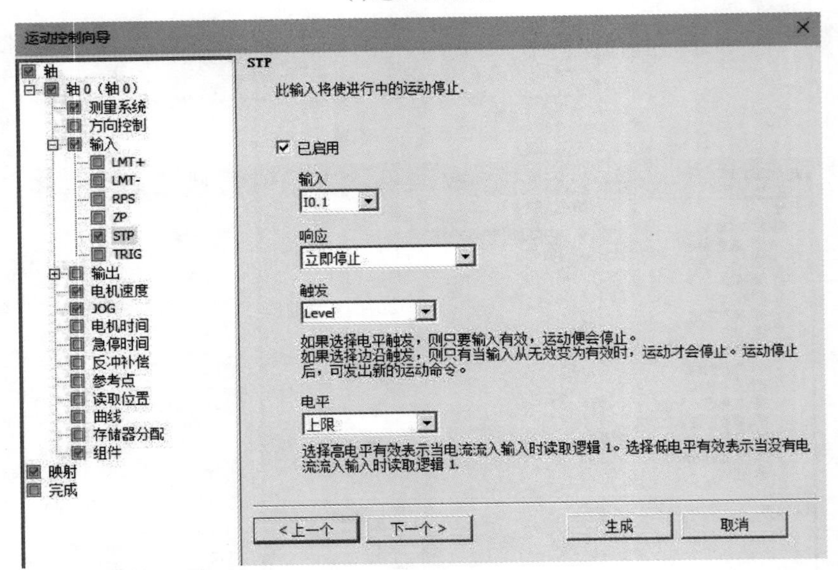

(e) 输入设置

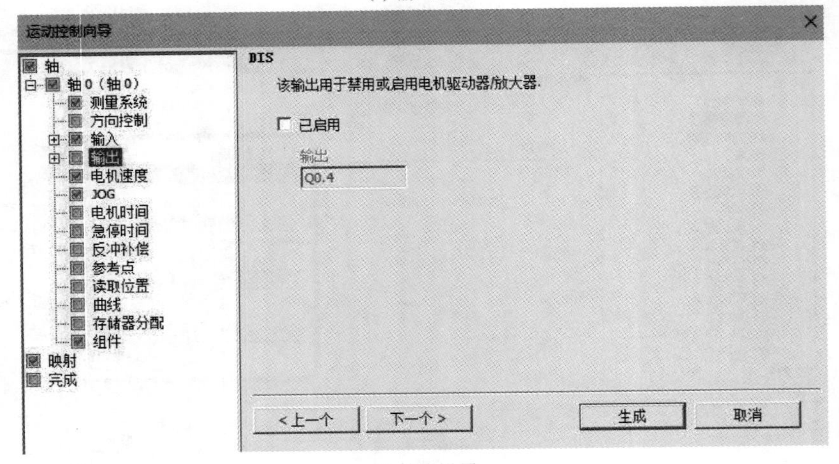

(f) 输出设置

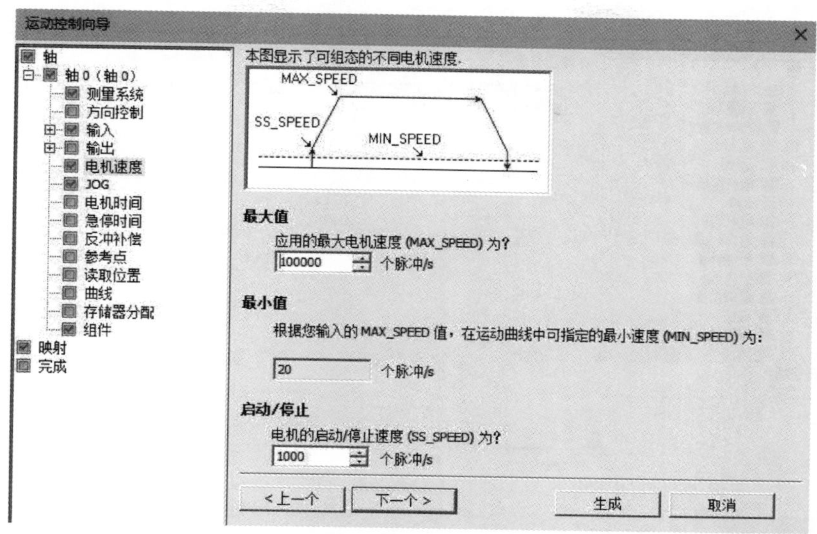

(g) 电机速度设置

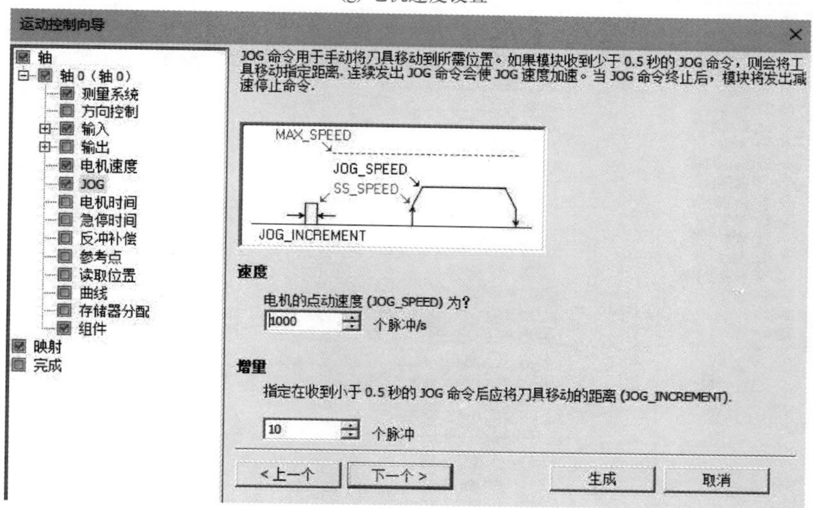

(h) 点动设置

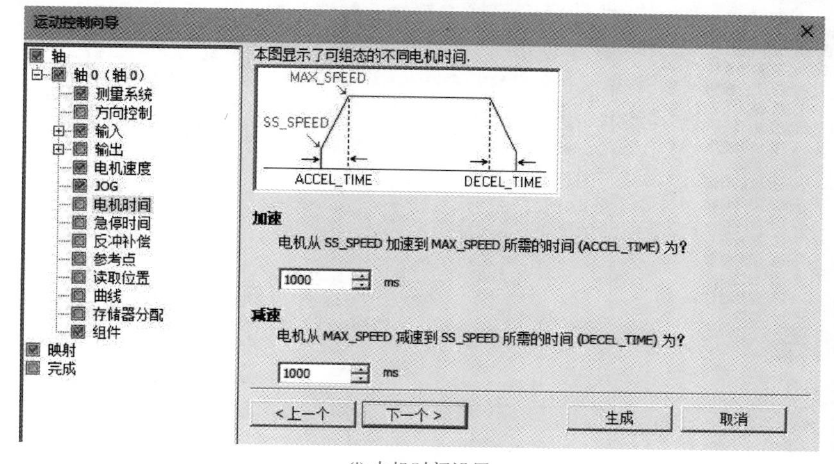

(i) 电机时间设置

图 9-8

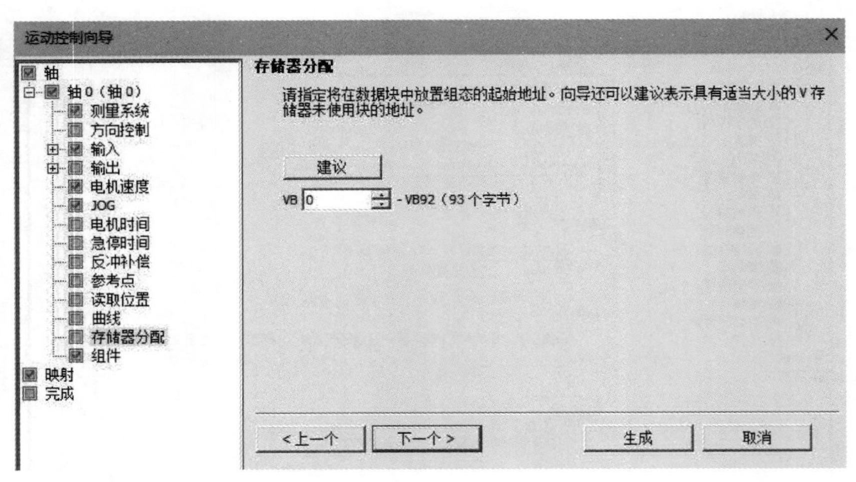

(j) 存储器分配

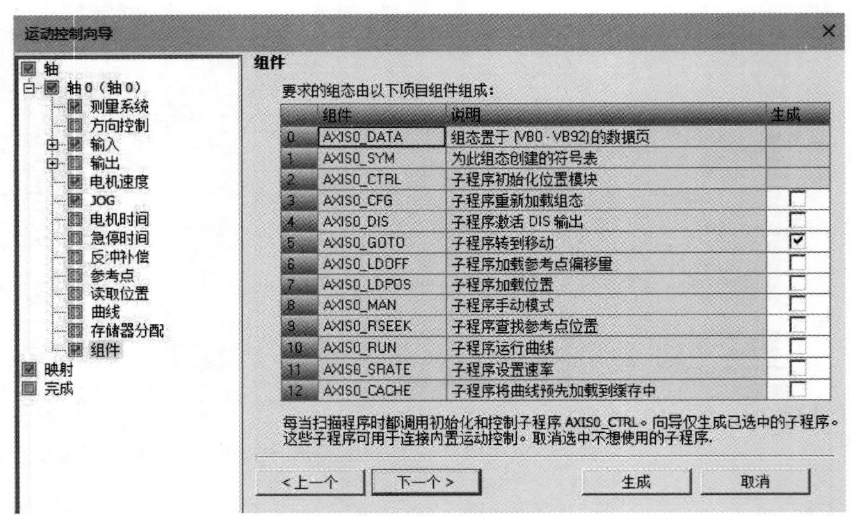

(k) 运动功能子程序选择

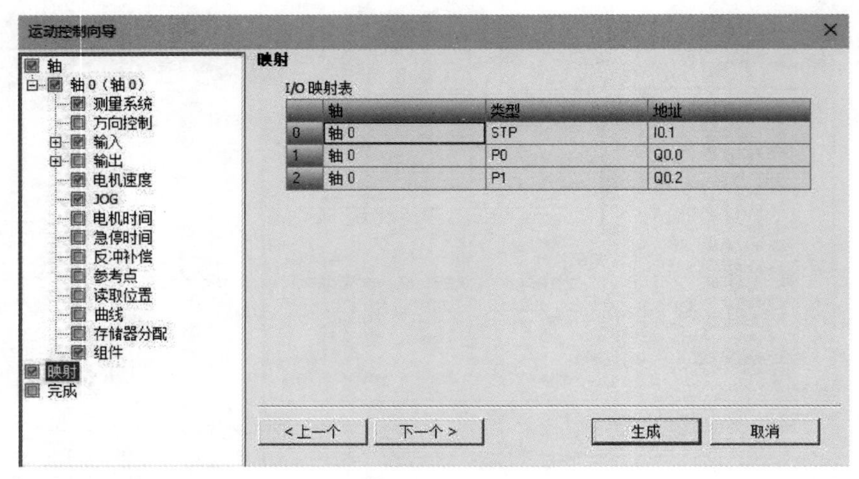

(l) 输入输出映射

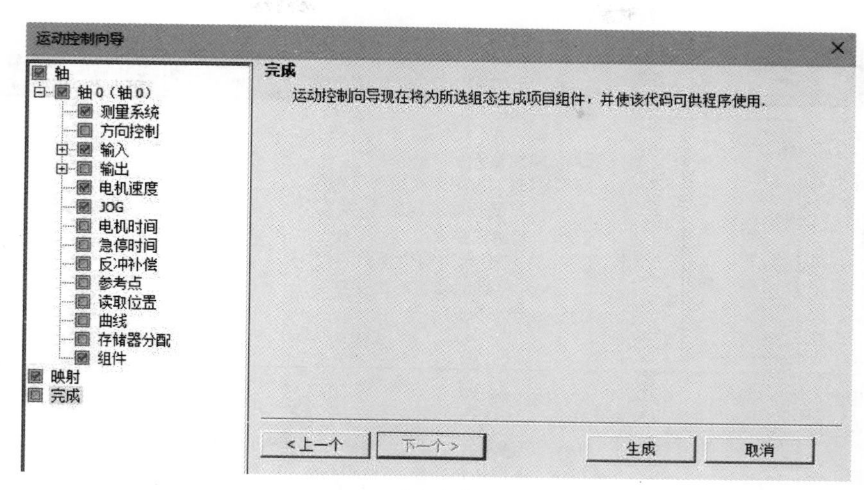

(m) 完成

图 9-8　运动控制向导应用步骤

❶ 选择要组态的轴，CPU ST20 只支持 2 个轴，这里选轴 0。

❷ 选中轴命名，默认“轴 0”，可以更改。

❸ 选择测量系统，可选“相对脉冲”或“工程单位”。选“工程单位”还需填写相关参数，调用子程序时也要填写移动距离，内部自动换算成脉冲输出，此处选“相对脉冲”，调用子程序时需要自己根据移动距离和设备参数换算脉冲数量。

❹ 选择方向控制，有“单相 2 输出”“双相 2 输出”“AB 正交相位”“单相 1 输出”四种方式可选，此处选择适合于步进电机驱动器的“单相 2 输出”，P0 输出脉冲，P1 控制方向。

❺ 输入设置，选择输入点作为限位、参考点，此处只设置了 I0.1 作为急停控制。

❻ 输出设置，可选择输出点控制步进电机驱动器使能，此处没有设置。

❼ 电机速度设置，电机启动、停止速度和最高、最低速度设置。

❽ 点动设置，点动速度设置。

❾ 电机时间设置，电机加速、减速时间设置。

❿ 存储器分配，运动控制子例程占用的存储器分配区域设置，范围随所选用子例程功能和数量变化。

⓫ 运动功能子例程选择，AXIS0_CTRL 是必选的轴初始化子例程，此处选择常用的 AXIS0_GOTO 子例程，用于控制步进电机。

⓬ 输入输出映射，用 I0.1 停止步进电机，Q0.0 输出脉冲，Q0.2 控制方向。

⓭ 完成，单击“生成”，在“调用子例程”中出现运动控制子例程供调用。

运动子例程共有 16 种，常用的 2 种运动子例程见表 9-1。每个轴运动子例程都有“AXISx_”前缀，其中“x”代表轴通道编号。对于运动轴组，可同时激活多个轴组运动子例程。

运动子例程控制步进电机测试程序见图 9-9，程序段 1 实现轴 0 初始化，程序段 2 实现轴 0 的运动控制。测量系统选“相对脉冲”后不支持绝对位置模式，测试时可分别对相对位置、连续正转和连续反转模式进行测试。

在连续转动模式下转速为 Speed 设定值，Pos 值无效；在相对位置模式下，Pos 值的正负代表转动方向。转换模式必须置 Abort 为 1 停止当前子例程的运行，改变参数后重新运行，用外部接点 I0.1 停止步进电机运行时并没有停止当前子例程的运行。

表9-1 常用的2种运动子例程

指令	梯形图	说明
运动轴初始化	AXIS0_CTRL EN MOD_~ Done Error C_Pos C_Spe~ C_Dir	EN：使能输入。 MOD_EN：启用运动控制子例程。 Done：子例程完成标志。 Error：错误代码。 C_Pos：运动轴当前位置。 C_Speed：运动轴当前速度。 C_Dir：电机转向
运动轴运行	AXIS0_GOTO EN START Pos Done Speed Error Mode C_Pos Abort C_Spe~	EN：使能输入。 START：向运动轴发出 GOTO 命令。 Pos：要移动的位置（绝对移动）或要移动的距离（相对移动），根据所选的测量单位，该值是脉冲数（DINT）或工程单位数（REAL）。 Speed：移动的最高速度，根据所选的测量单位，该值是脉冲数 / 每秒（DINT）或工程单位数 / 每秒（REAL）。 Mode：0——绝对位置，1——相对位置，2——连续正转，3——连续反转 Abort：停止执行此命令并减速，直至电机停止。 Done：子例程完成标志。 Error：错误代码。 C_Pos：运动轴当前位置。 C_Speed：运动轴当前速度

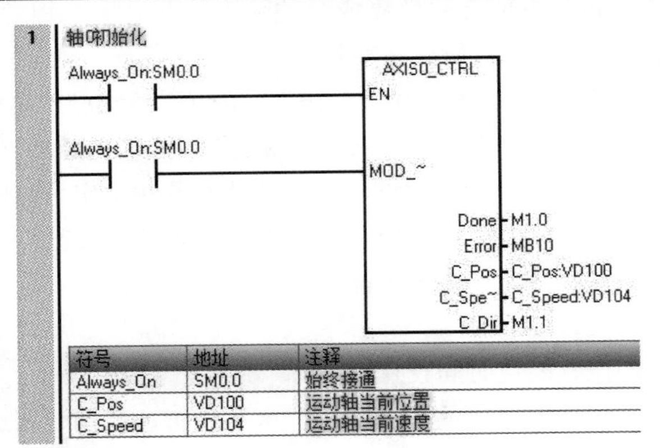

符号	地址	注释
Always_On	SM0.0	始终接通
C_Pos	VD100	运动轴当前位置
C_Speed	VD104	运动轴当前速度

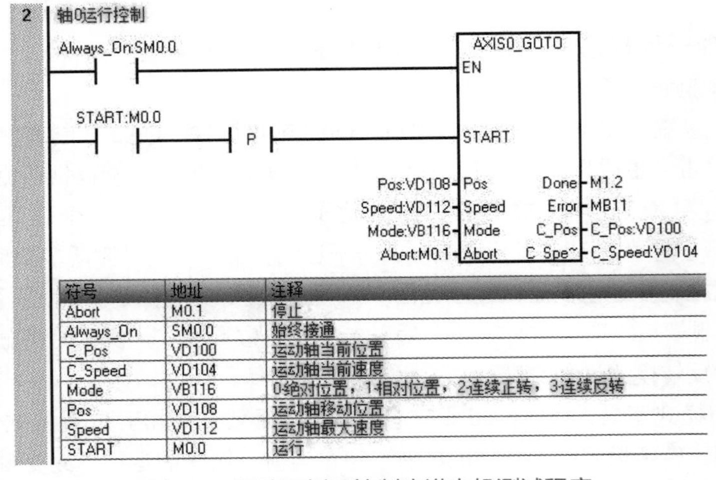

符号	地址	注释
Abort	M0.1	停止
Always_On	SM0.0	始终接通
C_Pos	VD100	运动轴当前位置
C_Speed	VD104	运动轴当前速度
Mode	VB116	0绝对位置，1相对位置，2连续正转，3连续反转
Pos	VD108	运动轴移动位置
Speed	VD112	运动轴最大速度
START	M0.0	运行

图 9-9 运动子例程控制步进电机测试程序

运动子例程控制步进电机测试程序状态图表见图 9-10，测试前设置模式为 2（连续正转），Speed（速度值）设为 32000 表示每秒 32000 个脉冲，即 10r/s，Pos（位置）设为 1600，相对位置模式下运行 1 次转半圈。将 M0.0 置 1，步进电机以 10r/s 的速度正向连续运转，将 M0.1 置 1，电机停止。同时将 M0.0、M0.1 清 0，将模式改为 3（连续反转），将 M0.0 置 1，步进电机以 10r/s 的速度反向连续运转，将 M0.1 置 1，电机停止。

状态图表

	地址	格式	当前值	新值
1	Mode:VB116	无符号	2	
2	Speed:VD112	有符号	+32000	
3	Pos:VD108	有符号	+1600	
4	C_Speed:VD104	有符号	+32000	
5	C_Pos:VD100	有符号	+349688	
6	START:M0.0	位	2#1	
7	Abort:M0.1	位	2#0	

图 9-10　运动子例程控制步进电机测试程序状态图表

同时将 M0.0、M0.1 清 0，将模式改为 1（相对位置），将 M0.0 置 1，步进电机正转半圈停止，将 M0.0 清零后再置 1，步进电机再正转半圈停止。将 Pos（位置）设为 −1600，将 M0.0 清零后再置 1，步进电机反转半圈停止。

编程软件 STEP7-Micro/WIN SMART 中的运动控制面板截图见图 9-11，在运动控制面板中可以直接控制步进电机的运动，查看步进电机运行状态。使用控制面板前需要停止运动子例程的运行，直接停止 PLC 运行也可以，不影响运动控制面板的使用。

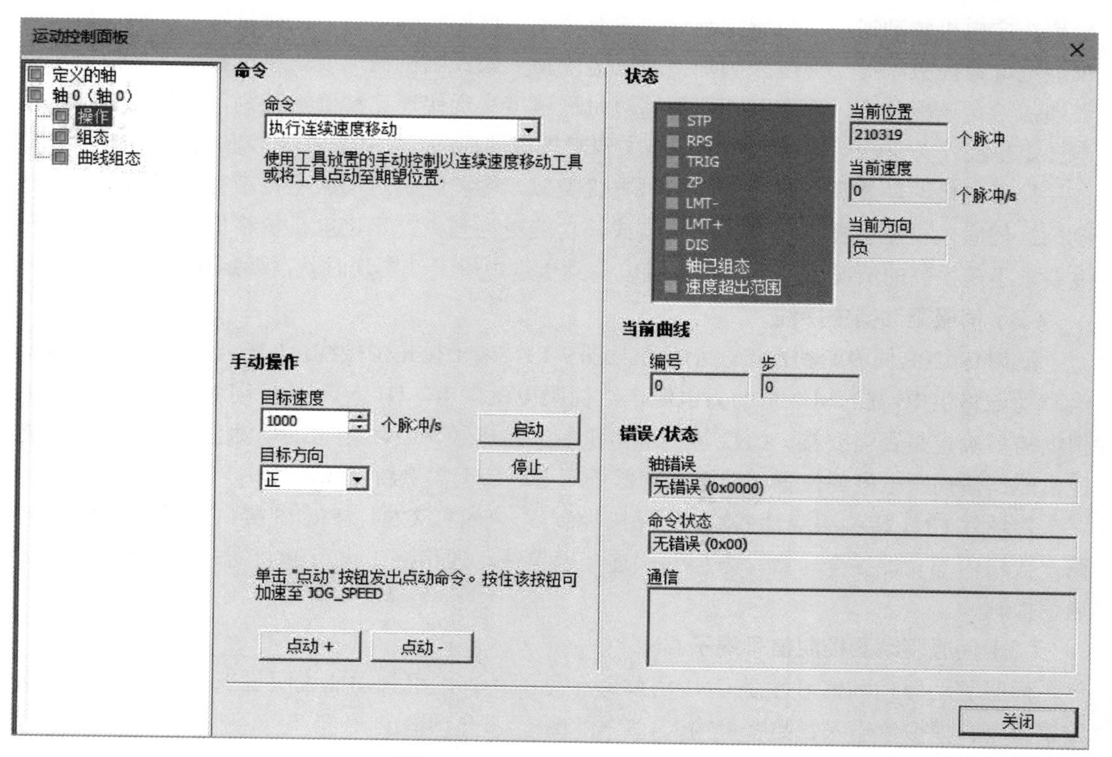

图 9-11　运动控制面板截图

9.2 伺服电机控制

9.2.1 汇川IS620P伺服驱动器

（1）伺服系统简介

伺服系统由伺服驱动器、伺服电机和编码器三大主要部分构成，伺服系统控制简图见图9-12，伺服驱动器是伺服系统的核心，通过对输入信号和反馈信号的处理，伺服驱动器可以对伺服电机进行精确的位置、速度和转矩控制，以及混合控制。

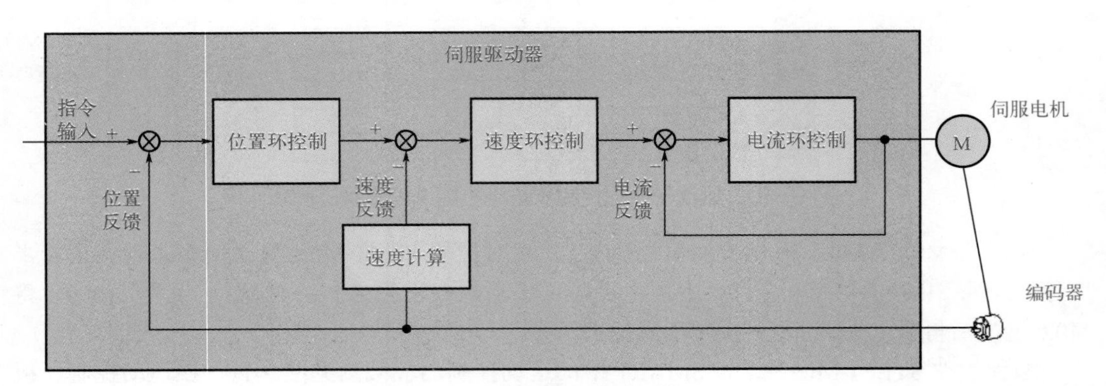

图 9-12　伺服系统控制简图

位置控制是指通过指令控制电机的位置。以位置指令总数确定电机目标位置，位置指令频率决定电机转动速度。位置控制模式主要用于定位控制的场合，比如机械手、贴片机、雕铣雕刻、数控机床等。速度控制是指通过速度指令来控制机械速度。通过数字、模拟电压或者通信给定速度指令，伺服驱动器能够对机械速度实现快速、精确地控制。伺服电机的电流与转矩呈线性关系，对电流的控制即能实现对转矩的控制，常用在张力控制场合。

伺服电机的功能和控制方式与步进电机类似，主要区别是伺服电机带有编码器，控制精度高，伺服电机驱动器支持多种通信模式，功能更为强大。步进电机价格低，在一些控制精度要求不是很高的情况下使用，控制精度高到步进电机无法实现时就需要用伺服电机了。

（2）伺服驱动器主接线

汇川 IS620P 伺服驱动器接线示意图见图 9-13，端子排是主接线，L1C、L2C 是控制电源，给驱动电路供电，L1、L2 是动力电源，给伺服电机供电，U、V、W 接伺服电机，制动电阻根据需要确定是否需要接。CN2 接伺服电机编码器电缆，CN2 附带的电池盒是可选件，有电池盒能记住伺服电机的位置，伺服驱动器重新上电后无需重新寻找零位。

接插件 CN1 接伺服驱动器输入 / 输出控制线，CN3、CN4 为 RJ45 接口，用于接通信线，两个接口内部功能完全一致，方便并联连接通信线，通信接口可用于上位机调试或接受 PLC 通信控制。

（3）伺服驱动器控制信号端子 CN1

伺服驱动器控制信号端子 CN1 引脚分布见图 9-14，引脚功能说明见表 9-2，引脚功能分位置指令、模拟量输入、数字量输入 / 输出和编码器分频输出。

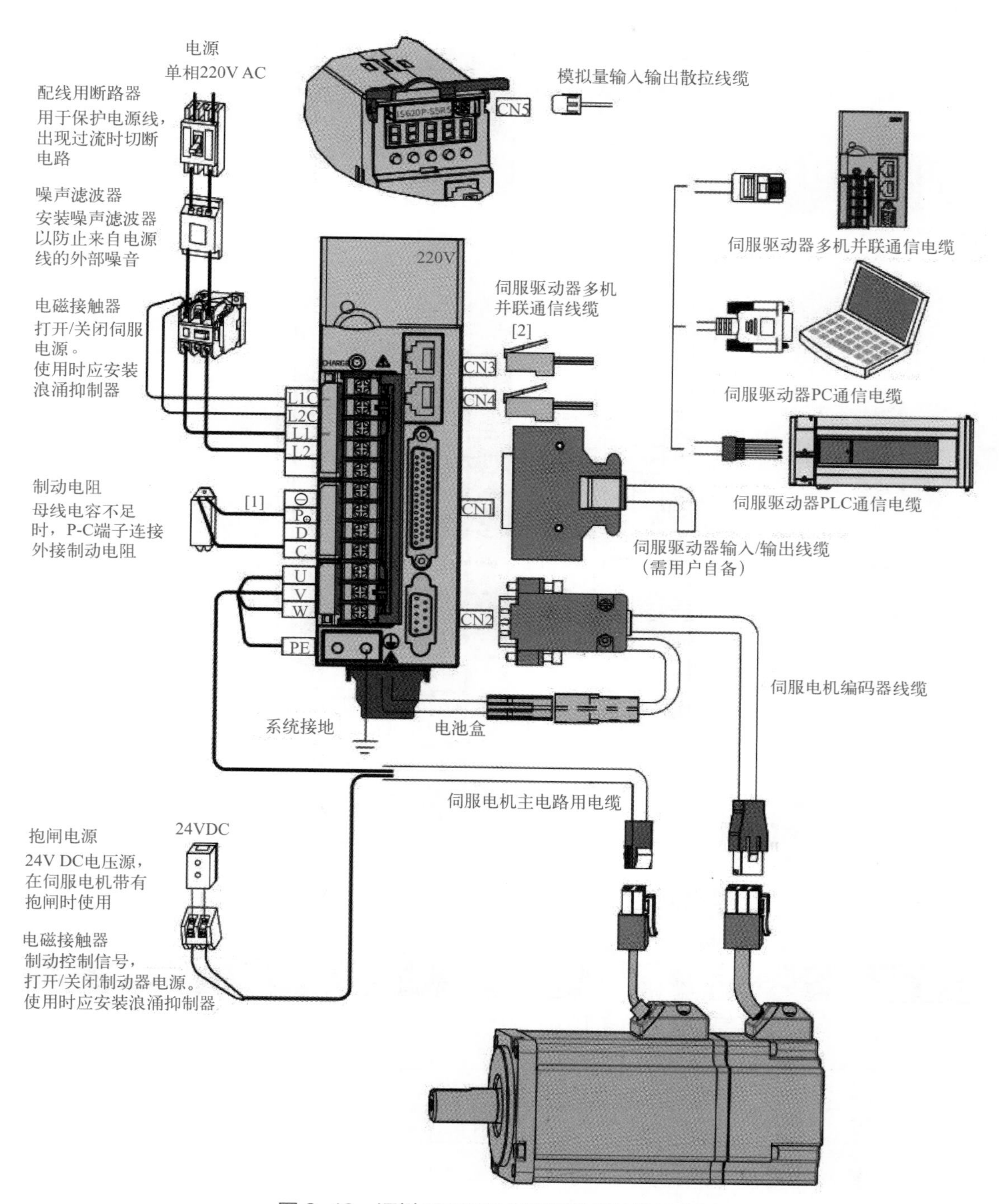

图 9-13　汇川 IS620P 伺服驱动器接线示意图

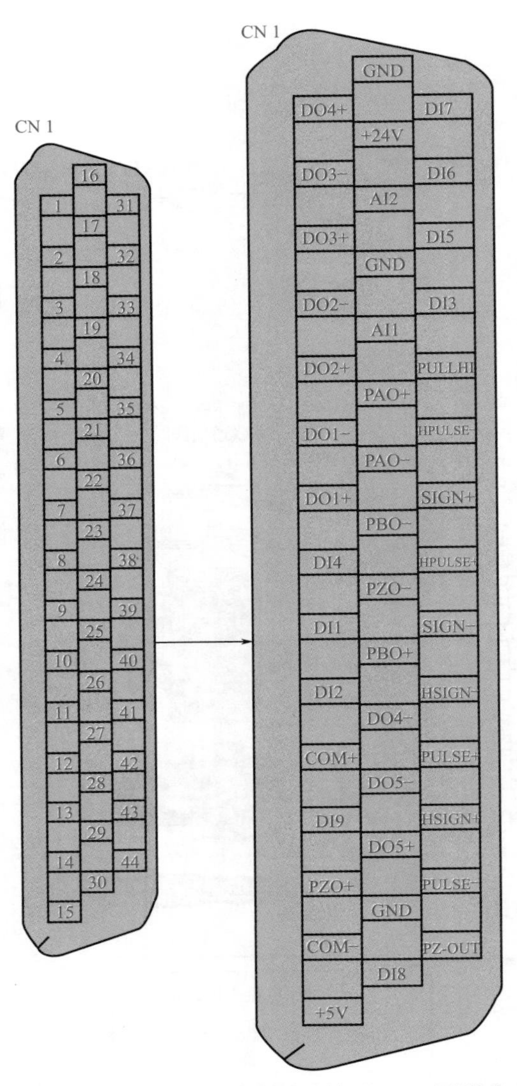

图 9-14　伺服驱动器控制信号端子 CN1 引脚分布

表9-2　伺服驱动器控制信号端子CN1引脚功能说明

信号名		针脚号	功能
位置指令	PULSE+	41	低速脉冲指令
	PULSE+	43	
	SIGN+	37	低速位置指令
	SIGN−	39	
	HPULSE+	38	高速脉冲指令
	HPULSE+	36	
	HSIGN+	42	高速位置指令
	HSIGN−	40	
	PULLHI	35	低速脉冲指令外加电源输入接口
	GND	29	信号地

续表

信号名		针脚号	功能
模拟量输入	AI2	18	模拟量输入信号，12位，最大 ±12V
	AI1	20	
	GND	19	模拟量输入信号地
数字量输入 DI	DI1	9	默认正向超程开关
	DI2	10	默认反向超程开关
	DI3	34	默认脉冲禁止
	DI4	8	默认报警复位
	DI5	33	默认伺服使能
	DI6	32	默认零位固定
	DI7	31	默认增益切换
	DI8	30	默认原点开关
	DI9	12	保留
	+24V	17	内部24V电源，最大输出200mA
	COM-	14	
	COM+	11	DI输入端子公共端
数字量输出 DO	DO1+	7	伺服准备好
	DO1-	6	
	DO2+	5	定位完成
	DO2-	4	
	DO3+	3	零速
	DO3-	2	
	DO4+	1	故障输出
	DO4-	26	
	DO5+	28	原点回零完成
	DO5-	27	
编码器分频输出	PAO+	21	为上位装置构成位置控制系统时提供反馈信号，由伺服驱动器本身控制时分频输出无需接线
	PAO-	22	
	PBO+	25	
	PBO-	23	
	PZO+	13	
	PZO-	24	
	PZ-OUT	44	
	GND	29	
	+5V	15	
	GND	16	
	PE	机壳	

(4) 伺服驱动器通信信号 CN3/CN4 接线

CN3/CN4 连接器引脚定义见表 9-3，IS620P 伺服驱动器支持 CAN、RS485 和 RS232 通信，PLC 可通过 CAN 或 RS485 通信网络控制多个伺服，RS232 通信用于连接上位机，用汇川伺服驱动器配套软件查看和设置伺服驱动器参数，对伺服系统进行试运行和调试工作。

表 9-3 CN3/CN4 连接器引脚定义

针脚号	定义	描述	端子引脚分布
1	CANH	CAN 通信端口	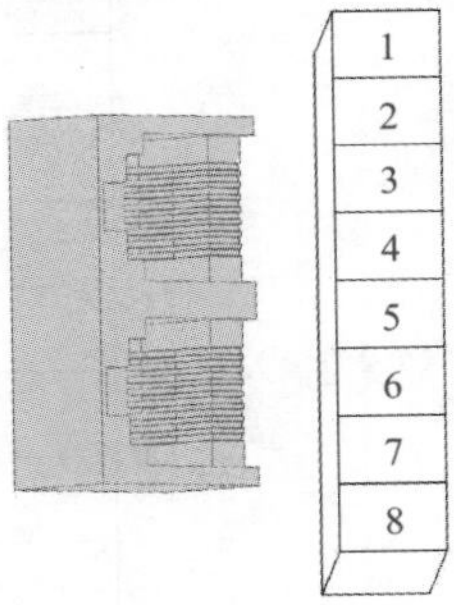 1 2 3 4 5 6 7 8
2	CANL		
3	CGND		
4	RS485+	RS485 通信端口	
5	RS485-		
6	RS232-TXD	RS232 通信端口	
7	RS233-RXD		
8	GND		
外壳	PE	屏蔽	

(5) 汇川伺服后台软件 InoServoShop

汇川伺服后台软件 InoServoShop 可在汇川官网免费下载使用，软件界面见图 9-15。

图 9-15 汇川伺服后台软件 InoServoShop 界面

软件运行前先将伺服驱动器接完线，包括接伺服电机的主回路电缆和编码器电缆，220V 供电的伺服驱动器可以把控制电源和动力电源并联供电，调试用的笔记本需要用 USB 接口转串口线连接到伺服驱动器的 RS232 通信端口。

InoServoShop 软件串口设置见图 9-16，运行软件后在【开始】菜单点击【连接串口】，在不清楚伺服驱动器通信参数的情况下可以选择自动搜索设备，软件会自动变换波特率、站号，向伺服驱动器发送报文，得到应答就搜索到了设备。自动搜索会耗费一定时间，如果已知通信参数或是通过按键和数码管构成的人机界面查询到通信参数，选择“否”，手动设置串口通信参数，点击【打开串口】，如果参数正确会自动建立连接，软件状态栏显示当前连接伺服驱动器的站号，显示“当前状态：在线”。

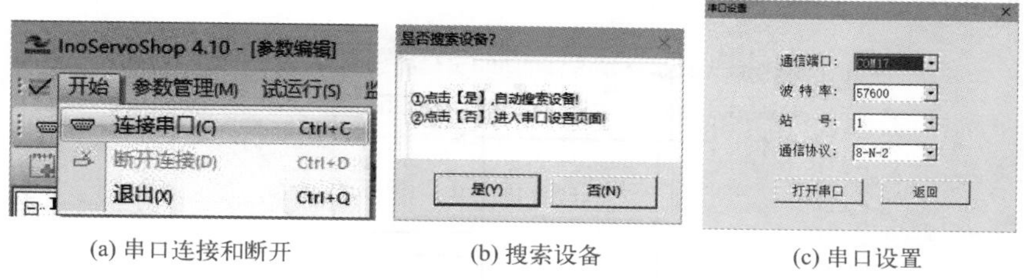

(a) 串口连接和断开　　(b) 搜索设备　　(c) 串口设置

图 9-16　InoServoShop 软件串口设置

用 InoServoShop 软件试运行伺服电机界面见图 9-17，在菜单【试运行】中选择【JOG运行】，弹出 JOG 运行界面，先切换伺服状态到【ON】，伺服驱动器由原来显示的“rdy”变为“run”，设置 JOG 速度，按下左箭头或右箭头按钮，伺服电机按不同方向转动。

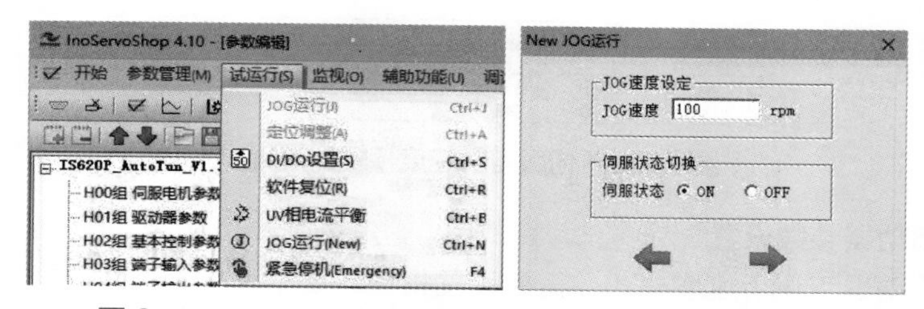

图 9-17　用 InoServoShop 软件试运行伺服电机界面

9.2.2 汇川IS620P伺服速度模式测试

（1）测试电路

伺服电机速度模式测试接线图见图 9-18，CPU ST20 的 Q0.3 通过中间继电器 ZJ 控制伺服驱动器 IS620P 的启停，用模拟量输出模块控制伺服电机的正反转及转速。

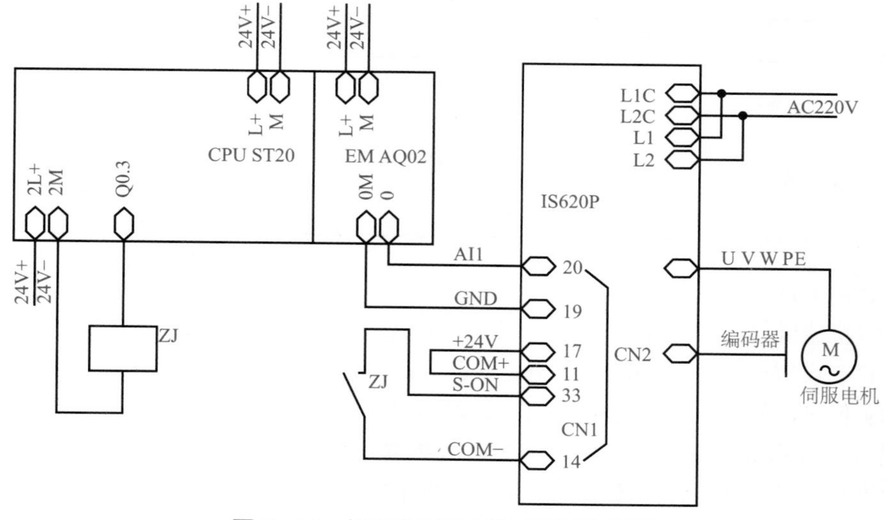

图 9-18　伺服电机速度模式测试接线图

（2）PLC 编程

伺服电机速度模式测试程序见图 9-19，将转速设定 VD100（-100.0 ～ +100.0），将 -27648 ～ 27648 赋值给输出 AQW16，硬件组态时模拟量类型选择电压，输出范围对应 -10 ～ +10V，Q0.3 在测试时用状态图表直接赋值。

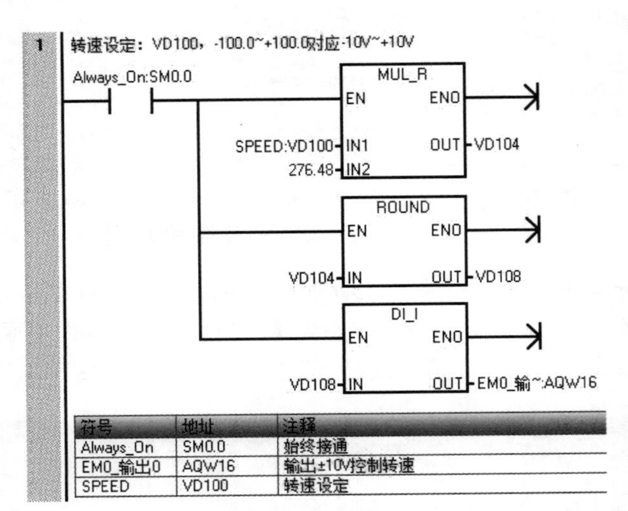

图 9-19　伺服电机速度模式测试程序

（3）伺服驱动器参数设置

要使伺服驱动器工作于速度模式，需要设置相关参数见表 9-4，控制模式选择速度模式，模拟量 10V 对应速度值 1000r/min，模拟量的正负决定转向，主速度指令来源选择 AI1，设置了速度指令加减速时间，改变速度时自动平稳过渡。

表 9-4　伺服电机速度模式相关参数

功能码	名称	设定范围	单位	出厂设定	测试设定
H02-00	控制模式选择	0——速度模式 1——位置模式 2——转矩模式	1	1	0
H03-80	模拟量 10V 对应速度值	0 ~ 6000	r/min	3000	1000
H06-00	主速度指令 A 来源	0——数字给定（HC06-03） 1——AI1 2——AI2	1	0	1
H06-05	速度指令加速斜坡时间常数	0 ~ 65535	ms	0	500
H06-06	速度指令减速斜坡时间常数	0 ~ 65535	ms	0	500

（4）调速测试

伺服电机速度模式测试程序状态图表见图 9-20，先置 Q0.3 为 1，伺服驱动器状态由“rdy”变为“run”，设置速度为 50.0，伺服电机转动，改变速度设定值时伺服电机转速随之变化，速度设为负值时，伺服电机改变旋转方向按设定速度转动。

测试时可以用 InoServoShop 软件的实时数据显示功能监测伺服电机运行状态，伺服电机实时数据显示见图 9-21，在【监视】菜单选择【实时数据显示】，弹出实时数据显示界面，可同时显示 3 个监控项，每个监控项通过下拉列表框选择具体的监控参数。

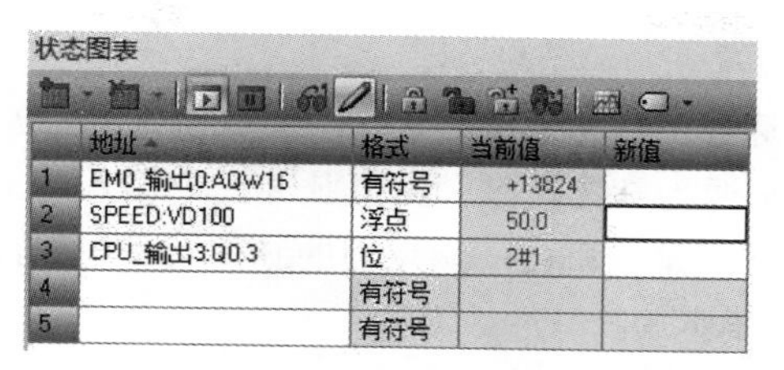

状态图表

	地址	格式	当前值	新值
1	EM0_输出0:AQW16	有符号	+13824	
2	SPEED:VD100	浮点	50.0	
3	CPU_输出3:Q0.3	位	2#1	
4		有符号		
5		有符号		

图 9-20　伺服电机速度模式测试程序状态图表

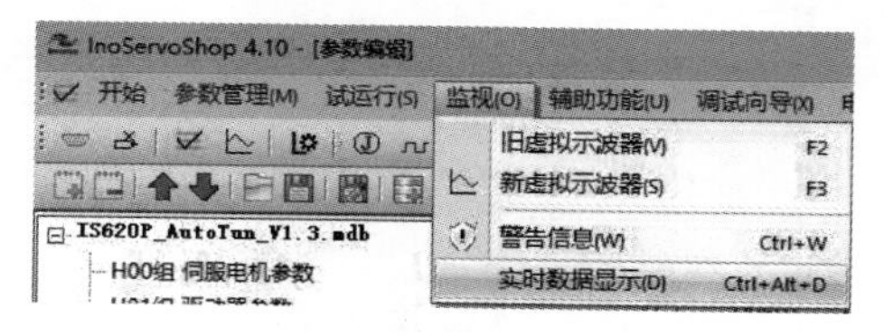

(a) 实时数据显示菜单路径

(b) 实时数据显示界面

图 9-21　伺服电机实时数据显示

9.2.3　汇川IS620P伺服位置模式测试

（1）测试电路

伺服电机位置模式测试接线图见图 9-22，CPUST20 的 Q0.0 输出脉冲，Q0.2 输出转向控制信号，Q0.3 通过中间继电器 ZJ 控制伺服驱动器 IS620P 的启停。这种模式的控制原理同步进电机，用脉冲量控制伺服电机的转速、方向和转动位置。

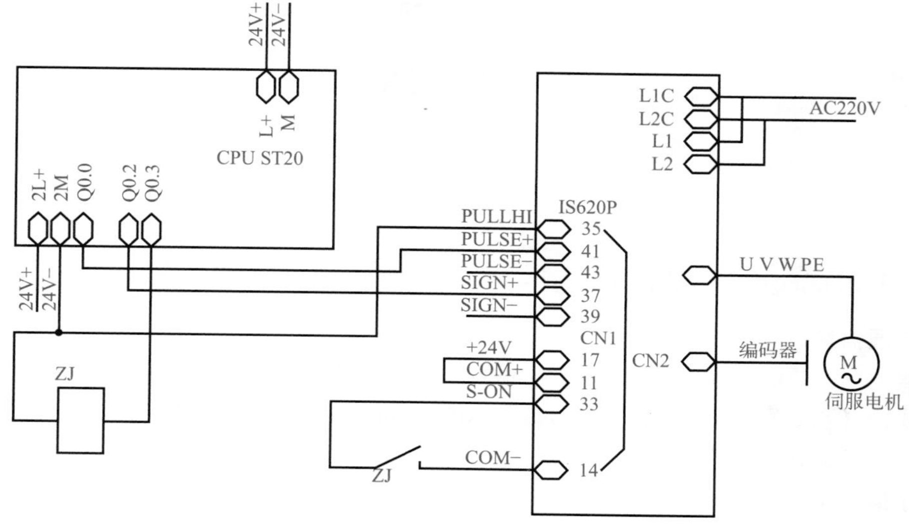

图 9-22　伺服电机位置模式测试接线图

（2）伺服驱动器参数设置

伺服驱动器控制模式选择出厂值（H02-00：1-位置模式），位置控制参数见图 9-23，都采用出厂值，主位置指令来源为脉冲指令，位置脉冲指令输入端子选择低速，电子齿数比 1（分子）的默认值为 1048576，是电机转一圈反馈的脉冲数，电子齿数比 1（分母）的默认值为 10000，是电机转一圈需要驱动的脉冲数。

参数编辑

IS620P_AutoTun_V1.3.mdb
- H00组 伺服电机参数
- H01组 驱动器参数
- H02组 基本控制参数
- H03组 端子输入参数
- H04组 端子输出参数
- H05组 位置控制参数
- H06组 速度控制参数
- H07组 转矩控制参数
- H08组 增益类参数
- H09组 自整定参数

可选项	参数编号	参数名称	参数值(10进制)	出厂值(10进制)
☐	H0500	主位置指令来源	0-脉冲指令	0
☐	H0501	位置脉冲指令输入端子...	0-低速	0
☐	H0502	电机每旋转1圈的位置指...	0	0
☐	H0504	一阶低通滤波时间常数	0	0
☐	H0505	步进量	50	50
☐	H0506	平均值滤波时间常数	0	0
☐	H0507	电子齿数比1（分子）	1048576	1048576
☐	H0509	电子齿数比1（分母）	10000	10000
☐	H0511	电子齿数比2（分子）	1048576	1048576
☐	H0513	电子齿数比2（分母）	10000	10000
☐	H0515	脉冲指令形态	0-方向+脉冲，正逻辑	0

图 9-23　位置控制参数

（3）定位测试

PLC 测试程序与步进电机测试程序相同，采用如图 9-9 所示运动子例程控制步进电机测试程序。伺服电机位置模式测试程序状态图表见图 9-24，测试前设置模式为 2（连续正转），Speed（速度值）设为 10000 表示每秒 10000 个脉冲，即 1r/s，Pos（位置）设为 5000，相对位置模式下运行 1 次转半圈。将 M0.0 置 1，步进电机以 1r/s 的速度正向连续运转，将 M0.1 置 1，电机停止。同时将 M0.0、M0.1 清 0，将模式改为 3（连续反转），将 M0.0 置 1，步进电机以 1r/s 的速度反向连续运转，将 M0.1 置 1，电机停止。

同时将 M0.0、M0.1 清 0，将模式改为 1（相对位置），将 M0.0 置 1，步进电机正转半圈停止，将 M0.0 清零后再置 1，步进电机再正转半圈停止。

状态图表

	地址	格式	当前值	新值
1	Mode:VB116	无符号	1	
2	Speed:VD112	有符号	+10000	
3	Pos:VD108	有符号	+5000	
4	C_Speed:VD104	有符号	+0	
5	C_Pos:VD100	有符号	+35000	
6	START:M0.0	位	2#1	
7	Abort:M0.1	位	2#0	

图 9-24　伺服电机位置模式测试程序状态图表

9.2.4　汇川 IS620P 伺服通信控制

（1）通信参数

伺服驱动器通信参数设置见图 9-25，改 4 个参数使之与 PLC 通信参数配合，修改后在右键菜单中选【参数写入】，伺服驱动器参数修改时 InoServoShop 软件本身的通信参数也同步自动修改，不影响软件的运行。

（2）通信给定伺服相关变量

通信给定伺服相关变量见表 9-5，VDI 即虚拟的 DI，每个虚拟 DI 和正常 DI 一样可选

可...	参数编号	参数名称	参数值(10进制)	出厂值...
☐	H0C00	驱动器轴地址	1	1
☑	H0C02	串口波特率设置	2-9600bps	5
☑	H0C03	Modbus数据格式	3-无校验，1个结束位	0
☐	H0C08	CAN通信速率选择	5-500K	5
☐	H0C09	通信VDI	0-禁用	0
☐	H0C10	上电后VDI默认值	0x0-VDI1默认值	0
☐	H0C11	通信VDO	0-禁用	0
☐	H0C12	VDO功能选择为0时默...	0x0-VDO1默认值	0
☐	H0C13	通信写入功能码值是否...	1-更新EEPROM	1
☐	H0C14	Modbus错误码	0x1-0x0001非法功能码(...	1
☑	H0C25	MODBUS指令应答延时	20	1
☑	H0C26	MODBUS通讯数据高低...	0-高16位在前，低16位在后	1
☐	H0C30	Modbus错误帧格式选择	1-新协议（标准协议）	1

图 9-25　伺服驱动器通信参数设置

择功能，但要求功能不能重复，例如 DI5 默认功能是伺服使能，要想设 VDI5 的功能是伺服使能，那么要先取消 DI5 的伺服使能功能，通信向 H31-00 写入数值，该数值的 bit4 代表 VDI5，bit4=1 时伺服使能。

表 9-5　通信给定伺服相关变量

功能码	名称	设定范围	单位
H31-00	通信给定 VDI 虚拟电平	bit（n）=VDI（n+1）	1
H31-04	通信给定 DO 输出状态	bit（n）=DO（n+1）	1
H31-09	通信给定速度指令	-6000.000 ~ 6000.000	r/min
H31-11	通信给定转矩指令	-100.000 ~ 100.000	%

（3）伺服电机速度模式通信控制

伺服电机速度模式通信控制相关参数见表 9-6，选择速度模式，速度指令选择通信给定，取消 DI5 的伺服使能功能，VDI5 端子功能选择伺服使能。通信控制状态下 PLC 和伺服驱动器之间用 RS485 通信，不需要接 CN1 中的控制线。

表 9-6　伺服电机速度模式通信控制相关参数

功能码	名称	设定范围	出厂设定	测试设定
H02-00	控制模式选择	0——速度模式 1——位置模式 2——转矩模式	1	0
H06-02	速度指令选择	0——主速度指令 A 来源 1——辅助速度指令 B 来源 2——A+B 3——A/B 切换 4——通信给定	0	4
H03-10	DI5 端子功能选择	0——无定义 1——伺服使能	1	0
H17-08	VDI5 端子功能选择	0——无定义 1——伺服使能	0	1

伺服电机速度模式通信控制程序见图 9-26，PLC 使用 Modbus RTU 主站指令与伺服电

机驱动器通信，程序段 1 初始化通信参数：9600,n,8,1，程序段 2 发送转速数据，程序段 3 发送伺服使能控制数据。伺服驱动器通信给定速度指令功能码是 H31-09，对应 Modbus 地址为 16#3109+1=12554，数据类型是双字，速度给定数据保存在 PLC 的 VD100。伺服驱动器通信给定 VDI 虚拟电平功能码是 H31-00，对应 Modbus 地址为 16#3100+1=12545，数据类型是字，虚拟电平值保存在 PLC 的 VW104。

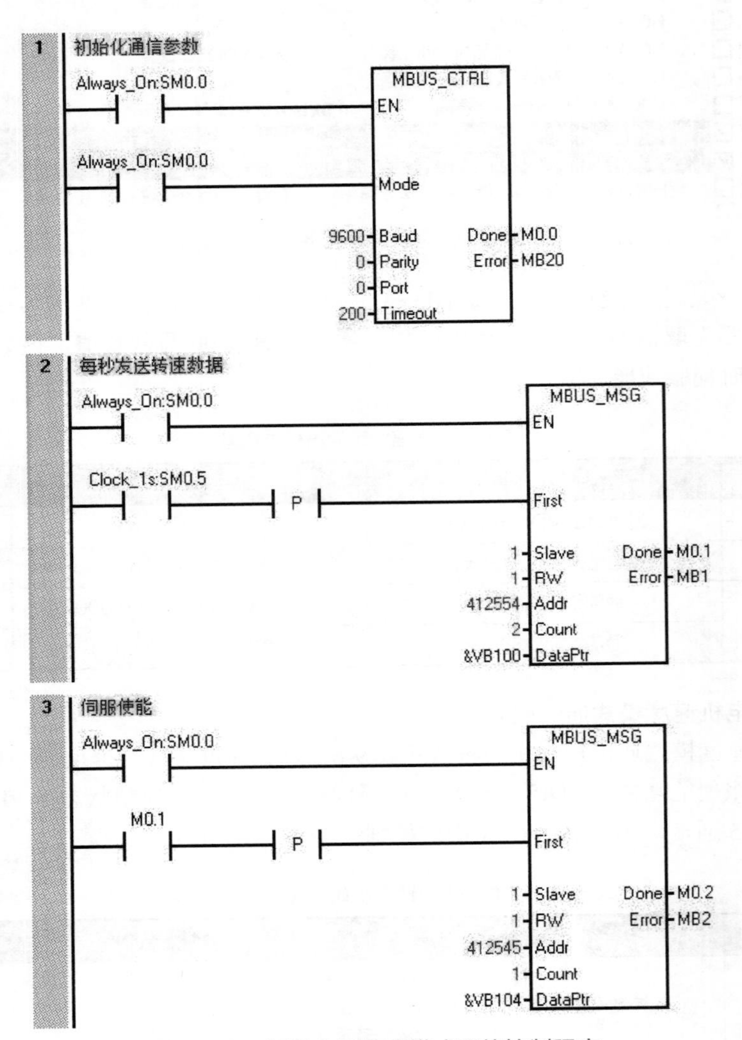

图 9-26　伺服电机速度模式通信控制程序

伺服电机速度模式通信控制程序状态图表见图 9-27，给 VD100 赋值 +300000，代表转速是 300.000r/min，符号代表电机旋转方向，VW104 赋值 16 时（bit5=1）伺服使能，伺服电机旋转速度 300r/min，VW104 赋值 0 时（bit5=0）伺服停止。

状态图表

	地址	格式	当前值	新值
1	VD100	有符号	+300000	
2	VW104	有符号	+16	

图 9-27　伺服电机速度模式通信控制程序状态图表

（4）伺服电机位置模式通信控制

伺服电机位置模式通信控制相关参数见表 9-7，选择位置模式，主位置指令选择步进量，取消 DI5 的伺服使能功能，VDI5 端子功能选择伺服使能，VDI1 端子功能选择步进量使能。PLC 程序先给定步进量，然后再给步进量使能，伺服电机将转动给定步进量后停止，步进量的符号决定伺服电机的正反转。

表 9-7　伺服电机位置模式通信控制相关参数

功能码	名称	设定范围	出厂设定	测试设定
H02-00	控制模式选择	0——速度模式 1——位置模式 2——转矩模式	1	1
H05-00	主位置指令来源	0——脉冲指令 1——步进量 2——多段位置指令	0	1
H05-05	步进量	-9999 ~ 9999	50	5000
H03-10	DI5 端子功能选择	0——无定义 1——伺服使能	1	0
H17-08	VDI5 端子功能选择	0——无定义 1——伺服使能	0	1
H17-00	VDI1 端子功能选择	0——无定义 20——步进量使能	0	20

伺服电机位置模式通信控制程序见图 9-28，PLC 使用 Modbus RTU 主站指令与伺服电机驱动器通信，程序段 1 初始化通信参数：9600,n,8,1，程序段 2 发送步进量，程序段 3 发送虚拟输入端控制伺服使能和步进。伺服驱动器通信给定步进量指令功能码是 H05-05，对应 Modbus 地址为 16#0505+1=1286，数据类型是字，步进量给定数据保存在 PLC 的 VW100。伺

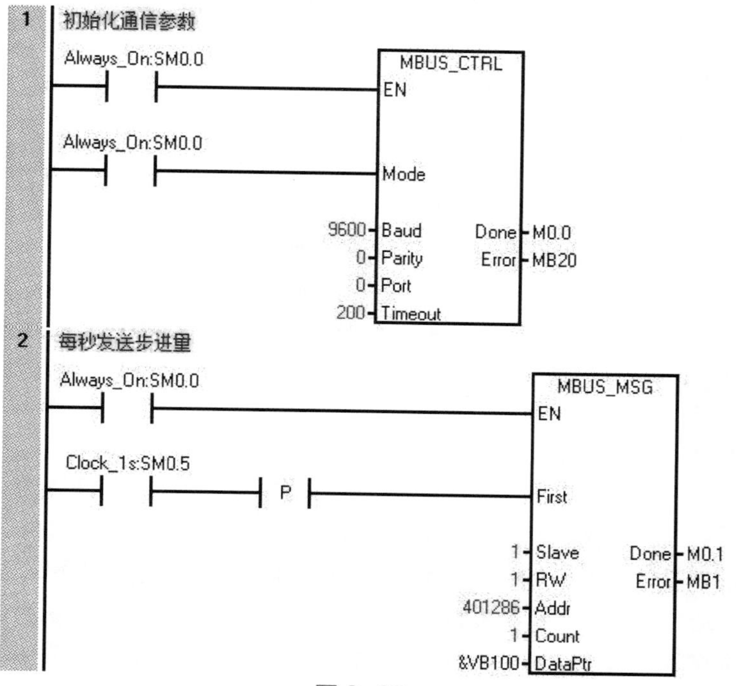

图 9-28

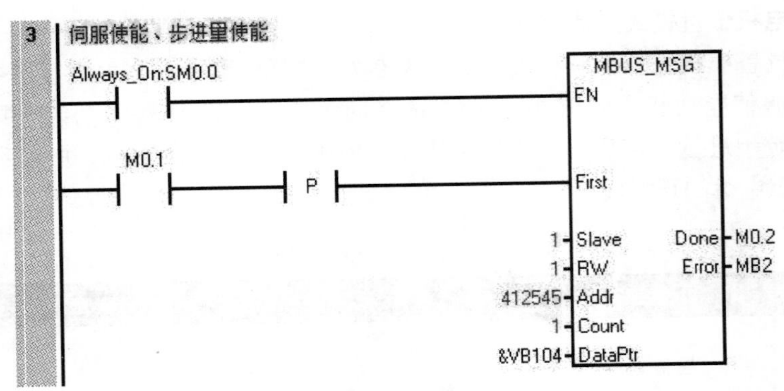

图 9-28　伺服电机位置模式通信控制程序

服驱动器通信给定 VDI 虚拟电平功能码是 H31-00，对应 Modbus 地址为 16#3100+1=12545，数据类型是字，虚拟电平值保存在 PLC 的 VW104。

伺服电机位置模式通信控制程序状态图表见图 9-29，给 VW100 赋值 +5000，代表步进量是 5000，在默认电子齿数比的情况下转半圈，符号代表电机旋转方向，VW104 赋值 16 时（bit5=1）伺服使能，VW104 赋值 17 时（bit5=1、bit1=1）伺服电机步进一次，VW104 赋值 16 后再赋值 17 时，伺服电机再步进一次。如果要改变步进量，需要先将 VW104 赋值 0，步进量在伺服使能状态无法改变。

状态图表

	地址	格式	当前值	新值
1	VW100	有符号	+5000	
2	VW104	有符号	+17	
3		有符号		

图 9-29　伺服电机位置模式通信控制程序状态图表

9.2.5　三菱MR-JE伺服通信控制

（1）三菱 MR-JE 系列伺服简介

三菱 MR-JE 系列伺服的控制模式有位置控制、速度控制和转矩控制三种。在位置控制模式下，伺服电机带动外部机械装置首先要寻到零位，然后通过转过不同转数到达不同机械位置实现位置控制，速度控制和转矩控制与变频器类似，区别是伺服有编码器，速度控制更精确。三菱 MR-JE 系列伺服接线示意图见图 9-30，伺服放大器使用单相或三相 AC 200 ～ 240V 电源，配套的伺服电动机有动力电缆和编码器信号电缆和伺服放大器连接，安装了 MR Configurator2 的计算机连接 USB 通信接口后，能够进行数据设定和试运行以及增益调整等，PLC 通过控制与通信接口控制伺服的动作。

（2）MR Configurator2 软件

MR Configurator2 软件可在三菱电机自动化官网下载，用电子邮箱申请软件的序列号。软件安装后用 USB 数据线连接伺服装置，打开软件，新建工程，MR Configurator2 软件界面见图 9-31，顶部为菜单栏和工具栏，左上侧为工程界面，双击其中的“参数”，右侧弹出“参数设置”界面，选中参数后“停靠帮助”显示该参数的详细说明，参考说明能较容易进行参数设置，参数都设置完成后要保存，然后写入伺服。左下侧的伺服助手界面能直接驱动伺服电动机动作，用于伺服装置的测试。

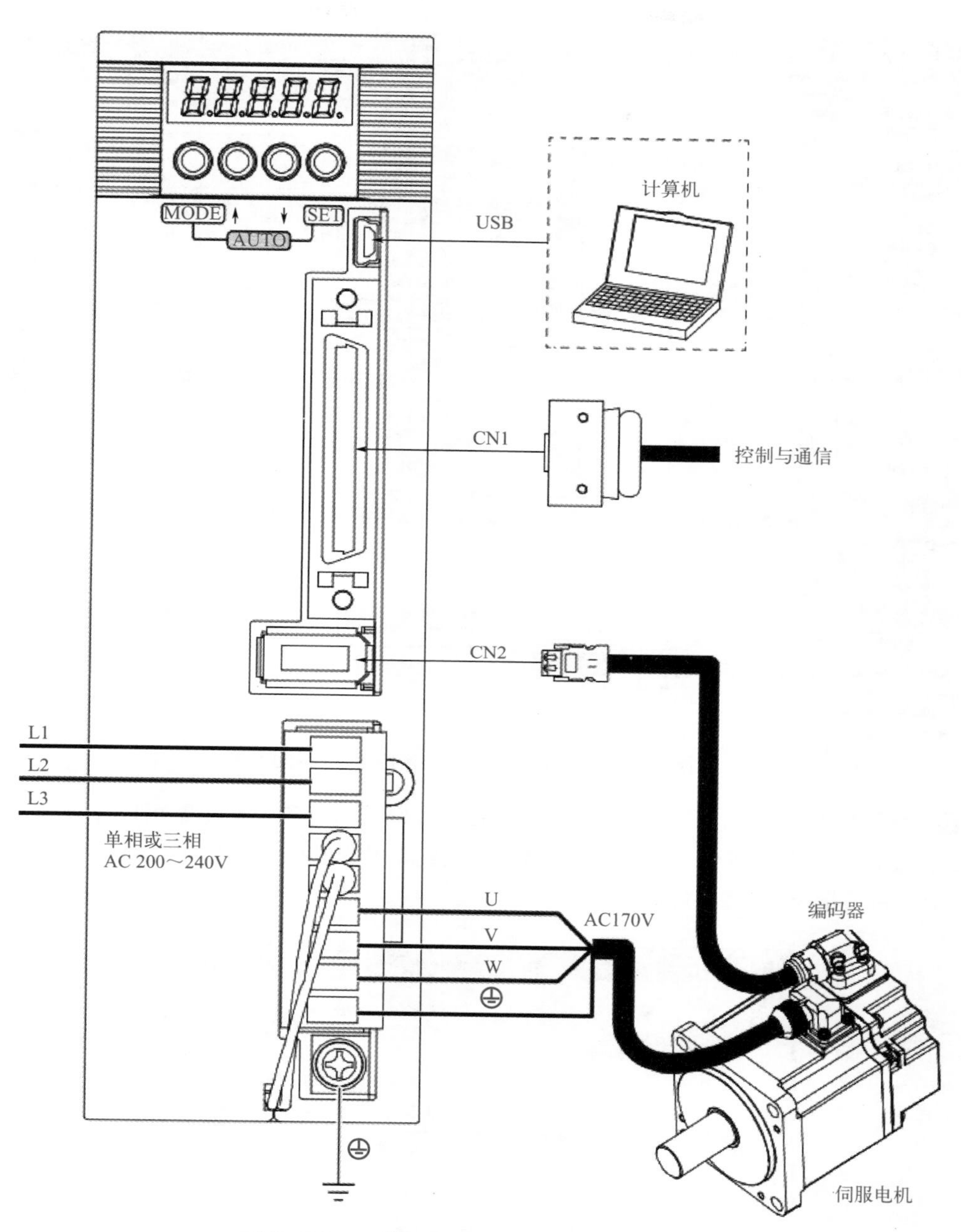

图 9-30　三菱 MR-JE 系列伺服接线示意图

（3）通信控制伺服点位表模式定位示例

伺服驱动减速机构（减速比 69∶1）带动丝杠（螺距 2mm）做直线运动，每 5mm 设 1 个点，最远距离为 50mm，用 RS485 通信控制伺服停在任意一点。

❶ 伺服装置 RS485 通信接口　三菱 MR-JE 系列伺服具有 RS422/RS485 通信接口，通信协议支持三菱通用 AC 伺服协议和 MODBUS 协议，和西门子 PLC 通信时使用 MODBUS 协议。控制与通信接口 CN1 使用 50 个引脚的接插件，其中 CN1-13（SDP）、CN1-14（SDN）、CN1-39（RDP）、CN1-40（RDN）和 CN1-31（TRE）为 RS422/RS485 通信用端子，实际接线时 13、39 接 RS485A，14、40 接 RS485B，默认通信参数为 9600,e,8,1。

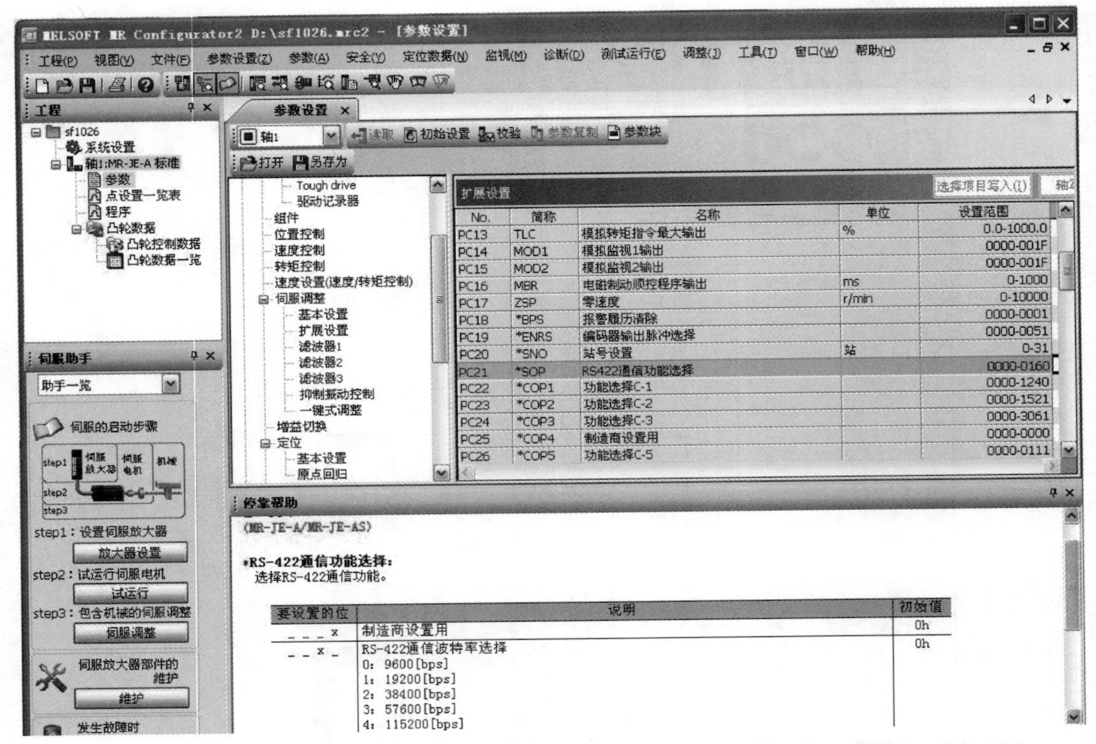

图 9-31 MR Configurator2 软件界面

❷ 伺服参数设置　电子齿轮设置见图 9-32，根据减速比和丝杠螺距可以计算出每移动 10mm 需要伺服电机转过 69×(10/2)=345 转，设电机编码器分辨率为 10000、电子齿轮分子为 345，对应每转指令脉冲数为 29。

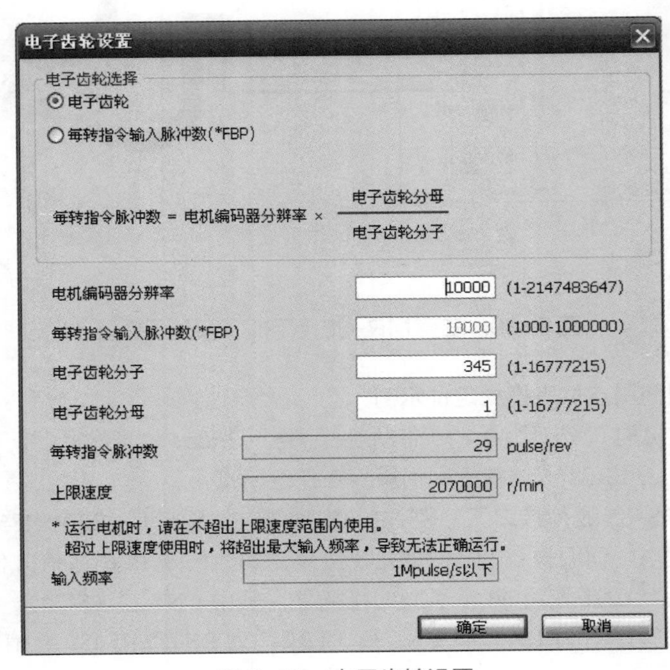

图 9-32 电子齿轮设置

点位表设置见图9-33，设置了10个点，点1目标位置5000个脉冲对应转数为：5000/29=172.4，移动距离为：172.4×(10/345)=5mm，同理点2目标位置10000对应距离原点位置为10mm。转速表示伺服以指定速度到达定位点，时间常数表示伺服电机达到指定转速的时间。

点设置一览表定位运行(绝对值指令方式)

No.	目标位置 -999999-999999 pulse	转速 0-65535 r/min	加速时间常数 0-20000 ms	减速时间常数 0-20000 ms
1	5000	1000	100	100
2	10000	2000	100	100
3	15000	2000	100	100
4	20000	2000	100	100
5	25000	2000	100	100
6	30000	2000	100	100
7	35000	2000	100	100
8	40000	2000	100	100
9	45000	2000	100	100
10	50000	2000	100	100

图9-33 点位表设置

原点回归设置见图9-34，原点回归方式选择“连续运行型”，原点回归方向选“地址减少方向”，即反转回归原点，在机械上原点位置有机械阻挡装置，伺服每次上电后首先控制其回到原点，反转到原点后因机械阻挡转矩超过转矩限制值15%，伺服判断找到原点并停止，置当前位置脉冲为0。

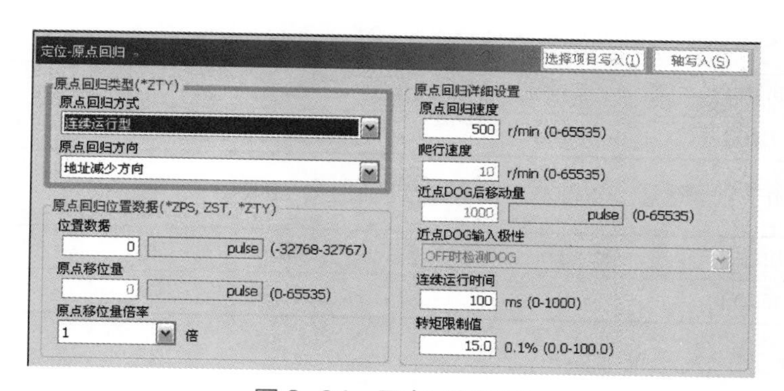

图9-34 原点回归设置

在通信控制模式下，控制线都不接，但要在如图9-35所示自动ON设置中选择输入信号SON、LSP、LSN和EM2为ON。

自动ON设置

自动ON分配

信号	ON	OFF
SON	⦿ON	○OFF
PC	○ON	⦿OFF
TL	○ON	⦿OFF
LSP	⦿ON	○OFF
LSN	⦿ON	○OFF
EM2/1	⦿ON	○OFF
MD0	○ON	⦿OFF
OVR	○ON	⦿OFF
DI0	○ON	⦿OFF
DI1	○ON	⦿OFF
DI2	○ON	⦿OFF
DI3	○ON	⦿OFF

确定 取消

图9-35 自动ON设置

❸ 寄存器表　点位表模式下用到的寄存器表见表 9-8，控制模式有位置控制、速度控制、转矩控制、点位表、程序运行、原点复位和 JOG 运行共 7 种，表中只列出用到的原点复位模式和点位表模式的值，点位表指定用于设定目标点位值，控制指令用于主站（控制器）向从站（伺服放大器）发布指令，当前位置和运行状态用于读取伺服放大器状态。

表9-8　点位表模式下用到的寄存器表

序号	名称	地址	数据类型	说明
1	控制模式设置	16#6060	UINT	使用功能码 16#10 设定控制模式： 值为 16#0006 时为原点复位模式， 值为 16#009B 时为点位表模式
2	点位表指定	16#2D60	UINT	使用功能码 16#10 设定点位表指定编号
3	控制指令	16#6040	UINT	设定为原点复位模式或指定新的点位编号后，使用功能码 16#10 写入 16#0F 再写入 16#1F，才能开始寻零或进入新的点位表
4	当前位置	16#6064	UDINT	使用功能码 16#03 读取当前位置对应的脉冲数
5	运行状态	16#2D15	UINT	使用功能码 16#03 读取当前运行状态： 位 7 为原点复位完成标志， 位 6 为移动完成标志，即已进入新的点位表

❹ 通信报文　读取当前位置，发送报文如下：

从机地址	功能码	寄存器地址	寄存器点数	CRC 校验
16#01	16#03	16#6064	16#0002	16#9BD4

返回报文如下：（数据 16#00002710 的十进制值为 10000）

从机地址	功能码	字节数量	数据	CRC 校验
16#01	16#03	16#04	16#00002710	16#E00F

读取运行状态，发送报文如下：

从机地址	功能码	寄存器地址	寄存器点数	CRC 校验
16#01	16#03	16#2D15	16#0001	16#9CA2

返回报文如下：（数据 16#00E0 的位 6 和位 7 均为 1，表示原点复位完成，移动完成）

从机地址	功能码	字节数量	数据	CRC 校验
16#01	16#03	16#02	16#00E0	16#B9CC

如果原点复位未完成，先进行原点复位，设控制模式为原点复位报文如下：

从机地址	功能码	寄存器地址	寄存器点数	字节数	数据	CRC 校验
16#01	16#10	16#6060	16#0001	16#02	16#0006	16#4FF4

返回报文如下：

从机地址	功能码	寄存器地址	寄存器点数	CRC 校验
16#01	16#10	16#6060	16#0001	16#1FD7

控制指令写入 16#0F 报文如下：

从机地址	功能码	寄存器地址	寄存器点数	字节数	数据	CRC 校验
16#01	16#10	16#6040	16#0001	16#02	16#000F	16#8892

返回报文如下：

从机地址	功能码	寄存器地址	寄存器点数	CRC 校验
16#01	16#10	16#6040	16#0001	16#1E1D

控制指令写入 16#1F 报文如下：

从机地址	功能码	寄存器地址	寄存器点数	字节数	数据	CRC 校验
16#01	16#10	16#6040	16#0001	16#02	16#001F	16#895E

返回报文如下：

从机地址	功能码	寄存器地址	寄存器点数	CRC 校验
16#01	16#10	16#6040	16#0001	16#1E1D

伺服装置开始原点复位。

如果原点复位完成，设控制模式为点位表模式报文如下：

从机地址	功能码	寄存器地址	寄存器点数	字节数	数据	CRC 校验
16#01	16#10	16#6060	16#0001	16#02	16#009B	16#8E5D

返回报文如下：

从机地址	功能码	寄存器地址	寄存器点数	CRC 校验
16#01	16#10	16#6060	16#0001	16#1FD7

进入新点位表报文如下：

从机地址	功能码	寄存器地址	寄存器点数	字节数	数据	CRC 校验
16#01	16#10	16#2D60	16#0001	16#02	16#0002	16#D333

返回报文如下：

从机地址	功能码	寄存器地址	寄存器点数	CRC 校验
16#01	16#10	16#2D60	16#0001	16#08BB

控制指令写入 16#0F 报文如下：

从机地址	功能码	寄存器地址	寄存器点数	字节数	数据	CRC 校验
16#01	16#10	16#6040	16#0001	16#02	16#000F	16#8892

返回报文如下：

从机地址	功能码	寄存器地址	寄存器点数	CRC 校验
16#01	16#10	16#6040	16#0001	16#1E1D

控制指令写入 16#1F 报文如下：

从机地址	功能码	寄存器地址	寄存器点数	字节数	数据	CRC 校验
16#01	16#10	16#6040	16#0001	16#02	16#001F	16#895E

返回报文如下：

从机地址	功能码	寄存器地址	寄存器点数	CRC 校验
16#01	16#10	16#6040	16#0001	16#1E1D

伺服装置开始进入新的点位表。

（4）CRC 校验程序

从三菱 MR-JE 伺服通信报文看出，写单个寄存器本来需要功能码 16#06，但报文中功能码是 16#10，这与标准的 Modbus 协议不同，无法用 Modbus RTU 主站指令实现，只能编个子程序组织报文后用发送指令 XMT 发送报文。

带 CRC 校验功能的发送报文子程序见图 9-36，发送报文按协议要求组织，难点是 CRC 校验，不同报文中寄存器地址和寄存器数据是变化的，需要先计算出 CRC 校验码再发送。

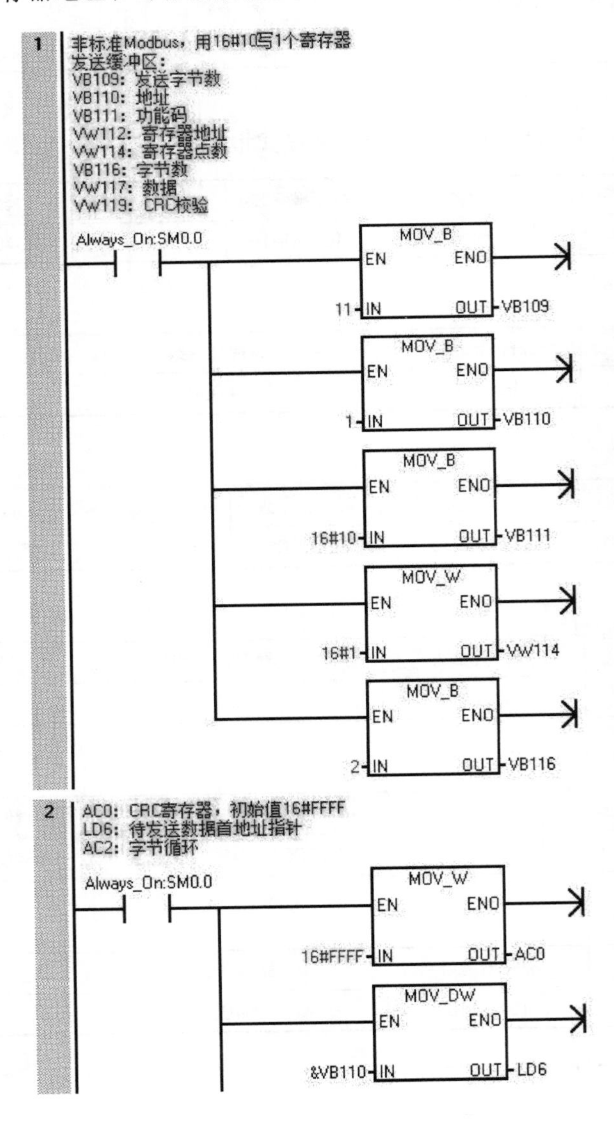

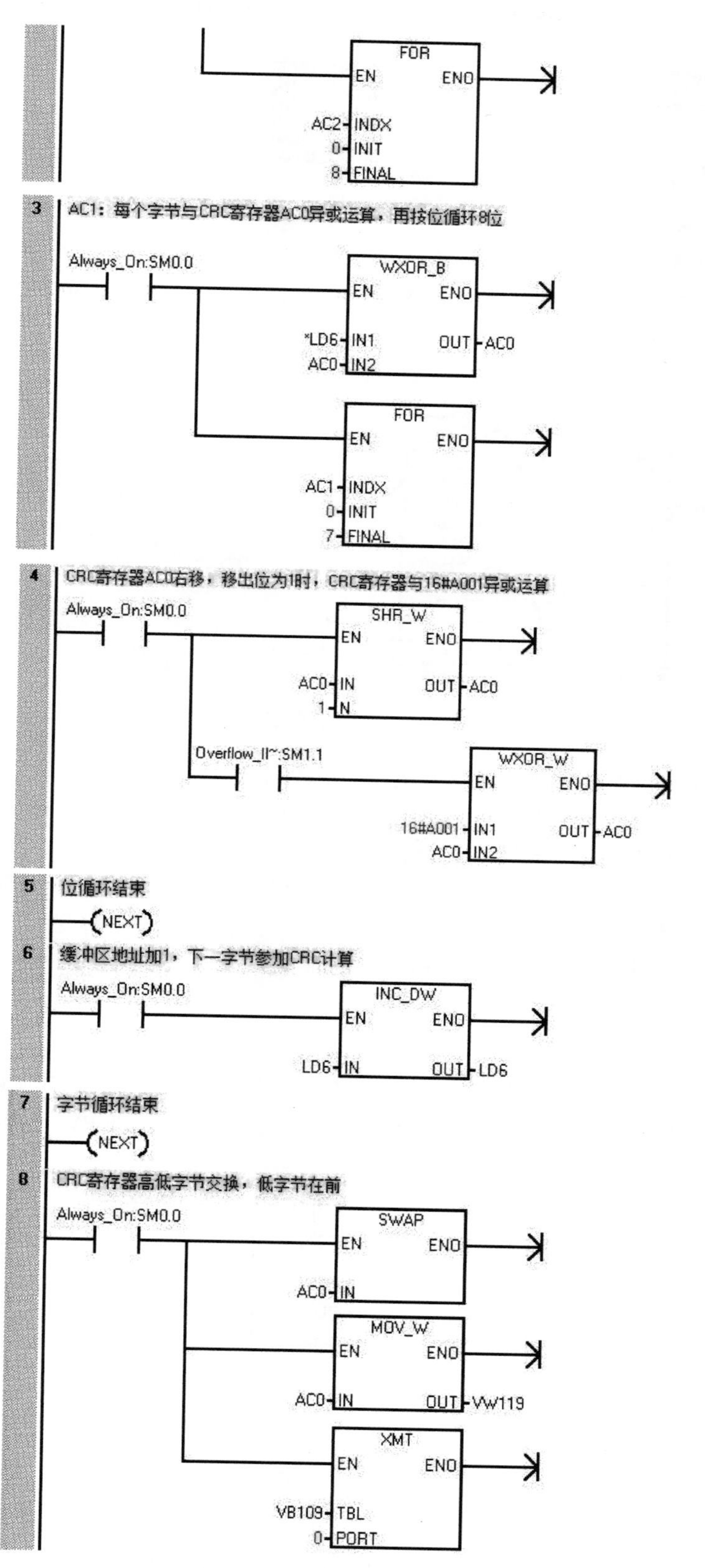

图 9-36　带 CRC 校验功能的发送报文子程序

9.3 舵机控制

9.3.1 舵机工作原理

舵机内部结构及外观见图 9-37，舵机（Servo）是一套小型的闭环伺服系统，它接收目标信号，通过驱动内部的直流电机，并经过减速齿轮组，从而调整输出轴的角度。该输出角度通过电位器采样，再由反馈控制系统调整其输出角度与目标值匹配，整个过程构成一个典型的闭环反馈控制系统。

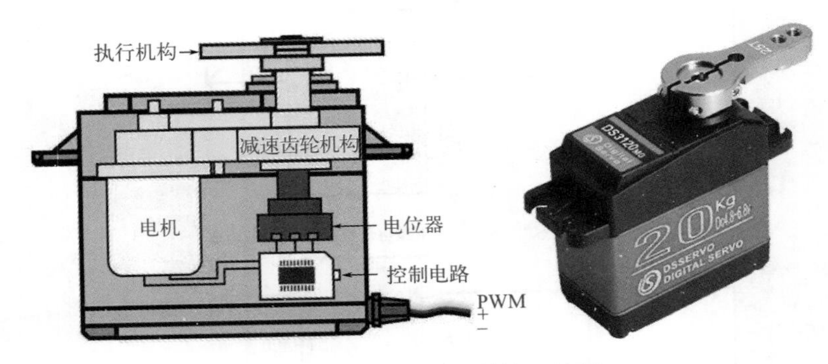

图 9-37　舵机内部结构及外观

舵机的优势在于结构紧凑、使用方便、价格便宜，但位置精度、负载能力及维持位置的能力有限，适合对控制性能要求不高、体积要求小的场合，较早用于航模，随着机器人技术的发展，较多应用到小型机器人以及低成本机械臂中。

常见的舵机引出 3 根线，分别是电源负（−）、电源正（+）和控制（PWM），舵机一般用单片机控制，用 5V 电源供电，由 PWM 的占空比控制舵机输出角度。复杂些的舵机支持 RS485 和 CAN 通信控制，功率大的供电电压也高些。

9.3.2 PLC 控制舵机

PLC 控制舵机的测试接线图见图 9-38，利用 Q0.0 的脉冲输出功能控制舵机的输出角度，电阻 R1、R2 将 Q0.0 输出的 24V 分压成小于 5V 的电压接到舵机的 PWM 接线端。

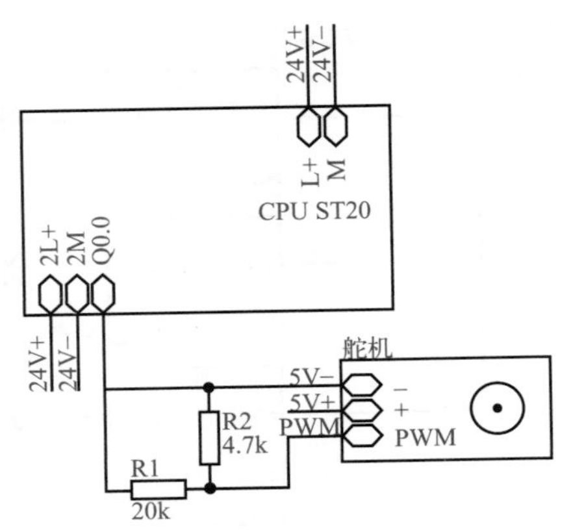

图 9-38　PLC 控制舵机的测试接线图

PLC 控制舵机的测试程序见图 9-39，VW100 是 PWM 周期值，VW102 是 PWM 脉冲宽度值，单位是 1μs。M0.0 上升沿改变 PWM 周期和脉冲宽度，使能 Q0.0 的 PWM 功能，要改变舵机输出，需重新设定脉冲宽度值，将 M0.0 复位后再置 1。

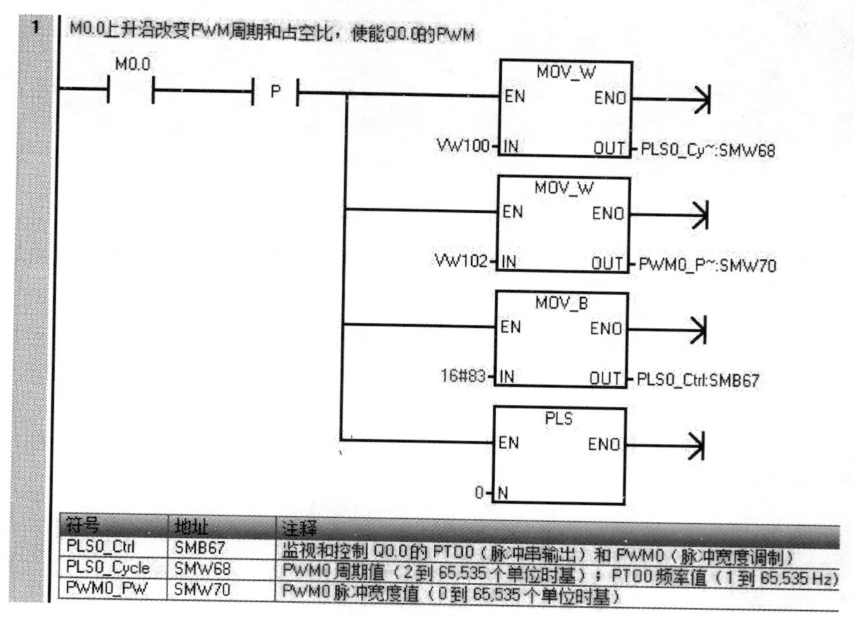

符号	地址	注释
PLS0_Ctrl	SMB67	监视和控制 Q0.0的 PTO0（脉冲串输出）和 PWM0（脉冲宽度调制）
PLS0_Cycle	SMW68	PWM0 周期值（2到 65,535 个单位时基）；PTO0 频率值（1到 65,535 Hz）
PWM0_PW	SMW70	PWM0 脉冲宽度值（0到 65,535 个单位时基）

图 9-39　PLC 控制舵机的测试程序

PLC 控制舵机测试程序的状态图表见图 9-40，实测某款舵机，设置 PWM 周期为 5ms，脉冲宽度为 1.5ms 时舵机输出在中间位置，脉冲宽度为 0.5ms 时在 −135° 位置，脉冲宽度为 2.5ms 时在 +135° 位置。

状态图表

	地址	格式	当前值	新值
1	M0.0	位	2#1	
2	PLS0_Cycle:SMW68	有符号	+5000	
3	PWM0_PW:SMW70	有符号	+2500	
4	VW100	有符号	+5000	
5	VW102	有符号	+2500	

图 9-40　PLC 控制舵机测试程序的状态图表

SMART PLC

第10章 综合应用实例

对于工控技术人员来说，不仅要掌握PLC编程技术，还要熟悉与PLC相关的触摸屏编程技术，熟悉仪器仪表、各种传感器与PLC的接口，熟悉PLC如何驱动阀门、电动机等动力设备，最终还要有综合应用的能力，能搭建一套可靠运行的控制系统，实现一套装置的自动化运行。

10.1 PLC控制变频器

10.1.1 变频器接线

（1）主回路接线

变频器主回路接线图见图10-1，电源接变频器端子R、S、T，电动机变频器端子U、V、W，输入、输出的电抗器或滤波器可选，变频器接地端、输出电缆屏蔽层、电动机接地端可靠接地，外接制动电阻或制动单元可选。

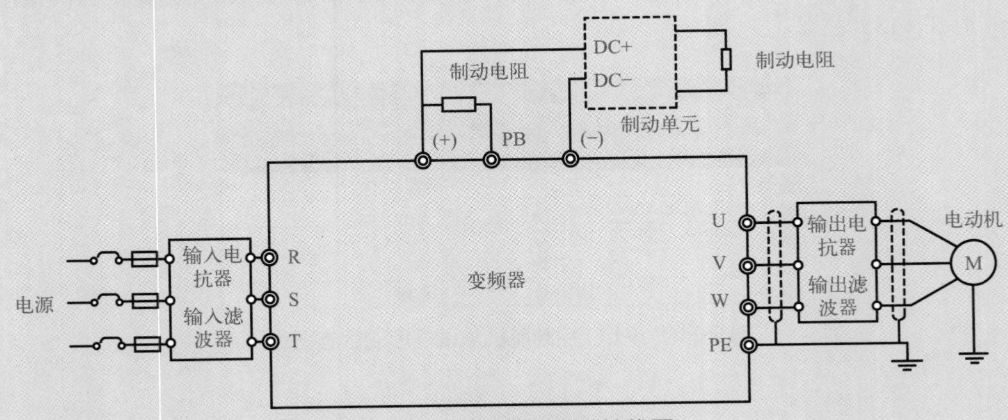

图10-1 变频器主回路接线图

变频器内部工作原理是将输入的交流电源（R、S、T）整流滤波为直流电（+、−），再经逆变电路变为电压大小和频率可调的交流电源输出（U、V、W）。如果要通过调整主接线改变电动机转向，只能改输出端，改电源端是无效的。正常情况下是电动机带负载转动，当电动机的工况存在负载带动电动机转动的情况时，电动机会进入发电状态，所发电能经逆变电路反馈到直流母线，引起直流电压升高，这种情况需要加制动电阻，用制动电阻消耗发电能量，避免直流电压过高引起变频器故障停机，变频器内部有制动单元的可直接外接制动电阻，内部没有制动单元的可外接制动单元再接制动电阻。

（2）控制回路接线

不同品牌和型号的控制回路接线略有不同，以英威腾 GD20 系列变频器为例，变频器控制回路接线图见图 10-2。多功能输入端子属于数字量输入，通过参数设置可用于控制变频器启动、停止、正反转，也可用于控制变频器加速、减速或以某一设定频率运行。模拟量输入用于控制频率或设定 PID 值，模拟量输入 AI2 支持 0 ～ 10V/0 ～ 20mA 输入，用开关转换设置成电压输入或电流输入，常设定成电流输入，接入 PLC 输出的转速信号，模拟量输入 AI3 支持 −10 ～ +10V 的输入，常用来外接电位器实现频率控制。数字量输出包括 2 个继电器输出和 1 个集电极开路输出 Y1，通过参数设定可组态为运行、上限频率到达、故障报警等输出。模拟量输出可通过参数设置组态为电压、电流或频率等运行参数输出。RS485 通信可连接 PLC，实现 RS485 总线控制。

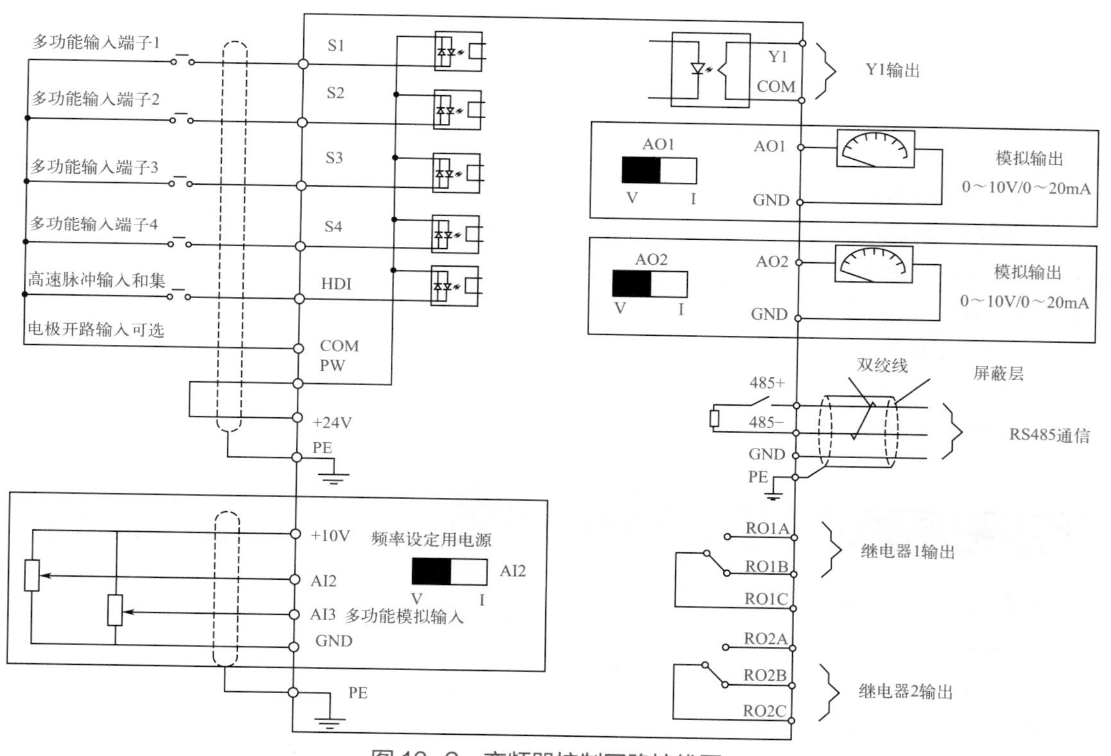

图 10-2　变频器控制回路接线图

变频器运行需要启停控制和频率调节控制，启停控制方式有控制面板按键启停、输入端子控制启停和 RS485 通信控制启停，频率调节的控制方式有控制面板按键调节、模拟量控制、RS485 通信控制、输入端子加减频率或多段速控制，除了控制面板控制，其他控制方式都可以用 PLC 来实现。

10.1.2　常规控制

（1）控制回路接线

PLC 控制变频的常规控制方法是用数字量输出控制变频启停，用模拟量输出控制变频器频率，变频器常规控制回路接线图见图 10-3，PLC 数字量输出 Q0.0 控制中间继电器，中间继电器接点控制变频器启停，PLC 模拟量输出接变频器模拟量输入 AI2，PLC 数字量输入

I0.0 接变频器报警输出。

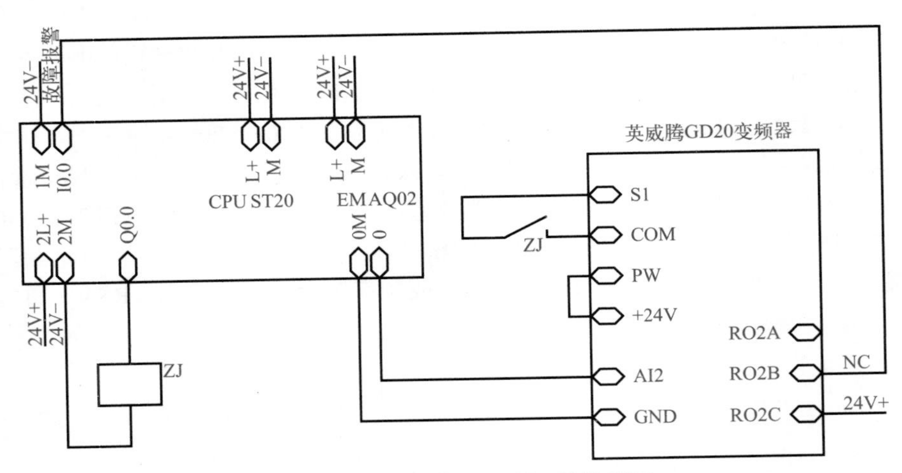

图 10-3 变频器常规控制回路接线图

（2）变频器参数设置

选择变频器控制方式后，需要设置变频器的相关参数，常规控制方式下变频器相关参数设置见表 10-1。运行指令选择“1：端子运行指令通道”。频率指令选择 AI2。S1 端子功能选择默认值“1：正转运行”，可选功能有 60 多项，表中只列 3 项。AI2 的默认下限是 0mA，默认上限是 20mA，正好和 PLC 输出的 0 ～ 20mA 匹配。继电器 RO2 输出选择默认的“5：变频器故障”，并且其输出极性选择负极性，即变频器正常时 RO2 吸合，变频器故障时 RO2 释放，为的是变频器没有电源时 RO2 释放也能发出报警。

表 10-1 常规控制方式下变频器相关参数设置

功能码	名称	参数说明	缺省值	设定值
P00.01	运行指令通道	0：键盘运行指令通道 1：端子运行指令通道 2：通信运行指令通道	0	1
P00.06	A 频率指令选择	0：键盘数字设定 1：模拟量 AI1 设定（键盘电位器） 2：模拟量 AI2 设定 3：模拟量 AI3 设定 4：高速脉冲 HDI 设定 5：简易 PLC 程序设定 6：多段速运行设定 7：PID 控制设定 8：MODBUS 通讯设定	0	0
P00.07	B 频率指令选择		2	2
P00.09	设定源组合方式	0：A 1：B 2：A+B 3：A-B 4：Max（A,B），以 A 和 B 中较大值为设定频率 5：Min（A,B），以 A 和 B 中较小值为设定频率	0	1
P05.01	S1 端子功能选择	0：无功能 1：正转运行 2：反转运行 ……	1	1

续表

功能码	名称	参数说明	缺省值	设定值
P05.37	AI2 下限值	0（0）～ 10V（20mA）	0.00V	0.00V
P05.38	AI2 下限对应设定	0% ～ 100%	0.0%	0.0%
P05.39	AI2 上限值	0（0）～ 10V（20mA）	10.00V	10.00V
P05.40	AI2 上限对应设定	0% ～ 100%	100.0%	100.0%
P06.04	继电器 RO2 输出选择	0：无效 1：运行中 2：正转运行中 3：反转运行中 4：点动运行中 5：变频器故障 ……	5	5
P06.05	输出端子极性选择	BIT3：RO2 BIT2：RO1 BIT1：保留 BIT0：Y1	16#00	16#08

（3）PLC 测试程序

变频器常规控制测试程序见图10-4，VD100为频率设定值，程序中将频率设定值0.0～50.0转换为0～27648，输出到模拟量输出通道AQW16。测试时用状态图表给频率赋值20.0Hz，AQW16的值变为11059，输出8mA给变频器，将Q0.0置1，变频器进入运行状态。

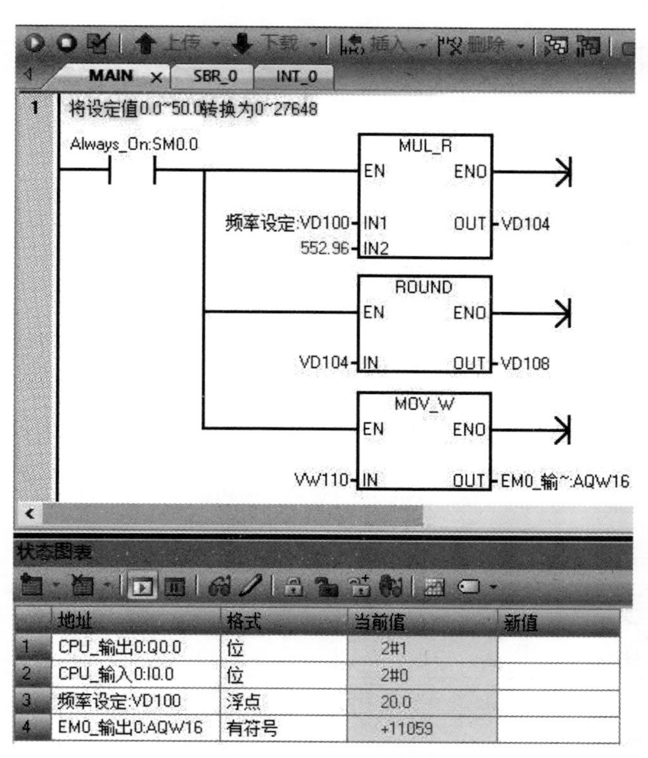

图 10-4 变频器常规控制测试程序

10.1.3 通信控制

（1）通信接线

PLC 可以用通信控制变频的启停和频率，也可以单独控制变频器启停或单独控制频率。PLC 用通信完全控制变频的启停和频率只需接通信线就可以，PLC 通信接口的 B（+）接 GD20 变频器的 485+，A（−）接 GD20 变频器的 485−，通信线采用屏蔽双绞线，屏蔽双绞线两端接地。

（2）变频器参数设置

通信控制方式下变频器相关参数设置见表 10-2。运行指令选择“2：通信运行指令通道”。频率指令选择 MODBUS 通信设定。本机通信地址设为 1，通信波特率 9600BPS，数据位校验设置为无校验。

表10-2　通信控制方式下变频器相关参数设置

功能码	名称	参数说明	缺省值	设定值
P00.01	运行指令通道	0：键盘运行指令通道 1：端子运行指令通道 2：通信运行指令通道	0	2
P00.06	A 频率指令选择	0：键盘数字设定 1：模拟量 AI1 设定（键盘电位器） 2：模拟量 AI2 设定 3：模拟量 AI3 设定 4：高速脉冲 HDI 设定 5：简易 PLC 程序设定 6：多段速运行设定 7：PID 控制设定 8：MODBUS 通信设定	0	8
P00.07	B 频率指令选择		2	2
P00.09	设定源组合方式	0：A 1：B 2：A+B 3：A−B 4：Max（A,B），以 A 和 B 中较大值为设定频率 5：Min（A,B），以 A 和 B 中较小值为设定频率	0	0
P14.00	本机通信地址	1 ~ 247	1	1
P14.01	通信波特率	0：1200BPS 1：2400BPS 2：4800BPS 3：9600BPS 4：19200BPS 5：38400BPS 6：57600BPS	4	3
P14.02	数据位校验设置	0：无校验（N，8，1）for RTU 1：偶校验（E，8，1）for RTU 2：奇校验（O，8，1）for RTU ……	1	0
P14.03	通信应答延时	0 ~ 200ms	5	10
P14.04	通信超时时间	0 ~ 60s，设置为 0.0 时，通信超时时间参数无效	0.0	0.0
P14.05	传输错误处理	0：报警并自由停车 1：不报警并继续运行 2：不报警按停机方式停机（仅通信控制方式下） 3：不报警按停机方式停机（所有控制方式下）	0	1

（3）PLC 测试程序

英威腾 GD20 变频器常用 MODBUS 地址表见表 10-3，向通信控制命令地址写入代表动作的数值控制变频器启停，向通信设定频率地址写入运行频率数值，例如写入 3000，变频器的运行频率为 30.00Hz，当变频器工作于 PID 模式时，可用通信给定 PID 目标值。变频器故障代码、运行频率和输出电流等参数可在变频运行期间读出，用于监控变频器运行状态。

表 10-3　英威腾 GD20 变频器常用 MODBUS 地址表

功能说明	地址	说明
通信控制命令	16#2000	1：正转运行 2：反转运行 3：正转点动 4：反转点动 5：停机 6：自由停机 7：故障复位 8：点动停止
通信设定频率	16#2001	单位 0.01Hz
通信 PID 给定	16#2002	范围 0 ~ 1000，1000 对应 100.0%
变频器故障代码	16#2102	
运行频率	16#3000	单位 0.01Hz
输出电流	16#3004	单位 0.1A

变频器通信控制测试程序见图 10-5，首先初始化 MODBUS RTU 主站，然后每秒进行一次通信，依次读取变频器故障码和运行电流，再依次写入控制命令和设定频率值。

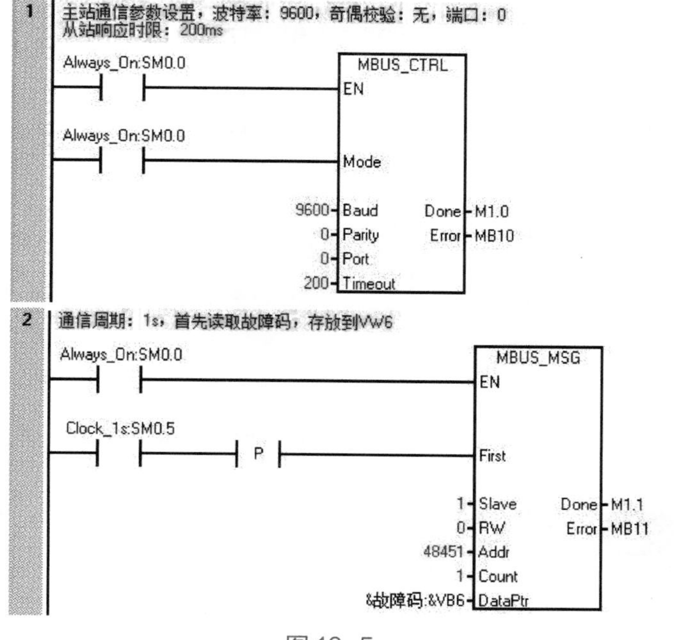

图 10-5

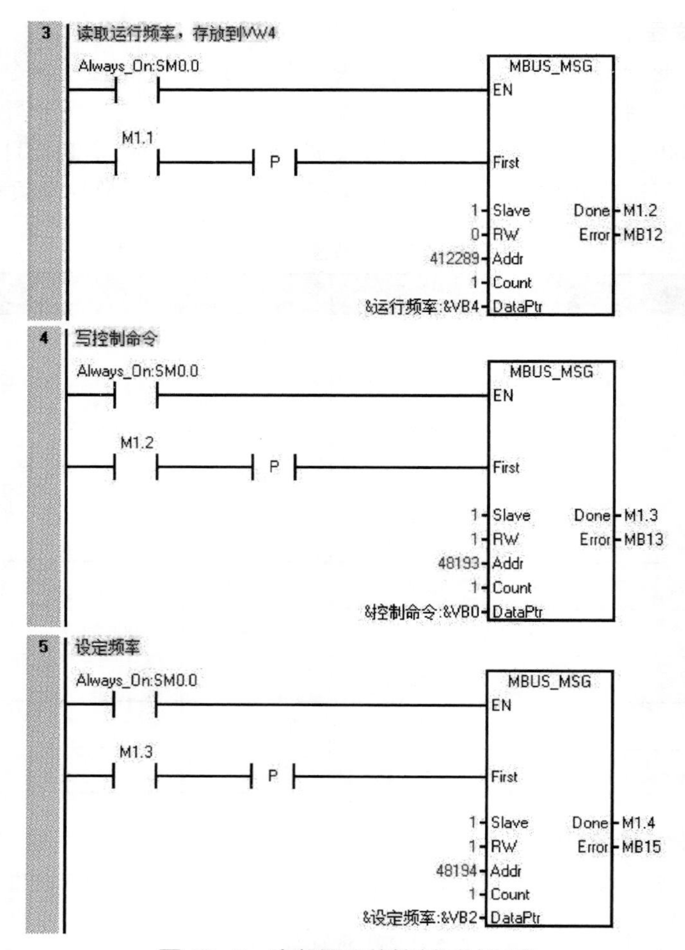

图 10-5　变频器通信控制测试程序

变频器通信控制测试程序状态图表见图 10-6，向 VW0 写入代表控制命令的数值，1 代表正转运行，5 代表停止，向 VW2 写入设置频率值 3000，表示频率为 30.00Hz，VW4 是读取到的当前运行频率，VW6 中是读取到的变频器故障码。

状态图表

	地址	格式	当前值	新值
1	VW0	有符号	+1	
2	VW2	有符号	+3000	
3	VW4	有符号	+3000	
4	VW6	有符号	+0	

图 10-6　变频器通信控制测试程序状态图表

10.2　机组冷却系统控制

10.2.1　工艺流程

部分北方油田用注水机组采用水冷，一般用循环水将机组冷却，再通过凉水塔将循环水热量散出去，缺点是水的蒸发量大，循环水补水量大，冬季凉水塔结冰需要经常清理，维护工作量大，为此对冷却系统进行改造，改造后的工艺流程如图 10-7 所示的机组冷却系统触摸屏主界面。

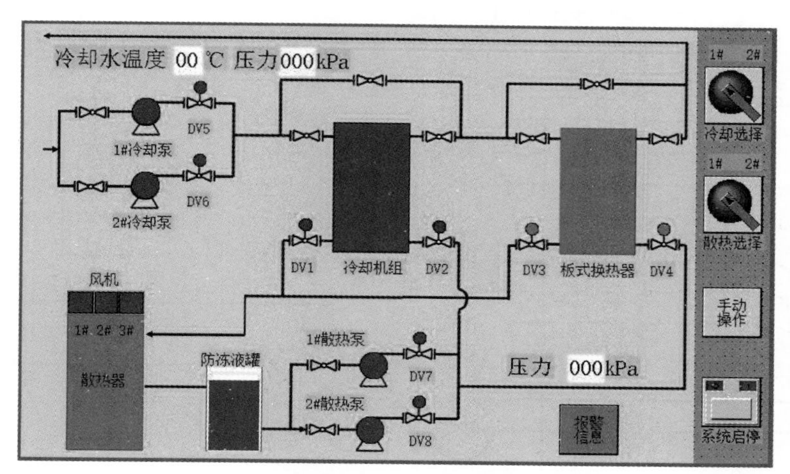

图 10-7　机组冷却系统触摸屏主界面

新的冷却系统将原来的循环水分成冷却和散热两部分，冷却水不再直接去外部散热，而是通过冷却机组或板式换热器间接散发热量，散热系统是密闭系统，内部灌注的是防冻液，冬季不会冻凝。冬季户外温度低时关闭冷却机组，启用板式换热器，过了冬季用冷却机组制冷，关闭板式换热器。

10.2.2　电路设计

机组冷却系统一次接线图见图 10-8，电源进线有 2 路，用切换开关 SB4 切换，用按钮 SB2 送电，用按钮 SB3 停电，紧急情况下用急停按钮 SB1 停电。7 个电动机回路采用热继电器作为电动机保护。

机组冷却系统电动阀接线图见图 10-9，散热切换不频繁，每年切换两次，没用 PLC 控制，直接用切换开关 SB5 控制，开启冷却机组时打开电动阀 DV1 和 DV2，关闭电动阀 DV3 和 DV4，关闭冷却机组使用板式换热器时打开电动阀 DV3 和 DV3，关闭电动阀 DV1 和 DV1。泵的出口电动阀跟随泵的启停而开关。

机组冷却系统控制回路接线图见图 10-10，PLC 通过控制 7 个中间继电器间接控制 7 个电机的启停，保护电动机的热继电器常开接点接入 PLC 输入，用于电动机保护动作后的报警，冷却有独立的控制箱用于控制机组启停。

10.2.3　PLC编程

根据机组冷却系统控制回路接线图编写符号表，图 10-11 所示的机组冷却系统 PLC 程序符号表分自定义符号表和 I/O 符号表。

机组冷却系统主程序见图 10-12，系统启停受触摸屏控制，系统启动后分批启动电动机，避免集中启动引起电源电压波动。每个电动机控制都有自动和手动控制方式，正常运行时处于自动控制方式，手动控制方式主要用于检修和调试工作。主程序最后调用子程序来完成模拟量输入转换和故障报警工作。

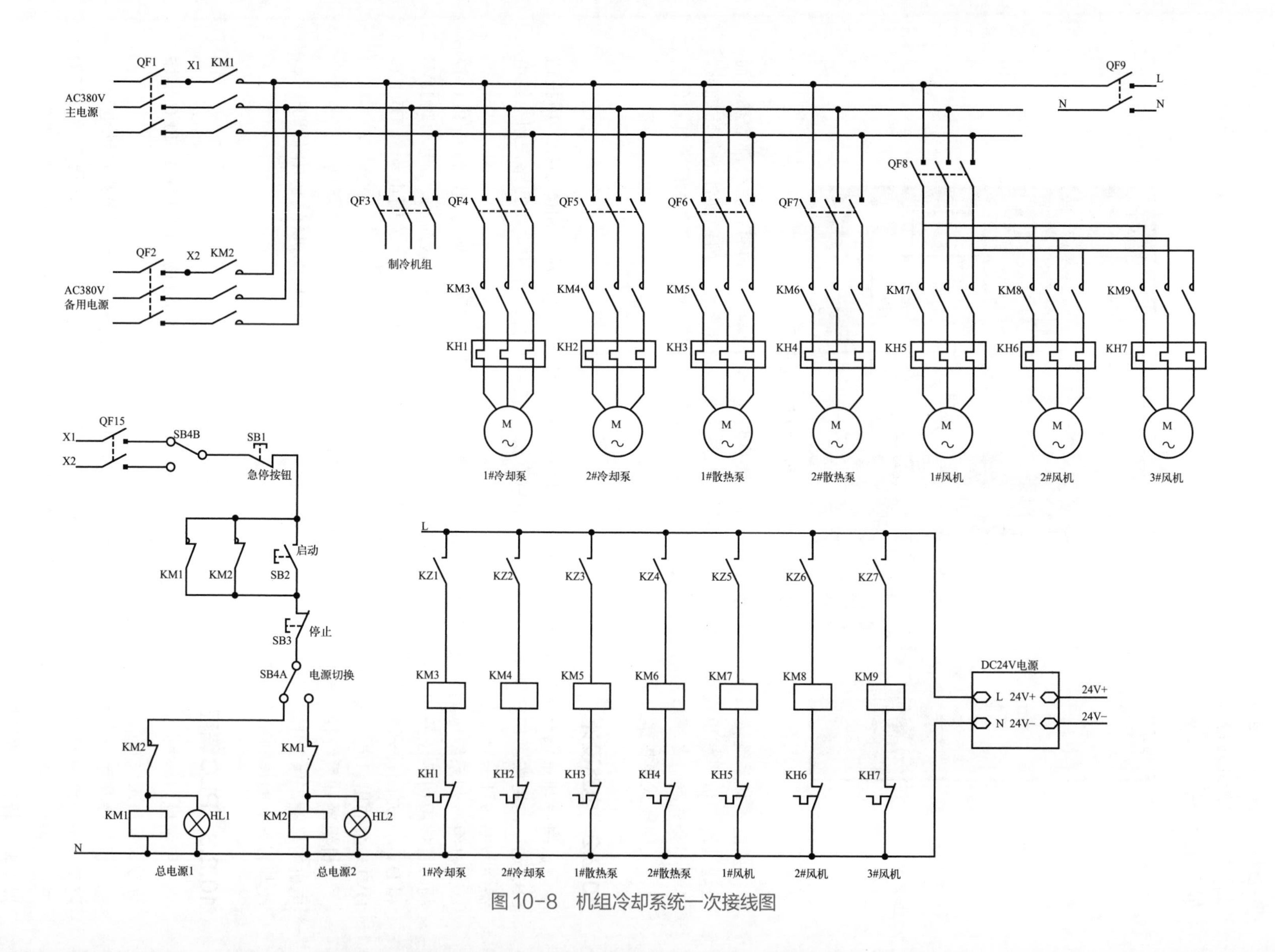

图10-8 机组冷却系统一次接线图

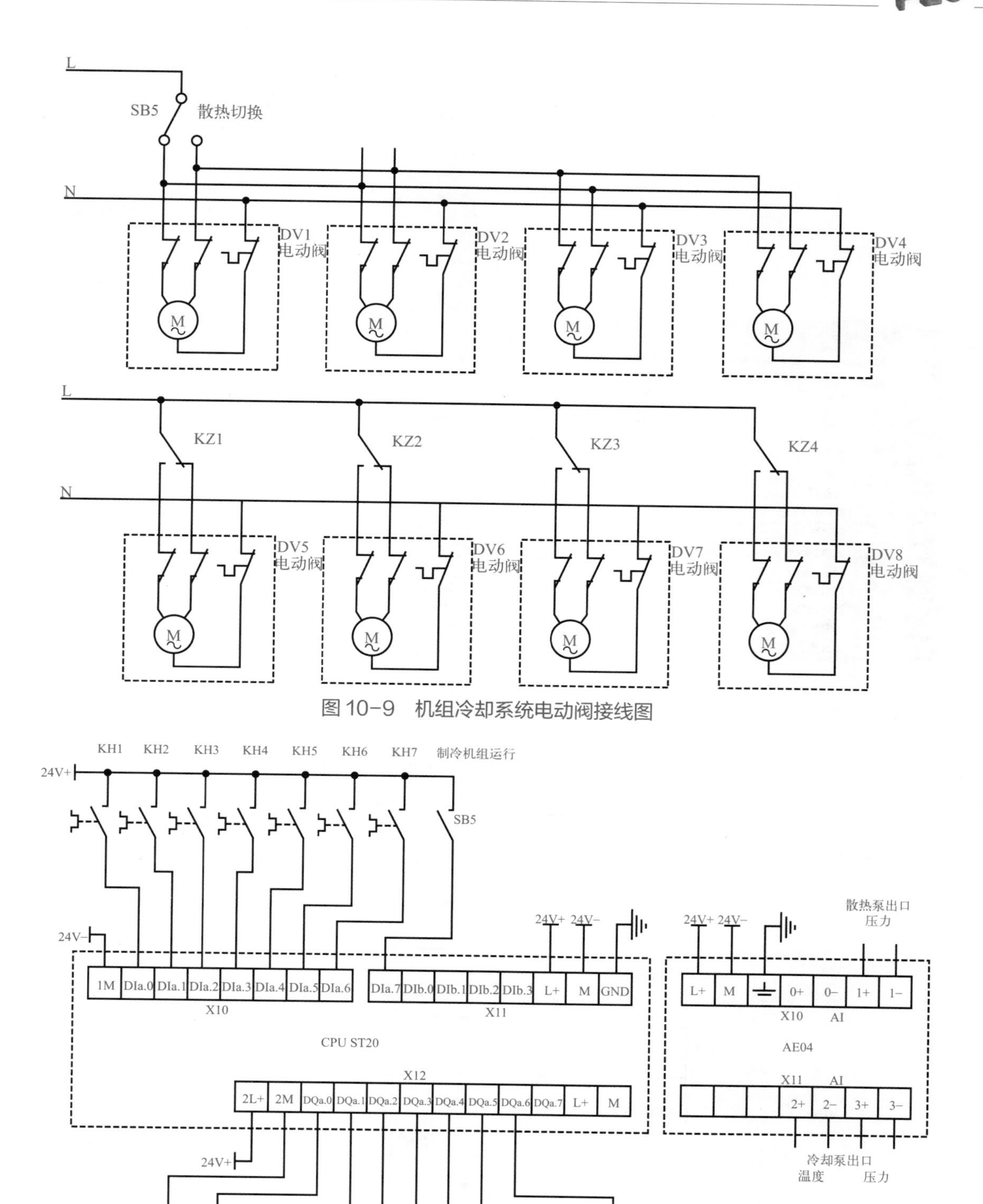

图 10-9　机组冷却系统电动阀接线图

图 10-10　机组冷却系统控制回路接线图

符号表

	符号	地址	注释
1	系统运行	M0.0	0-停止 1-运行
2	自动手动切换	M0.1	0-自动 1-手动
3	冷却切换	M0.2	0-1#冷却泵 1-2#冷却泵
4	散热切换	M0.3	0-1#散热泵 1-2#散热泵
5	冷却泵1手动	M1.0	
6	冷却泵2手动	M1.1	
7	散热泵1手动	M1.2	
8	散热泵2手动	M1.3	
9	风机1手动	M1.4	
10	风机2手动	M1.5	
11	风机3手动	M1.6	
12	散热出口压力	VD100	0-2.0MPa
13	冷却出口温度	VD104	0-100℃
14	冷却出口压力	VD108	0-2.0MPa

(a) 自定义符号表

符号表

	符号	地址	注释
1	EM0_输入0	AIW16	
2	EM0_输入1	AIW18	散热泵出口压力
3	EM0_输入2	AIW20	冷却泵出口温度
4	EM0_输入3	AIW22	冷却泵出口压力
5	CPU_输入0	I0.0	1#冷却泵故障
6	CPU_输入1	I0.1	2#冷却泵故障
7	CPU_输入2	I0.2	1#散热泵故障
8	CPU_输入3	I0.3	2#散热泵故障
9	CPU_输入4	I0.4	1#风机故障
10	CPU_输入5	I0.5	2#风机故障
11	CPU_输入6	I0.6	3#风机故障
12	CPU_输入7	I0.7	冷却机组运行
13	CPU_输入8	I1.0	
14	CPU_输入9	I1.1	
15	CPU_输入10	I1.2	
16	CPU_输入11	I1.3	
17	CPU_输出0	Q0.0	1#冷却泵
18	CPU_输出1	Q0.1	2#冷却泵
19	CPU_输出2	Q0.2	1#散热泵
20	CPU_输出3	Q0.3	2#散热泵
21	CPU_输出4	Q0.4	1#风机
22	CPU_输出5	Q0.5	2#风机
23	CPU_输出6	Q0.6	3#风机
24	CPU_输出7	Q0.7	

(b) I/O符号表

图 10-11　机组冷却系统 PLC 程序符号表

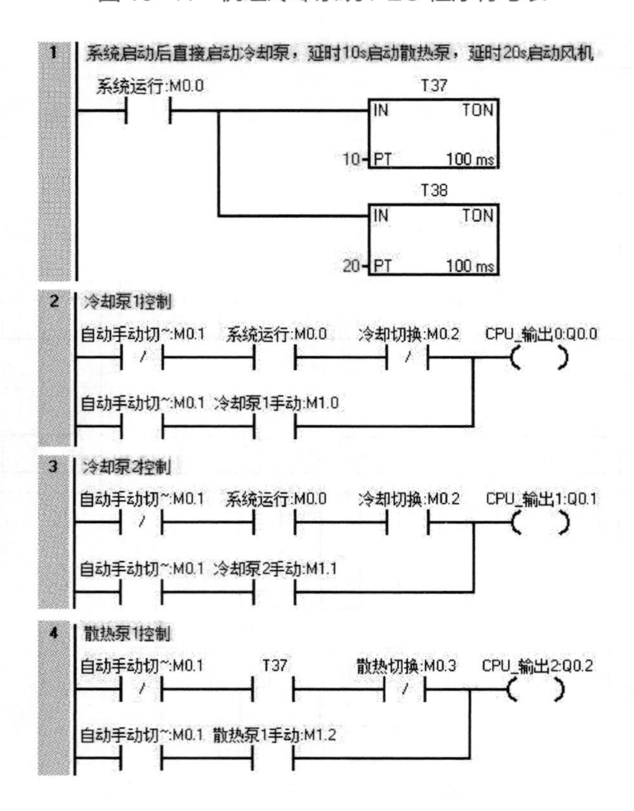

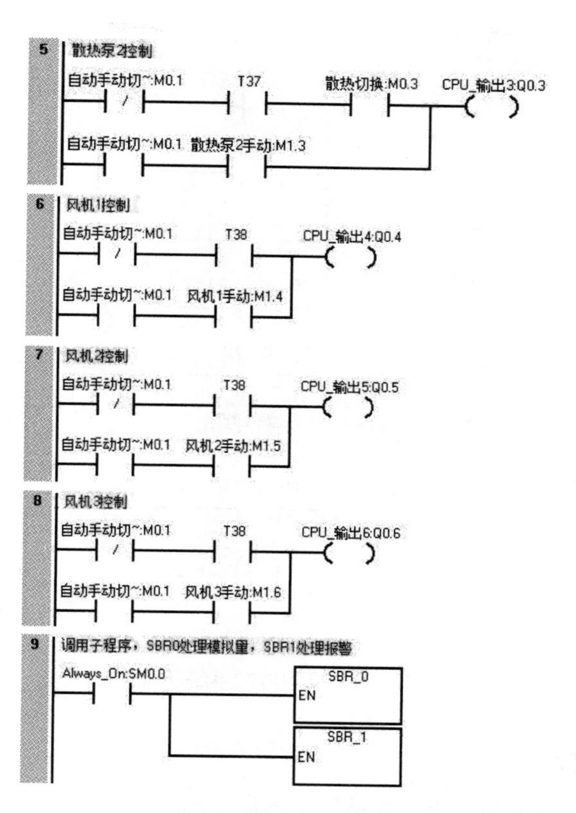

图 10-12 机组冷却系统主程序

机组冷却系统子程序见图 10-13，模拟量子程序将模拟量输入转换为工艺参数量，报警子程序将报警条件转为报警标志。

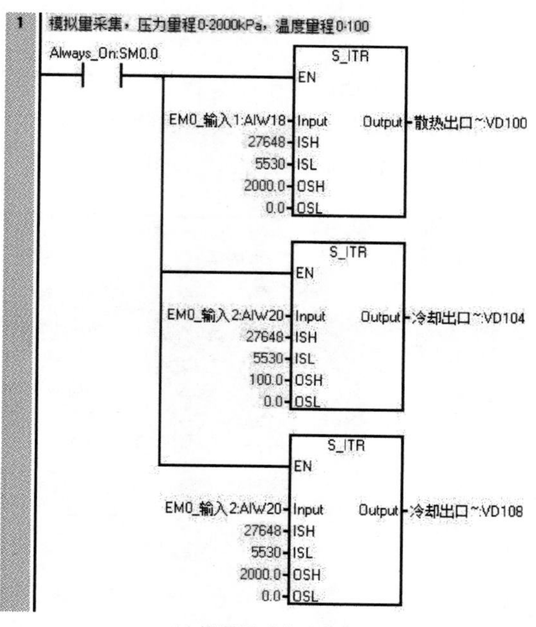

(a) 模拟量采集子程序

图 10-13

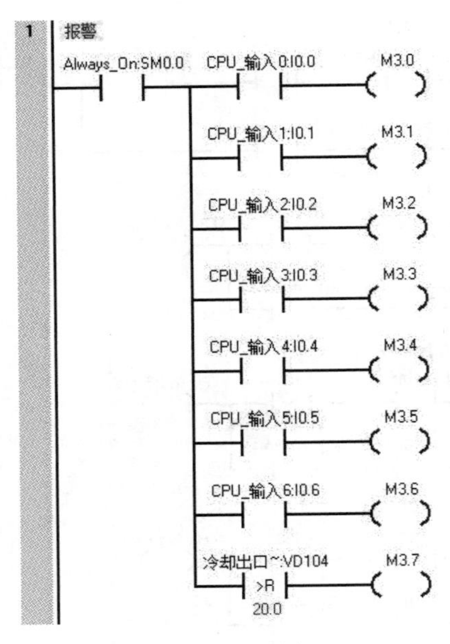

(b) 报警子程序

图 10-13　机组冷却系统子程序

10.2.4 触摸屏编程

触摸屏使用的是 Smart 700 IE，触摸屏主界面见图 10-7，图中上半部分是冷却水工艺流程，下半部分是散热工艺流程，图中冷却泵、散热泵和风机的颜色会随其运行状态而变化，绿色代表停止，红色代表运行，电动阀绿色代表关闭，红色代表打开。右侧冷却选择开关用于选择运行的冷却泵编号，散热选择开关用于选择运行的散热泵编号，手动操作按钮用于进入手动操作界面，报警信息按钮用于进入报警信息查看界面，系统启停开关用于启动和停止系统。

手动操作界面见图 10-14，切换按钮用于手动启停设备，按下按钮可启动对应的设备，再次按下则停止设备运行，底部的指示灯指示输入接点的状态。进入手动操作界面同时切换到手动状态，按下返回按钮返回主界面，同时切换到自动状态。

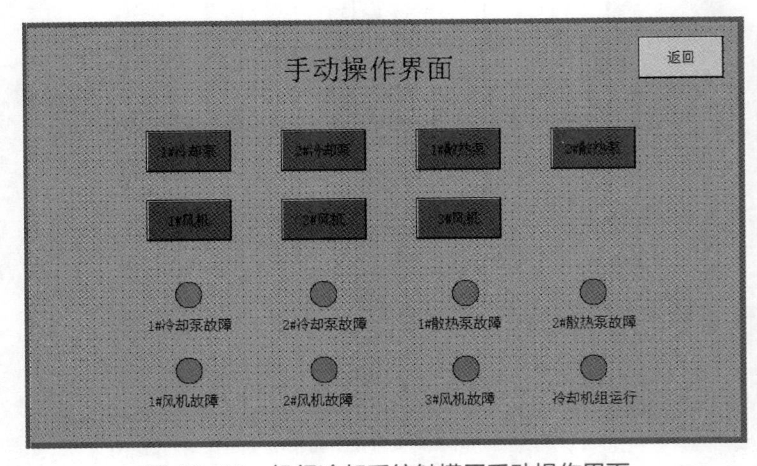

图 10-14　机组冷却系统触摸屏手动操作界面

触摸屏界面中的控件要和 PLC 中的变量关联，需要先设置连接，再建立基于该连接的变量表。机组冷却系统触摸屏连接界面见图 10-15，选择以太网接口，设置好触摸屏和 PLC 的 IP 地址。机组冷却系统触摸屏变量界面见图 10-16。

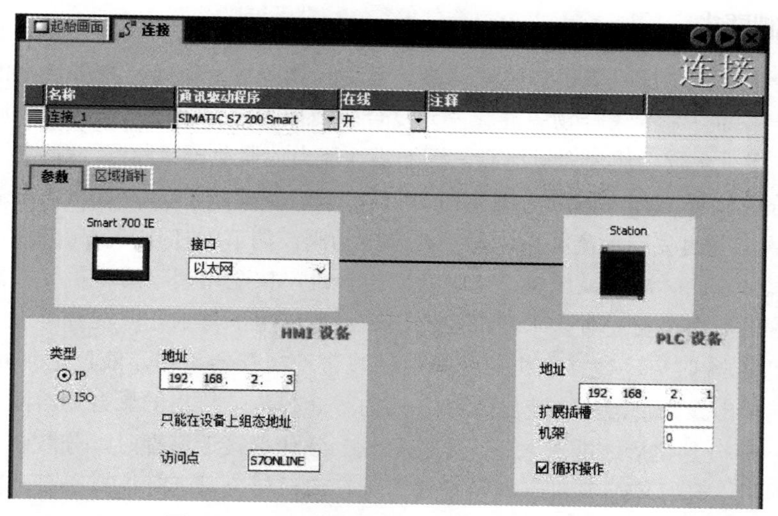

图 10-15　机组冷却系统触摸屏连接界面

起始画面　连接　变量

变量

名称	连接	数据类型	地址	数组计数	采集周期	注释
画面切换	<内部变量>	Byte	<没有地址>	1	1 s	
1#冷却泵故障	连接_1	Bool	I 0.0	1	1 s	
2#冷却泵故障	连接_1	Bool	I 0.1	1	1 s	
1#散热泵故障	连接_1	Bool	I 0.2	1	1 s	
2#散热泵故障	连接_1	Bool	I 0.3	1	1 s	
1#风机故障	连接_1	Bool	I 0.4	1	1 s	
2#风机故障	连接_1	Bool	I 0.5	1	1 s	
3#风机故障	连接_1	Bool	I 0.6	1	1 s	
冷却机组运行	连接_1	Bool	I 0.7	1	1 s	
系统运行	连接_1	Bool	M 0.0	1	1 s	
自动/手动	连接_1	Bool	M 0.1	1	1 s	
冷却切换开关	连接_1	Bool	M 0.2	1	1 s	
散热切换开关	连接_1	Bool	M 0.3	1	1 s	
1#冷却泵手动	连接_1	Bool	M 1.0	1	1 s	
2#冷却泵手动	连接_1	Bool	M 1.1	1	1 s	
1#散热泵手动	连接_1	Bool	M 1.2	1	1 s	
2#散热泵手动	连接_1	Bool	M 1.3	1	1 s	
1#风机手动	连接_1	Bool	M 1.4	1	1 s	
2#风机手动	连接_1	Bool	M 1.5	1	1 s	
3#风机手动	连接_1	Bool	M 1.6	1	1 s	
报警	连接_1	Word	MW 2	1	1 s	
1#冷却泵	连接_1	Bool	Q 0.0	1	1 s	
2#冷却泵	连接_1	Bool	Q 0.1	1	1 s	
1#散热泵	连接_1	Bool	Q 0.2	1	1 s	
2#散热泵	连接_1	Bool	Q 0.3	1	1 s	
1#风机	连接_1	Bool	Q 0.4	1	1 s	
2#风机	连接_1	Bool	Q 0.5	1	1 s	
3#风机	连接_1	Bool	Q 0.6	1	1 s	
散热出口压力	连接_1	Real	VD 100	1	1 s	
冷却出口温度	连接_1	Real	VD 104	1	1 s	
冷却出口压力	连接_1	Real	VD 108	1	1 s	

图 10-16　机组冷却系统触摸屏变量界面

10.3 聚合物分散装置控制系统

10.3.1 控制要求

聚合物分散装置是配制聚丙烯酰胺溶液的装置，聚丙烯酰胺是一种多功能的油田化学助剂，广泛用于石油开采的聚合物驱油和三元复合驱油技术，通过注入聚丙烯酰胺溶液，改善油水流速比，使采出物中原油含量提高，增加驱油能力，避免击穿油层，提高采油收率。

聚合物分散装置工艺流程示意图见图 10-17，该装置配液能力为 30m³/h，最大配液浓度为 0.5%，装置工作时先启动离心泵，然后打开电动阀，调节阀打开到预定开度，使进水流量达到预定处理量，此时启动鼓风机，延时启动给料机，按配比调整给料机变频器频率，聚丙烯酰胺粉料落下后由风带动进入水粉混合器，在水流作用下与水充分混合再进入分散罐，分散罐液位升到 20% 时启动搅拌电机，经减速装置带动搅拌器工作，液位达到 60% 时，螺杆泵启动，开始排出聚合物溶液，液位降至 20% 时停止排液。排出的聚合物溶液进入到熟化罐继续搅拌 2h，充分熟化后才能进入下一个流程，当熟化罐接近满罐时，分散装置开始停止工作，先停给料机，延时停鼓风机，确保管线内不存留粉料，再延时停离心泵，冲洗水粉混合器，稀释分散罐内聚合物浓度，关闭电动阀和调节阀，分散罐内液位开始下降，当液位下降到 10% 时停止搅拌，停止螺杆泵。

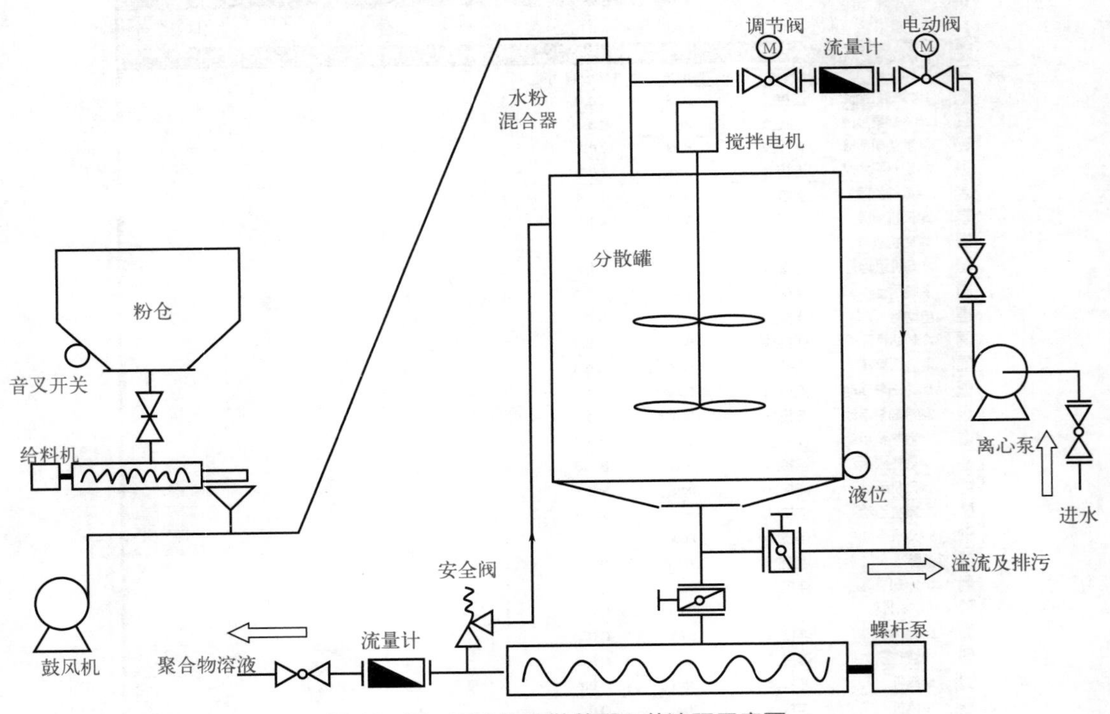

图 10-17 聚合物分散装置工艺流程示意图

聚合物分散装置只是聚合物配注站的一个工艺环节，前面的工艺流程有上粉系统，后续工艺流程有熟化、过滤和注聚等流程，所以聚合物分散装置的控制系统还需将本系统运行参数通过网络通信开放给控制主站，并接收控制主站的启停控制信号，实现远程控制。

当上粉系统故障引起粉仓粉位降低，音叉开关检测到无粉时装置会自动停止，以保证配液浓度。当分散罐液位达到 80% 时装置也会自动停止，防止聚合物溶液溢流。

10.3.2 电路设计

聚合物分散装置电气主回路原理图见图 10-18，主回路设总电源开关，离心泵、鼓风机、搅拌器和螺杆泵，采用接触器控制启停，用热继电器实现电动机保护，给料机用变频器控制。

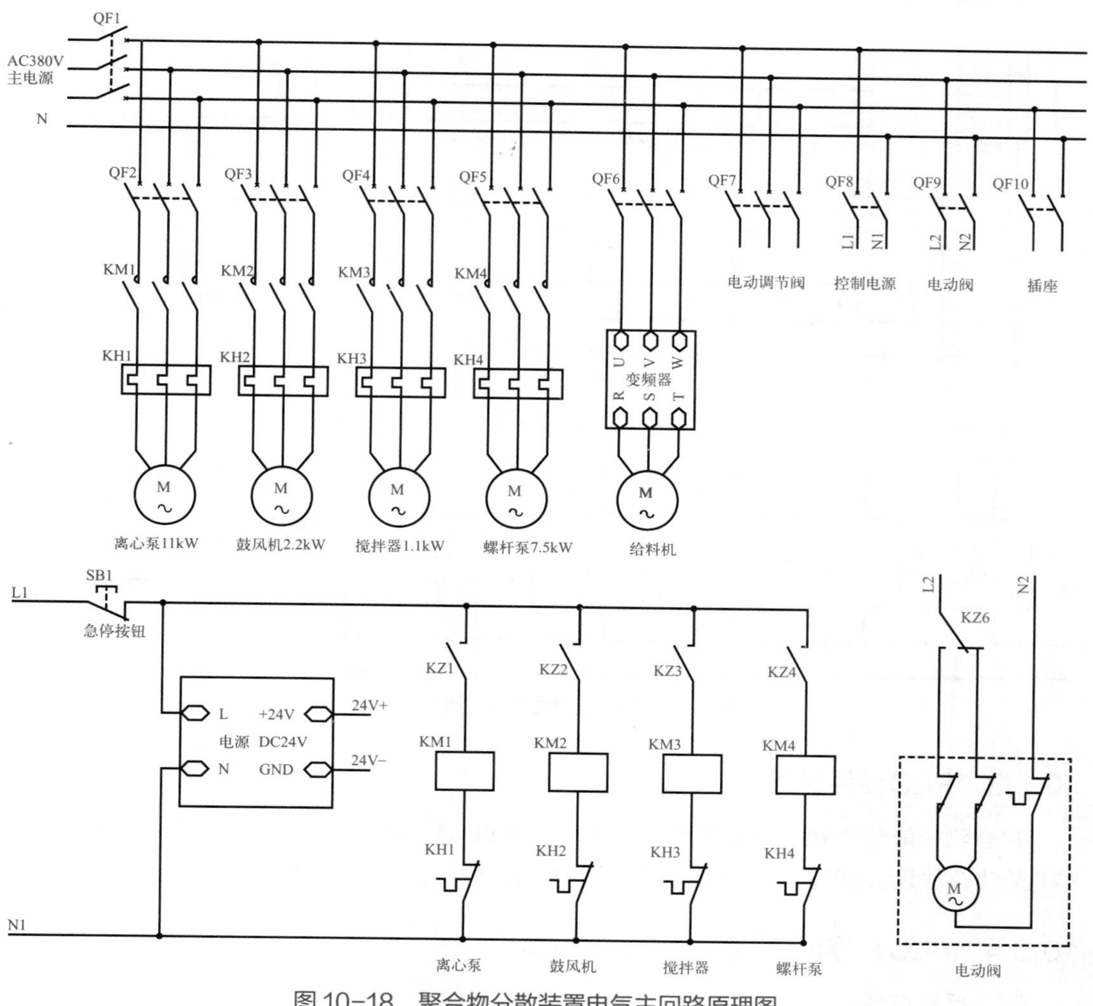

图 10-18　聚合物分散装置电气主回路原理图

聚合物分散装置控制回路原理图见图 10-19，DC 24V 电源分别给 PLC、触摸屏、网络交换机、液位计、流量计和音叉开关供电。PLC 数字量输入分别是 4 个热继电器保护动作接点、变频器故障输出接点、音叉输出接点和电动阀位置接点。PLC 数字量输出分别控制离心泵、鼓风机、搅拌器、螺杆泵、给料机的启停和电动阀的开关。PLC 模拟量输入分别是调节阀开度反馈、液位、进水流量和聚合物流量。PLC 模拟量输出分别控制调节阀开度和变频器输出频率。

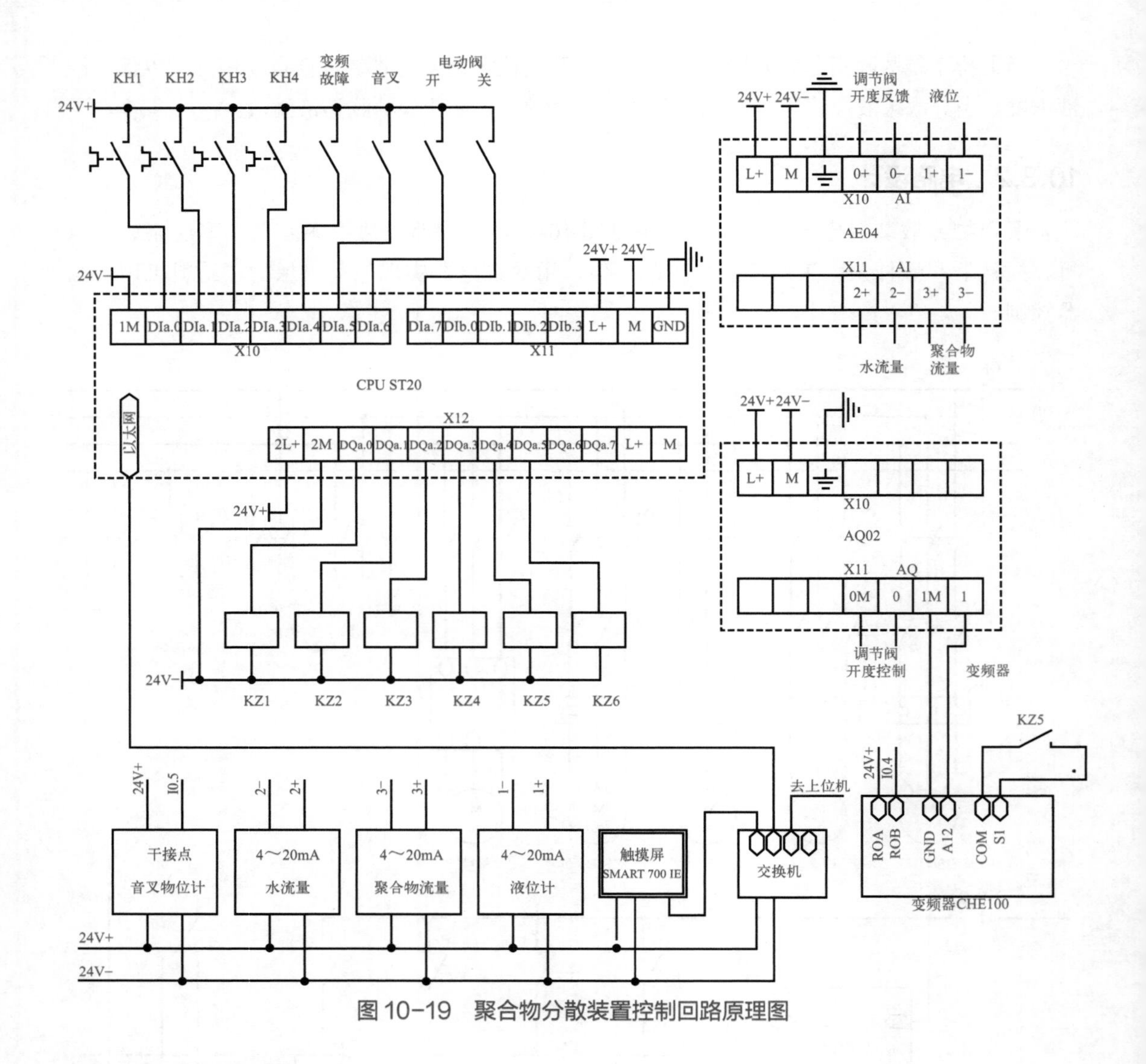

图 10-19　聚合物分散装置控制回路原理图

10.3.3　PLC 硬件组态

聚合物分散装置 PLC 硬件组态见图 10-20，CPU 选 ST20，模拟量输入模块选 AE04，模拟量输出模块选 AQ02。自定义符号表见图 10-21，I/O 符号表见图 10-22。

10.3.4　PLC 程序设计

（1）系统控制

系统有 3 种状态：系统停止、系统运行和手动测试。上电初始状态为系统停止状态，通过触摸屏操作或上位机通信控制可进入系统运行状态，自动按次序启动设备开始工作，系统运行后如出现故障，通过触摸屏操作、上位机通信控制可退回到系统停止状态。在手动测试状态触摸屏进入手动操作界面，通过触屏上的按钮独立控制各设备，主要用于独立测试单个设备的控制。

（2）系统启动过程

❶ 系统启动后先启动离心泵，同时打开电动阀，设定调节阀开度信号，开始进水。

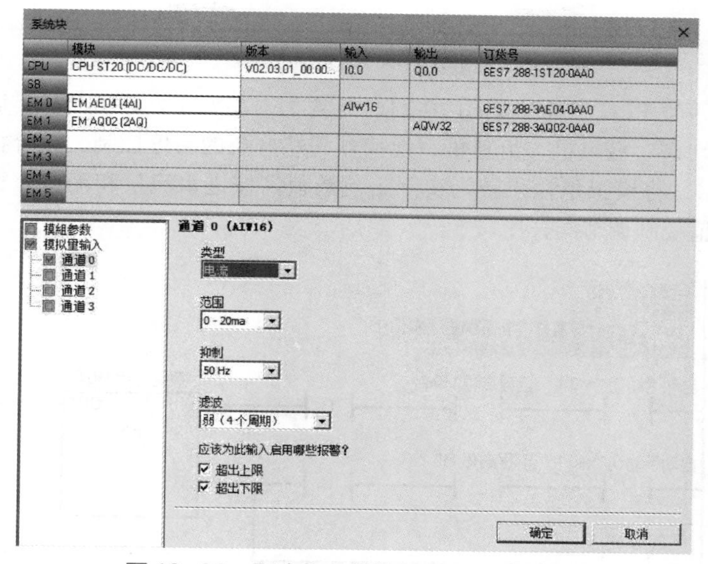

图 10-20　聚合物分散装置 PLC 硬件组态

符号表

	符号	地址	注释
1	系统运行	M0.0	0-停止 1-运行
2	自动手动切换	M0.1	0-自动 1-手动
3	远程启停	M0.2	
4	离心泵手动	M1.0	
5	鼓风机手动	M1.1	
6	搅拌器手动	M1.2	
7	螺杆泵手动	M1.3	
8	给料机手动	M1.4	
9	电动阀手动	M1.5	
10	报警	MW2	
11	调节阀开度设置	VD100	
12	频率设定	VD104	
13	调节阀开度反馈	VD108	
14	液位	VD112	
15	进水量	VD116	
16	排液量	VD120	
17	配比	VD124	
18	临时量	VD128	

图 10-21　自定义符号表

符号表

	符号	地址	注释
1	EM0_输入0	AIW16	调节阀开度反馈
2	EM0_输入1	AIW18	液位
3	EM0_输入2	AIW20	进水流量
4	EM0_输入3	AIW22	排液流量
5	EM1_输出0	AQW32	调节阀开度控制
6	EM1_输出1	AQW34	变频器频率
7	CPU_输入0	I0.0	离心泵故障
8	CPU_输入1	I0.1	鼓风机故障
9	CPU_输入2	I0.2	搅拌泵故障
10	CPU_输入3	I0.3	螺杆泵故障
11	CPU_输入4	I0.4	变频故障
12	CPU_输入5	I0.5	粉位低（音叉）
13	CPU_输入6	I0.6	电动阀开
14	CPU_输入7	I0.7	电动阀关
15	CPU_输入8	I1.0	
16	CPU_输入9	I1.1	
17	CPU_输入10	I1.2	
18	CPU_输入11	I1.3	
19	CPU_输出0	Q0.0	离心泵
20	CPU_输出1	Q0.1	鼓风机
21	CPU_输出2	Q0.2	搅拌泵
22	CPU_输出3	Q0.3	螺杆泵
23	CPU_输出4	Q0.4	给料机
24	CPU_输出5	Q0.5	电动阀
25	CPU_输出6	Q0.6	
26	CPU_输出7	Q0.7	

图 10-22　I/O 符号表

❷ 当进水流量大于 $5m^3/h$ 时启动鼓风机。

❸ 鼓风机启动后延时 5s 启动给料机，按配比调整给料机变频器频率。

❹ 分散罐液位升到 20% 时启动搅拌器，液位降至 10% 时停止搅拌器。

❺ 分散罐液位达到 60% 时，螺杆泵启动开始排出聚合物溶液，液位降至 10% 时停止排液。

（3）系统停止过程

❶ 系统停止后先停给料机，延时 10s 停鼓风机。

❷ 系统停止后延时 120s 停离心泵，同时关闭电动阀和调节阀。

❸ 系统停止后螺杆泵继续排出聚合物溶液，当分散罐液位下降到 10% 时停止搅拌器，停止螺杆泵。

聚合物分散装置 PLC 主程序见图 10-23，包含了手动 / 自动切换、系统运行和停止、离心泵及其出口电动阀、鼓风机、给料机、搅拌器和螺杆泵的启停控制。聚合物分散装置 PLC 子程序见图 10-24，将模拟量输入转为实际工艺数值，按进水流量和配比计算给料机变频速度，按触屏设定值控制调节阀开度。

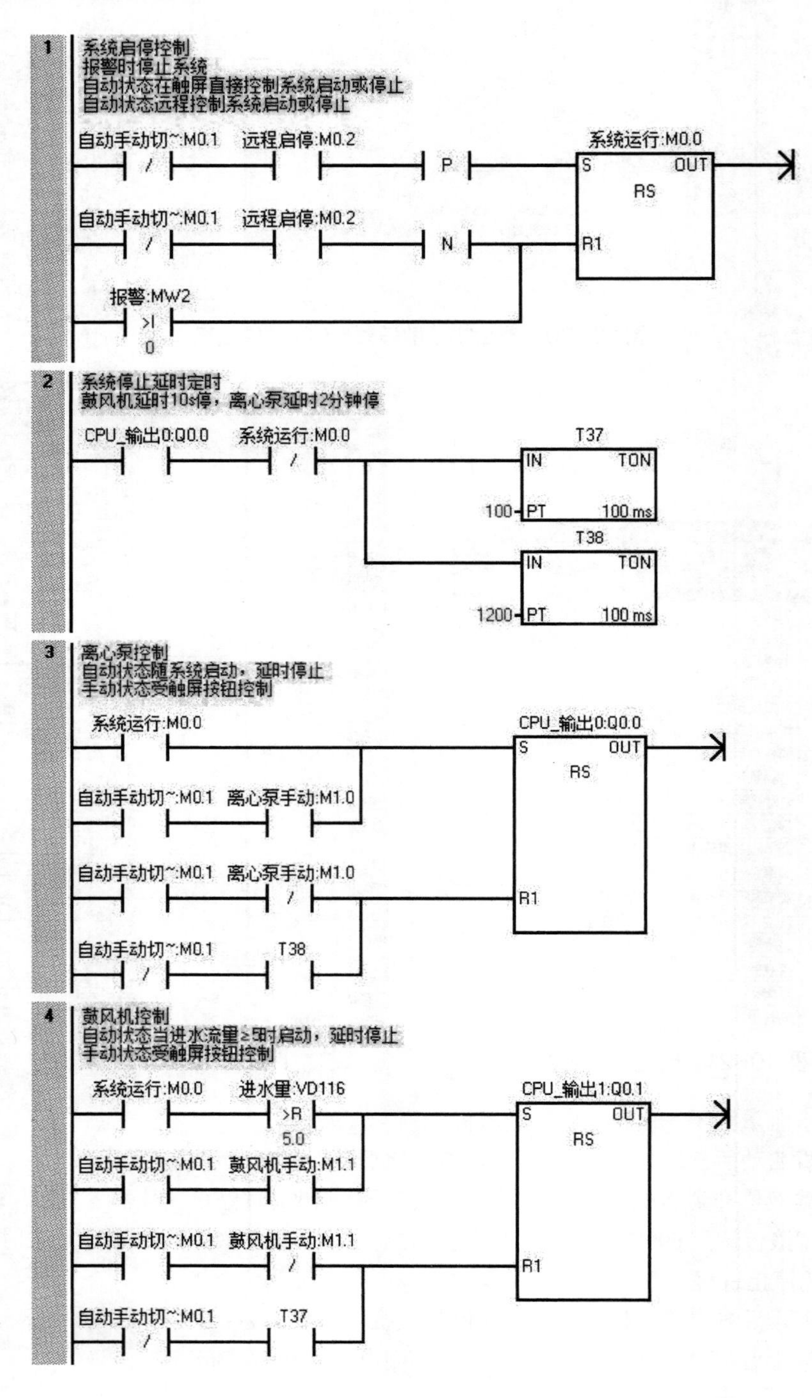

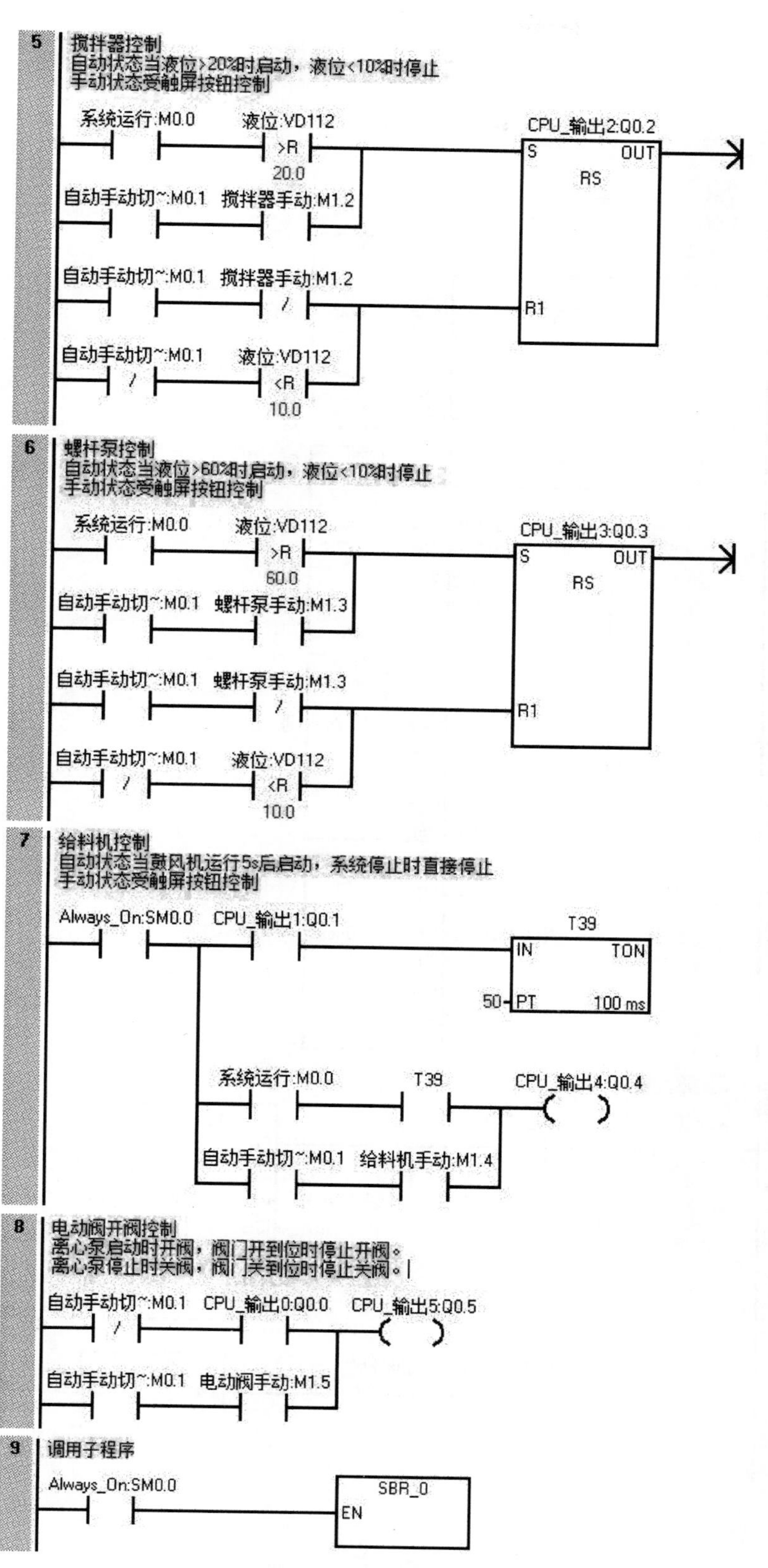

图 10-23　聚合物分散装置 PLC 主程序

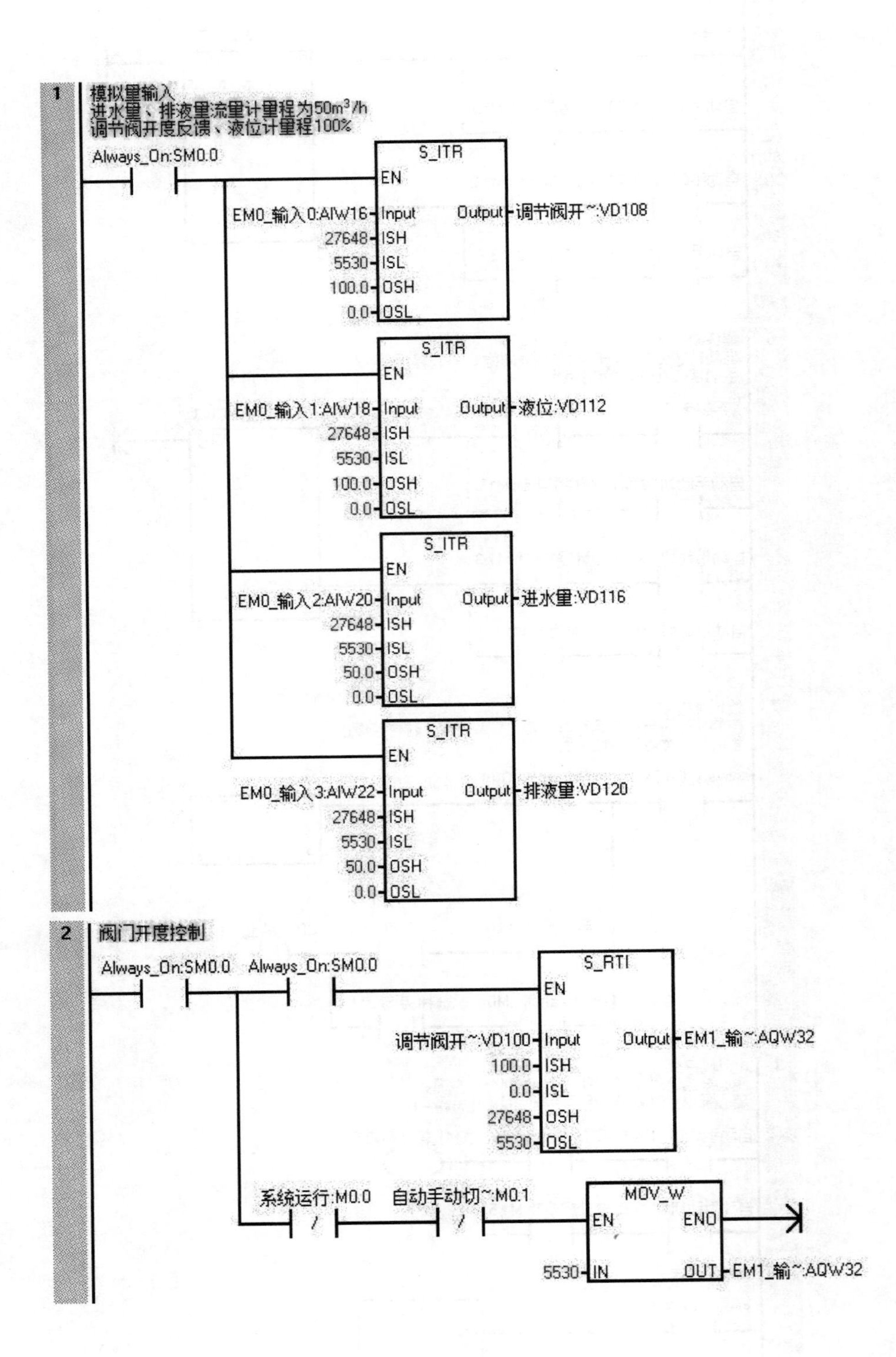
1
模拟量输入
进水量、排液量流量计量程为50m³/h
调节阀开度反馈、液位计量程100%
Always_On:SM0.0
S_ITR
EN
EM0_输入0:AIW16 Input Output 调节阀开~:VD108
27648 ISH
5530 ISL
100.0 OSH
0.0 OSL
S_ITR
EN
EM0_输入1:AIW18 Input Output 液位:VD112
27648 ISH
5530 ISL
100.0 OSH
0.0 OSL
S_ITR
EN
EM0_输入2:AIW20 Input Output 进水量:VD116
27648 ISH
5530 ISL
50.0 OSH
0.0 OSL
S_ITR
EN
EM0_输入3:AIW22 Input Output 排液量:VD120
27648 ISH
5530 ISL
50.0 OSH
0.0 OSL
2
阀门开度控制
Always_On:SM0.0 Always_On:SM0.0
S_RTI
EN
调节阀开~:VD100 Input Output EM1_输~:AQW32
100.0 ISH
0.0 ISL
27648 OSH
5530 OSL
系统运行:M0.0 自动手动切~:M0.1
MOV_W
EN ENO
5530 IN OUT EM1_输~:AQW32

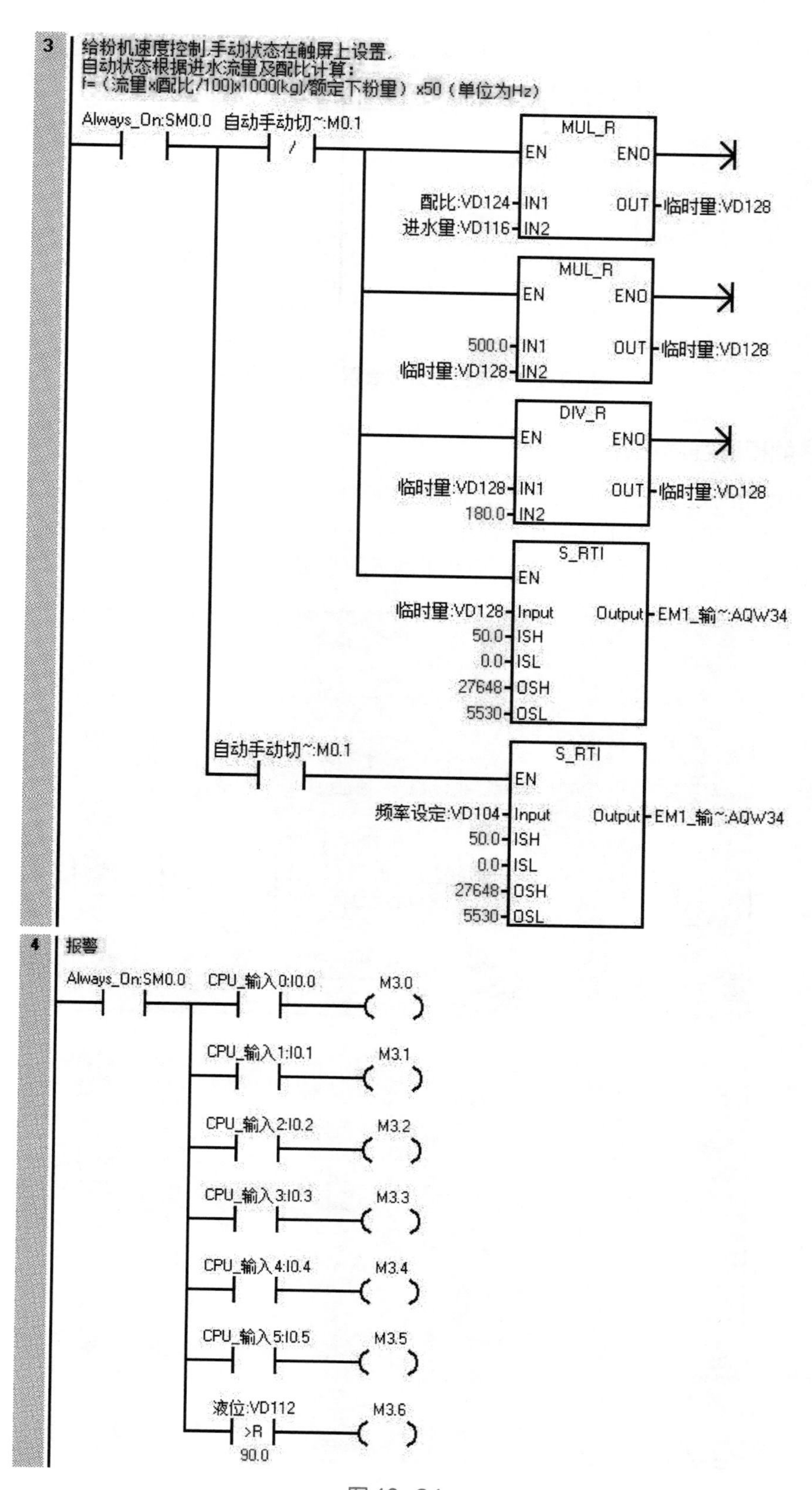
3
给粉机速度控制,手动状态在触屏上设置,
自动状态根据进水流量及配比计算:
f=(流量×配比/100)×1000(kg)/额定下粉量)×50(单位为Hz)
Always_On:SM0.0
自动手动切~:M0.1
MUL_R
EN
ENO
配比:VD124
IN1
OUT
临时量:VD128
进水量:VD116
IN2
MUL_R
500.0
临时量:VD128
DIV_R
180.0
S_RTI
Input
Output
EM1_输~:AQW34
ISH
50.0
ISL
0.0
OSH
27648
OSL
5530
频率设定:VD104
4
报警
CPU_输入0:I0.0
M3.0
CPU_输入1:I0.1
M3.1
CPU_输入2:I0.2
M3.2
CPU_输入3:I0.3
M3.3
CPU_输入4:I0.4
M3.4
CPU_输入5:I0.5
M3.5
液位:VD112
>R
90.0
M3.6

图 10-24

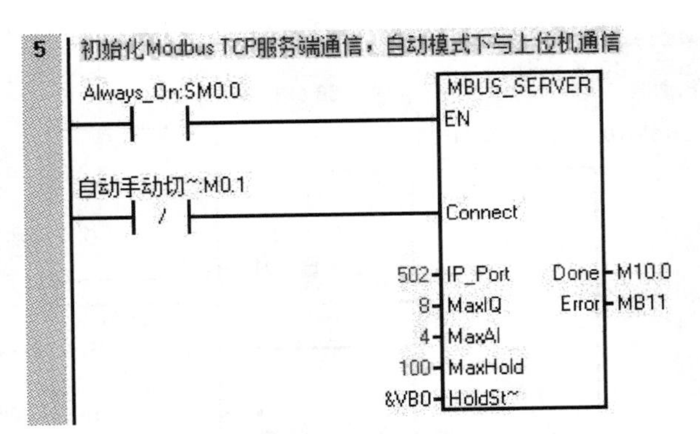

图 10-24　聚合物分散装置 PLC 子程序

10.3.5　触摸屏程序设计

触摸屏使用的是 Smart 700 IE，聚合物分散装置触摸屏界面见图 10-25，用工艺流程图做主界面,“启动”“停止”用于系统启停操作，点击“报警信息”进入报警信息界面，点击“手动调试”进入手动界面。在报警信息界面和手动界面点击“返回”会返回到主界面。

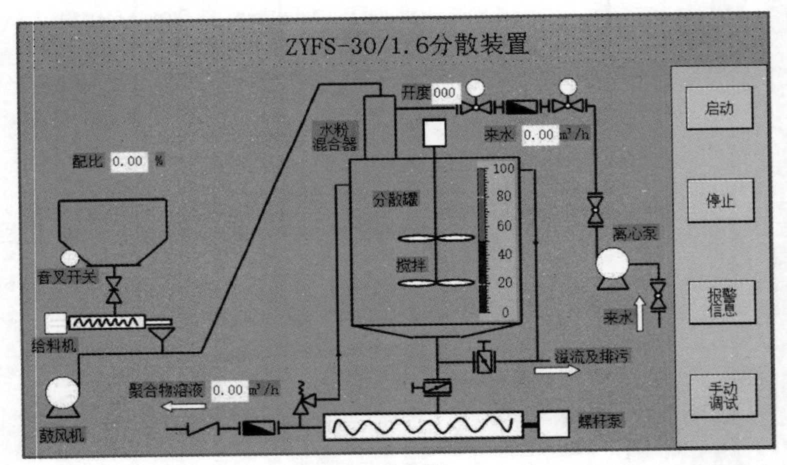

(a) 主界面

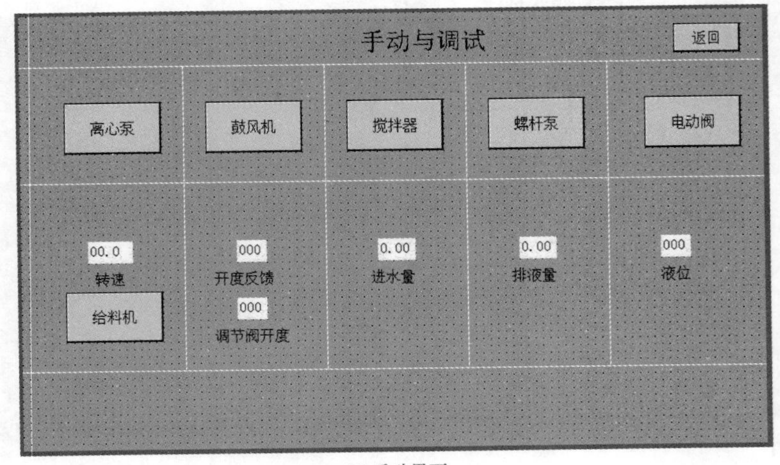

(b) 手动界面

(c) 报警信息界面

图 10-25　聚合物分散装置触摸屏界面

聚合物分散装置触摸屏变量表见图 10-26，与 PLC 程序的符号表相对应。聚合物分散装置触摸屏离散量报警表见表 10-27，达到触发条件时在报警信息界面显示对应的文本信息。

起始画面　变量

变量

名称	连接	数据类型	地址	数组计数	采集周期	注释
当前画面编号	<内部变量>	Byte	<没有地址>	1	1s	
粉位低	连接_1	Bool	I 0.5	1	1s	
电动阀开	连接_1	Bool	I 0.6	1	1s	
电动阀关	连接_1	Bool	I 0.7	1	1s	
系统运行	连接_1	Bool	M 0.0	1	1s	
自动手动切换	连接_1	Bool	M 0.1	1	1s	
离心泵手动	连接_1	Bool	M 1.0	1	1s	
鼓风机手动	连接_1	Bool	M 1.1	1	1s	
搅拌器手动	连接_1	Bool	M 1.2	1	1s	
螺杆泵手动	连接_1	Bool	M 1.3	1	1s	
给粉机手动	连接_1	Bool	M 1.4	1	1s	
电动阀手动	连接_1	Bool	M 1.5	1	1s	
报警	连接_1	Word	MW 2	1	1s	
离心泵	连接_1	Bool	Q 0.0	1	1s	
鼓风机	连接_1	Bool	Q 0.1	1	1s	
搅拌器	连接_1	Bool	Q 0.2	1	1s	
螺杆泵	连接_1	Bool	Q 0.3	1	1s	
给料机	连接_1	Bool	Q 0.4	1	1s	
电动阀	连接_1	Bool	Q 0.5	1	1s	
频率设定	连接_1	Real	VD 104	1	1s	
进水量	连接_1	Real	VD 116	1	1s	
排液量	连接_1	Real	VD 120	1	1s	
配比	连接_1	Real	VD 124	1	1s	
调节阀开度	连接_1	Real	VD 100	1	1s	
阀位反馈	连接_1	Real	VD 108	1	1s	
液位计	连接_1	Real	VD 112	1	1s	

图 10-26　聚合物分散装置触摸屏变量表

起始画面　变量　模拟量报警　离散量报警

离散量报警

文本	编号	类别	触发变量	触发器位	触发器地址
离心泵故障	1	错误	报警	0	0
鼓风机故障	2	错误	报警	1	1
搅拌器故障	3	错误	报警	2	2
螺杆泵故障	4	错误	报警	3	3
给料机变频故障	5	错误	报警	4	4
料斗料位低报警	6	错误	报警	5	5
分散罐液位高报警	7	错误	报警	6	6

图 10-27　聚合物分散装置触摸屏离散量报警表

附录 A S7-200 SMART PLC CPU 外部接线

(1) CPU SR20 AC/DC/Relay 外部接线(图 1)

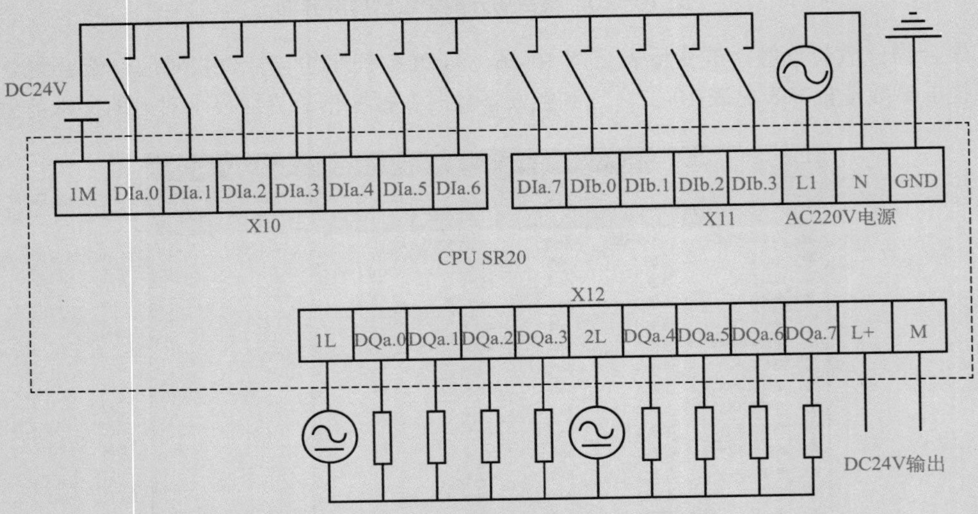

图 1 CPU SR20 AC/DC/Relay 外部接线

(2) CPU ST20 DC/DC/DC 外部接线(图 2)

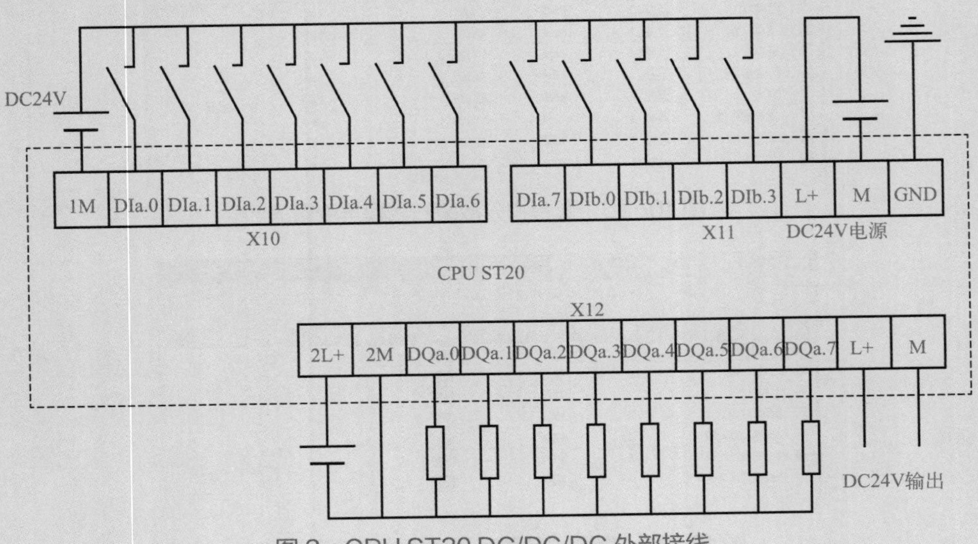

图 2 CPU ST20 DC/DC/DC 外部接线

（3）CPU SR30 AC/DC/Relay外部接线（图3）

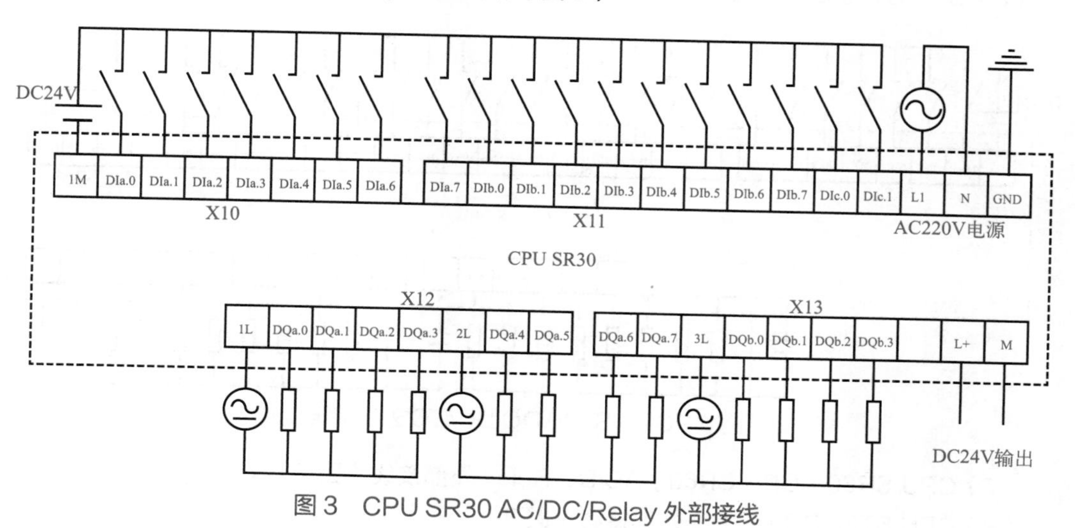

图3 CPU SR30 AC/DC/Relay外部接线

（4）CPU ST30 DC/DC/DC外部接线（图4）

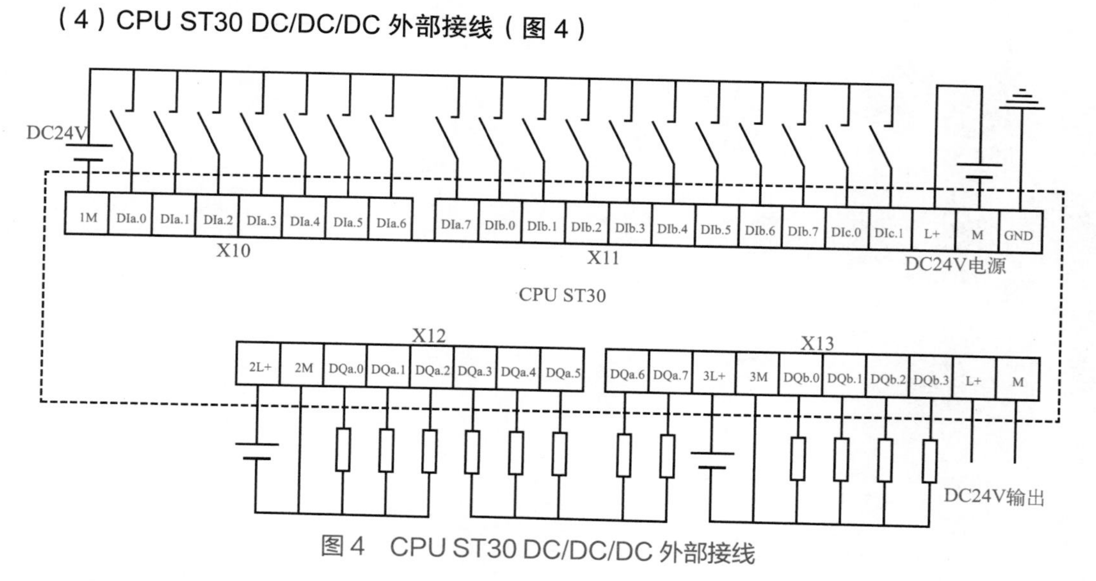

图4 CPU ST30 DC/DC/DC外部接线

（5）CPU SR40（CPU CR40）AC/DC/Relay外部接线（图5）

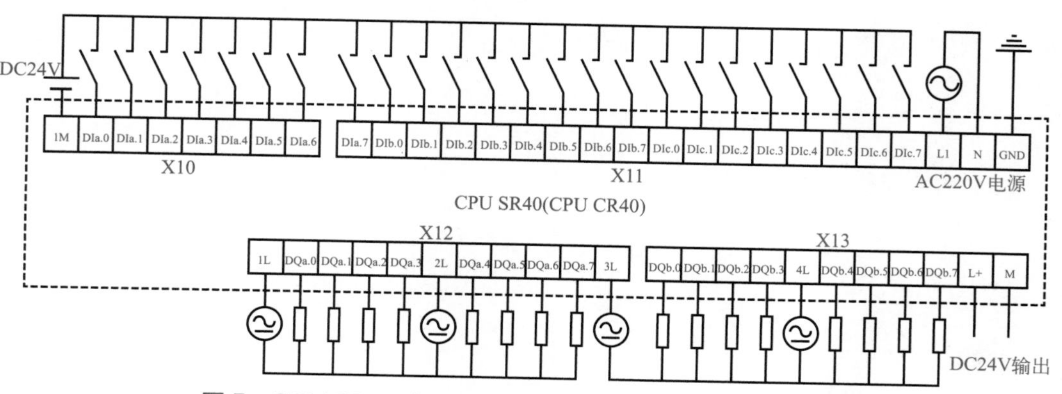

图5 CPU SR40（CPU CR40）AC/DC/Relay外部接线

（6）CPU ST40 DC/DC/DC 外部接线（图 6）

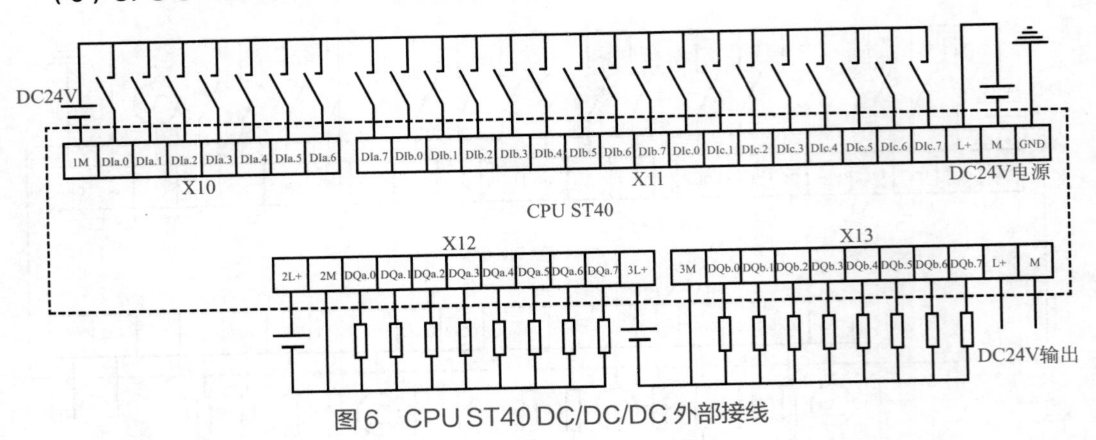

图 6　CPU ST40 DC/DC/DC 外部接线

（7）CPU SR60（CPU CR60）AC/DC/Relay 外部接线（图 7）

（8）CPU ST60 DC/DC/DC 外部接线（图 8）

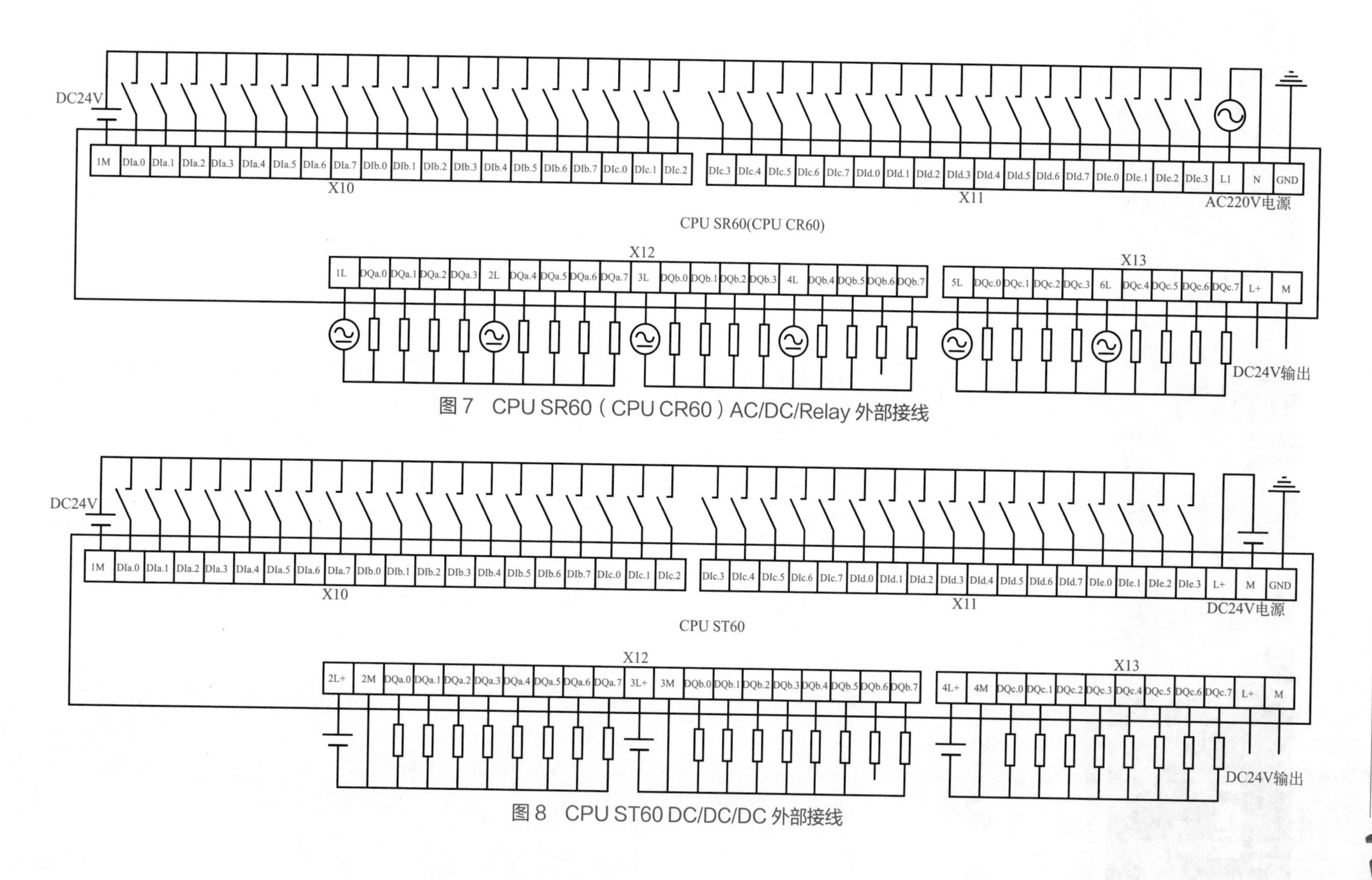

图7 CPU SR60（CPU CR60）AC/DC/Relay 外部接线

图8 CPU ST60 DC/DC/DC 外部接线

附录 B　S7-200 SMART PLC 扩展模块外部接线

（1）数字量扩展模块

❶ EM DT08 8 点晶体管型数字量输出（图 1）

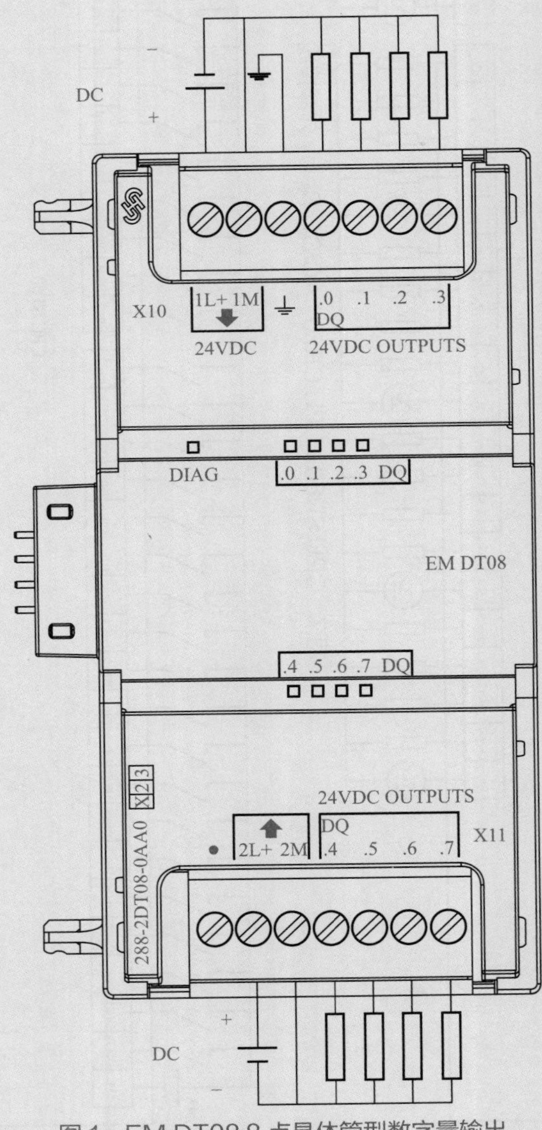

图 1　EM DT08 8 点晶体管型数字量输出

❷ EM DE08 8 点数字量输入（图 2）

❸ EM DR08 8 点继电器型数字量输出（图 3）

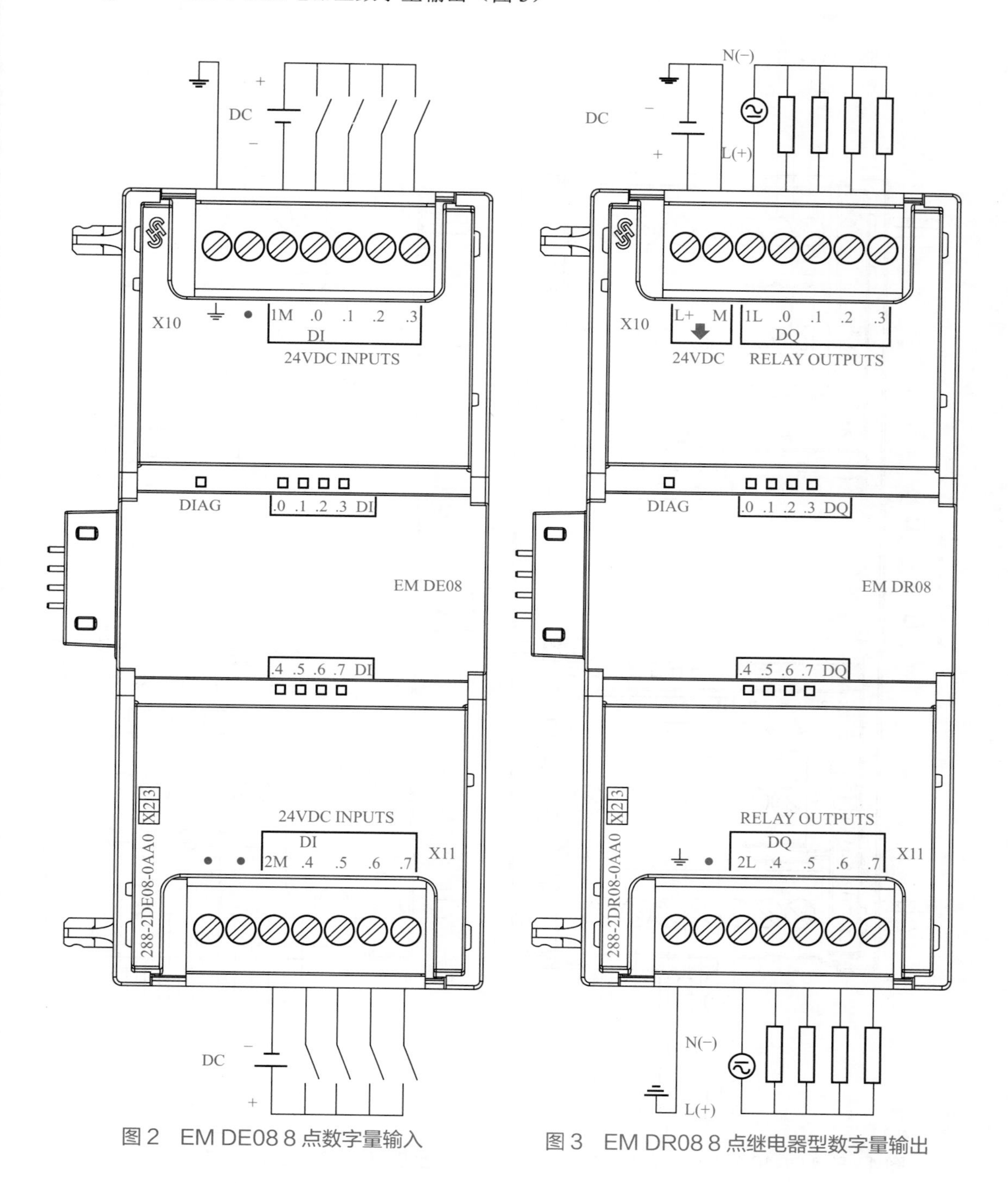

图 2　EM DE08 8 点数字量输入

图 3　EM DR08 8 点继电器型数字量输出

❹ EM DR16 8 点数字量输入 /8 点继电器输出（图 4）

❺ EM DT16 8 点数字量输入 /8 点晶体管输出（图 5）

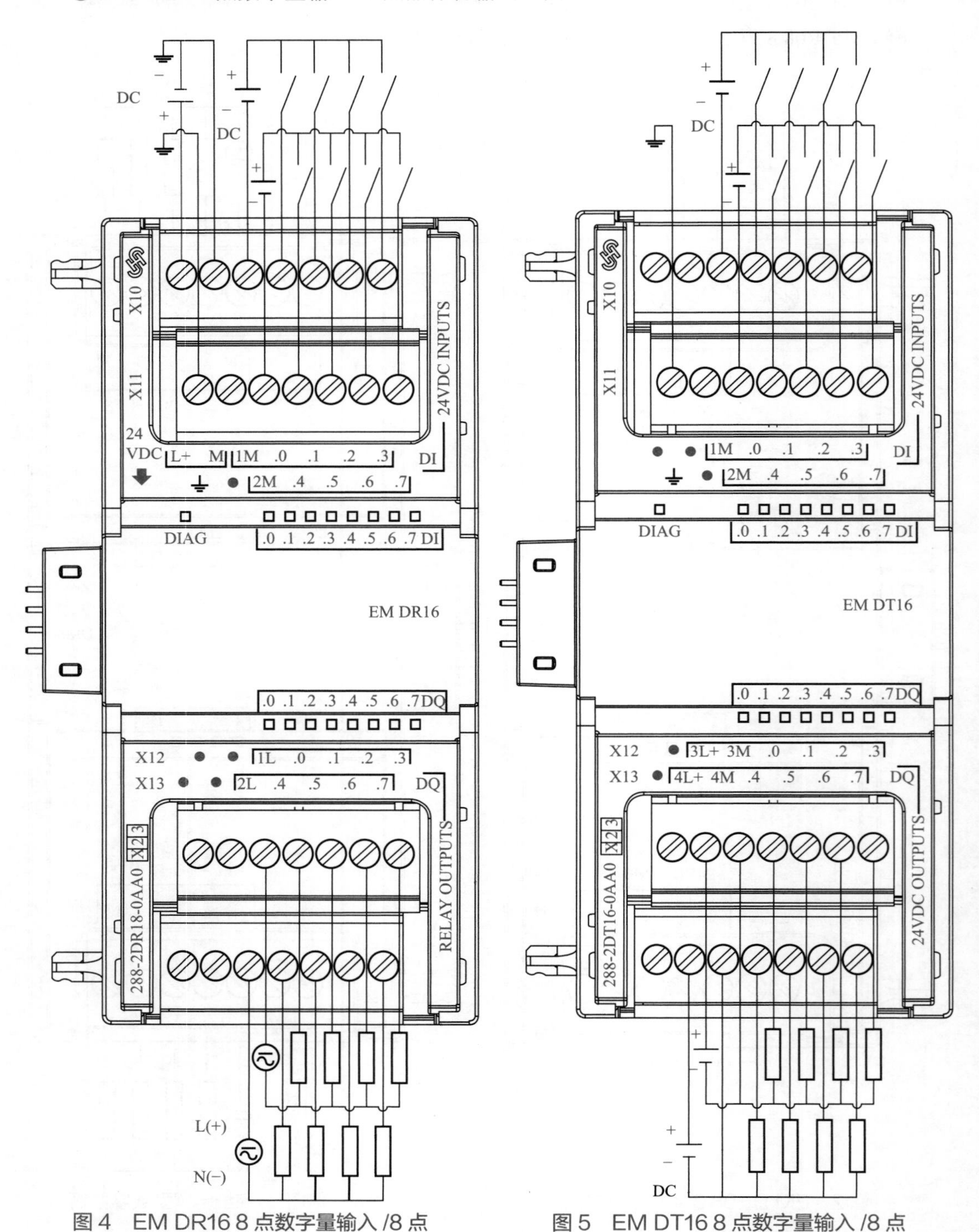

图 4　EM DR16 8 点数字量输入 /8 点继电器输出

图 5　EM DT16 8 点数字量输入 /8 点晶体管输出

❻ EM DR32 16 点数字量输入 /16 点继电器输出（图 6）

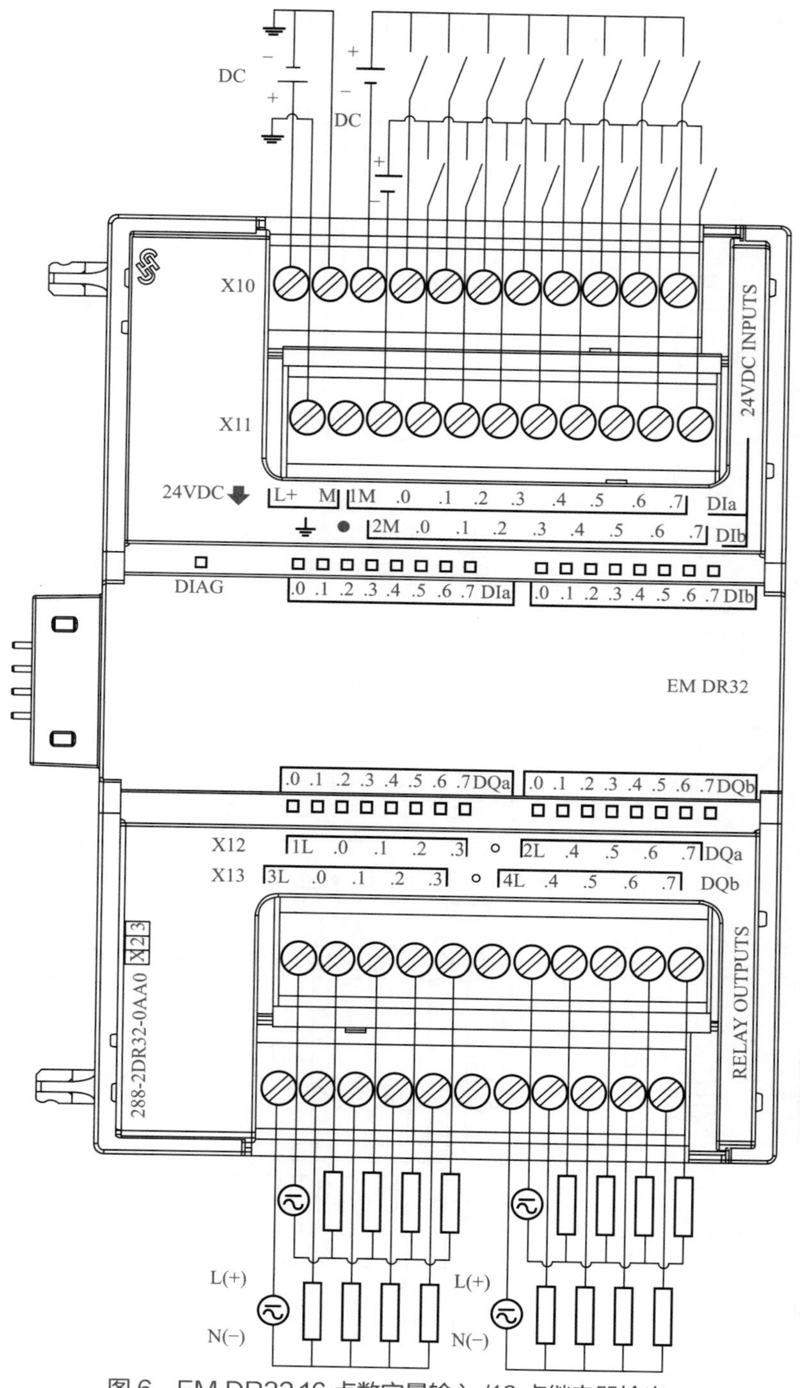

图 6　EM DR32 16 点数字量输入 /16 点继电器输出

❼ EM DT32 16 点数字量输入 /16 点晶体管输出（图 7）

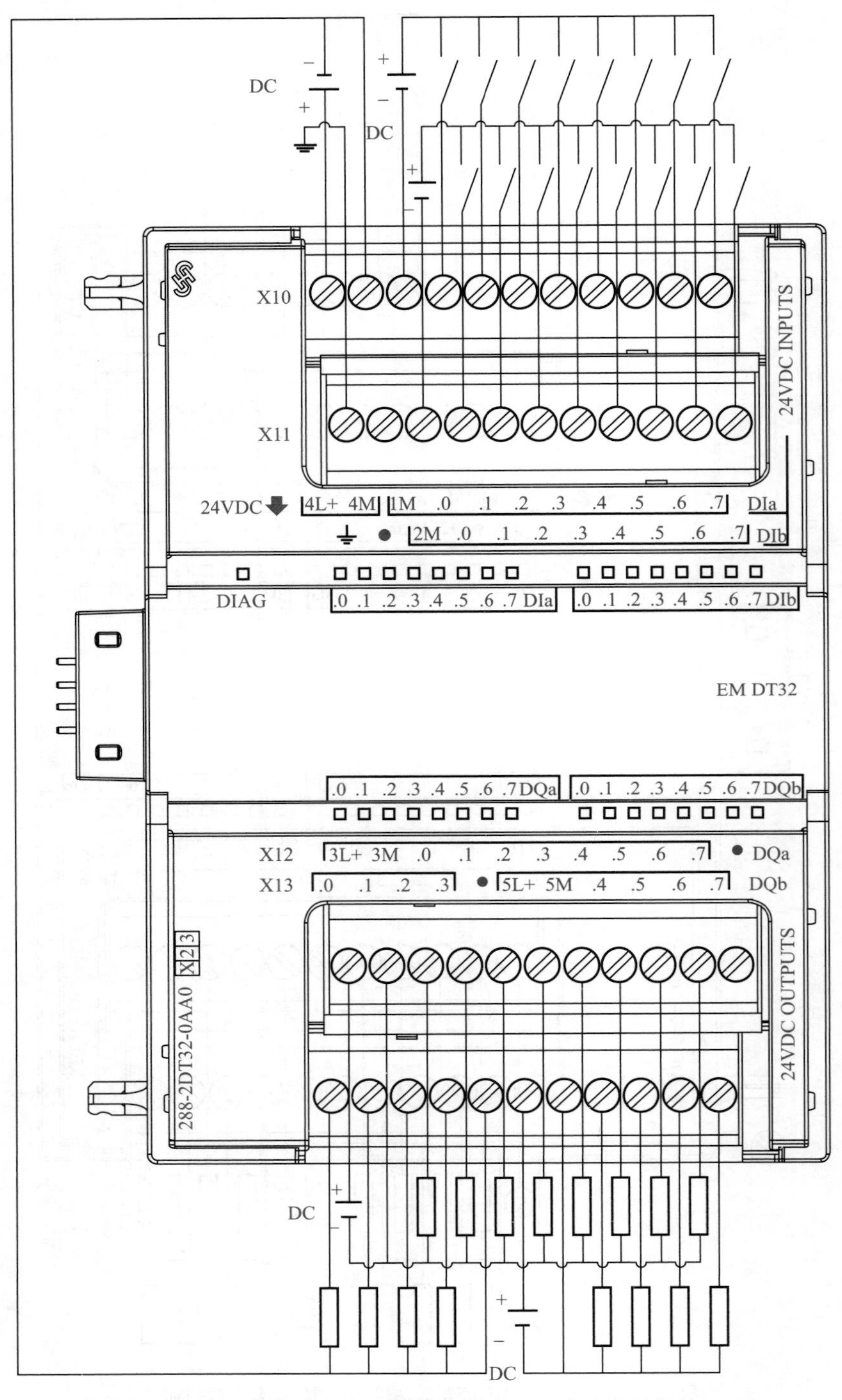

图 7　EM DT32 16 点数字量输入 /16 点晶体管输出

（2）模拟量扩展模块

❶ EM AE04 4 点模拟量输入（图 8）

❷ EM AE08 8 点模拟量输入（图 9）

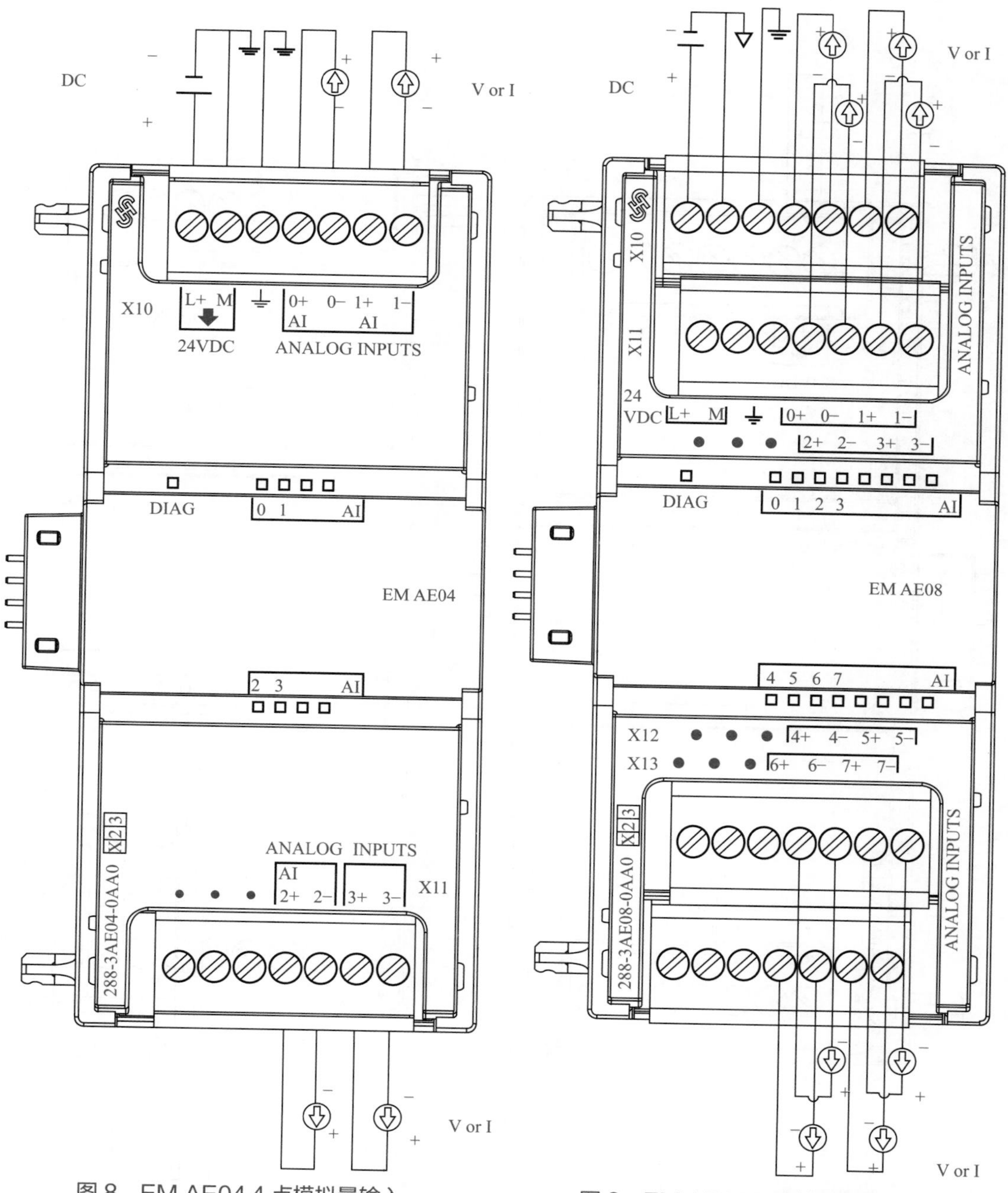

图 8　EM AE04 4 点模拟量输入　　图 9　EM AE08 8 点模拟量输入

❸ EM AQ02 2 点模拟量输出（图 10）

❹ EM AQ04 4 点模拟量输出（图 11）

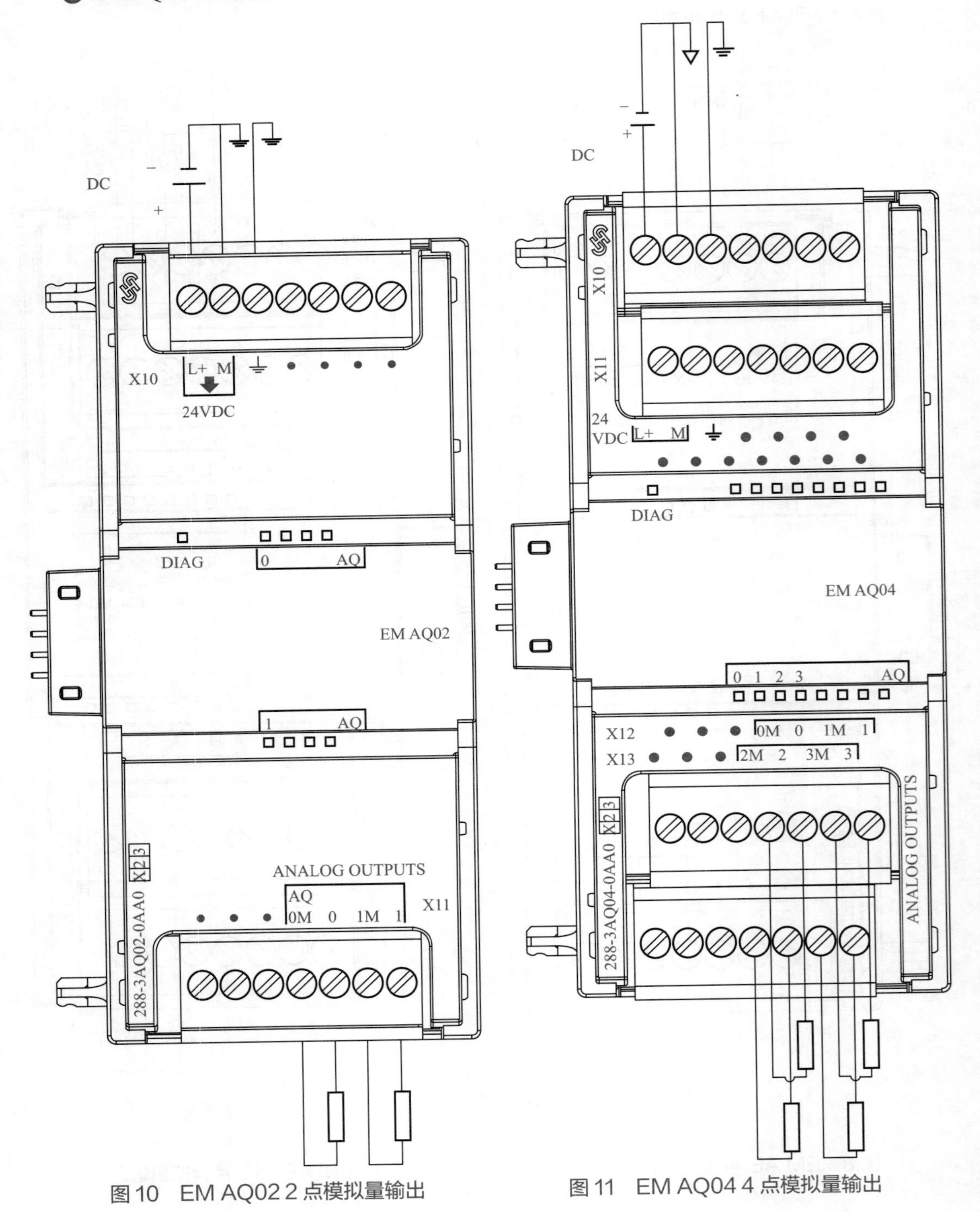

图 10　EM AQ02 2 点模拟量输出　　　图 11　EM AQ04 4 点模拟量输出

❺ EM AM03 2 点模拟量输入 /1 点模拟量输出（图 12）

❻ EM AM06 4 点模拟量输入 /2 点模拟量输出（图 13）

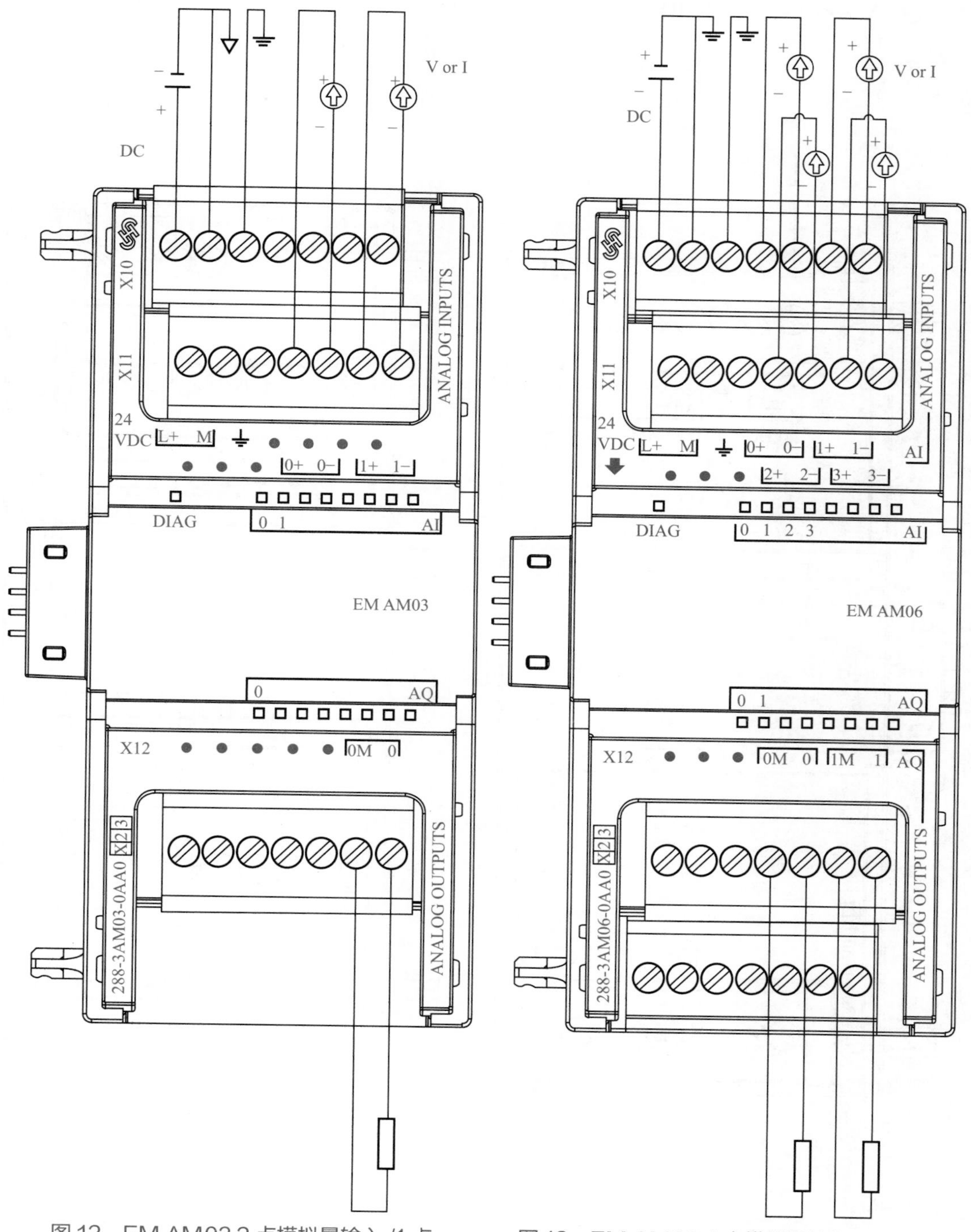

图 12　EM AM03 2 点模拟量输入 /1 点模拟量输出

图 13　EM AM06 4 点模拟量输入 /2 点模拟量输出

（3）温度测量扩展模块

❶ EM AR02 2 点 16 位 RTD（图 14）

❷ EM AR04 4 点 16 位 RTD（图 15）

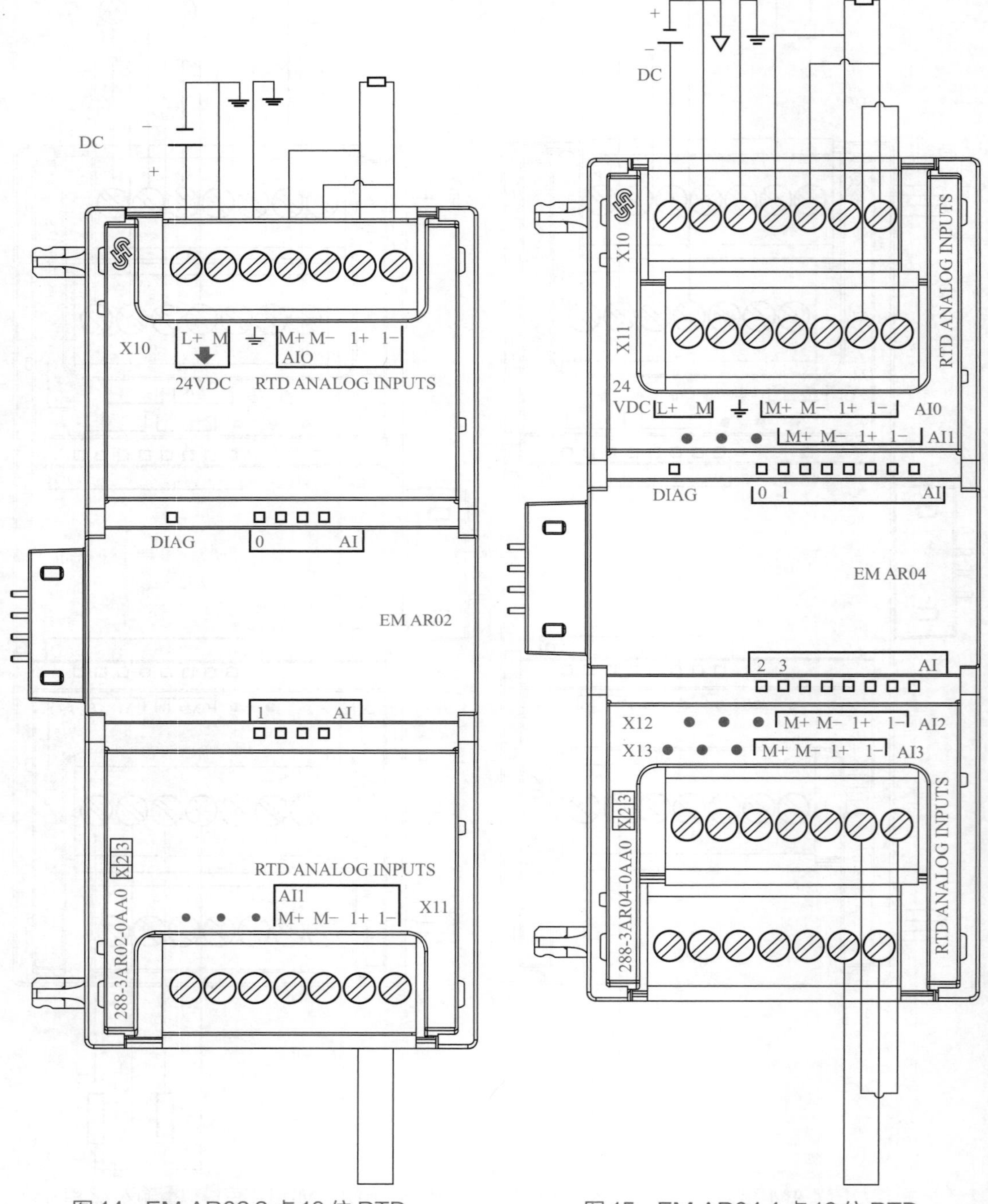

图 14　EM AR02 2 点 16 位 RTD　　　图 15　EM AR04 4 点 16 位 RTD

❸ EM AT04 4点16位TC（图16）

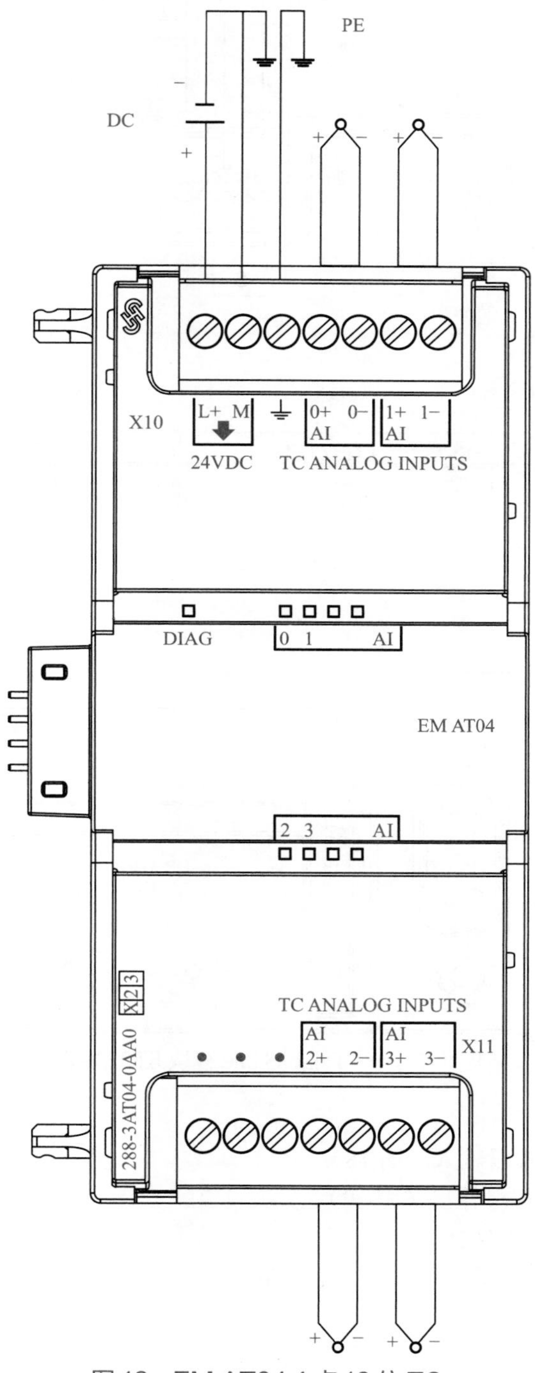

图16　EM AT04 4点16位TC

（4）PROFIBUS DP 模块 EM DP01（图 17）

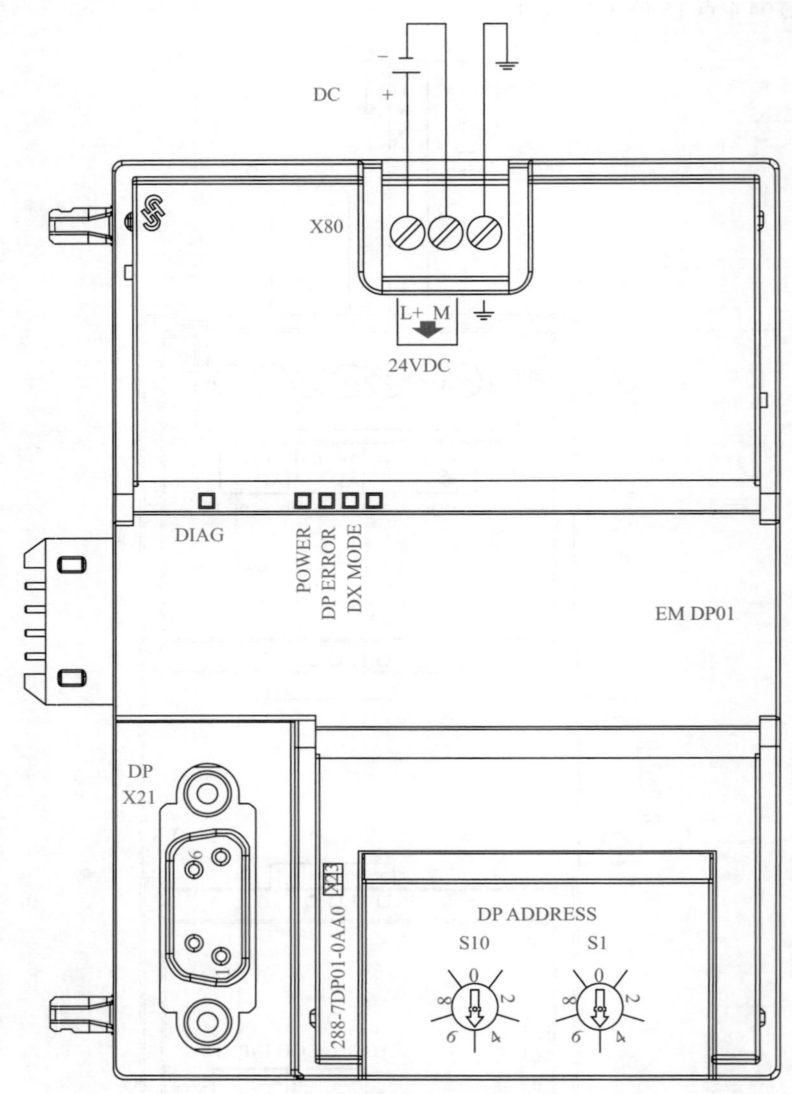

图 17 PROFIBUS DP 模块 EM DP01

（5）信号板

❶ SB AE01 1 点模拟量输入（图 18）

❷ SB AQ01 1 点模拟量输出（图 19）

❸ SB BA01 电池板（图 20）

❹ SB CM01 RS485/RS232 信号板（图 21）

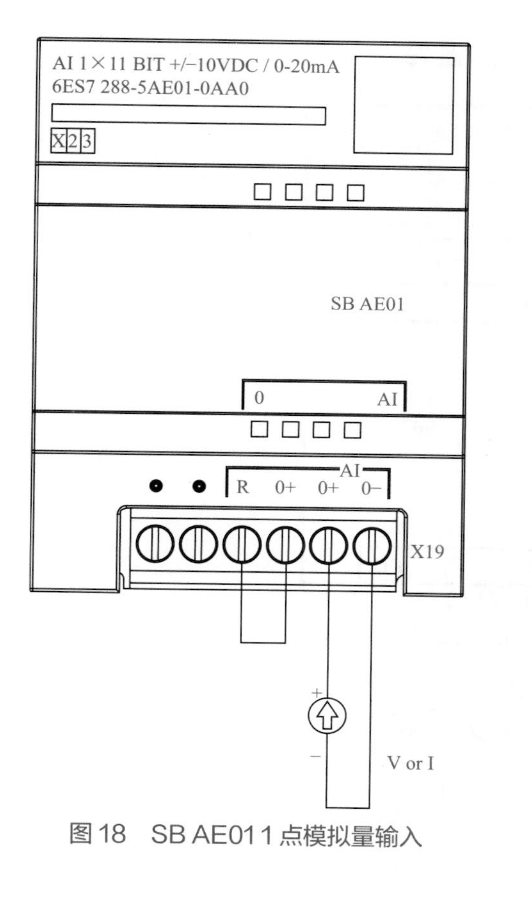

图 18　SB AE01 1 点模拟量输入

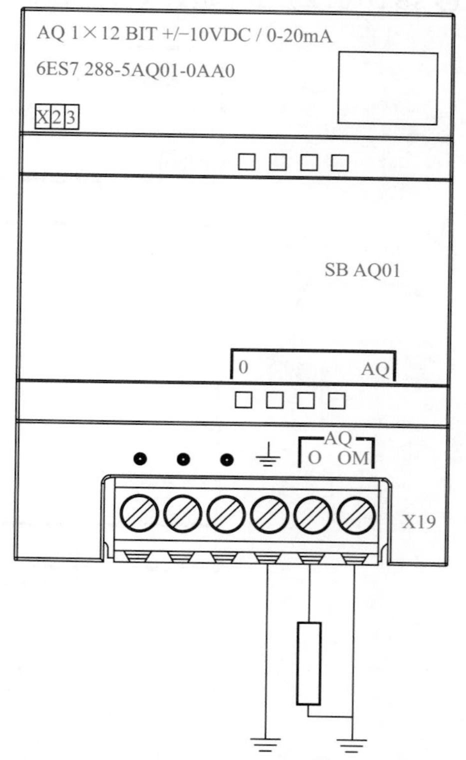

图 19　SB AQ01 1 点模拟量输出

6ES7 288-5BA01-0AA0

X23

SB BA01

图 20　SB BA01 电池板

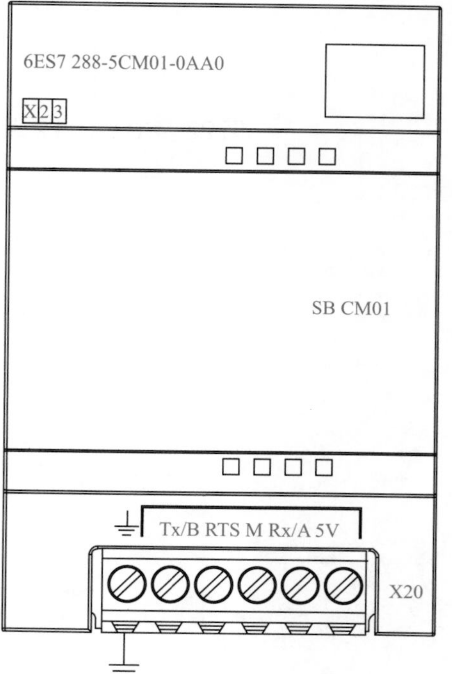

图 21　SB CM01 RS485/RS232 信号板

❺ SB DT04 2 点数字量输入 /2 点晶体管输出（图 22）

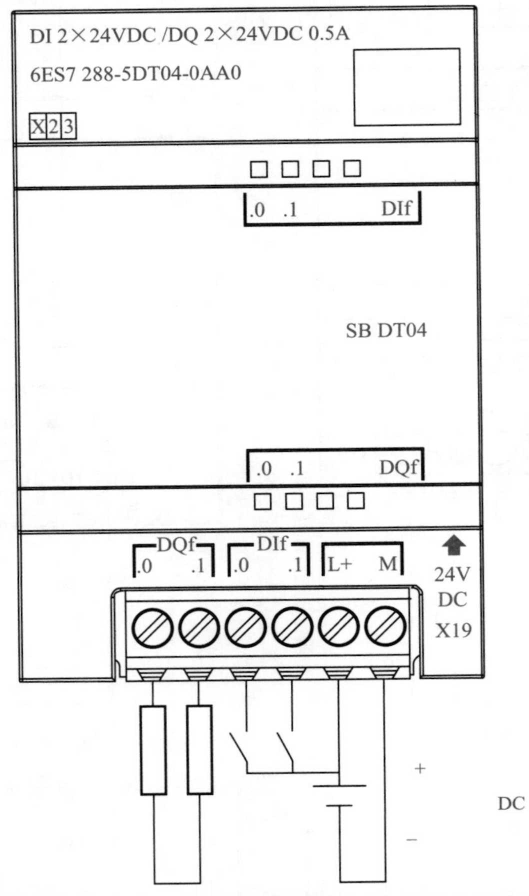

图 22　SB DT04 2 点数字量输入 /2 点晶体管输出

附录 C 触摸屏外部接线

（1）Smart 700 IE 触摸屏外部接线（图 1）

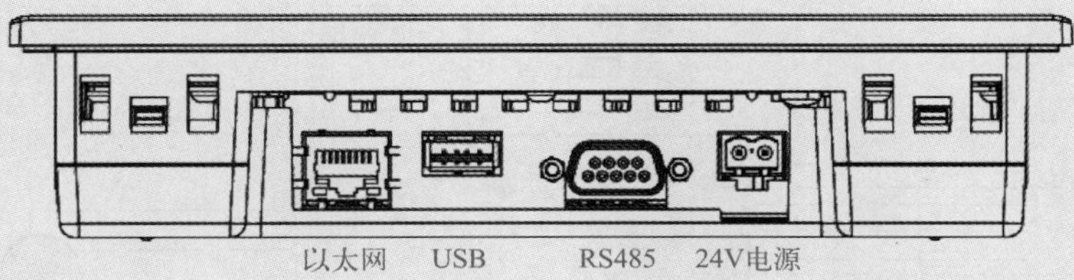

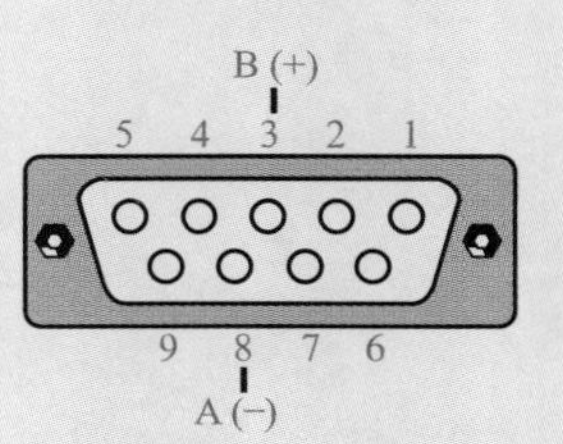

图 1 Smart 700 IE 触摸屏外部接线

（2）昆仑通态 TPC7062 触摸屏外部接线（图 2）

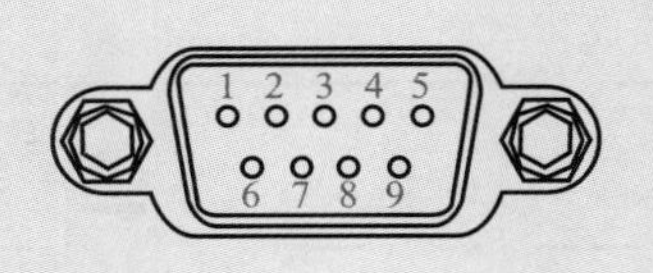

串口引脚定义

接口	PIN	引脚定义
COM1	2	RS232 RXD
	3	RS232 TXD
	5	GND
COM2	7	RS485 +
	8	RS485 −

图 2 昆仑通态 TPC7062 触摸屏外部接线

附录 D 变频器外部接线

（1）西门子 V20 变频器外部接线（图 1）

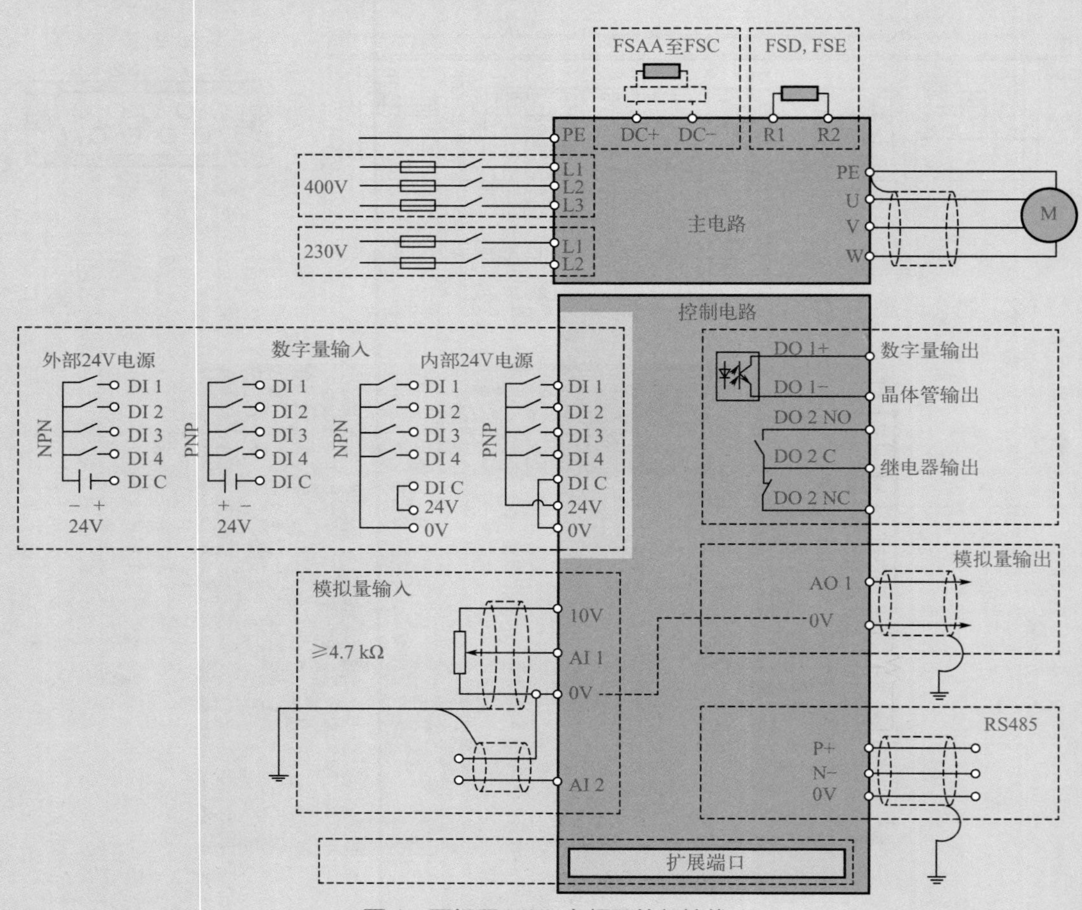

图 1　西门子 V20 变频器外部接线

（2）欧姆龙 3G3JZ 变频器外部接线（图 2）

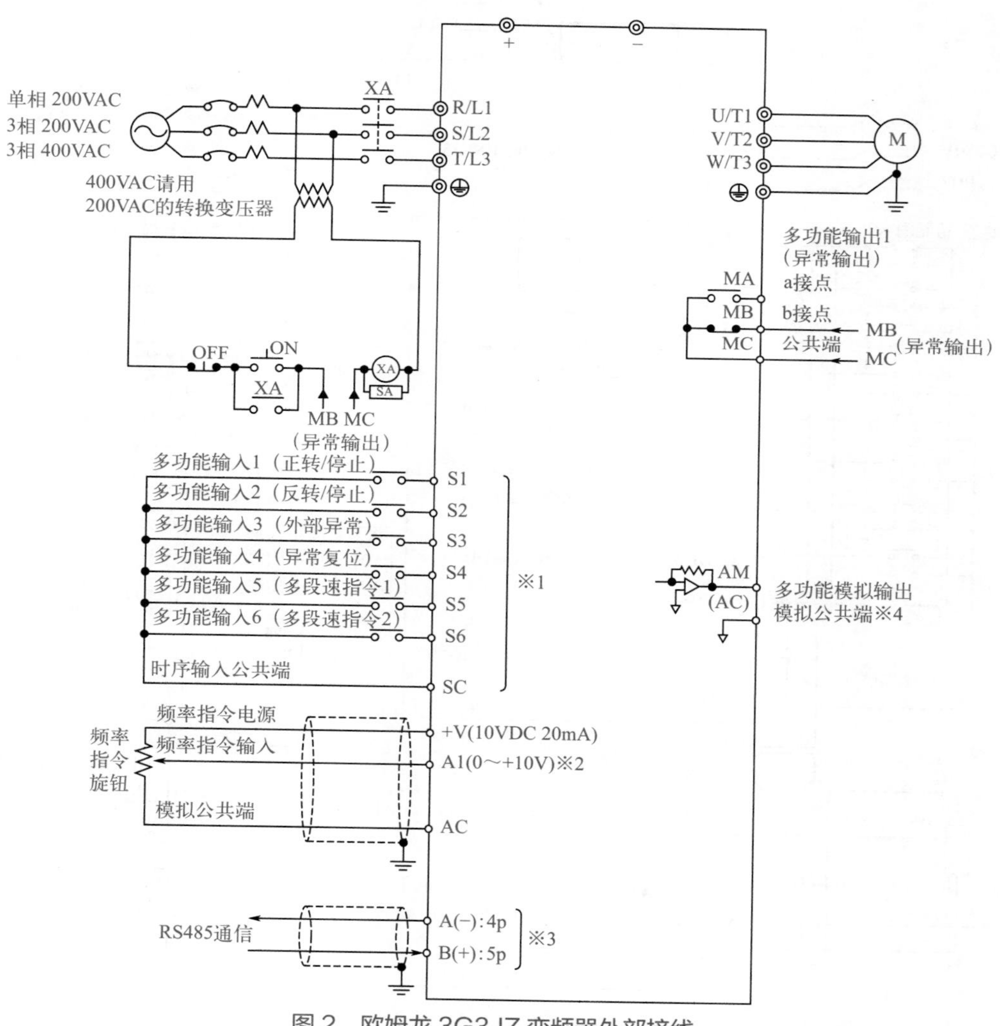

图 2　欧姆龙 3G3JZ 变频器外部接线

（3）深圳易能 EN650B 变频器外部接线（图 3）

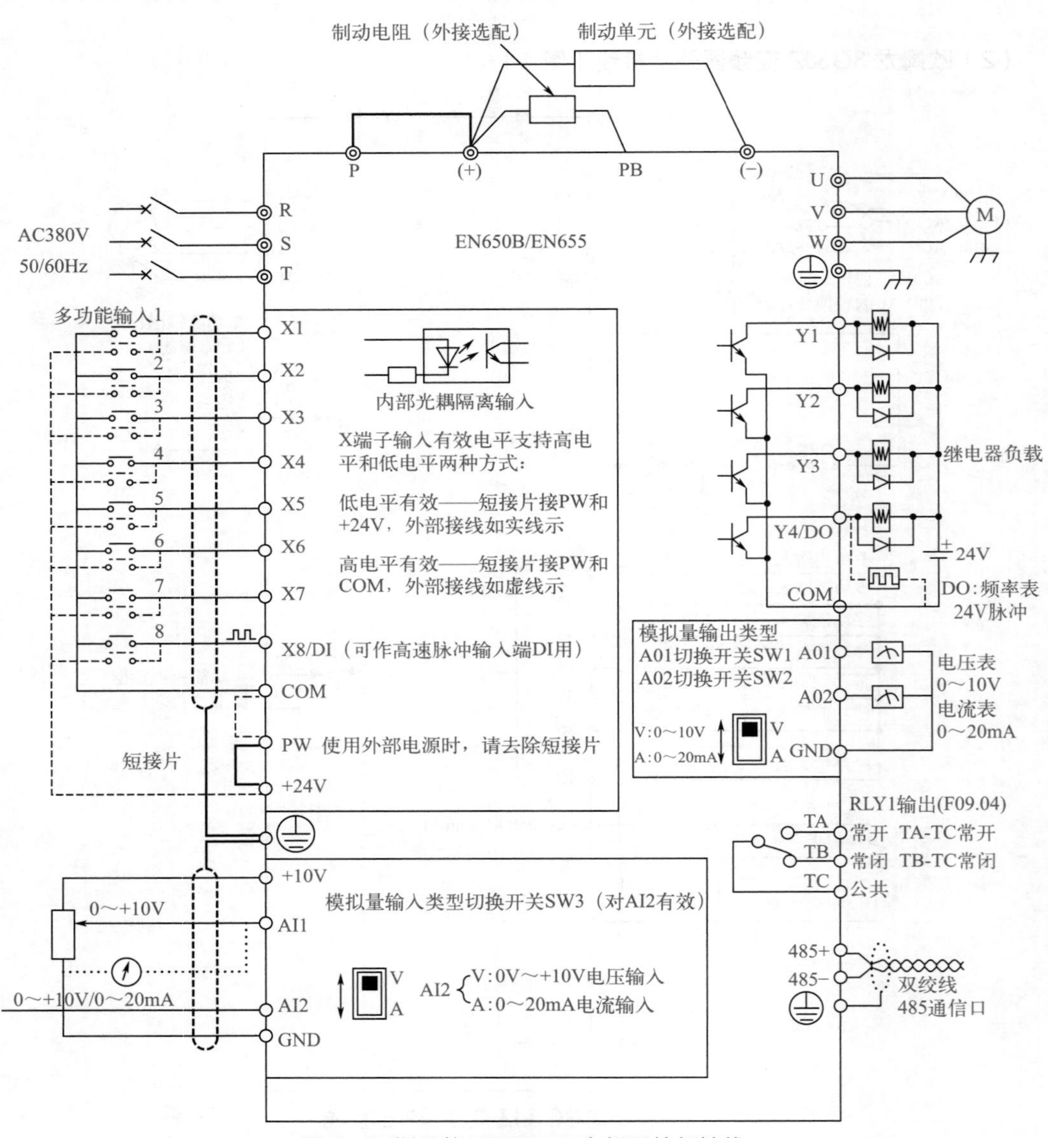

图 3 深圳易能 EN650B 变频器外部接线

（4）台达 VFD-A 变频器外部接线（图 4）

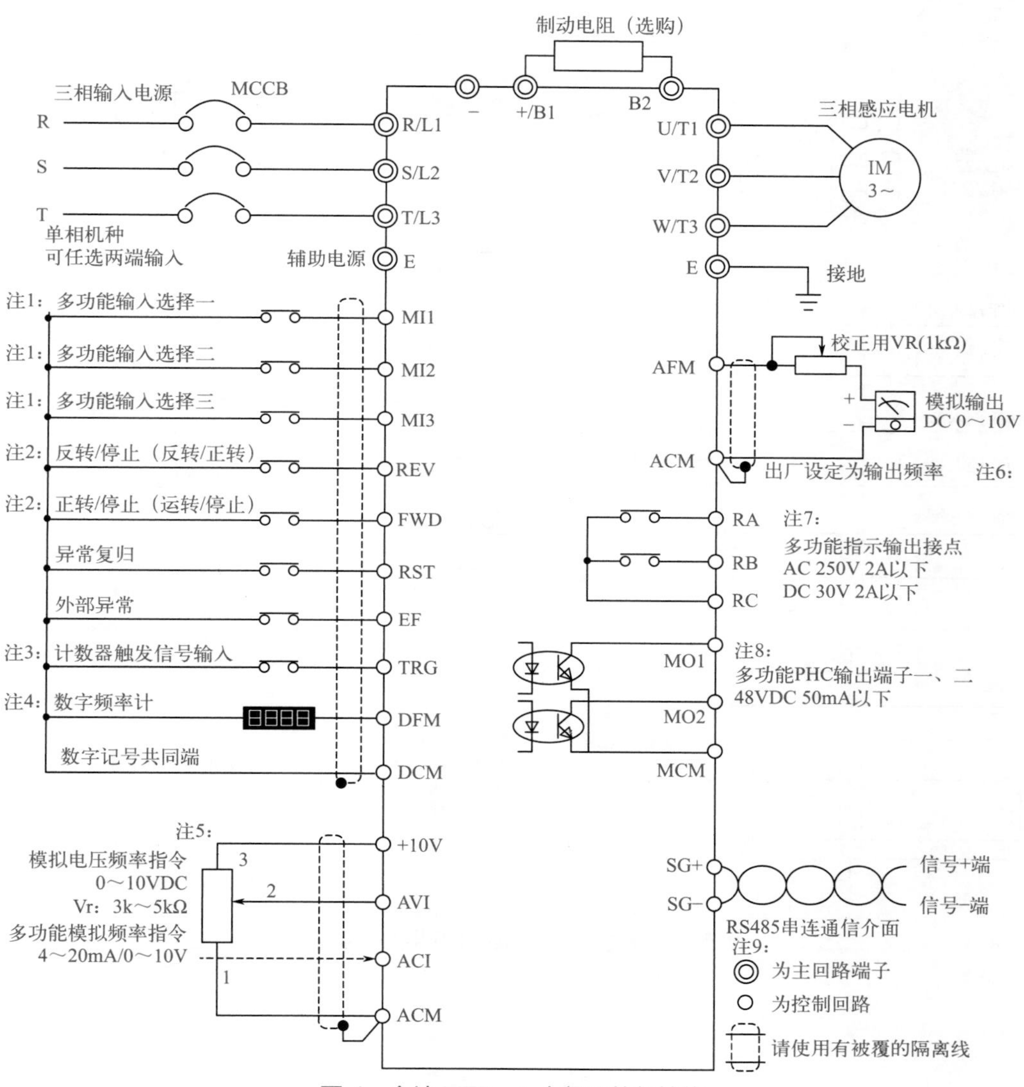

图 4 台达 VFD-A 变频器外部接线

（5）英威腾 Goodrive10 变频器外部接线（图 5）

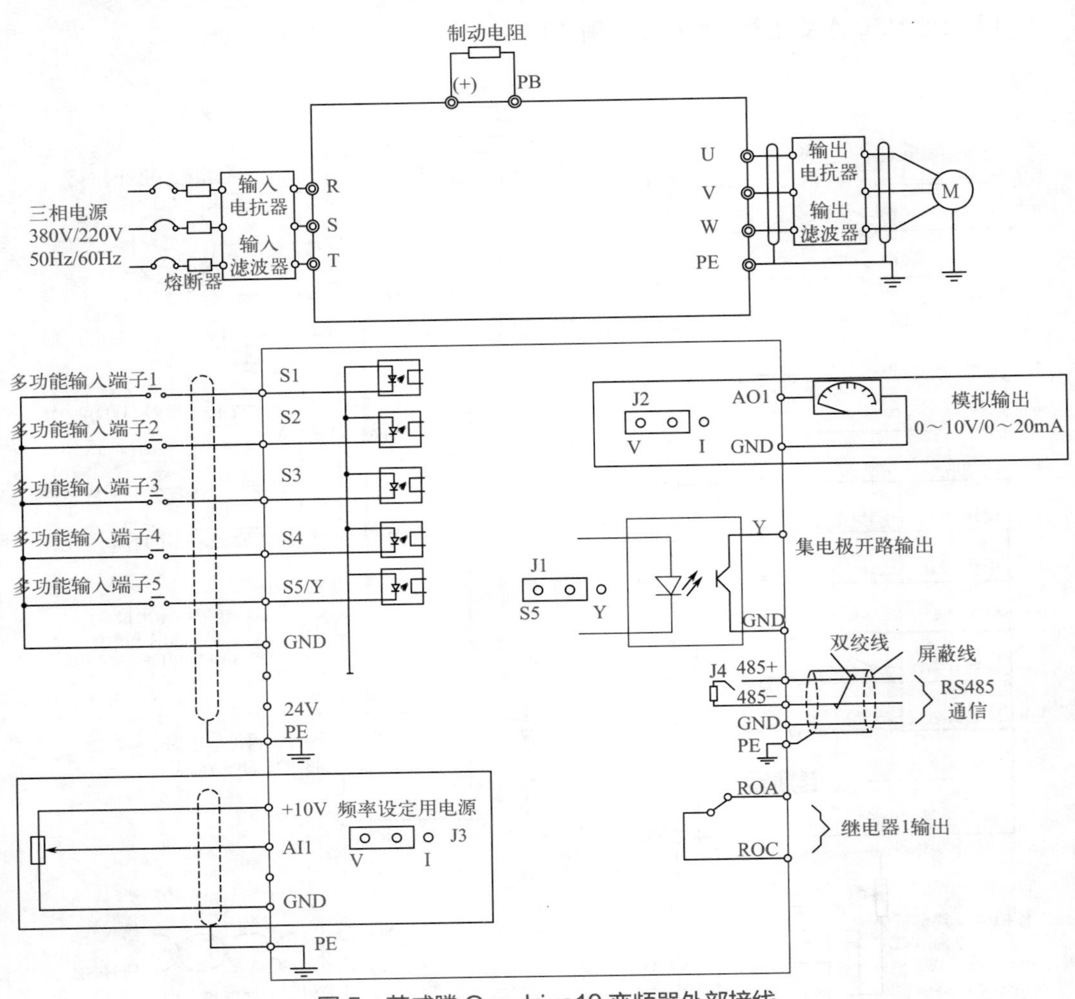

图 5　英威腾 Goodrive10 变频器外部接线

(6) 汇川MD500变频器外部接线(图6)

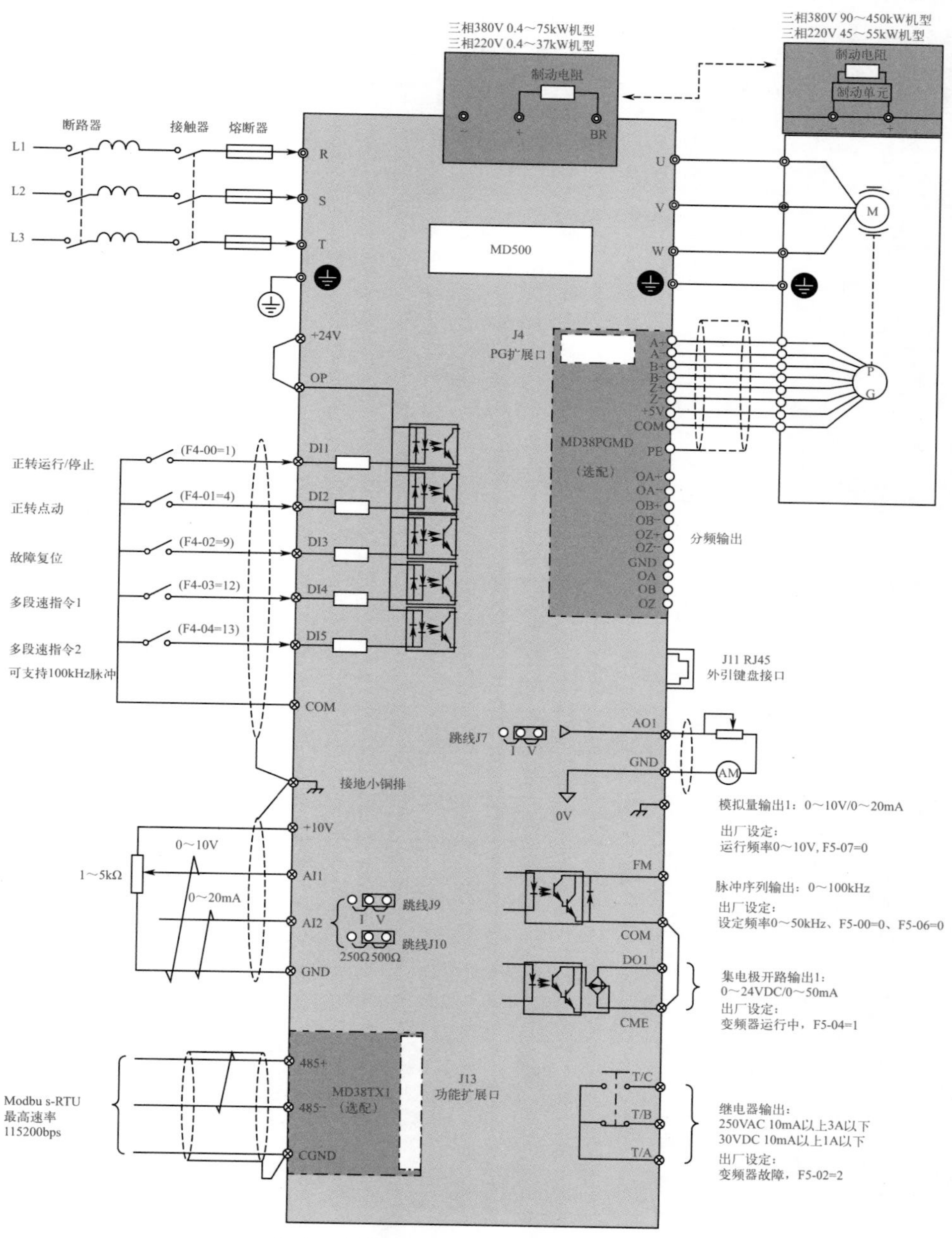

图6 汇川MD500变频器外部接线

参考文献

[1] 韩相争 . 西门子 S7-200 SMART PLC 编程技巧与案例 [M]. 北京：化学工业出版社，2019.
[2] 韩相争 . 西门子 S7-200 SMART PLC 实例指导学与用 [M]. 北京：电子工业出版社，2023.